面向CS2013计算机专业规划教材

计算机组成基础
第2版

孙德文 章鸣嬛 编著

Foundations of Computer Organization
Second Edition

机械工业出版社
CHINA MACHINE PRESS

图书在版编目（CIP）数据

计算机组成基础 / 孙德文，章鸣嫒编著 . —2 版 . —北京：机械工业出版社，2016.5（2023.4重印）

（面向 CS2013 计算机专业规划教材）

ISBN 978-7-111-53347-4

I. 计… II. ①孙… ②章… III. 计算机组成原理 – 高等学校 – 教材 IV. TP301

中国版本图书馆 CIP 数据核字（2016）第 062983 号

本书系统地介绍了计算机的基本组成原理和内部工作机制，内容主要包括：计算机系统概论、运算基础、数值的机器运算、存储系统和结构、指令系统、中央处理器、I/O 接口、外围设备、总线和计算机硬件系统举例——PC 主板和 CPU。书中各章都给出一些例题帮助读者进一步理解和掌握基本概念及各部件的工作原理，而且每章后都附有适量的习题。

本书内容全面、概念清楚、语言通俗易懂，并且具有实用性和先进性，适合高等院校本科生和高职高专、远程教育的学生使用，也可供计算机科技人员使用。

出版发行：机械工业出版社（北京市西城区百万庄大街 22 号 邮政编码：100037）
责任编辑：迟振春   责任校对：殷 虹
印　　刷：北京建宏印刷有限公司   版　次：2023 年 4 月第 2 版第 5 次印刷
开　　本：185mm×260mm 1/16   印　张：17.5
书　　号：ISBN 978-7-111-53347-4   定　价：39.00 元

客服电话：（010）88361066　68326294

版权所有·侵权必究
封底无防伪标均为盗版

第 2 版前言

《计算机组成基础》第 1 版自 2009 年 1 月出版至今已逾 5 年，在机械工业出版社的支持和组织下，编者花了半年左右时间对第 1 版进行仔细的修订，主要是更新部分内容，并校订全书，使论述更清晰。

在这七年中，计算机技术不断发展——新的处理器芯片和控制芯片组层出不穷，计算机的应用遍地开花，应用技术更有了长足的进步。这些变化对计算机教学提出了新的要求，特别是要求加强与应用实践的联系，对于工程型和应用型的专业更是如此，如何在计算机组成基础课程中反映这一需求就成为本次修订考虑的重点。为此，作者在论述了计算机系统中存储系统、中央处理器、I/O 接口与外围设备以及总线的组成结构的基础上，新加了一章"计算机硬件系统举例——PC 主板和 CPU"。该章首先以流行的 PC（个人计算机）为例，介绍计算机的硬件组成；其次，32 位微处理器技术在计算机的发展历程中占有重要地位，64 位微处理器和多核处理器是进入 21 世纪后处理器硬件技术更新的两个重点，该章简要介绍了这三类微处理器的硬件特点。希望通过这一章的学习，读者将计算机组成的理论同计算机硬件的应用实践初步联系起来。

第 1 版教材出版时，在出版社网站上提供了电子教案以及全部习题解答作为教材的配套教学资源，供任课教师下载使用，第 2 版进一步加强了这些教学资源的建设。

第 1 版问世七年，其间收到不少使用本教材的师生和其他读者的来信，对本教材的取材和写法给予肯定和鼓励，并提出不少宝贵意见和建议，对此，编者表示衷心的感谢，同时希望得到更多的批评和意见。

孙德文　章鸣嬛
2015 年 11 月于上海交通大学

第1版前言

2005年计算机科学与技术专业教学指导分委员会经过大量的调研，反复讨论、论证提出《高等学校计算机科学与技术专业发展战略研究报告暨专业规范（试行）》（以下简称《专业规范》），《专业规范》中根据计算机专业教育的现状，以及社会对人才的需求，提出了在"计算机科学与技术"专业名称之下，构建"计算机科学（CS）"、"计算机工程（CE）"、"软件工程（SE）"和"信息技术（IT）"四大专业方向，详细阐述了在这4个专业方向的教学中必须掌握的知识点，同时对不同专业方向各推出了十余门核心课程，并对每门核心课程列出了教学大纲以及应涵盖的知识点。

2006年教育部通过了计算机科学与技术专业教学指导分委员会完成的《专业规范》的项目评审。这样，该《专业规范》在今后一段时间内将成为我国高等院校计算机科学与技术专业办学的一个指导性的专业规范。

本书全面涵盖课程要求的知识点，并根据我国高等教育进入大众化以及计算机科学与技术发展迅速的现实特点，在内容组织和编写过程中尽可能做到深入浅出、联系实际，在保证基本内容的前提下，有选择地介绍学科的新发展和新技术。

为便于教学，本教材还备有下列配套资料：

主教材的电子教案、教材中全部习题解、5～8套模拟试卷（附解）、教师教学用书以及若干个实验提纲。对于上述配套资料，使用本教材的教师可同机械工业出版社联系获取。

本教材在编写过程中得到上海交通大学软件学院傅育熙院长和蒋建伟副院长的大力支持，在此表示衷心的感谢。

由于作者水平有限，书中难免有疏漏和不妥之处，敬请读者批评指正。

孙德文
2008年7月于上海交通大学

教学建议

建议课堂教学学时数为 54 或 72。

第 1 章　计算机系统概论(2 学时)

本章论述有关计算机系统的几个基本知识和基本概念,包括计算机系统发展简史、电子计算机硬件的主要组成部分、电子计算机系统的主要技术指标、软件概述、计算机系统层次结构和计算机的应用等 6 节。需要重点讲解的是计算机硬件的主要组成部分和计算机系统层次结构这两部分的内容。

第 2 章　运算基础——数值的机器级表示(6~8 学时)

本章论述电子数字计算机的运算基础,包括 6 节:数制、机器数与真值——带符号数与不带符号数的表示、定点表示法与浮点表示法、二进制信息编码、汉字编码和校验码。这是本教材的主要内容之一,在教学中必须使学生理解数值在计算机中的表示方式,因此在本章中需要重点讲解的是数制、机器数与真值——带符号数与不带符号数的表示和校验码。其中数制一节是基础,机器数的表示是重点,而采用校验码则是提高信息传输可靠性的重要措施。

(对应用型专业,2.6 节中的循环冗余校验码可不进行详细讲解,只介绍其基本概念即可。)

第 3 章　数值的机器运算(9~12 学时)

数值的机器运算是运算器的主要功能,本章共分 5 节,即定点数的加、减法运算和加、减法电路的实现,定点数的乘、除法运算和乘、除法电路的实现,逻辑运算,定点运算器的基本结构与工作原理,浮点数运算和浮点数运算器的实现。本章的重点是定点数的加、减法和乘、除法运算与实现以及浮点数运算和浮点数运算器的实现,而难点是定点数的乘、除法运算与实现。在硬件电路方面要掌握:①从半加器到算术逻辑部件 ALU;②行波进位的补码加法/减法器;③BCD 码(十进制)加法器;④先行进位的并行加法器;⑤定点运算器的基本结构;⑥浮点数运算器的基本结构。

(对应用型专业,3.2 节中定点数的乘、除法运算与实现可作为选学内容,视专业方向而定。)

第 4 章　存储系统和结构(8~14 学时)

程序存储和程序控制是电子数字计算机的基本工作方式,存储系统是电子数字计算机系统的不可或缺的主要组成部分。本章的主要内容包括:存储系统的组成、主存的组织与操作、存储系统的层次结构、高速缓冲存储器和虚拟存储器。在教学过程中应该使学生掌握:①存储器的分类;②半导体存储器的基本结构和主要技术指标;③两种 RAM 芯片的功能和特性以及芯片的互联技术;④存储系统的层次结构的概念;⑤Cache 的工作原理以及主存与 Cache 之间的三种地址映像;⑥虚拟存储器的基本概念和三种存储管理方式。芯片的互联技术是必须掌握的基本技术,⑤与⑥既是重点又是难点,建议通过例题进行讲解。

第 5 章　指令系统(6~8 学时)

指令是指示 CPU 执行某种规定操作的命令,计算机所具有的全部指令的集合称为指令系统。CPU 只能识别二进制代码,所以送入 CPU 的是一组二进制代码组成的指令,称为机器指令。指令系统与硬件电路的工作密切相关。本章主要论述指令和指令系统、两类指令系统——80X86系列指令系统和MIPS指令系统、两种典型的CPU结构以及指令流程——指令执行过程。本章要求重点讲解指令的寻址方式和机器指令的组成及解释、两种典型的CPU结构的组成及特点，还要求正确分析基本指令的指令流程。

第6章 中央处理器(9~12学时)

中央处理器(CPU)是电子数字计算机的心脏，是由运算器和控制器组成的处理部件。本章的主要内容是中央处理器的功能与组成、硬连线控制器、微程序控制器、中断与异常处理以及中央处理器中流水线技术的基本概念。核心问题是要讲清控制器的功能是产生CPU正确执行各条指令时所需要的各种控制信号。在教学过程中应该使学生掌握：①CPU中运算器和控制器的配合；②两种控制器——硬连线控制器、微程序控制器的组成与特点；③中断与异常处理的作用与实现；④流水线技术的基本概念。其中硬连线控制器与微程序控制器的组成既是重点又是难点，建议通过例题进行讲解。而对于流水线技术的基本概念，可视具体情况决定是否讲解。

第7章 I/O接口与外围设备(6学时)

"输入/输出"是计算机通过外围设备同外部世界通信或交换数据的操作，是人们使用计算机解决实际问题时必不可少的过程。而"输入/输出系统"是计算机系统中实现输入/输出操作的部件，由外围设备和I/O接口组成。本章主要论述：①各种常用外围设备的工作原理及特点；②外围设备与主机的定时方式和信息交换方式；③有关图形用户界面的基本概念。教材中常用外围设备的工作原理及特点的内容较多，任课教师可视专业具体情况确定讲解内容，并建议结合实物及图片(制作在PPT上)开展教学工作。外围设备与主机的定时方式和信息交换方式是重点，必须讲解清楚。

第8章 总线(4~6学时)

总线是计算机系统中实现各模块之间数据通信的公共通路，是处理器与外部硬件接口(包括内存储器接口和外设接口)的主要部件之一，也是系统的一项重要资源，总线性能的优劣成为计算机系统中影响系统数据传送速度的重要因素。本章主要内容有三部分：①总线概述——总线、总线标准和总线的分类；②总线通信协议、总线仲裁和总线负载能力；③实用总线标准。其中，①和②是重点。实用总线标准中，主要掌握PCI总线，任课教师可视专业具体情况确定其他讲解内容。

第9章 计算机硬件系统举例——PC主板和CPU(4学时)

本章主要论述两方面内容：以流行的PC(个人计算机)为例，介绍计算机的硬件组成；简要介绍32位微处理器、64位微处理器和多核处理器这三类微处理器的硬件特点。

习题与习题课

本教材各章都附有较多的习题，任课教师可视专业具体情况和教学情况给学生留一些基本和中等难度的习题作为课外作业。最好能安排1~2次习题课，在习题课上可以由教师讲解前一阶段课外作业中存在的普遍性问题，也可以安排一些有较大难度的习题让学生在课堂上做出解答，然后在教师指导下进行讨论。也可在发作业时，花一定时间对共性问题进行讲评。

如有条件，可安排一定学时的实验。配套资料中有若干实验例题供参考，可下载。

目 录

第 2 版前言
第 1 版前言
教学建议

第 1 章 计算机系统概论 ········· 1
  1.1 计算机系统发展简史 ········· 1
    1.1.1 计算机 ················ 1
    1.1.2 电子计算机 ············ 4
  1.2 电子计算机硬件的主要组成
    部分 ····························· 9
    1.2.1 运算器 ················ 9
    1.2.2 控制器 ··············· 10
    1.2.3 存储器 ··············· 10
    1.2.4 输入设备 ············· 10
    1.2.5 输出设备 ············· 10
  1.3 电子计算机系统的主要技术
    指标 ····························· 11
    1.3.1 字长 ················· 11
    1.3.2 运算速度 ············· 11
    1.3.3 存储容量 ············· 11
    1.3.4 主频 ················· 12
  1.4 软件概述 ····················· 12
    1.4.1 软件及其分类 ········· 12
    1.4.2 对"软件"的完整理解 ··· 13
    1.4.3 语言处理程序 ········· 14
  1.5 计算机系统层次结构 ········· 16
  1.6 计算机的应用 ················ 18
    1.6.1 数值计算 ············· 18
    1.6.2 数据处理 ············· 18
    1.6.3 计算机控制 ··········· 18
    1.6.4 计算机辅助设计/计算机
         辅助制造 ············· 19
    1.6.5 人工智能 ············· 19
  习题 1 ····························· 19

第 2 章 运算基础——数值的机器级
      表示 ······················ 20
  2.1 数制 ··························· 20
    2.1.1 十进制数制 ··········· 20
    2.1.2 二进制数制 ··········· 21
    2.1.3 二进制数与十进制数
         之间的转换 ··········· 22
    2.1.4 十六进制数制 ········· 23
  2.2 机器数与真值——带符号数与
    不带符号数的表示 ············ 25
    2.2.1 机器数与真值 ········· 25
    2.2.2 带符号数的表示法 ····· 25
  2.3 定点表示法与浮点表示法 ···· 28
    2.3.1 定点表示法 ··········· 28
    2.3.2 浮点表示法 ··········· 28
  2.4 二进制信息编码 ·············· 29
    2.4.1 BCD 码(二-十进制码) ··· 29
    2.4.2 ASCII 码 ············· 30
  2.5 汉字编码 ····················· 31
    2.5.1 汉字的输入编码 ······· 32
    2.5.2 国标码与汉字机内码 ··· 32
    2.5.3 汉字字模码 ··········· 32
  2.6 校验码 ························ 32
    2.6.1 几个基本概念 ········· 32
    2.6.2 奇偶校验码 ··········· 33
  *2.6.3 循环冗余校验码 ······· 36
  习题 2 ····························· 39

第 3 章 数值的机器运算 ········· 40
  3.1 定点数的加、减法运算和加、
    减法电路的实现 ··············· 40
    3.1.1 定点数的加减运算 ····· 40
    3.1.2 从半加器到算术逻辑
         部件 ALU ··············· 43

*3.2 定点数的乘、除法运算和乘、
　　　除法电路的实现……………… 51
　　3.2.1 定点数的乘法运算和
　　　　　乘法电路的实现 ……… 51
　　3.2.2 定点数的除法运算和
　　　　　除法电路的实现 ……… 58
3.3 逻辑运算…………………………… 63
　　3.3.1 "与"、"或"和"非"
　　　　　运算……………………… 63
　　3.3.2 "异或"运算 ……………… 64
3.4 定点运算器的基本结构与
　　　工作原理………………………… 65
　　3.4.1 移位电路 ………………… 66
　　3.4.2 定点运算的主要组成 …… 66
3.5 浮点数运算和浮点数运算器的
　　　实现……………………………… 67
　　3.5.1 二进制数的浮点运算 …… 67
　　3.5.2 浮点运算器的基本
　　　　　结构 …………………… 71
习题 3 …………………………………… 73

第 4 章 存储系统和结构………………… 76
4.1 存储系统的组成………………… 76
　　4.1.1 存储器的分类 …………… 76
　　4.1.2 主存 ……………………… 76
　　4.1.3 辅存 ……………………… 78
4.2 主存的组织与操作……………… 78
　　4.2.1 半导体存储器的基本
　　　　　结构 …………………… 78
　　4.2.2 存储器中的数据组织 …… 79
　　4.2.3 半导体存储器的主要
　　　　　技术指标 ……………… 79
　　4.2.4 半导体存储器芯片的
　　　　　发展 …………………… 80
　　4.2.5 主存储器的组织 ………… 82
　　4.2.6 多体交叉存储技术 …… 86
4.3 存储系统的层次结构…………… 87
4.4 高速缓冲存储器………………… 88
　　4.4.1 Cache 的工作原理 …… 88

　　4.4.2 主存与 Cache 之间的
　　　　　地址映像 ……………… 89
　　4.4.3 直接映像 ……………… 90
　　4.4.4 全相联映像 …………… 94
　　4.4.5 组相联映像 …………… 97
　　4.4.6 替换策略和更新策略 … 99
4.5 虚拟存储器……………………… 101
　　4.5.1 虚拟存储器的基本
　　　　　概念…………………… 101
　　4.5.2 页式虚拟存储器……… 102
　　4.5.3 段式虚拟存储器……… 103
　　4.5.4 段页式虚拟存储器…… 104
　　4.5.5 快表技术……………… 105
习题 4 ………………………………… 106

第 5 章 指令系统………………………… 110
5.1 指令与指令系统………………… 110
　　5.1.1 指令格式……………… 110
　　5.1.2 寻址方式……………… 114
5.2 两类指令系统…………………… 118
　　5.2.1 80X86 系列处理器的
　　　　　指令系统……………… 118
　　5.2.2 MIPS 处理器的指令
　　　　　系统…………………… 120
5.3 指令流程………………………… 123
　　5.3.1 指令执行过程………… 123
　　5.3.2 3 种周期……………… 124
　　5.3.3 两种典型的 CPU 结构
　　　　　类型…………………… 124
　　5.3.4 指令流程举例 1——
　　　　　单总线结构 CPU …… 128
　　5.3.5 指令流程举例 2——
　　　　　专用通路结构 CPU … 130
习题 5 ………………………………… 133

第 6 章 中央处理器……………………… 135
6.1 中央处理器的功能与组成……… 135
　　6.1.1 中央处理器的组成…… 135
　　6.1.2 中央处理器的功能…… 136
　　6.1.3 控制器的组成………… 136

6.2 硬连线控制器 ……………… 137
  6.2.1 硬连线控制器概述 …… 137
  6.2.2 硬连线控制器的结构 … 138
  6.2.3 硬连线控制器的设计
     步骤 ………………………… 140
6.3 微程序控制器 ……………… 140
  6.3.1 微程序控制器概述 …… 140
  6.3.2 微程序控制器的基本
     结构 ……………………… 141
  6.3.3 微程序设计技术 ……… 142
6.4 中断与异常处理 …………… 148
  6.4.1 中断与异常的定义 …… 148
  6.4.2 中断处理过程 ………… 149
  6.4.3 中断优先级 …………… 151
  6.4.4 中断的嵌套 …………… 154
6.5 中央处理器中流水线技术的
  基本概念 …………………… 154
  6.5.1 并行性的概念 ………… 154
  6.5.2 指令的3种解释方式 … 157
  6.5.3 流水线技术的特点 …… 160
  6.5.4 流水线中的相关性 …… 161
  6.5.5 流水线的性能指标 …… 161
  6.5.6 流水线举例——
     MIPS R4000 ………… 163
习题6 …………………………… 164

第7章 I/O接口与外围设备 ……… 165
7.1 外围设备 …………………… 165
7.2 常用输入设备和输出设备 … 165
  7.2.1 键盘 …………………… 166
  7.2.2 鼠标 …………………… 167
  7.2.3 扫描仪 ………………… 168
  7.2.4 触摸屏 ………………… 168
  7.2.5 打印机 ………………… 169
  7.2.6 显示器 ………………… 171
7.3 外存储器 …………………… 174
  7.3.1 磁盘存储器 …………… 174
  7.3.2 磁带存储器 …………… 177
  7.3.3 RAID ………………… 178

  7.3.4 光盘存储器 …………… 182
  7.3.5 U盘存储器 …………… 187
7.4 外围设备与主机的定时方式和
  信息交换方式 ……………… 188
  7.4.1 程序控制传送方式 …… 188
  7.4.2 DMA传送方式 ……… 193
  7.4.3 通道传送方式 ………… 195
7.5 图形用户界面 ……………… 197
  7.5.1 人机交互技术 ………… 197
  7.5.2 图形用户界面概述 …… 199
习题7 …………………………… 204

第8章 总线 …………………… 206
8.1 总线概述 …………………… 206
  8.1.1 总线和总线标准 ……… 206
  8.1.2 总线的分类 …………… 207
8.2 总线通信协议、总线仲裁和
  总线负载能力 ……………… 209
  8.2.1 总线传输周期 ………… 209
  8.2.2 总线通信协议 ………… 209
  8.2.3 总线仲裁 ……………… 211
  8.2.4 总线负载能力 ………… 213
8.3 实用总线标准 ……………… 214
  8.3.1 PCI总线 ……………… 214
  8.3.2 RS-232C总线 ……… 223
  8.3.3 IEEE-488总线 ……… 226
  8.3.4 IDE/ATA总线 ……… 226
  8.3.5 SCSI总线 …………… 229
  8.3.6 USB总线 …………… 231
  8.3.7 IEEE 1394总线 …… 236
习题8 …………………………… 237

第9章 计算机硬件系统举例——
PC主板和CPU ……………… 238
9.1 PC主板 …………………… 238
  9.1.1 主板概述 ……………… 239
  9.1.2 主板上的插座和插槽 … 240
  9.1.3 主板的外设接口 ……… 242
9.2 芯片组 ……………………… 243

9.2.1 芯片组的功能 …………243	9.3.1 32位微处理器 ………245
9.2.2 南北桥结构与Hub结构 …………………244	9.3.2 64位微处理器 ………255
	9.3.3 多核芯片 ……………258
9.3 从32位微处理器到多核处理器 ……………………245	习题9 …………………………268
	参考文献 ………………………269

第 1 章

计算机系统概论

本章论述有关计算机系统的基本知识和基本概念,包括计算机系统发展简史、电子计算机硬件的主要组成部分、电子计算机系统的主要技术指标、软件概述、计算机系统层次结构和计算机的应用等内容。

1.1 计算机系统发展简史

1.1.1 计算机

1. 古代的计算工具

从原始的、广义的意义而言,计算机是指一种用于计算的工具。据史籍记载,我国最早出现的计算工具是"算筹",采用十进制计数法,可进行加、减、乘、除和开方运算,并用红、黑筹分别表示正、负数,还可表示各种代数式,进行代数运算。算筹产生于春秋战国之前(公元前 770 年前),使用了两千多年,南北朝(公元 420~589 年)时的数学家祖冲之(429—500)就是用算筹计算出圆周率 π 的 7 位有效值(3.141 592 6~3.141 592 7),而欧洲数学家求出与该值相近的圆周率值比祖冲之迟了一千多年,当然祖冲之求得这个结果花了 15 年的时间。可见运算速度慢是算筹的缺陷所在。在东汉(公元 25~220 年)时期的典籍中出现了替代"算筹"的新的计算工具——"算盘",还创造了一整套珠算口诀,算盘的运算速度快捷,以后还传到日本、韩国等东亚各国以及欧洲,一直延续到现代。

2. 机械和机电式计算机

从 17 世纪开始,欧洲一些数学家设计制造出一些机械式或机电式的计算工具——数字运算机器。

1642 年,法国数学家帕斯卡(B. Pascal)设计并制作了一台能自动进位的加减法计算装置,被称为是世界上第一台数字计算器,为以后的计算机设计提供了基本原理。

1673 年,德国数学家莱布尼茨(G. W. Leibniz)制造出第一台机械式计算工具——莱布尼茨四则运算器,可进行十进制乘、除运算。

1777 年,英国逻辑数学家查里斯·马洪(Charles Mahon)发明了逻辑演示器(Logic Demons Trator),能解决传统的演绎推理、概率以及逻辑形式的数值问题。

1820 年,法国人查里斯·考勒马(C. Colmar)制成了商用机械计算器。

1822 年,英国剑桥大学的查尔斯·巴贝奇(C. Babbage)研制成可以运转的差分机模型,能通过加、减法计算各种多项式。

1944年，美国人霍华德·艾肯(H. Aiken)制成了自动程序控制计算机——马克1号。

3. 现代电子计算机

(1)技术基础——电子元器件的发明、应用和电子技术的迅速发展

1883年，发明白炽灯的美国科学家爱迪生(T. A. Edison)在白炽灯泡中加入第二个电极，发现电极与灯丝之间有电流飞渡——这就是爱迪生效应。

1897年，物理学家汤姆逊(J. J. Thomson)用实验证实了真空管(电子管)中导电的粒子——电子是从阴极逸出的，发表了题为"小于氢原子质量的存在"的文章，汤姆逊因发现电子而获得诺贝尔(Nobel)物理学奖，后来，实验所用的仪器发展为阴极射线管——示波管和显像管。

1904年，英国科学家弗莱明(J. A. Fleming)发明了真空二极管。

1907年，美国发明家德福雷斯特(Lee De Forest)在二极管的灯丝和板极之间加了一个栅板，从而发明了第一只具有电信号放大作用的真空三极管。

1947年，美国物理学家肖克利(William Bradford Shockley)、巴丁(John Bardeen)和布拉顿(Walter Houser Brattain)三人合作发明了晶体管——一种三个支点的半导体固体元件。

(2)理论基础——二进制计数制和布尔代数

1847年，英国数学家乔治·布尔(George Boole)发表了论文"思维规律研究"。布尔认为逻辑中各种命题能够使用数学符号来表示，这些符号能依据固定的规则推导出适当的结论。于是他设计了一套表示逻辑理论中基本概念的符号，建立了应用这些符号进行运算的法则，从而把形式逻辑归结为一种代数——建立了逻辑代数(布尔代数)。1854年，布尔出版了著名的《布尔代数》一书。布尔逻辑理论的基础是两种逻辑值——"真"与"假"，以及三种逻辑关系——"与"、"或"和"非"。这种简化了的"二值逻辑"为电子数字计算机的二进制计算、开关逻辑电路的设计提供了数学基础。

1938年，美国数学家克劳德·艾尔伍德·香农(Claude Elwood Shannon)在其硕士论文中提出，可以用二进制系统来表达布尔代数中的逻辑关系——用"1"表示"真"，用"0"表示"假"。这样任何一个机械性的推理过程都能当作普通计算一样处理。

二进制计算的引入对电子计算机的诞生具有极其重要的意义。采用二进制数码进行的计算只有"1"和"0"两个状态，任何一个物理状态都可以表示为"有"和"无"，如电信号——电压或电流的有无(高、低)，磁信号——磁性的有无、磁滞回线的两个相反方向，而"有"可以表示二进制的"1"，"无"则可以表示二进制的"0"，当然，反之亦可。要实现两种状态的机电元器件也容易制造。若采用十进制数要用10个不同状态表示0~9十个数，而要找到同时具有10个不同稳定状态的机电元器件是极困难的。另外，二进制的计算规则极简单，加法仅4种运算——0+0、0+1、1+0和1+1，而十进制的计算规则就复杂得多。

与此同一时期，英国24岁青年数学家阿兰·麦席森·图灵(Alan Mathison Turing)在其题为"论可计算数及在密码中的应用"的论文中，严格地描述了计算机的逻辑结构，首次提出了计算机的通用模型——图灵机，这种计算机能够进行多种运算，并能运用计算结果证明一些重要的理论。图灵还从理论上证明这种抽象计算机的可能性，为近代电子数字计算机的发展奠定了理论基础。在第二次世界大战期间，图灵设计并研制了密码破译机(BOMBE)。这是一台以继电器为开关元件的高速计算装置，是世界上第一台专用数字电子计算机。1945年，图灵在一篇关于自动计算机器(Automatic Computing Engine, ACE)的报告中描述了有关计算机存储程序、微程序控制的设计概念以及计算机出错自检系统的设想，并提出计算机高级语言产生的预

言，使用电话线来控制远距离计算机的可能性以及机器自动编译的可能性。1950 年，图灵发表了论文"计算机器与智能"，奠定了人工智能理论的基础。

1942 年，艾奥瓦州立学院理论物理学家约翰·阿塔那索夫(John Atanasoft)在研究生克利福特·贝瑞(Clifford Berry)的帮助下用电子管作逻辑元件组装成了一台很小的电子计算机"ABC"。他们的工作因战争全面爆发而被迫停止。艾奥瓦州立学院未能申请到首台电子计算机专利，但电子计算机的发明权属于阿塔诺索夫，美国机械工程师协会授予阿塔诺索夫最高荣誉 HOLLEY 奖章。

(3) 社会基础——第二次世界大战对先进的、高速的计算工具的迫切需求

1939 年 9 月，第二次世界大战爆发，1941 年，太平洋战争爆发，美国对日宣战。军事上的迫切需要加速了电子计算机研制的步伐。

1941 年，ENIAC 的开发者约翰·莫奇莱(John Mauchly)和埃克特(J. Presper Eckert)，巨型机之父克雷(S. R. Cray)，小型机之父贝尔(C. Gordon Bell)，个人计算机的先行者克拉克(W. A. Clark)，转入宾夕法尼亚大学工作，参加宾夕法尼亚大学莫尔学院和美国陆军军械署的合作项目——"弹道表"的计算工作。

1943 年 4 月 9 日，莫奇莱提出关于制造电子计算机用来计算"弹道表"的方案，1943 年 6 月开始实施，有 200 余人参加，任总工程师的是莫奇莱的学生、24 岁的埃克特(J. Eckert)。1945 年年底第一台实用的通用电子数字计算机"埃尼阿克"(ENIAC，Electronic Numerical Integrator And Computer，**电子数字积分器和计算器**)安装就绪，1946 年 2 月 15 日在宾夕法尼亚大学正式投入运行(见图 1-1)。ENIAC 计算机制作成本高达 1000 万美元，共用 18 800 个电子管，1500 个继电器，重达 30 吨，占地 170 平方米，耗电 150 千瓦，运算速度为：每秒钟能进行 5000 次加法运算(或 330 次乘法运算或 100 次除法运算)，用来进行弹道计算，几分钟就能完成一条弹道的计算。ENIAC 计算机存在的主要缺点是：①存储容量太小，它没有真正的存储器，只用 20 个字节的寄存器用来存储数字；②采用十进制数；③用线路连接的方法来编排程序——每次改变计算方式都要变更电路连接，准备时间大大超过实际计算时间。

图 1-1　ENIAC

(4) 现代电子计算机的奠基人——冯·诺依曼(John von Neuman)

冯·诺依曼生于匈牙利，苏黎世大学数学博士，1930年赴美，1933年与爱因斯坦(Albert Einstein)一起受聘为普林斯顿大学终身教授。1944年底～1945年初他参加ENIAC计算机研制小组，成为研制小组的顾问，经常举办讨论新型存储程序的通用计算机方案的学术讨论会，同研制组通力合作，研制成第一台实用的通用电子数字计算机，奠定了现代电子数字计算机的结构框架。

1946年6月，冯·诺依曼与高德斯坦(Goldstein)等发表论文"电子计算机装置逻辑结构初探"，成为新型电子数字计算机 EDVAC(Electronic Discrete Variable Automatic Computer，**离散变量自动电子计算机**)的设计基础。EDVAC计算机的主要改进有：①采用二进制计数；②采用延时线作内部存储器，容量为1024字节；③提出了"存储程序"的概念，程序设计者按计算要求编制好程序，将程序和运行程序中所用的数据以二进制代码的形式存入计算机的存储器中，由计算机自动执行程序。这使电子计算机有了通用性，只要能写出正确的指令，计算机执行时就无须人工干预。按此方案构成的计算机称为"冯·诺依曼机"。

1.1.2 电子计算机

电子计算机(electronic computer)是一种能自动地、高速地进行大量运算的电子设备，它能通过对输入的数据进行指定的数值运算和逻辑运算来求解各种算题，也能用来处理各种数据和事务，是一种自动化信息处理工具，当它与一定的机电设备或仪器设备相结合时，能实现对生产过程和实验过程的控制。

1. 电子数字计算机和电子模拟计算机

按进行运算的数据的表示方式和计算原理的不同，电子计算机可分为两大类：

1) **电子数字计算机**(electronic digital computer)。电子数字计算机的特点是数据由离散量来表示，是对离散变量进行处理和运算的解算装置。它采用二进制编码方式表示数值、字符、指令和其他控制信息。各种运算部件主要是由对应的逻辑电路(基本逻辑门电路及其组合部件)和存储电路组成。数字计算机具有精度高、数据存储量大和逻辑判断能力强等优点。

2) **电子模拟计算机**(electronic analog computer)。电子模拟计算机的特点是数据由连续量来表示，是对连续变量进行运算的解算装置。在电子模拟计算机中，变量为连续变化的直流电压、电流或电荷，各种运算部件主要是由运算放大器、精密电阻、电容和特殊的开关元器件组成。模拟计算机工作具有连续性、并行性和实时性的特点，而且操作简便，适用于连续系统的实时仿真。但受元器件精度限制，整机的运算精度远低于电子数字计算机。在现代的电子模拟计算机中引入各种逻辑电路和存储电路可增强电子模拟计算机的仿真功能。

本书讲述的电子计算机是指电子数字计算机。

2. 4代电子计算机

电子数字计算机从1946年第一台ENIAC机至今可分为4代：

第一代——**电子管计算机**：从1946年第一台计算机研制成功开始到50年代后期，以电子管为基本器件，运算速度为每秒几千次运算。特点是精度低、存储容量小、稳定性差以及体积庞大等。其主要应用于军事及国防领域。销售量最大的是IBM公司(International Business Machine Corp.，国际商用机器公司)的IBM 650小型机，性能最高的是最后一台电子管计算机——IBM 709大型机。

第二代——**晶体管计算机**：从 20 世纪 50 年代中期到 60 年代后期，以晶体管为基本器件，50 年代后期开始使用磁芯存储器，运算速度在每秒几万次运算以上，后期的晶体管计算机速度已达每秒千万次运算。其特点是精度较高、存储容量较大、稳定性较好以及体积较小等。应用领域已扩大到工程设计和科学研究。影响较大的是 CDC（Control Data Corp.，控制数据公司）的 CDC 6600 高速大型计算机。而性能最高的是 CDC 7600 超大型计算机，速度达到每秒千万次浮点运算。

第三代——**集成电路计算机**：从 20 世纪 60 年代中期到 70 年代前期，采用小规模或中规模集成电路为基本器件，后期开始使用半导体存储器，运算速度在每秒几十万次运算以上，后期的集成电路计算机速度已达每秒千万次运算，其特点是功耗、体积和价格等进一步下降，而速度及可靠性相应地提高，应用领域进一步扩大。成本低而功能相对不是太强的小型计算机占领了数据处理的许多应用领域。代表性系统有 IBM 360 系列、CDC 7600 系列和 DEC（Digital Equipment Corp.，数字设备公司）的 PDP-8 系列等。1964 年推出的 IBM 360 系统是最早采用集成电路的通用计算机，也是影响最大的第三代计算机。

第四代——**大规模和超大规模集成电路计算机**：从 20 世纪 70 年代中期开始，随着集成电路器件集成度的不断提高，电子计算机进入大规模集成电路计算机的时代。以 1971 年生产的 IBM 370 系列机为开端，运算速度可达每秒几千万次～上亿次。之后，随着集成电路器件集成度的成倍提高，超大规模集成电路（Very Large Scale Integration，VLSI）器件普遍应用于更加完善的高密度、高速度的处理器芯片和存储器芯片。现代的电子计算机都是超大规模集成电路计算机。其特点是精度更高、存储容量更大、稳定性更好以及体积更小（在实现相同功能的条件下）等。

3. 通用化、系列化和标准化

第三代和第四代计算机的主要特点是通用化、系列化和标准化。

通用化：指令系统丰富，兼顾科学计算、数据处理、实时控制三个方面。

系列化：同一系列的各档机器采用相同的系统结构，即在指令系统、数据格式、字符编码、中断系统、控制方式、输入/输出操作方式等方面保持统一，从而保证了程序的兼容，当用户更新机器时，原来在低档机上编写的程序可以不做修改就使用在高档机上。

标准化：采用标准的输入/输出接口，因而各个机型的外部设备是通用的。采用积木式结构设计，除了各个型号的 CPU 独立设计以外，存储器、外部设备都采用标准部件组装。

4. 电子数字计算机分类

进入大规模和超大规模集成电路计算机时代后，各种类型的计算机——巨型机、大型机、小型机、微型机和工程工作站等都得到飞速发展。

(1) 巨型机

巨型机是一种需要有很高的运算速度、很大存储容量的计算机，一般的大型通用计算机不能满足要求。集成电路的进展，为制造巨型机提供了条件。以 Cray-1 计算机为例，针对天气预报、飞行器设计和核物理研究中存在大量向量运算的特点，Cray-1 计算机的向量运算速度达每秒 8000 万次，并兼顾了一般的标量运算。1983 年研制成功的 Cray X-MP 机向量运算速度达每秒 4 亿次。巨型机对国防技术的发展是不可或缺的。

(2) 大型机

大型机具有高可靠性、高吞吐能力、高安全性、高可扩展能力以及防病毒和防黑客能力。

它用作一个安全的、开放的大型服务器,作为企业的计算平台。由于大型机软件开发成本很高,为了减少新研发机的软件开发成本,大型机一般具有系列化的特点,IBM 公司于 1998 年推出的 IBM S/390 系列的第 5 代产品,其主机速度为每秒 10 亿次。

(3) 小型机

小型机是一种规模小、结构简单、设计试制周期短的计算机系统,便于及时采用先进工艺,具有硬件和软件成本低、操作和维护容易以及可靠性高等特点,管理机器和编制程序都比较简单,便于计算机的普及和推广。使用小型机进行数据采集、整理、分析、计算等工作可使小型机的应用领域扩展到控制领域。

DEC 公司的 PDP 11 系列是 16 位小型机的代表,DEC 公司的 VAX 11/780 是 32 位高档小型机,应用极为广泛。VAX 11 系列与 PDP 11 系列是兼容的。

(4) 微型机

20 世纪 60 年代末至 70 年代初,由于集成电路工艺和计算机技术的发展,袖珍计算器得到了普遍的应用。作为研制灵活的计算器芯片的成果,1971 年 10 月,美国 Intel 公司首先推出 Intel 4004 微处理器。这是实现 4 位并行运算的单片处理器,构成运算器和控制器的所有元件都集成在一片大规模集成电路芯片上。它也是第一片微处理器。

微型机(Microcomputer,微型计算机)是指以微处理器为基础,配以内存储器以及输入/输出(I/O)接口电路和相应的辅助电路而构成的计算机。

微型机的出现与发展,掀起了计算机普及的大浪潮。

利用 4 位微处理器 Intel 4004 组成的 MCS-4 是世界上第一台微型机,1978 年问世的 Intel 8086 是 16 位微处理器,后继问世的 Intel 80286、80386 与 8086 兼容。1981 年以后,32 位微处理器 Intel 80386、80486 和 Pentium 系列的微处理器相继问世。

20 世纪 70 年代后期,出现了一种通用微机系统——个人计算机(Personal Computer,PC)。最早的、在个人计算机发展史中有重大影响的是 1977 年 Apple 公司(苹果公司)推出的 Apple II 型微机,此后各种型号的个人计算机纷纷出现。1981 年 8 月 12 日 IBM 公司推出了 IBM PC,后来又推出 IBM PC/XT(扩充型 PC)、IBM PC/AT(先进型 PC)。由于它们具有设计先进、软件丰富、功能齐全和价格低廉等特点,很快成为微型机市场主流。国内外许多计算机厂家相继生产了与 IBM PC 兼容的个人计算机。个人计算机是一类通用计算机,可应用于多个领域,低档的个人计算机可供家庭娱乐和业余爱好者使用,而高档的个人计算机用于经营管理、科学计算以及教育等方面。

(5) 工程工作站

工程工作站 EWS(Engineering Work Station)简称工作站,是一种微型化的功能强的计算机系统。它的速度快、内存大,而且图像处理能力强,适合于进行较复杂的科学和工程计算。它是由高性能主机(包括高性能处理器和大容量内存)、高分辨率显示器、高速 I/O 设备以及其他必要的仪器设备组合而成。它置于终端台上,并可通过网络连接起来。它本身可作为一台计算机使用,能完成工程业务、技术业务和管理业务,并能作为一个工作站加入网络中。

EWS 特别适用于工程上的设计、计算、模拟、分析。它还适用于办公自动化(OA)业务、常规和非常规的数据处理、文件形成、机器检测、A/D 和 D/A 转换、实验数据处理以及 CAD/CAM/CAE(计算机辅助设计/计算机辅助制造/计算机辅助工程)等方面的应用,所以被称为"工程工作站"。

5. 我国计算机事业发展概况

(1) 我国电子计算机事业发展的三个阶段

第一阶段：1956~1970 年

1953 年，华罗庚院士（学部委员）提出要发展电子计算机，成立了由夏培肃、闵乃大和王传英组成的电子计算机研究小组，从事计算机方面的研究工作。

1956 年 8 月，中国科学院计算技术研究所筹委会成立，华罗庚院士任主任委员，主要消化吸收当时从苏联引进的 M-3 小型机。随后，在清华大学建立计算机专业，在北京大学建立计算数学专业。

1958 年 8 月，中国科学院计算技术研究所与北京有线电厂合作研制成功中国第一台电子数字计算机——103 机。该机为电子管数字计算机，字长 31 位，内存储器采用磁芯存储器，内存容量为 1024 字节，外存储器采用磁鼓存储器，运行速度为每秒 1500 次。

1959 年 9 月，中国科学院计算技术研究所与有关部门合作研制成功中国第一台快速通用电子数字计算机——104 机(DJS-1)。该机字长 39 位，内存储器采用磁芯存储器，内存容量 2048 字节，外存储器采用磁鼓存储器和磁带机，运行速度为每秒 1 万次。

1963 年，中国科学院计算技术研究所研制成功中国第一台大型晶体管电子计算机——109 机。在中国晶体管电子计算机的发展中，哈尔滨军事工程学院（即国防科技大学）慈云桂院士做出了卓越的贡献。他紧跟国际计算机发展的主流方向，开始对全晶体管计算机体系结构和基本逻辑电路进行研究和设计，于 1964 年研制成功第二代晶体管计算机——441B-I 机，连续无故障时间达 268 小时。以后又推出 441B-II 和 441B-III 机。

1970 年研制成功的 441B-III 机是我国第一台具有多道程序分时操作系统、标准汇编语言、FORTRAN 语言和标准程序库的快速电子数字计算机。

这一阶段的电子计算机主要应用于国防、军事和科研单位，用来进行高速计算。

第二阶段：1971~1980 年

1972 年 11 月，上海华东计算技术研究所研制成功运算速度为每秒 11 万次的大型集成电路通用电子数字计算机。

1973 年，北京大学和北京有线电厂等单位研制成功运算速度为每秒 100 万次的大型集成电路通用电子数字计算机。该机字长 48 位，内存容量 13KB，带有包括磁盘机、磁带机、穿孔机和打印机等 9 种 22 台外部设备。

1973 年后，我国电子工业部开始组织开发系列小型电子计算机，先后推出我国第一台系列化小型通用电子数字计算机 DJS-130，形成我国国产机 DJS-100 系列。1979 年研制成采用中规模集成电路通用电子数字计算机 DJS-140。

这一阶段电子计算机的应用开始扩展到经济领域，并开始从国外引进电子计算机。

第三阶段：从 1981 年开始

1982 年推出采用国内中大规模集成电路的 16 位通用电子数字计算机 DJS-150。

1983 年推出了 32 位通用电子数字计算机 DJS-1000 系列。

1983 年 11 月，中国科学院计算技术研究所研制成功大型向量流水并行机 757。该机字长 64 位，内存容量 52 万字，运算速度为每秒 0.1 亿次向量运算，是反映我国大型电子计算机研制水平的重要标志。

经过 6 年时间，国防科技大学于 1983 年 12 月研制成功亿次巨型向量计算机银河-I，这是当时我国功能最强(运算速度最快、存储容量最大)的电子计算机之一，用于中长期天气预报、卫星图像处理和石油、地质勘探工程计算，标志着我国步入巨型计算机的行列。慈云桂院士是银河计算机研制的总设计师和总指挥。

1988年，电子部六所等单位联合研制出我国第一个工作站系列——华胜3000系列。

1993年7月，国防科技大学研制成功我国第一台10亿次通用并行巨型计算机"银河-II"，在国家气象局投入运行。

1993年10月，国家智能计算机研究开发中心研制出我国第一套用微处理器构成的全对称多处理机系统"曙光一号"。

1995年5月，国家智能计算机研究开发中心在李国杰院士主持下研制成功"曙光1000"并行计算机，这是我国独立研制的第一套大规模并行机系统，运算速度达每秒25亿次，内存容量为1024MB。

2000年1月28日，中科院计算所研制的863项目"曙光2000-II"超级服务器通过鉴定，其峰值速度达到1100亿次，机群操作系统等技术进入国际领先行列。

2001年7月10日，中芯微系统公司宣布研制成功第一块32位CPU芯片"方舟-1"，其主频为200MHz。

2002年9月28日，中科院计算所宣布中国第一个可以批量投产的通用CPU"龙芯1号"芯片研制成功。其指令系统与国际主流系统MIPS兼容，定点字长32位，浮点字长64位，最高主频可达266MHz。此芯片的逻辑设计与版图设计具有完全自主的知识产权。采用该CPU的曙光(龙腾)服务器同时发布。

2002年11月25日，高性能嵌入式32位微处理器"神威Ⅰ号"在上海复旦微电子公司研制成功，并一次流片成功。

2003年12月9日，联想承担的国家网格主节点"深腾6800"超级计算机正式研制成功，其实际运算速度达到每秒4.183万亿次，全球排名第14位，运行效率78.5%。

2004年6月21日，美国能源部劳伦斯伯克利国家实验室公布了最新的全球计算机500强名单，曙光计算机公司研制的超级计算机"曙光4000A"排名第十，运算速度达每秒8.061万亿次。

这一阶段主要是面向应用，使计算机应用覆盖到各个领域。

(2) 计算机软件

在计算机软件方面，北京大学杨芙清院士为我国计算机软件的发展做出了重大贡献。

1964年她领导研究小组实现了我国第一个可用的ALGOL 60语言编译系统。

1973年她完成我国第一个自主开发的大规模、强功能、高水平的操作系统，用于我国第一台百万次计算机。

1978年她与南京大学徐家福、中科院的仲萃豪一起自行设计出我国第一个通用程序设计语言XCY；同时主持研究DJS 200/XT2操作系统，用于DJS 200机，首次采用高级语言编程。

1986年她开发成功软件工程核心支撑环境BETA-85。

1986～1990年，她主持开发我国第一个大规模的综合的通用集成化软件工程支撑系统环境——青鸟系统JB，该系统广泛应用于工业和金融等领域。

(3) 汉化

随着应用领域的扩展，计算机不仅用于数值计算，更广泛的应用是信息处理，而文字处理是信息处理的一个重要方面。汉字处理成为华人应用计算机的"瓶颈"。为此，计算机工作者做了大量的"计算机中文处理研究"工作。

1974年8月,国家计委颁文成立748工程办公室,进行计算机中文处理研究工作,称为"748工程",包含3个课题——汉字通信系统和汉字终端、汉字情报检索系统和精密汉字照排系统。

1979年,作为748工程的课题之一,精密汉字照排系统的核心——激光照排机在北京大学王选院士主持下研制成功。1981年7月我国第一台计算机激光汉字编辑排版系统——"华光I"通过鉴定,1983年推出"华光II"。1985年11月推出"华光III"。1987年"华光IV"的推出是计算机激光汉字编辑排版系统实现产业化的标志。1989年华光计算机激光汉字编辑排版系统分成"华光"系列和"北大方正"系列。1992年又推出彩色电子出版系统。王选院士开发的电子出版系统在世界中文排版领域至今始终保持领先地位。

1981年5月,公布国家标准GB 2312-80——信息处理交换汉字编码字符集(基本集),收入6763个汉字,每个汉字用2个字节表示,分为87个区,每区94个汉字。

1985年6月,第一台具有字符发生器汉字显示能力的、具备完整中文信息处理能力的国产微机——"长城0520CH"开发成功。

1985年,中科院自动化所研制出国内第一套联机手写汉字识别系统,即汉王联机手写汉字识别系统。

1992年,新华社、科技日报、经济日报正式启用汉字激光照排系统。

1992年提出ISO 10646C.J.K国际汉字标准,共20902个汉字,随后又提出一个副本,包含8000个汉字。

1992年4月,建成包括6万个汉字的计算机汉字库,这是最大的汉字字符集。

1993年5月,我国发布ISO/IEC 10646-1国际编码标准。该编码标准涵盖了各种主要语文的字符,包括繁体及简体中文字。该标准使世界各地不同的电脑系统之间能更准确地储存、处理、传递及显示各种含有汉字的电子文档。

1983年,电子部六所开发成功微机汉字软件CCDOS,这是我国第一套与IBM PC-DOS兼容的汉字磁盘操作系统。

1999年11月2日,中软总公司发布了第一个64位国产操作系统COSIX 64产品。

2000年6月15日,中科院软件所在UltraSPARC 64位平台上开发成功第一个64位中文Linux操作系统——Penguin 64。这是当时起点最高的直接针对具体硬件平台开发的中文Linux操作系统。

PC大量引入后,操作系统的汉化、各种汉字输入法的研究与应用,使电子计算机在我国得到普及。

1.2 电子计算机硬件的主要组成部分

电子计算机硬件由运算器、控制器、存储器、输入设备和输出设备五部分组成,如图1-2所示。

其中运算器和控制器合称中央处理器(Central Processing Unit,CPU),CPU与存储器(内存储器)合称为主机,而输入设备和输出设备合称为外部设备。

1.2.1 运算器

运算器是直接完成各种算术、逻辑运算的部

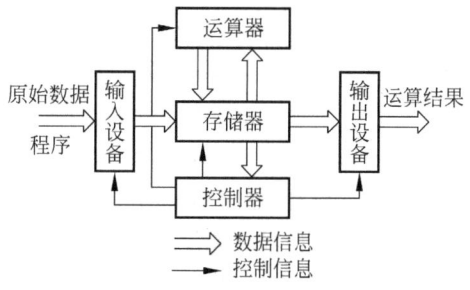

图1-2 电子计算机的组成部分

件，主要部件是 ALU(算术逻辑部件)。算术运算就是加、减、乘、除等运算。逻辑运算是按照逻辑代数规律进行的运算，如逻辑与、逻辑或等。此外，电子计算机还需实现数码的传送和移位等动作，上述运算和动作统称为"操作"。指挥计算机进行操作的命令称为"指令"，一台机器所具有的指令的集合称为"指令系统"(Instruction Set)或称"指令集"。

1.2.2 控制器

控制器是整个计算机的指挥系统。它对所要操作的程序中的每一条指令进行分析和判断。然后向机器各部件发出控制信号来指挥整个机器自动地、协调地进行工作。控制器的主要功能是：①在控制器的控制下，将程序和原始数据送入内存；②控制运算器和内存等部件实现自动计算和处理，并将结果送到输出设备；③控制内存与外存之间的信息交换；④控制随机事件的处理。

1.2.3 存储器

计算机之所以能够自动地、高速地进行各种复杂的运算，其原因之一是它能把算题所需的各种数据和程序事先存放在一个记忆装置中，这个记忆装置就是存储器。存储器的职能是存储程序、数据以及中间结果，而在运算和处理过程中由存储器快速地提供给运算器进行加工处理，这就是"程序存储"的工作方式。

在电子数字计算机中，不论是数据还是程序都是用二进制数(0 或 1)表示的，称为代码。把代码存入存储器称为"写入"(简称"写"或"存")，把代码从存储器中取出称为"读出"(简称"读"或"取")。对存储器的读写操作又称为"存取"或"访问"。

存储器通常分为内存储器(简称"内存")和外存储器(简称"外存")两类。内存设置在主机内部，用来存放当前运行所需要的程序和数据，以便向中央处理机高速传送信息。内存一般容量较小，但存取速度较高，它由半导体存储器组成。而外存设置在主机外部，用来存放当前暂时不参加运算的程序和大量数据，在需要时可与内存成批交换数据。外存容量较大，但存取速度较低。常用的外存储器有磁盘机(包括硬磁盘机和软磁盘机)、磁带机和光盘机等。内存储器又称为主存储器(简称"主存")，外存储器又称为辅助存储器(简称"辅存")。

1.2.4 输入设备

输入设备是向主机送入信息(数据、程序以及各种字符信息)的设备，是人-机联系的主要设备。输入设备对电子计算机而言是不可缺少的，否则，人的意图、原始数据等都无法进入计算机，常用的输入设备有键盘、鼠标器、数字化仪、光笔、扫描仪以及触摸屏等。

1.2.5 输出设备

输出设备是接收主机输出的信息(机器工作的中间结果或最终结果)，并把它显示出来的设备。常用的输出设备有打印机、CRT 终端(视频数据终端)、自动绘图机等。

在计算机运行时内部存在有两种信息流：一种是被处理的数据，存放在内存储器中，流经运算器的各个部件，经过逐步的加工，获得运算结果后再送回内存储器存放，这是"数据流"。另一种是被执行程序的指令序列，事先也存放在内存储器中，流经控制器的各部件，被分解剖析，发出各种控制信号，指挥数据信息的运算处理，这是"控制流"。计算机的内部工作过程就是这两种信息的流动和相互作用的过程。

1.3 电子计算机系统的主要技术指标

电子计算机系统的技术指标主要有如下几种。

1.3.1 字长

计算机的字长是指 CPU 与输入/输出设备和存储器之间一次传送二进制数据的位数,通常 CPU 的数据总线以及运算器的位数同计算机的字长一致。计算机的字长同处理能力和计算精度有关。字长越长,计算精度就越高,处理能力也就越强,但它使计算机的结构变得复杂。一般大型计算机字长为 32 位或 64 位;小型计算机字长为 16 位或 32 位;微型计算机字长有 1 位、4 位、8 位、16 位,高档微型计算机字长为 32 位和 64 位。对于字长短的计算机,为了提高计算精度,采用多字节的数据结构,用多个字节表示一个数。例如,对 16 位计算机,可以采用 32 位精度字进行操作。

1.3.2 运算速度

运算速度是以每秒钟能执行多少条指令来表示的,用来衡量计算机运算的快慢程度。由于计算机对不同指令的执行时间不同,有的甚至相差极大,因此需要作进一步的规定。最初是以定点加法指令为标准,以后又以加法、乘法、除法指令的平均时间为标准。现在一般采用下面几种计算方法:①具体指明执行定点加、减、乘、除指令,以及浮点加、减、乘、除指令各需多少时间;②每秒钟能执行的指令条数,以 MIPS(Million Instruction Per Second,每秒钟百万条指令)为单位;③吉布森(Gibson)混合法,根据各种指令使用的频度和每一种指令的执行时间来计算速度。

对于 CPU 芯片,Intel 公司为 Intel CPU 芯片的性能提出了一种新的评测指标—iCOMP (Intel Comparative Microprocessor Performance,Intel 微处理器性能比较)指数,它是按整数运算、浮点运算、图形和视频显示操作这 4 个层面,分别比较 16 位和 32 位的 CPU 性能,以加权方式评分,并以占用 CPU 时间(以百分比计算)为准。iCOMP 指数越高,CPU 相对性能越好。iCOMP 指数主要用于比较不同的 Intel CPU 之间的性能。例如,386SX-25 的 iCOMP 指数为 39,386DX-25 为 49,486SX-25 为 100,486DX-25 为 122,486DX2-50 为 231,Pentium-66 为 567 等。

1.3.3 存储容量

存储容量是衡量计算机系统中存储器存储能力的一个指标,包括内存(主存)容量和外存(辅存)容量。

内存容量以字节为单位,分装机容量(实际容量)和最大容量。最大容量由 CPU 的地址总线的位数决定,如 8 位微机系统地址总线为 16 位,则内存最大容量为 64KB(千字节,1KB= 2^{10} B=1024B);8086 系统地址总线为 20 位,内存最大容量为 1MB(兆字节,1MB= 2^{20} B= $(1024)^2$ B);80286 系统地址总线为 24 位,内存最大容量为 16MB。80386/80486 系统地址总线为 32 位,内存最大容量为 4GB(千兆字节,1GB= 2^{30} B= $(1024)^3$ B)等。而装机容量按所用软件环境而定,如果采用 Windows 环境,内存必须在 4MB 以上;如果采用 Windows 95,内存必须在 8MB 以上;而采用 Windows NT,内存必须在 16MB 以上。

外存容量是指磁盘、磁带和光盘等容量，应根据实际需要来配置。目前高档微机系统中采用的硬磁盘的容量为1TB(万亿字节，1TB=2^{40}B=$(1024)^4$B)、2TB等，光盘的容量为GB级。

1.3.4 主频

主频是指计算机工作时 CPU 的时钟频率，其单位为 MHz(兆赫，10^6 赫兹)和 GHz(千兆赫，10^9 赫兹)，是计算机工作的时间基准，用来协调整机的操作。主频的高低在很大程度上决定了计算机的运算速度。目前高档微机的主频都在 1GHz 以上，在新 Pentium 4 芯片的主频高达 3.8GHz。

1.4 软件概述

1.4.1 软件及其分类

计算机软件是计算机程序、程序所使用的数据以及有关的文档资料的集合。软件是计算机系统的"灵魂"，硬件是计算机系统的"实体"，硬件只是提供了计算机应用的物质基础，仅有硬件的计算机称为"裸机"，裸机是不能工作的，还必须配上必要的软件，才能使计算机系统具有特定的功能，并得到实际的应用。硬件和软件结合构成一个完整的计算机系统。

从用户角度来看，软件是用户与硬件之间的使用界面，软件的作用是决定计算机做什么和如何做。为了使计算机能完成某种处理或计算，用户必须编制程序(软件)来指定硬件所应完成的动作，软件能使用户更方便、更有效地利用计算机硬件资源。

根据软件的功能及其所面向的工作对象，软件可分为系统软件、支撑软件和应用软件三大类。

1. 系统软件

系统软件是一种为了使用和管理计算机系统，直接控制和协调计算机、通信设备以及其他外部设备，使之发生作用并方便用户使用的软件。系统软件最靠近硬件，其他软件都要通过它发挥作用。系统软件一般由计算机生产厂家和软件厂商提供，它与具体应用领域无关，是在系统一级提供服务。

系统软件主要包括如下二类软件：

1)面向计算机本身的软件，包括操作系统和故障处理程序。

2)面向用户的软件，包括语言处理程序和辅助加工软件。

语言处理程序用来把各种程序设计语言所编写的源程序翻译为计算机能直接处理的用机器代码所表示的目标程序，如各种高级语言的编译程序和解释程序，以及汇编程序。

辅助加工程序主要用来为用户编辑和修改源程序、装配和连接目标程序，如文本编辑程序、屏幕编辑程序、字处理程序和连接程序以及各种专用和通用计算程序、常用数学库程序和软件包等。

2. 支撑软件

支撑软件是开发与维护的软件，20 世纪 70 年代中后期发展起来的软件开发环境可看成现代支撑软件的代表，主要包括环境数据库、各种接口软件和工具组(例如，面向计算机维护人员的软件：主要有诊断调试程序、自动纠错程序和测试程序)。此外，数据库管理系统和网络系统等也可算作支撑软件。

3. 应用软件

特定应用领域的专用软件,一种直接完成某种具体应用、供最终用户使用的软件。随着计算机应用的普及,应用软件也在向标准化、模块化的方向发展,现在许多计算机生产厂家、软件开发和研究部门研制出了许多具有通用性的应用软件,并把这些软件收入到系统库和软件库中,使最终用户不必再重新编制这些程序,只要按照使用说明就可以使用这些程序,避免了重复开发的浪费。

必须指出的是,系统软件和应用软件之间没有一个很严格的界限,例如各种标准程序库,可以看成是应用软件,也可以看作计算机生产厂家提供的系统软件。

1.4.2 对"软件"的完整理解

按"软件工程"的观点,软件是程序以及开发、使用和维护程序所需的相关文档资料的完整集合。一个计算机系统软件部分的完整配置包括四部分:①为解决各种特定问题而编制的应用程序;②为支持各种应用程序运行的系统程序;③有关应用程序的设计和开发过程的文档资料;④面向最终用户的有关使用和维护应用程序的文档资料。可归纳为"程序"和"软件文档"两大部分。

1. 程序

程序是使计算机执行特定任务的指令序列。在初级语言中,它是一组指令和数据;在高级语言中,它是一组语句和说明。把用任何一种不同于机器语言的其他程序设计语言所编写的程序称为源程序。计算机不能直接执行源程序,必须经过语言加工程序,如汇编程序或编译程序翻译成计算机能识别的用机器代码所表示的目标程序,计算机才能执行。把预定的任务用程序表达的全过程称为程序设计,程序设计主要包括如下步骤:

1) 分析问题,明确任务。
2) 建立数学模型,把实际问题转化为一个计算机能求解的问题。
3) 建立算法。
4) 设计程序流程图。
5) 按流程图编制程序。
6) 上机调试、修改,直到能正常运行达到设计要求为止。

2. 软件文档

软件文档(Document)是用自然语言或形式化语言所编写的,用来描述程序的内容、组成、设计、功能规格、开发情况、测试结果以及使用方法的文字资料和图表。

主要的软件文档大致有如下 13 种。

1) 用户手册
2) 操作手册
3) 维护修改建议
4) 软件需求(规格)说明书
5) 数据要求说明书
6) 概要说明书
7) 详细设计说明书(包括源程序清单及注释)

8）可行性研究报告

9）项目开发计划

10）测试计划

11）测试报告

12）开发进度月报

13）开发总结报告

这13种文档可分为三大类：1）～2）为用户文档；3）～7）为开发文档；8）～13）为管理文档。

可见，软件文档是软件开发、使用、维护和管理中的必备资料，高质量的文档对提高软件开发效率、保障软件的正确、有效的使用和维护，以及保证软件质量是十分重要的。因此从软件的开发开始一直到软件的使用和维护都必须十分重视文档的作用。

1.4.3 语言处理程序

计算机能直接接受和执行的是用机器代码(二进制代码)编制的目标程序。因此用其他程序设计语言所编制的源程序必须经过一种翻译程序翻译成机器代码所表示的目标程序。这种翻译程序即为语言处理程序，作为语言处理程序的有汇编程序、编译程序和解释程序。

1. 汇编语言与汇编程序

（1）机器语言与汇编语言

机器语言是一种完全面向机器的程序设计语言，由二进制代码表示的一组指令集组成，每条指令指挥计算机执行一个基本动作，它是计算机硬件能直接执行的语言。用机器语言编制的程序具有计算机能直接识别和执行、程序紧凑、占用内存空间少和执行速度快等优点，能充分发挥和有效利用计算机的硬件资源和功能。但其缺点是机器指令难记、程序难写、难读和难调试，不利于计算机的推广使用。

汇编语言是一种符号语言，其特点是用符号形式表示机器指令，用指令助记符代替机器的操作码、用标识符代替地址码。这也是一种面向具体计算机的语言。汇编语言与机器语言相比，除保留了机器语言的优点外，还具有易懂、易写、易记、易调试和易修改等优点。与高级语言相比，具有执行速度快、节省内存和控制精确等优点。不同的CPU有不同的汇编语言。

（2）汇编语言源程序

用汇编语言编制的程序称为汇编语言源程序，其基本单位是汇编语句行。完整的汇编语言源程序应包括基本指令语句、伪指令语句(又称指示性语句)和宏指令语句。基本指令语句和机器指令有着一一对应的关系。其格式为：

标号：操作码 操作数；注释

其中标号是指令的符号地址，当程序被汇编时，被赋予指令在内存中存放单元的物理地址。通常程序分支指令的目标指令前需要加上标号。操作码用来指明该指令的性质。操作数用来指出操作的对象。注释用来说明该指令在程序中的功能，为程序员和用户阅读程序提供说明，增加程序的可读性。

（3）汇编程序

由于汇编语言是一种符号语言，计算机不能直接接受和执行，把汇编语言源程序翻译成二进制编码的机器语言所表示的目标程序的一种语言加工程序，称为"汇编程序"。在操作系统的支持下，汇编程序对汇编语言源程序进行两遍扫描。第一遍扫描的主要任务是扫描查找源程序中出现的标号，并为之建立一张标号名表。为了给源程序中的标号地址一个确定的内存地址，在汇编程序中设置一个指令位置计数器，该计数器的初值可以是 0，也可以由 ORG 伪指令设定。汇编程序根据每条指令机器代码的长度，在扫描该条指令后，指令位置计数器加上相应的数值。计数器的数值会跟踪当前所扫描的指令，从而确定该条指令在内存中的绝对地址或相对地址。当汇编程序读到 END 伪指令时，表示第一遍扫描结束。第二遍扫描的功能是生成目标程序和源程序对照的程序清单。

汇编程序的主要功能是：

1)将汇编语言源程序翻译成机器语言的目标程序。

2)按用户指定自动分配存储区域(程序区、数据区和暂存区等)。

3)自动地把各种进位制数转换成二进制数。

4)把字符转换成 ASC II 码。

5)计算表达式值。

6)自动地对源程序进行检查，若有错误给出出错信息。

在 DOS 操作系统下，PC 系列机上能够运行的汇编程序主要有 ASM、MASM 和 TASM 等，其调试程序是 DEBUG。存放汇编语言源程序的盘文件应取 .ASM 的扩展名，经汇编后可以有选择地产生扩展名为 .LST 的源程序清单(即列表文件)以及扩展名为 .OBJ 的浮动二进制文件，经过连接后才能产生一个可执行的二进制文件 .EXE，这个扩展名为 .EXE 的二进制文件才是能执行和调试的。

(4)交叉汇编程序

利用一台计算机的处理、编辑能力为别的计算机进行汇编工作的程序称为"交叉汇编程序(Cross Assembler)"。

要在一台没有汇编程序的计算机上方便用户使用汇编语言源程序，将该计算机的汇编语言源程序输入到配有交叉汇编程序的另一台计算机上，由这台计算机把源程序汇编成上述计算机能直接执行的目标程序。采用交叉汇编，可以充分利用功能较强的计算机处理和编辑能力以及丰富的软件系统，节省了计算机程序的开发时间和费用。

(5)反汇编程序

反汇编程序(Disassembler)把二进制编码的机器语言目标程序翻译成汇编语言源程序的翻译程序，是与汇编程序功能相反的程序，即把操作码转换为指令助记符，把地址转换为符号地址。实际上它是一种"破译"的工具程序。

2. 高级语言与编译程序

(1)高级语言

机器语言和汇编语言都是与具体机器相关的程序设计语言，因此为一台计算机编制的程序很难搬到另一台不同型号的计算机上运行，而且语言的基本单位——指令的粒度太小，语言中又缺少结构机制，用于描述复杂的计算机处理过程代价太高。为此从 20 世纪 50 年代中期开始陆续开发出独立于计算机之外的、接近于人们的使用习惯的、易为人们理解的面向问题计算过程的通用程序设计语言，称为"高级语言(High Level Language)"。高级语言的优点是：①表达算法容易，因而易学、易用、易于推广交流；②由于面向问题的求解过程，要说明的是必须完成什么，而不是完成的步骤，表达较简单；③独立于计算机，因此不需要了解计算机的内部结构，使计算机从计算机专业人员手中解放了出来，成为广泛使用的工具。

高级语言按其描述计算过程的基本出发点的不同，通常分为过程式语言（如FORTRAN、PASCAL、Ada等）、函数式语言（LISP）、逻辑式语言（如PROLOG）以及面向对象的语言（在前几类语言上增添一些支持面向对象的描述机制而构成）。

(2) 编译程序

把高级语言源程序翻译成等效的机器语言目标程序的程序称为"编译程序（Compiler）"，源程序中的每个语句等价于多条机器指令。不同的高级语言有不同的编译程序。如C语言有C语言的编译程序，PASCAL语言有PASCAL语言的编译程序等。只有在计算机系统中配置有某种高级语言的编译程序，才能使用该语言编制的源程序。

编译程序在处理翻译源语言程序时的工作顺序是：词法分析、语法分析、代码生成与优化等综合工作。编译程序的实现方式有一遍扫描和多遍扫描，一遍扫描只是从头到尾对源程序处理一遍即生成目标程序；多遍扫描时，每遍扫描实现一部分功能。

编译程序在对源程序进行翻译时，首先是分析工作——分析词法和分析语法，然后进行综合——包括代码优化、分配存储单元和代码生成。此外编译程序还提供修改源程序的功能和比较完善的调试措施，以帮助用户调试源程序。

现代计算机系统中的编译程序是一个复杂的有相当规模的软件系统，通常包括了支持程序员进行软件开发的一套编辑、检错、跟踪系统和程序维护的支持系统等，还包括一个相当规模的应用子程序库和一个支持目标程序运行的子程序集。这样的程序集也称为编译系统。

(3) 解释程序

把用解释性高级语言编写的源程序翻译成计算机能执行形式的一种语言加工程序叫"解释程序（Interpreter）"。解释程序的特点是边解释边执行，即翻译一个语句，执行一个语句。这种翻译程序的灵活性大、所占内存空间较小、程序比较容易测试、修改和补充。其缺点是执行速度慢——即执行一次解释出来的程序要比执行编译生成的程序所化的时间长得多。解释程序不把源程序翻译为可执行代码，而是由其自身依照程序中语句和控制所指定的意义直接进行对数据的加工和处理。有些语言，如LISP、SMALLTALK由于其内部机制的特点，只能用解释程序的方式实现。一些小机器上的BASIC语言也是用解释程序来实现的，一般而言，解释程序比编译程序规模小。

1.5 计算机系统层次结构

从计算机语言角度出发，可以把通用计算机系统看成为由多级虚拟计算机组成的多层次结构，如图1-3所示。

图1-3的层次结构中共分8级（L0～L7），其中：

L0为硬联逻辑，实现微指令的控制时序，是计算机系统硬件的内核。

L1为微程序控制，对机器指令进行译码分析，根据微操作所需要的控制时序，编制微程序，配备一套微指令，给出微操作控制信号。

L0和L1实现CPU的功能。

L2为机器语言级计算机，该级的机器语言就是该计算机的指令系统，指令系统编写的机器语言源程序由L1的微程序进行解释。

计算机系统概论

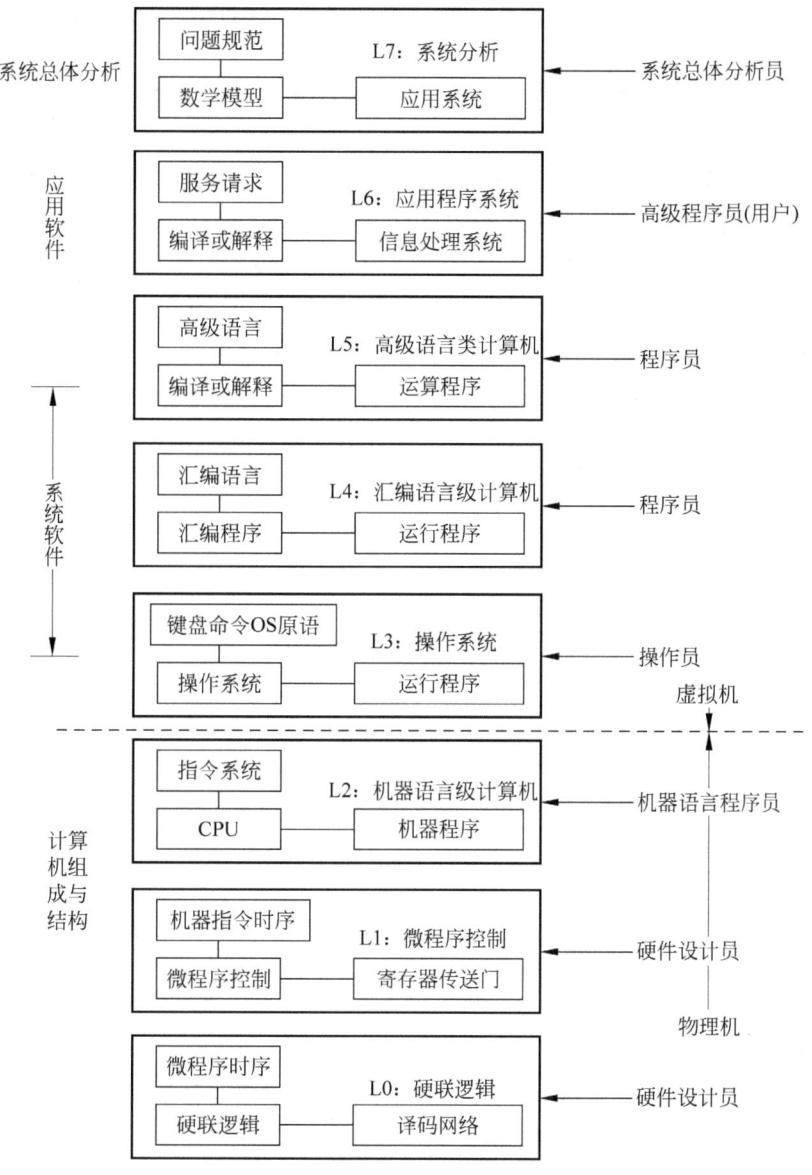

图 1-3 计算机系统的功能层次结构

L3 为操作系统，为用户提供一个操作环境，以提高计算机系统的功能和资源利用率。这一级机器语言中的多数指令是机器指令系统中的指令。同时它还提供诸如打开文件、读/写文件、关闭文件等操作系统级指令，这一部分指令由操作系统进行解释，操作系统可被视为运行在 L2 级机器上的解释程序。

L4 为汇编语言级计算机，该级的"机器语言"是汇编语言，由汇编程序翻译成 L2 或 L3 级语言，由相应级的计算机进行解释、执行。

L5 为高级语言类计算机，该级的"机器语言"是各种高级语言，由编译程序（个别的高级语言也有用解释程序）翻译成 L4 或 L3 级语言，由相应级计算机执行。该级计算机基本上脱离了物理计算机，供程序员使用。

L6 为应用语言计算机，该级的"机器语言"是面向非计算机专业人员直接使用的应用语言。

用户只需在终端(Terminal)用键盘或其他方式(例如鼠标、触摸屏)发出服务请求即可进入 L6 的信息处理系统。

L7 为应用系统分析和设计,是系统总体分析级,用以建立数学模型和算法,确定系统配置。

在计算机系统的层次结构中,L0 和 L1 都是由硬件实现的,而采用微程序控制的 L2 是由固件实现的,以硬件和固件为主实现的机器称为"物理机"(Physical Machine);而 L3～L7 都是以软件为主的机器,称为"虚拟机"(Virtual Machine)。虚拟机是指该级机器只对观察者而存在,其功能体现在广义的计算机语言上,虚拟机对该语言提供解释手段,然后作用在信息处理(或控制)对象上,并从信息处理(或控制)对象上获得必要的状态信号。如图 1-4 所示。对观察者而言,只能通过在某一层次上的计算机语言来了解和使用计算机,不必关心内层的工作及功能。

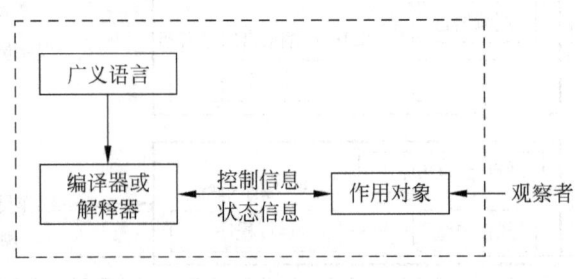

图 1-4　虚拟机的组成

1.6　计算机的应用

随着计算机技术的迅猛发展,其应用范围不断扩大,计算机已经渗透到国民经济的各个部门,下面简述计算机的主要应用领域。

1.6.1　数值计算

数值计算本来就是电子计算机诞生的首要需求,工程技术和科学研究中需要大量、高速的数值计算,因此数值计算领域,是计算机应用最早,也是应用得较广泛的领域。例如导弹或卫星发射时运行轨道和目标的精确计算、24 小时天气预报、生命科学中胰岛素晶体结构的测定等。

1.6.2　数据处理

随着计算机的迅速发展、功能越来越强,其应用领域也从数值计算发展到非数值处理领域,计算机可用来对文字、表格、图像和声音等信息进行处理。因此,计算机应当称为"信息处理机"。信息处理的范围相当广泛,包括 Internet 的应用。

1.6.3　计算机控制

生产过程的自动控制也是计算机应用的重要领域,计算机根据给定的数据实时地对生产过程实现自动化控制,因此又被称为"过程控制"。用于生产过程自动控制的计算机,一般都是实时控制,它们对计算机的速度要求不高,但可靠性要求很高。用于控制的计算机,其输入信息往往是连续变化的电压、温度、机械位置等非电量(模拟量),必须先将它们转换成电量(模拟量),然后再转换成数字量。这样,计算机才能进行处理或计算。计算机的处理结果是数字量,一般要将它们转换成模拟量去控制被控对象。

1.6.4 计算机辅助设计/计算机辅助制造

计算机快速的数值计算、较强的数据处理以及模拟的能力,使它在飞机、船舶、精密仪器和超大规模集成电路(VLSI)等的设计制造过程中得到广泛应用,CAD/CAM 的应用领域应运而生。

采用计算机辅助设计(CAD)来设计的新计算机,达到设计自动化或半自动化程度,从而减轻人的劳动强度并提高设计质量,这也是计算机辅助设计的一项重要内容。

一般供辅助设计用的计算机配备有图形显示和绘图仪等设备以及图形语言和图形软件等。设计人员可借助这些专用软件和输入输出设备把设计要求或方案输入计算机,通过相应的应用程序进行计算处理后把结果显示出来,设计人员可用光笔或鼠标器进行修改或选择。

近些年来,伴随着 CAD 技术的推广,计算机辅助设计出现了许多新的分支,例如,计算机辅助制造(CAM),计算机辅助测试(CAT),计算机辅助教学(CAI)等均属于计算机辅助设计的范畴。

1.6.5 人工智能

人工智能是将人脑在进行演绎推理的思维过程、规则和所采取的策略、技巧等编成计算机程序,在计算机中存储一些公理和推理规则,然后让机器去自动探索解题的方法,所以这种程序不同于计算机的一般应用程序。人工智能的研究课题是多种多样的,诸如计算机学习、计算机证明、景物分析、模拟人的思维过程和机器人等。

智能机器人是人工智能各种研究课题的综合产物,有感知和理解周围环境、进行推理和操纵工具的能力,并能通过学习适应周围环境,完成某种动作。在不允许人进入的场所(如高温、有放射性物质等)使用机器人有特殊的意义。

习题 1

1.1 描述数字计算机和模拟计算机的区别?
1.2 说明冯·诺依曼计算机的设计思想?写出冯·诺依曼计算机的主要组成部分?
1.3 描述计算机的发展过程及应用范围?
1.4 描述计算机软件的组成?并举例说明。
1.5 说明计算机系统的层次结构及各层次的特点?

第 2 章

运算基础——数值的机器级表示

本章论述电子数字计算机的运算基础,包括数制、机器数与真值——带符号数与不带符号数的表示、定点表示法与浮点表示法、二进制信息编码、汉字编码和校验码等内容。这是本书的主要内容之一,其中数制一节(2.1节)是基础,机器数的表示是重点,而采用校验码则是提高信息传输可靠性的重要措施。

2.1 数制

电子计算机的基本功能是进行数值计算和处理,所以首先必须对计数的方法——"数制"进行讨论。

2.1.1 十进制数制

在日常生活中,最常用的数制是十进制数制。这是一种进位计数制,采用少量阿拉伯数字符号——称为"数码"按先后位置排列成数位,由低到高的进位方法进行计数。任何一种进位计数制都包括两个基本因素:①基数——进位计数制中所用到的数码的个数;②位权——在进位计数制中,每个数码处于某个数位上所代表的数值,是数码本身的数值乘上与所处数位有关的一个固定常数,这个固定常数称为"位权值"、"位权"或"权值",简称"权"。位权是一个指数值,指数的"底"是进位计数制的"基数",指数的"幂"是数位的"序数"减1(对整数而言)。

在十进制数制中,用 0、1、2、3、4、5、6、7、8 和 9 十个数表示数的大小,基数是 10,在计数中"逢十进一"。

例如,5678 可表示为:

$$5678 = 5000 + 600 + 70 + 8$$
$$= (5 \times 10^3) + (6 \times 10^2) + (7 \times 10^1) + (8 \times 10^0)$$

上式中,10^0、10^1、10^2 和 10^3 分别对应于十进制中个位、十位、百位和千位的"位权",位权的值是"基数"10 的 $(n-1)$ 次幂,n 是自右至左的"位数"。

而十进制数制中小数的各位"位权"是 10 的负次幂,幂是数位的序数(小数点右面的序数)。

例如,$0.1 = 10^{-1}$,$0.01 = 10^{-2}$,$0.001 = 10^{-3}$,…,小数点把一个带小数的十进制数分为两部分。小数点左边表示整数部分,其位权是 10^0,10^1,10^2,…,10^{n-2},10^{n-1}(自右至左),n 是小数点左边的位数;小数点右边表示小数部分,其位权是 10^{-1},10^{-2},…,$10^{-(m-1)}$,10^{-m}(自左至右),m 是小数点右边的位数。

例如,56.78 可表示为:

运算基础——数值的机器级表示

$$56.78 = 56 + 0.78$$
$$= 50 + 6 + 0.7 + 0.08$$
$$= (5 \times 10^1) + (6 \times 10^0) + (7 \times 10^{-1}) + (8 \times 10^{-2})$$

从上式分析可见：在十进制数制中，相邻两个数位之间总是相差 10 倍，即上一位（左边）数位总是下一位（右边）数位的 10 倍。整数自右向左是"个"（位）、"十"（位）、"百"（位）等；而小数自小数点以后，自左向右为"1/10"（位）、"1/100"（位）、"1/1000"（位）等。也就是说，数位是按 10 的升幂自右至左顺序排列的。

任意一个十进制数可以写成：

$$S = \sum_{i=-m}^{n-1} K_i \times 10^i$$

式中，n、m 为正整数，n 为整数部分最高有效位的位数，m 是小数部分最低有效位的位数，K_i 为十进制数制中 10 个数码 0、1、2、3、4、5、6、7、8、9 中的一个，"10"为十进制数制的"基数"。

2.1.2 二进制数制

在电子计算机中，一般并不采用十进制数，而是采用二进制，即用"0"与"1"两个数码来表示数的大小，其基数为 2，在计数中"逢二进一"。

例如，十进制数 0、1、2、3、4、5、6、7、8、9、10、11、12、13、14、…、171 用二进制数表示为：0、1、10、11、100、101、110、111、1000、1001、1010、1011、1100、1101、1110、…、10101011。其中

$$10101011 = (1 \times 2^7) + (0 \times 2^6) + (1 \times 2^5) + (0 \times 2^4)$$
$$+ (1 \times 2^3) + (0 \times 2^2) + (1 \times 2^1) + (1 \times 2^0)$$
$$= 128 + 0 + 32 + 0 + 8 + 0 + 2 + 1$$
$$= 171_{10}$$

二进制数制中整数的位权是 2^{n-1}，n 是自右至左的位数。

同十进制数中的小数表示法类似，二进制小数可以表示为 2 的负 m 次幂，m 为小数点自左至右的位数。

例如：$0.1101_2 = (1 \times 2^{-1}) + (1 \times 2^{-2}) + (0 \times 2^{-3}) + (1 \times 2^{-4})$
$$= 0.5 + 0.25 + 0 + 0.0625$$
$$= 0.8125_{10}$$

从上面两例可见：在二进制数制中，相邻两个数位之间的位权值总相差两倍，即上一位（左边）数位的位权值总是下一位（右边）数位位权值的 2 倍，而下一位（右边）数位的位权值总是上一位（左边）数位位权值的 1/2，数位是按 2 的升幂自右到左顺序排列的。

任意一个二进制数可以写成：

$$S = \sum_{i=-m}^{n-1} K_i \times 2^i$$

式中，n、m 为正整数，且 n 是整数部分最高有效位的位数，m 是小数部分最低有效位的位数；K_i 为二进制中两个数码 0、1 中的一个，2 为二进制数制的基数。

为了区分不同数制所表示的数，可在数的右下角标上该数的"基数"，例如 171_{10}，10101011_2，也可以在数的右边再标上该数制的英文第一个字母，例如 171D，10101011B。这

里，D 表示十进制数 Decimal(通常十进制数可省略 D)，B 表示二进制数 Binary。

在计算机中另两种常用的计数制是"十六进制数制"和"八进制数制"分别用 H(Hexadecimal)和 O(Octal)表示。

2.1.3 二进制数与十进制数之间的转换

在计算机的应用中，经常需要进行二进制数与十进制数之间的相互转换，下面简述其转换方法。

1. 二进制数转换为十进制数

根据二进制数的定义，把一个二进制数按位权展开相加，即得对应的十进制数。二进制数各位整数与小数的"位权"如表 2-1 所示。

表 2-1 2 的正负 n 次幂简表

2^0	2^1	2^2	2^3	2^4	2^5	2^6	2^7	2^8	2^9	2^{10}	2^{11}	2^{12}
1	2	4	8	16	32	64	128	256	512	1024	2048	4096

2^{-1}	2^{-2}	2^{-3}	2^{-4}	2^{-5}	2^{-6}	2^{-7}	2^{-8}
0.5	0.25	0.125	0.0625	0.031 25	0.015 625	0.007 812 5	0.003 906 25

例如：$1010_2 = 1 \times 2^3 + 0 \times 2^2 + 1 \times 2^1 + 0 \times 2^0$
$= 8 + 0 + 2 + 0$
$= 10$

$101101.111_2 = 32 + 8 + 4 + 1 + 0.5 + 0.25 + 0.125$
$= 45.875_{10}$

2. 十进制数转换为二进制数

(1) 十进制整数的转换

为了把十进制整数转换为相应的二进制数，只需将十进制数依次除以 2，记下余数，所得之商再除以 2，再记下余数，直到商为零结束。然后依次收集余数，把最后一次所得的余数作为**最高有效位**(Most Significant Bit，MSB)，而把第一次相除所得的余数作为**最低有效位**(Least Significant Bit，LSB)。这种方法称为**除 2 取余**。

例 2-1 $179_{10} = ?_2$

解：179÷2=89   余数1——LSB
　　　89÷2=44   1
　　　44÷2=22   0
　　　22÷2=11   0
　　　11÷2=5   1
　　　5÷2=2   1
　　　2÷2=1   0
　　　1÷2=0   1——MSB

则得 $179_{10} = 10110011_2$

(2) 十进制小数的转换

对于十进制小数，要转换成相应的二进制小数，则是将 2 重复乘该十进制小数，记录相乘后所得的"整数部分"(称为"溢出数"),把乘积值的小数部分再乘以 2,又得"溢出数"……直到乘积的小数部分为零结束,然后收集"溢出数",把起始溢出数写在小数点后的第一位(MSB),再顺次记录各溢出数,即得相应的二进制数,这种方法称为**乘 2 取整**。

例 2-2　$0.90625_{10} = ?_2$

解：$0.90625 \times 2 = 1.8125 = 0.8125 + 1$　　整数1——MSB

　　　　$0.8125 \times 2 = 1.6250 = 0.6250 + 1$　　1

　　　　$0.6250 \times 2 = 1.2500 = 0.2500 + 1$　　1

　　　　$0.2500 \times 2 = 0.5000 = 0.5000 + 0$　　0

　　　　$0.5000 \times 2 = 1.0000 = 0.0000 + 1$　　1——LSB

则得 $0.90625_{10} = 0.11101_2$

例 2-3　$0.91625_{10} = ?_2$

解：$0.91625 \times 2 = 1.83250 = 0.83250 + 1$　　整数1——MSB

　　　　$0.83250 \times 2 = 1.66500 = 0.66500 + 1$　　1

　　　　$0.66500 \times 2 = 1.33000 = 0.33000 + 1$　　1

　　　　$0.33000 \times 2 = 0.66000 = 0.66000 + 0$　　0

　　　　$0.66000 \times 2 = 1.32000 = 0.32000 + 1$　　1

　　　　$0.32000 \times 2 = 0.64000 = 0.64000 + 0$　　0

　　　　$0.64000 \times 2 = 1.28000 = 0.28000 + 1$　　1

　　　　$0.28000 \times 2 = 0.56000 = 0.56000 + 0$　　0——LSB

此式中相乘结果小数部分永不为零,只要转换到所要求的精度即可,例如要求 7 位,则

$$0.91625_{10} = 0.1110101_2$$

(3)如果十进制数包括整数和小数,则可将十进制数的整数部分和小数部分按上述规则分别完成相应的转换,然后再把二进制整数部分和小数部分组合起来即可。

例 2-4　$179.90625_{10} = ?_2$

解：$179.90625_{10} = 179_{10} + 090625_{10}$

　　　　$179_{10} = 10110011_2$

　　　　$0.90625_{10} = 0.11101_2$

则得 $179.90625_{10} = 10110011.11101_2$

(4)十进制数转换为二进制数,特别是对整数的转换,还可采用一种简捷转换法,即只要记住二进制数中一些关键位的位权值就可使转换快速完成。

以 179_{10} 为例,179 中含有最大的位权是 $2^7 = 128$,$179 - 128 = 51$;而 51 中含有的最大位权是 $2^5 = 32$,$51 - 32 = 19$,而 19 的二进制表示为 10011_2;立即可得 $179_{10} = 10110011_2$ 这种方法显然比"除 2 取余"简捷。

2.1.4　十六进制数制

在计算机中,经常使用的另一种数制是十六进制数制,其基数是 16,因而需要 16 个数码,所用的数码是阿拉伯数字 0、1、2、3、4、5、6、7、8、9,以及英文字母 A、B、C、D、E、F,其中英文字母 A 到 F 分别代表等值的十进制数 10 到 15,其等值关系如下:

十进制：	10	11	12	13	14	15
十六进制：	A	B	C	D	E	F

因为该数制使用了数字和字母作为数码,故称为"字母数字数制",在十六进制数制中,位权是"16",在计数中逢16进1,即 $15_{10}=F_{16}$,$16_{10}=10_{16}$。采用十六进制数制使数字表示简短易记,是微机汇编语言程序设计中应用最广泛的数制,用机器码编程时源程序都采用十六进制数制。

1. 十六进制数制转换为十进制数

同二进制数转换为十进制数的方法相似,也是把16进制数按位权展开相加即可得到对应的十进制数。

例 2-5　$E5D7.A3_{16}=?_{10}$

解:　$E5D7.A3_{16}$

$=(14×16^3)+(5×16^2)+(13×16^1)+(7×16^0)+(10×16^{-1})+(3×16^{-2})$

$=57344+1280+208+7+0.625+0.01171875$

$=58839.63671875_{10}$

2. 十进制数转换为十六进制数

其转换方式也同十进制数转换为二进制数的方法相似,整数部分与小数部分转换分开进行,转换后再组合。

整数部分——把十进制数整数反复地除以基数16来完成转换,即**除16取余**。

小数部分——把十进制小数反复乘以基数16来完成转换,即**乘16取整**。

例 2-6　$3901_{10}=?_{16}$

解:　$3901÷16=243$　　余数 $13_{10}=D_{16}$　　　　LSB

　　　　$243÷16=15$　　　余数 $3_{10}=3_{16}$

　　　　$15÷16=0$　　　　余数 $15_{10}=F_{16}$　　　　MSB

则得 $3901_{10}=F3D_{16}$

例 2-7　$0.78125_{10}=?_{16}$

解:　$0.78125×16=12.5=0.5+12$　　→C_{16}

　　　　$0.5×16=8.0=0+8$　　　　　　→8_{16}

则得 $0.78125_{10}=0.C8_{16}$

3. 二进制数与十六进制数之间的转换

十六进制数常用作二进制数的简化形式,在二进制数制中要获得16种不同的组合(即要表示16个不同的数),必须用4位二进制数(即从0000B到1111B)。因此十六进制数可以直接由4位二进制数来代替,具体方法是:

二进制数的整数部分从小数点开始向左按4位一组分成若干组,小数部分从小数点开始向右按4位一组也分成若干组,然后把每一组的4位二进制数代之以对应的十六进制的等值数,这样就完成了由二进制数到十六进制数的转换。

例 2-8　$11010101000.1111010111_2=?_{16}$

解:　110　1010　1000　.　1111　0101　11

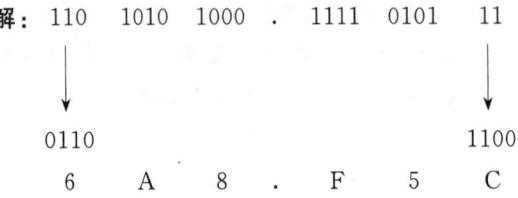

　　　　0110　　　　　　　　　　　　　　1100

　　　　6　　A　　8　　.　　F　　5　　C

则得 $11010101000.1111010111_2 = 6A8.F5C_{16}$

注意

1) 不要忽略用字母(A、B、C、D、E、F)来表示相应的十六进制数。

2) 十六进制数整数最高位的第一组二进制代码和表示十六进制数小数最低位的最后一组二进制代码, 若不足 4 位, 必须补 0 满 4 位。

同样, 十六进制数到二进制数的转换可以看作上述转换的逆过程, 即以 4 位二进制数的等效值来代替一位十六进制代码。

例 2-9 $8E.51_{16} = ?_2$

解: 8   E   .   5   1
    1000 1110 . 0101 0001

则得 $8E.51_{16} = 10001110.01010001$

例 2-10 $175.4E_{16} = ?_2$

解: 1   7   5   .   4   E
    0001 0111 0101 . 0100 1110

则得 $175.4E_{16} = 000101110101.01001110_2$

注意 整数部分的最高有效位 "1" 前面的 3 个 "0" 以及小数部分的最低有效位 "1" 后面的 1 个 "0" 无意义, 在结果中应予舍去。则得 $175.4E_{16} = 101110101.0100111_2$。

2.2 机器数与真值——带符号数与不带符号数的表示

2.2.1 机器数与真值

计算机在进行算术运算时, 必须能够表示正值和负值两种数字, 习惯用法是在数值前用一个正号(+)或负号(-), 这样表示的数称为"带符号数"。

因为计算机只能识别 "0" 和 "1" 两种符号, 所以数字的正负号也必须用 "0" 和 "1" 来编码, 通常把一个称为"符号位"的附加位置于数值的最高有效位(MSB)之前, 以表示该数字的正和负, 按常规约定: "0" 表示正值, "1" 表示负值。

例如: $+92_{10} = +1011100_2$ (以 7 位二进制数表示数值)

$\quad\quad\quad -92_{10} = -1011100_2$

这里的 $+1011100_2$ 与 -1011100_2 称为"真值", 以 X 表示之。而 X 在机器中的表示形式为:

$$+1011100_2 = 01011100_2$$
$$-1011100_2 = 11011100_2$$

这里的 01011100_2 与 11011100_2 中包含了数码化了的符号位 "0" 和 "1", 这种将符号数码化后的数是计算机能识别的数, 称为"机器数", 以 [X] 表示。

2.2.2 带符号数的表示法

带符号数有 4 种表示方法, 简述如下:

1. 原码表示法

由前述可知, "真值"是带"+" "-"号的二进制数, 若将真值中的符号"+"用符号位"0"表示，符号"−"用符号位"1"表示，数值位不变，那么这种表示法就称为"原码表示法"。

前述的 $+92_{10}=01011100_2$ 以及 $-92_{10}=11011100_2$ 中的 01011100_2 和 11011100_2 都是原码表示。

设机器字长为 n，最高位为符号位，则真值 X(为整数)的原码表示为：

$$[X]_原 = \begin{cases} X, & 0 \leqslant X < 2^{n-1} \\ 2^{n-1} - X, & -2^{n-1} < X \leqslant 0 \end{cases}$$

而真值 X(为小数)的原码表示为：

$$[X]_原 = \begin{cases} X, & 0 \leqslant X < 1 \\ 1 - X, & -1 < X \leqslant 0 \end{cases}$$

例 2-11 $X_1 = -27_{10}$，$X_2 = -0.125_{10}$，求 X_1 和 X_2 的原码表示($n=8$)。

解： $X_1 = -27_{10} = -0011011_2$

$X_2 = -0.125_{10} = -0.0010000_2$

则

$[X_1]_原 = 2^7 - (-0011011_2) = 10000000_2 + 0011011_2 = 10011011_2$

$[X_2]_原 = 1 - (-0.0010000_2) = 1.0010000_2$

2. 反码表示法

正数的反码表示与原码相同，负数的反码表示为：原码除符号位外，数值位按位取反——即"0"变"1"，"1"变"0"。

例 2-12 $X = -5_{10}$，按定义求其反码表示。

解： $X = -5_{10} = -0000101_2$

$[X]_原 = 10000101_2$

$[X]_反 = 11111010_2$

设机器字长为 n，最高位为符号位，则真值为 X(为整数)的反码表示为：

$$[X]_反 = \begin{cases} X, & 0 \leqslant X < 2^{n-1} \\ (2^n - 1) + X, & -2^{n-1} < X \leqslant 0 \end{cases}$$

而真值(为小数)的反码表示为：

$$[X]_反 = \begin{cases} X, & 0 \leqslant X < 1 \\ 2 - 2^{-(n-1)} + X, & -1 < X \leqslant 0 \end{cases}$$

例 2-13 设 $X = -5_{10}$ 用上述公式求 $[X]_反$ ($n=8$)。

解： $X = -0000101_2$，X 是负数，则

$[X]_反 = (2^n - 1) + X$

$= (2^8 - 1) + (-0000101_2)$

$= 11111111_2 - 0000101_2$

$= 11111010_2$

3. 补码表示法

上述机器数的原码表示法中"0"有两种表示法；即 00000000_2 和 10000000_2；反码表示法中"0"也有两种表示法，即 00000000_2 和 11111111_2。因此在这两种表示法中 8 位二进制数只能表示 255 个数，即 $-127 \sim +127$，有一个重码。

(1)补码与"模"

以钟表对时为例，设当前标准时间为 5 点整，有一钟表指示 9 点，可采用两种方法校准，

一是将时钟退 9－5＝4 格,一是将时钟向前拨 12－4＝8 格。这两种方法都能对准到 5 点。可见在这一命题中减 4 和加 8 是等价的,称 8 是－4 对 12 的补码,用数学公式表示为

$$-4 = +8 \quad (\text{mod } 12)$$

mod 12 是指 12 为模数,这个"模"表示自动被丢掉的值,上式称为**同余式**。

上式也说明－4 和＋8 是互补的(对模 12 而言),从该式也可见负数用补码表示时,可以把减法转化为加法,在计算机中用硬件实现比较方便。

(2) 补码表示式

设机器字长为 n 位,则对整数而言其模为 2^n,真值 X(为整数)的补码表示为:

$$[X]_{\text{补}} = \begin{cases} X, & 0 \leqslant X \leqslant 2^{n-1}-1 \\ 2^n + X, & -2^{n-1} \leqslant X < 0 \end{cases} \quad (\text{mod } 2^n)$$

而对小数而言,其模为 2,真值 X(为小数)的补码为

$$[X]_{\text{补}} = \begin{cases} X, & 0 \leqslant X < 1 \\ 2 + X, & -1 \leqslant X < 0 \end{cases} \quad (\text{mod } 2)$$

例 2-14 $X = -1010011_2$,$n=8$,用上述公式求 $[X]_{\text{补}}$。

解:$[X]_{\text{补}} = 2^n + X$

$= 2^8 + (-1010011_2) = 100000000_2 - 1010011_2 = 10101101_2$

通常可以利用原码求补码:

正数的补码表示与原码相同,负数的补码表示为:原码除符号位外,数值位逐位求反后再加 1。

在补码表示中,0 具有唯一的编码 00000000(8 位),8 位二进制补码能表示的数值范围为 $-128 \sim +127$。

4. 移码表示法

将补码 $[X]_{\text{补}}$ 中的符号位取反,即得该数的移码 $[X]_{\text{移}}$。即正数的移码 $[X]_{\text{移}}$ 为 1XXXXXXX;负数的移码 $[X]_{\text{移}}$ 为 0XXXXXXX。

注意 小数无移码表示。

移码常用于浮点数的表示中。

例 2-15 $X = -1010011_2$,求 $[X]_{\text{移}}$。

解:$[X]_{\text{补}} = 10101101_2$,则 $[X]_{\text{移}} = 00101101_2$。

8 位二进制数表示的无符号数、带符号数(原码、反码、补码和移码)的对照如表 2-2。

表 2-2 数的表示法

二进制数码表示	无符号二进制数	原码	补码	移码	反码
00000000	0	+0	+0	－128	+0
00000001	1	+1	+1	－127	+1
00000010	2	+2	+2	－126	+2
⋮	⋮	⋮	⋮	⋮	⋮
01111100	124	+124	+124	－4	+124
01111101	125	+125	+125	－3	+125
01111110	126	+126	+126	－2	+126
01111111	127	+127	+127	－1	+127
10000000	128	－0	－128	0	－127
10000001	129	－1	－127	+1	－126
10000010	130	－2	－126	+2	－125

(续)

二进制数码表示	无符号二进制数	原码	补码	移码	反码
⋮	⋮	⋮	⋮	⋮	⋮
11111100	252	−124	−4	+124	−3
11111101	253	−125	−3	+125	−2
11111110	254	−126	−2	+126	−1
11111111	255	−127	−1	+127	−0

2.3 定点表示法与浮点表示法

计算机中常用的数据表示格式有两种：一种是**定点表示法**，即事先约定机器所有数据的小数点位置是固定不变的，且通常将数据表示为纯整数或纯小数，上一小节所述都为定点数表示；另一种是**浮点表示法**。两者的格式如图 2-1 所示。

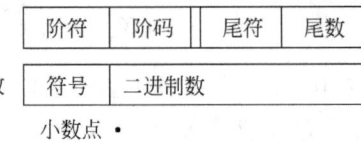

图 2-1 定点表示法与浮点表示法

2.3.1 定点表示法

在进行加、减运算前，需要先按小数点进行对位，如果把小数点的位置按一定规则固定下来，规定小数点在数字的前面为小数，规定小数点在数字的后面为整数。这样再进行运算，就不需要对位操作了，这种小数点固定的数称为"定点数"。一个字长为 n 位的定点数，其中最高位表示符号，称"符号位"，其余 $(n-1)$ 位用来表示数值，称"数值位"。

用补码表示的定点整数，n 位二进制数(包括符号)所表示的整数 X 的范围是：
$$-2^{n-1} \leqslant X \leqslant +2^{n-1}-1$$

用补码表示的定点小数，n 位二进制数(包括符号)所表示的小数 X 的范围是：
$$-1 \leqslant X \leqslant 1-2^{-(n-1)}$$

若运算结果超出计算机所能表示的最大值，称为"溢出"，则需进行溢出处理；若运算结果小于计算机所能表示的最小值，则计算机把它当作"0"处理。

定点整数或定点小数所允许表示的数值范围有限，运算精度较低，但采用定点运算时对机器硬件需求较简单。

2.3.2 浮点表示法

对于一些绝对值很大的数，或要求表示的数值范围很广的数，经常采用浮点表示法。

一个二进制数 N 可用如下形式表示：
$$N=(-1)^S \times M \times R^E$$

式中，S(Sign)为数据的符号位；M(Mantissa)为尾数，采用定点小数表示；E(exponent)为阶码，采用定点整数表示；R(radix)为基数，是常数，表示进位计数制中采用的数码个数，在二进制计数制中 $R=2$。

在计算机中，尾数大多采用原码或补码表示，阶码采用补码或移码表示。浮点数通常表示为如图 2-2 所示的格式。

图 2-2　浮点数格式

由图 2-2 可见，要表示一个浮点数，一是要给出尾数 M（通常用定点小数形式表示），它决定了浮点数的表示精度，即可以给出的有效数字的位数；二是要给出阶码 E（通常用整数形式表示），它指出的是小数点在数据中的位置，决定了浮点数的表示范围。尾数的正负表示整个数的正负，即尾符决定了整个数的正负，而阶码的正负表示小数点是左移（负）或右移（正）。

若一个浮点数的阶码有 m 位（不包括阶符），尾数有 K 位（不包括尾符），则可表示的数的最大正值为尾符和阶符为正（0），阶码和尾数为全"1"，即

$$N_{max} = (1 - 2^{-K}) \times 2^{2^m - 1}$$

而可表示的数的最小正值为阶符为负，阶码为全"0"，尾数最低位为"1"，其余为"0"，即

$$N_{min} = 2^{-K} \times 2^{-2^m}$$

用浮点数进行运算可减少精度上的损失，但由于浮点的小数点是不固定的，在运算前需要使小数点对位。若两数的阶码不同，则在运算前首先要"对阶"，且按大的阶码对阶，否则可能丢失数字的有效位而引起误差。

一般浮点数都以规格化方式表示。所谓"规格化"，是指尾数恢复真值后，在尾数中表示最多的有效数据位，即尾数的最高位是有效数字"1"，而不是"0"，这样可以保留最多的有效数字，提高运算精度。

浮点数规格化对尾数的要求是：

补码表示为 0.1XXXX…

　　　　　 1.0XXXX…

例如，数 0.000101×2^5 的规格化表示为：

$$0.101 \times 2^2$$

在浮点数表示中，当一个数的阶码大于机器所能表示的最大阶码时，产生"上溢"，转入溢出中断处理；当一个数的阶码小于机器所能表示的最小阶码或尾数为 0 时，则产生"下溢"，下溢时机器一般将此当作"机器零"来处理。

2.4　二进制信息编码

所谓二进制信息编码，是指用二进制代码来表示计算机所要处理的信息——数值、数字、字母和符号等，一般表示为若干位二进制码的组合。

2.4.1　BCD 码（二-十进制码）

二进制数实现容易且可靠性好，二进制运算规律十分简单，因此在计算机中都采用二进制。但纯二进制代码不直观，例如用纯二进制代码表示 7 位二进制数为 1010101，实际上是表示十进制的 85；但是我们很难一下子直接读出，于是在计算机的输入和输出时，通常还是用十进制数来表示，不过这样的十进制数必须用二进制编码来表示，才能为计算机所接受。

BCD（Binary-Coded Decimal）亦称二进制编码的十进制数或二-十进制代码，是一种二进制的数字编码形式，用 4 位二进制数来表示 1 位十进制数中的 0～9 这 10 个数码。4 位二进制码

共有 $2^4=16$ 种代码,在这 16 种代码中,可以任选 10 种来表示 10 个十进制数码,共有 $N=16!/[10!\times(16-10)!]=8008$ 种方案。常用的 BCD 码见表 2-3。

表 2-3 常用的 BCD 码

十进制数	8421 码	5421 码	2421 码	余 3 码	余 3 循环码
0	0000	0000	0000	0011	0010
1	0001	0001	0001	0100	0110
2	0010	0010	0010	0101	0111
3	0011	0011	0011	0110	0101
4	0100	0100	0100	0111	0100
5	0101	1000	1011	1000	1100
6	0110	1001	1100	1001	1101
7	0111	1010	1101	1010	1111
8	1000	1011	1110	1011	1110
9	1001	1100	1111	1100	1010

通常采用标准 8421 位权制的二进制代码,称为"8421 BCD 码",8421 BCD 码与十进制数、二进制数的关系如表 2-4 所示。

表 2-4 十进制数、二进制数和 BCD 码对照表

十进制数	二进制数	8421 BCD 码	十进制数	二进制数	8421 BCD 码
0	0000	0000	8	1000	1000
1	0001	0001	9	1001	1001
2	0010	0010	10	1010	0001 0000
3	0011	0011	11	1011	0001 0001
4	0100	0100	12	1100	0001 0010
5	0101	0101	13	1101	0001 0011
6	0110	0110	14	1110	0001 0100
7	0111	0111	15	1111	0001 0101

BCD 码比较直观,看到一个用 BCD 码表示的数,可以立即写出该数的十进制表示。例如 $1000\ 1001\ 0011.0111\ 0110\ 0100_{BCD}=893.764_{10}$。

BCD 码与十进制之间的相互转换是容易的,而 BCD 码与二进制的转换就不是很容易,但可以通过十进制做过渡,即

$$BCD\ 码 \longrightarrow 十进制码 \longrightarrow 二进制码$$

2.4.2 ASCII 码

现代计算机不仅要处理数值问题,而且还要处理大量非数值问题,这就必须引入文字、字母和某些专用符号,以便表示文字语言和逻辑语言信息。这些信息必须编写成二进制格式的代码。

目前在计算机中应用最广泛的文字编码系统是 ASCII 码(American Standard Code for Information Interchange,美国信息交换标准码),标准的 ASCII 码由 7 位二进制代码组成,可表示 $2^7=128$ 种不同的字符,包括十进制数字 0~9、英文 26 个字母的大写和小写形式、标点符号以及数据控制的其他专用字符。ASCII 字符编码表见表 2-5。

运算基础——数值的机器级表示   31

表 2-5　ASCII 字符编码表

$b_3b_2b_1b_0$		$b_6b_5b_4$							
		0	1	2	3	4	5	6	7
		000	001	010	011	100	101	110	111
0	0000	NUL	DLE	SP	0	@	P	`	p
1	0001	SOH	DC1	!	1	A	Q	a	q
2	0010	STX	DC2	"	2	B	R	b	r
3	0011	ETX	DC3	≠	3	C	S	c	s
4	0100	EOT	DC4	$	4	D	T	d	t
5	0101	ENQ	NAK	％	5	E	U	e	u
6	0110	ACK	SYN	&	6	F	V	f	v
7	0111	BEL	ETB	/	7	G	W	g	w
8	1000	BS	CAN	(	8	H	X	h	x
9	1001	HT	EM	)	9	I	Y	i	y
A	1010	LF	SUB	*	:	J	Z	j	z
B	1011	VT	ESC	+	;	K	[	k	{
C	1100	FF	FS	,	<	L	\	l	|
D	1101	CR	GS	—	=	M	]	m	}
E	1110	SO	RS	•	>	N	ˆ	n	~
F	1111	SI	US	/	?	O	_	o	DEL

注：表中二进制代码按顺序 $b_6b_5b_4b_3b_2b_1b_0$ 排列。

NUL	空	FF	走纸控制	ETB	信息组传送结束
SOH	标题开始	CR	回车	CAN	作废
STX	正文开始	SO	移位输出	EM	纸尽
ETX	正文结束	SI	移位输入	SUB	减
EOT	传输结束	DLE	数据链换码	ESC	换码
ENQ	询问	DC_1	设备控制 1	FS	文字分隔符
ACK	确认	DC_2	设备控制 2	GS	组分隔符
BEL	报警符	DC_3	设备控制 3	RS	记录分隔符
BS	退一格	DC_4	设备控制 4	US	单元分隔符
HT	横向列表	NAK	否定	SP	空格
LF	换行	SYN	空转同步	DEL	删除
VT	垂直制表				

在计算机系统中，数据传送的基本单位是字节——8 位二进制代码，因此在一个字节中存放 ASCII 代码时，最高位 b_7 常用作奇偶校验位，用以判别数码传送是否正确，b_7 这一位的数值由奇偶校验的类型决定。

偶校验：是指包括奇偶校验位在内，所有"1"的位数之和是一个偶数。例如，数字"3"的 ASCII 代码为"0110011"，因为代码中有 4 个"1"，是偶数，所以奇偶校验位，b_7="0"，则数字"3"的带偶校验的 ASCII 代码为"00110011"。

奇校验：是指包括奇偶校验位在内，所有"1"的个数为奇数。显然，此时"3"的带奇校验的 ASCII 代码为"10110011"。

2.5　汉字编码

在我国要推广普及计算机，必须解决在计算机上输入、处理和显示汉字的问题，而关键是汉字编码问题。

2.5.1 汉字的输入编码

把实形的汉字通过具体的输入设备，提供给计算机信息处理系统。目前使用的输入码有：

1) 数字编码(常用的是国际区位码，优点是无重码，且输入码与内部码的转换较方便，缺点是代码难记。)

2) 拼音码(以汉语拼音为基础的输入方法，优点是熟悉汉语拼音者即能使用，缺点是重码率高，需进行同音字选择，影响输入速度。)

3) 字形码(按汉字的字形进行编码，最常用的是五笔字型码。)

2.5.2 国标码与汉字机内码

国标码是"国家标准汉字编码"的简称，该编码集的全称是"信息交换用汉字编码字符集——基本集"，国家标准编号为 GB2312—80，又称"GB2312—80"。国标码按使用频度把汉字划分为高频字(约 100 个)、常用字(约 3000 个)、次常用字(约 4000 个)、罕见字(约 8000 个)和死字(约 45000 个)。把高频字、常用字和次常用字归结为汉字符集(共 6763 字)，其中一级汉字 3755 个(按拼音排序)和二级汉字 3008 个(按部首排序)，再加上图形符号 682 个以及西文字母、数字等，在一般情况下已足够使用。

国标码规定：一个汉字用两个字节表示，每个字节只用前 7 位，最高位都未作定义。为书写方便，常用 4 位十六进制数来表示一个汉字。

国标码是一种机器内部编码，其主要作用是：用于统一不同的系统之间所用的不同编码。通过将不同的系统使用的不同编码统一转换成国标码，不同系统之间的汉字信息就可以相互交换。

汉字机内码是汉字在计算机内部存储、运算、处理的代码，一般采用两个字节表示，两个字节的最高位均规定为"1"，例如在国标码的两个七位编码的最高位之前个加一个"1"，即形成了两个字节的汉字机内码，简称"内码"。

2.5.3 汉字字模码

字模码是用点阵表示的汉字字形代码，是汉字的输出形式，又称"字形码"。

字模码一般采用点阵式码，即把一个汉字按一定的字形需要写在一定规格的点阵格纸上，根据输出要求的不同，有不同的点阵，常用的有 16×16、24×24、32×32 或更高。一个 16×16 点阵的汉字要占用 32 个字节，24×24 点阵的汉字要占用 72 个字节，至于 32×32 点阵的汉字则要占用 128 个字节……可见字模点阵的信息量很大，所占有的存储空间也很大，只能构成汉字库而不能用于机内内存存储。汉字库中存储了每个汉字的点阵代码，当显示输出或打印输出时才检索字库，输出字模点阵，得到欲输出的字形。

2.6 校验码

2.6.1 几个基本概念

数据信息在传输线上传输的过程中会因周围高频干扰，收发设备发生间歇性故障或设备工作于临界状态以及电源突发的瞬变现象而发生传输错误，同时在主存、辅存和 I/O 设备上存储和处理数据时也会出现读写错误和传输错误，影响数据的正确性。为了发现(并纠正)在传送和处理过程中所产生的信息错误,可从软件和硬件两方面来寻找对策,在硬件方面,可从提高硬件本身的可靠性和提高设备的屏蔽性上着手,在软件方面从数据编码上采取适当的措施——这就是本节要讨论的校验码。

1. 校验码
校验码又称为检错纠错编码,是一种能发现错误并能自动纠正错误的数据编码。

2. 码距
任何编码都由一组**码字**(code word)组成,两个码字间变化的二进制位数称为**码距**(code distance)。而在一种编码中任意两个码字之间最少变化的二进制位数称为该数据编码的**最小码距**(minimum code distance)。

3. 冗余
为使数据少出错、不出错,并在发生出错时能自动纠错,引入数据冗余(redundancy)的概念,这就是在一种编码的正常码字中增加一些额外的二进制位码,这些位码的加入会增加该种编码的最小码距,产生一些非法码,而这些非法码即读写或传输过程中产生的错误码。而这些错误码作为非法码可以被检测出来,这就是**检错码**(error detecting code)。如果冗余位编制适当的话,在检错后还能纠正错误,这种编码称为**纠错码**(error correcting code)。

4. 最小码距为 1 的编码无检错能力
以 4 位二进制编码为例,4 位二进制编码从 0000~1111 有 16 个码字表示十进制数 0~15,这种编码的码距为 1~4,即:

0000 与 0001 两码字的码距为 1;
0000 与 0011 两码字的码距为 2;
0000 与 0111 两码字的码距为 3;
0000 与 1111 两码字的码距为 4。

最小码距为 1,这种编码无检错能力,即 4 位二进制编码中的 16 种可能出现的码字都是合法码字。当某一个合法的码字中出现 1 位或 1 位以上的错位时,所得到的错误码字仍是合法的码字。无法判断这是错误的码字。

考虑在 4 位编码中增加 1 位冗余位——用 5 位二进制位码表示 16 个数。5 位二进制位码可表示 32 种状态即 32 个码字,其中只有 16 个码字是合法码字,另外 16 个码字是非法码字。这种编码的最小码距为 2,对于最小码距大于等于 2 的数据编码就具有检错的能力。

只要合理安排非法码字数量和编码规则,使最小码距越大就能达到检错和纠错的要求。例如,能检查出 1 位错,且能检出出错位的位置,只需将出错位取反即得正确码字——合法码字。

2.6.2 奇偶校验码

1. 简单的奇偶校验码
奇偶校验码(parity check code)常用于 ASCII 字符在传送过程中的检查以及存储器的读写检查,是一种能检查出奇数位错,但不能确定出错位置的"检错码",是一种最简单的校验码。

简单的奇偶校验码是在一个有效的码字(例如一个字节)上,加上一个二进制位码——奇偶校验位,组成一个校验码,约定整个校验码中"1"的个数为奇数——"奇校验"或偶数——"偶校验"。

例 2-16 写出"5"、"A"和"a"的标准 ASCII 码、奇校验码和偶校验码。

解：按定义可得如表 2-6 的结果。

表 2-6　例 2-16 的结果

ASCII 字符	有效信息(7位)	奇校验码(8位)	偶校验码(8位)
5	0110101	10110101	00110101
A	1000001	11000001	01000001
a	1100001	01100001	11100001

奇偶校验位的形成及检测：

标准 ASCII 码为 $b_6 b_5 b_4 b_3 b_2 b_1 b_0$；

奇偶校验位为 b_p；

奇校验位为 b_{po}；

偶校验位为 b_{pe}。

可采用异或电路(即奇偶统计电路)实现奇偶校验位的形成电路，如图 2-3 所示。

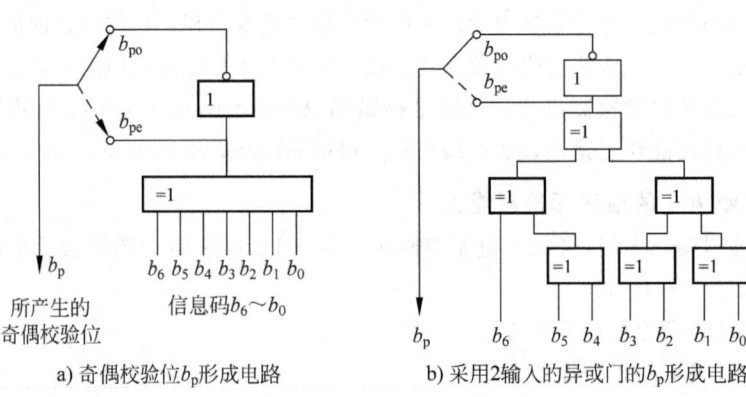

a) 奇偶校验位 b_p 形成电路　　b) 采用2输入的异或门的 b_p 形成电路

图 2-3　奇偶校验位 b_p 形成电路

由异或门构成的奇偶统计电路的工作过程如下：

偶校验时，$b_p = b_{pe}$。

当输入代码中有偶数个"1"时，异或门输出 $b_p = 0$。

当输入代码中有奇数个"1"时，异或门输出 $b_p = 1$。

奇校验时，$b_p = b_{po}$。

当输入代码中有偶数个"1"时，异或门输出 $b_p = 1$。

当输入代码中有奇数个"1"时，异或门输出 $b_p = 0$。

同样，采用异或电路也可实现奇偶校验电路，如图 2-4 所示。

图中，$b_6 b_5 b_4 b_3 b_2 b_1 b_0$ 为有效码字(标准 ASCII 码)；b_p 为奇偶校验位；E_p 为奇偶校验出错信息位；E_{po} 为奇校验出错信息位；E_{pe} 为偶校验出错信息位。

奇偶校验电路的工作过程：

当输入的奇偶校验码 $b_p b_6 b_5 b_4 b_3 b_2 b_1 b_0$ 中为偶数个"1"时，$E_{pe} = 0$，无偶校验错；

当输入的奇偶校验码 $b_p b_6 b_5 b_4 b_3 b_2 b_1 b_0$ 中为奇数个"1"时，$E_{pe} = 1$，有偶校验错。

$E_{po} = \overline{E}_{pe}$，反之亦然。

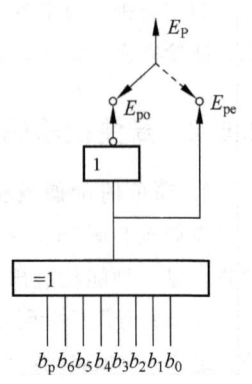

图 2-4　奇偶校验电路

2. 交叉奇偶校验码

这是一种二维数据结构的奇偶校验码。用于以串行方式传送 7 位并行信息，如磁带中信息存储与读写时的情况，可采用二维的奇偶校验检查——交叉奇偶校验。

例 2-17 磁带上连续存放 10 个字符——ABCDEFGHIJ 采用交叉奇偶校验。

具体实现过程如图 2-5 所示。

```
       列号 1 2345678
            0 1000001   A   41H   1 行
            0 1000010   B   42H   2 行
            1 1000011   C   43H   3 行
            0 1000100   D   44H   4 行
       LRC  1 1000101   E   45H   5 行
            1 1000110   F   46H   6 行
            0 1000111   G   47H   7 行
            0 1001000   H   48H   8 行
            1 1001001   I   49H   9 行
            1 1001010   J   4AH   10 行
            1 0001011
               VRC
```

图 2-5 例 2-17 图示

每一行存储一个字符的 8 位 ASCII 代码(含一位奇偶校验位，10 个字符的奇偶校验位构成冗余检查——**水平冗余检查**(Longitudinal Redundancy Check，LRC)。本例中采用偶校验。

每一列存储 10 个字符的 ASCII 代码的同一位，每列中对应 10 个字符的同一位再增加一个奇偶校验位，产生一个冗余的奇偶校验行，以保护各字符中对应于同一列的各二进制位。该奇偶校验行中的每一个奇偶校验位称为**垂直冗余检查**(Vertical Redundancy Check，VRC)。如图 2-5 所示。

在图 2-5 中，当这 10 个 8 位的加上奇偶校验码的 ASCII 代码中任一个字符出错时，都会被 VRC(垂直冗余检查)和 LRC(水平冗余检查)检测到。

当接收到的信息出错时，例如：

1) B 变为 b(42H 变为 62H)——发生单位错，用 LRC 可检测出。
2) E 变为 M(45H 变为 4DH)——发生单位错，用 LRC 可检测出。
3) A 变为 P(41H 变为 50H)——发生双位错，用 LRC 不可检测出。

检测过程如下：

1) B 变为 b(42H 变为 62H)，即

01000010
01100010

为一位错，用 LRC 可检查出第 2 行有错，若这 10 个字符中仅有 B 字符出错，则一位错可被第 2 行 LRC 和第 3 列 VRC 定位为 2 行 3 列出错，将该位取反即得正确码 01000010。

2) E 变为 M(45H 变为 4DH)，即

11000101
11001101

为一位错,用 LRC 可检查出第 5 行有错,若这 10 个字符中仅有 E 字符出错,则一位错可被第 5 行 LRC 和第 5 列 VRC 定位为 5 行 5 列出错,将该位取反即得正确码 1100010。

3) A 变为 P(41H 变为 50H),即

01000001

01010000

为两位错,用 LRC 无法检错,但可用 VRC 检错。第 4 列、第 7 列——两位有错,但不能确定哪一行出错,本列中检出两位错,但无法纠错。

*2.6.3 循环冗余校验码

循环冗余校验码(cyclic redundancy check,CRC)是一种加上冗余码进行检验的数据冗余检查法,是功能最强的冗余检查方法。这里先对 CRC 作一个说明:

1) CRC(cyclic redundancy code,循环冗余码)是在原始传送的码字上所加的冗余码——校验位组。

2) CRC(cyclic redundancy check code,循环冗余校验码)是加上校验位组后的信息码。

下面在用到 CRC 时会指出是 1)还是 2)。

1. 循环冗余码 CRC 的产生

原理:将要传送的有效信息——原始数据字块的末尾附接上一个校验位组——循环冗余码作为含校验信息的码组发送出去,该循环冗余码是用二进制除法产生的,即将基于有效信息的一个数据扩展字块除以预先规定的二进制除数(称为生成多项式),产生二进制除法的余数,此余数即循环冗余码。注意,上述字块与原始数据字块有关,但并非原始数据字块。

当接收方收到附接一个循环冗余码的数据字块信息后,将此信息除以同一除数(生成多项式)时,如果传输过程中无差错,则相除结果必为整数——余数为 0。

在此过程中,涉及 3 个数据:

1) 欲传送的有效信息——数据字块。

2) 预先规定的二进制除数——生成多项式。

3) 用来除以生成多项式的被除数——扩展的数据字块。

若生成多项式为 $k+1$ 位,则循环冗余码必须为 k 位,而在产生循环冗余码的二进制除法中作为被除数的扩展数据字块是在原始数据字块末尾加上 k 个 0 的二进制位码,循环冗余码产生后再拼接在原始数据字块末尾产生结果字块,这就是附有循环冗余码的信息——循环冗余校验码 CRC。

设要传送的信息——数据字块为 M,表示为信息多项式 $M(X)$。

对应的除数代码为 G(共 k 位),表示为生成多项式 $G(X)$。

信息多项式 $M(X)$ 左移 k 位(循环冗余码位数)得 $M(X) \times X^k$,使数据字块 M 末尾空出 k 位,以便拼装 k 位循环冗余码(即二进制除法后得到的余数)。

$$M(X) \times X^k / G(X) = Q(X) + R(X) / G(X)$$

$R(X)$ 即循环冗余码——校验位码。

例 2-18 循环冗余校验码的产生。

已知:信息——数据字块 $M=1111001001001$(共 13 位),除数代码为 $G=11011$,即生成多项式 $G(X)=X^4+X^3+X+1$,求循环冗余校验码。

二进制除法过程如下:

运算基础——数值的机器级表示

```
                          1011010100101
            11011 ) 11110010010010000
                    11011
                     10101
                     11011
                      11100
                      11011
                       11101
                       11011
                        11000
                        11011
                         11100
                         11011
                          11100
                          11011
                           0111
```

此余数即所求之循环冗余码。

$$R = 0111$$

得循环冗余校验码 CRC 为 11110010010010111。

注意,上述运算中的算术运算都是以模 2 运算的基础——不包括进位(及借位)的异或操作。

2. 循环冗余码 CRC 的检验

例 2-19 已知 $G(X) = X^4 + X^3 + X + 1$。

$$M(X) \times X^4 + R(X) = (X^{12} + X^{11} + X^{10} + X^9 + X^6 + X^3 + 1) \times X^4 + X^2 + X + 1$$
$$= X^{16} + X^{15} + X^{14} + X^{13} + X^{10} + X^7 + X^4 + X^2 + X + 1$$

即循环冗余校验码 CRC 为 11110010010010111。

用 $M(X) \times X^4 + R(X) / G(X)$ 进行 CRC 检查:

```
                          1011010100101
            11011 ) 11110010010010111
                    11011
                     10101
                     11011
                      11100
                      11011
                       11101
                       11011
                        11000
                        11011
                         11101
                         11011
                          11011
                          11011
                             0
```

$R = 0$ 正确无错

例 2-20 循环冗余校验码的产生。

已知:信息——数据字块 $M = 11110010011001$(共 14 位),除数代码为 $G = 11011$,即生成多项式 $G(X) = X^4 + X^3 + X + 1$。

二进制除法过程如下：

```
                  10110101000110
          11011 ) 111100100110010000
                  11011
                  -----
                   10101
                   11011
                   -----
                    11100
                    11011
                    -----
                     11101
                     11011
                     -----
                      11010
                      11011
                      -----
                       010100
                        11011
                        -----
                        11110
                        11011
                        -----
                         1010
```

$$R = 1010$$
$$R(X) = X^3 + X$$

得循环冗余校验码 CRC 为 1111001001100011010。

前 14 位为原始信息的数据字块，末 4 位即所生成的循环冗余码，合在一起构成 CRC 循环冗余校验码。

例 2-21 已知 $G(X) = X^4 + X^3 + X^1 + 1$。

$$M(X) \times X^4 + R(X) = (X^{13} + X^{12} + X^{11} + X^{10} + X^7 + X^4 + X^3 + 1) \times X^4 + X^3 + X$$
$$= X^{17} + X^{16} + X^{15} + X^{14} + X^{11} + X^8 + X^7 + X^4 + X^3 + X$$

即循环冗余校验码 CRC 为 1111001001100011010。

用 $M(X) \times X^4 + R(X) / G(X)$ 进行 CRC 检查：

```
                  10110101000110
          11011 ) 111100100110011010
                  11011
                  -----
                   10101
                   11011
                   -----
                    11100
                    11011
                    -----
                     11101
                     11011
                     -----
                      11010
                      11011
                      -----
                       10110
                       11011
                       -----
                        11011
                        11011
                        -----
                            0
```

$R=0$ 正确无错

常用的生成多项式：

CRC-12：$X^{12}+X^{11}+X^3+X^2+X+1$

CRC-16：$X^{16}+X^{15}+X^2+1$

CRC-CCITT：$X^{16}+X^{15}+X^5+1$

$\qquad (X^{16}+X^{12}+X^6+1)$

习题 2

2.1 写出下列十进制数的 8 位二进制补码表示。
   (1) 54   (2) 37
   (3) 111   (4) 253
   (5) 0.1   (6) 0.63
   (7) 0.34   (8) 0.21

2.2 转换下列二进制数为十进制数。
   (1) 10111101   (2) 10001001
   (3) 0.1011111   (4) 0.0011010
   (5) 10011001.110011   (6) 111000111

2.3 写出下列带符号数的原码、反码、补码和移码表示（用 8 位二进制代码表示）。
   (1) +112   (2) 0.625
   (3) −124   (4) −0.375
   (5) +197   (6) +0.8125
   (7) −6   (8) −0.3125
   (9) −127   (10) −1

2.4 给出以下机器数，求其真值（用二进制和十进制数表示）。
   (1) $[x]_原 = 00100111$ (2) $[x]_补 = 10101101$
   (3) $[x]_补 = 01000110$ (4) $[x]_原 = 10101101$
   (5) $[x]_移 = 01000110$ (6) $[x]_移 = 11010011$

2.5 已知生成多项式为 X^4+X+1，有效信息为 10101011，求 CRC 校验码。

2.6 已知生成多项式为 X^4+X+1，有效信息为 100101011，求 CRC 校验码。

2.7 已知生成多项式为 X^4+X+1，接收到的 CRC 校验码为 1001010111101，请检查有无出错。

2.8 已知生成多项式为 X^4+X+1，接收到的 CRC 校验码为 1001010111010，请检查有无出错。

第 3 章

数值的机器运算

数值的机器运算是运算器的主要功能,本章的主要内容包括:定点数的加、减法运算和加、减法电路的实现,定点数的乘、除法运算和乘、除法电路的实现,逻辑运算,定点运算器的基本结构与工作原理,浮点数运算和浮点数运算器的实现。本章的重点是定点数的加、减法和乘、除法运算与实现以及浮点数运算和浮点数运算器的实现,而难点是定点数的乘、除法运算与实现。

计算机中的数值通常采用二进制来表示。因为采用二进制,计算机在电路上易于实现,且稳定可靠,另外,二进制的运算规则简单。

二进制的运算规则为:

加法规则:$\begin{cases} 0+0=0 \\ 0+1=1+0=1 \\ 1+1=10 \quad (1\text{为向高位的进位}) \end{cases}$

减法规则:$\begin{cases} 0-0=0 \\ 0-1=1 \quad (\text{向高位借位}1) \\ 1-0=1 \\ 1-1=0 \end{cases}$

乘法规则:$\begin{cases} 0\times 0=0 \\ 0\times 1=1\times 0=0 \\ 1\times 1=1 \end{cases}$

3.1 定点数的加、减法运算和加、减法电路的实现

3.1.1 定点数的加减运算

带符号数在机器中有多种表示法,最常用的有三种,即原码、反码和补码。同一种算术运算,对于不同数码表示法有不同的规则。由于补码表示法使同一个电路既可以用于无符号数相加,又可用于有符号数相加;同时利用补码运算能使减法转为加法,因此目前绝大多数计算机都采用补码表示法来进行加减运算。

1. 补码的加减运算规则

设$[X]_\text{补}=X_s.X_1X_2\cdots X_{n-1}X_n$和$[Y]_\text{补}=Y_s.Y_1Y_2\cdots Y_{n-1}Y_n$为两个$n+1$位补码表示的二进制小数。$X_s$和$Y_s$为两数的符号位,在补码加减运算中同数据位一起参与运算。

则补码数的加减运算规则为:

数值的机器运算

$$[X+Y]_{补} = [X]_{补} + [Y]_{补}$$
$$[X-Y]_{补} = [X]_{补} + [-Y]_{补}$$

可见，补码的加法运算只要把两个补码数直接相加（包括符号位在内）就能得到和数的补码表示。而减法运算可以通过加法运算来实现，只是在运算之前，必须对$[Y]_{补}$进行一次求补运算求得$[-Y]_{补}$，即将减数的补码表示$[Y]_{补}$变成其负数的补码表示$[-Y]_{补}$。其转换过程为：将$[Y]_{补}$的各位（包括符号位）按位取反加 1。

2. 加减运算中溢出的判别

两个定点数经过加减运算后，其结果（和数或差数）超过了定点数的表示范围，就会发生溢出，从而导致运算结果出错，因此在加减运算后必须判别是否发生溢出。

判别溢出的常用方法有三种。

(1) 符号比较法

两个同符号数相加，若和数符号与原数符号不同，则表示发生溢出；而两个异符号数相减，若差数符号与减数符号相同，则亦表示发生溢出。而两个异符号数相加或两个同符号数相减是不会发生溢出的。可得，溢出标志

$$V = \overline{X_s}\,\overline{Y_s}(X+Y)_s + X_s Y_s \overline{(X+Y)_s} + \overline{X_s} Y_s (X-Y)_s + X_s \overline{Y_s}\,\overline{(X-Y)_s}$$

例 3-1 $X = -13_{10}$，$Y = -11_{10}$，求 $X+Y$（取 5 位二进制，含 1 位符号位）。

$$[X]_{补} = 10011,\ [Y]_{补} = 10101$$
$$[X+Y]_{补} = [X]_{补} + [Y]_{补} = 10011 + 10101 = 101000 = 01000（符号位前的"1"自动丢弃）$$
$$X+Y = +8$$

本例中，"和数"的符号位（"0"）与原数的符号位（"1"）相异，发生溢出。

例 3-2 $X = +10_{10}$，$Y = -7_{10}$，求 $X-Y$（取 5 位二进制，含 1 位符号位）。

$$[X]_{补} = 01010,\ [Y]_{补} = 11001,\ [-Y]_{补} = 00111$$
$$[X-Y]_{补} = [X]_{补} + [-Y]_{补} = 01010 + 00111 = 10001$$
$$X-Y = -15$$

本例中，"差数"的符号位（"1"）与"减数"的符号位（"1"）相同，发生溢出。

例 3-3 $X = -13_{10}$，$Y = +5_{10}$，求 $X+Y$。

$$[X]_{原} = 11101,\ [Y]_{原} = 00101$$
$$[X]_{补} = 10011,\ [Y]_{补} = 00101$$
$$[X+Y]_{补} = [X]_{补} + [Y]_{补} = 10011 + 00101 = 11000$$
$$[X+Y]_{原} = 11000$$
$$X+Y = -8$$

本例中，两个异符号数相加不会发生溢出。

例 3-4 $X = +10_{10}$，$Y = +9_{10}$，求 $X-Y$。

$$[X]_{补} = 01010,\ [Y]_{补} = 01001,\ [-Y]_{补} = 10111$$
$$[X-Y]_{补} = [X]_{补} + [-Y]_{补} = 01010 + 10111 = 00001$$
$$X-Y = +1$$

本例中，两个同符号数相减是不会发生溢出的。

采用这种判别法必须保留加法运算中"加数"和减法运算中"减数"的符号，这是可以实现的，因为在加法运算中"加数"及"减数"一般保持不变。

(2) 双进位法

加减运算后"和数"及"差数"中符号位的进位输入 C_{in}(即数值位的最高位向符号位的进位)与进位输出 C_{out}(即符号位在运算中向高一位的进位)相异,则有溢出,表示为

$$溢出标志\ V = C_{in} \oplus C_{out}$$

以上述 4 例说明之。

例 3-1 运算过程中 $C_{in}=0$, $C_{out}=1$, $V=C_{in}\oplus C_{out}=1$, 溢出。

例 3-2 运算过程中 $C_{in}=1$, $C_{out}=0$, $V=C_{in}\oplus C_{out}=1$, 溢出。

例 3-3 运算过程中 $C_{in}=0$, $C_{out}=0$, $V=C_{in}\oplus C_{out}=0$, 无溢出。

例 3-4 运算过程中 $C_{in}=1$, $C_{out}=1$, $V=C_{in}\oplus C_{out}=0$, 无溢出。

(3) 双符号位法

对参加运算的数在运算过程中采用两个符号位,同数据位一起参与运算。若运算结果"和数"或"差数"的两个符号位不相同,表示结果有溢出,而运算结果仍取一个符号位。

例 3-5 $X=-13_{10}$, $Y=-11_{10}$, 求 $X+Y$(取 6 位二进制,含 2 位符号位)。

$$[X]_\text{补} = 10011,\ [Y]_\text{补} = 10101$$
$$[X+Y]_\text{补} = [X]_\text{补} + [Y]_\text{补} = 110011 + 110101 = 101000 = 01000$$
$$X+Y = +8$$

两个符号位为 10, 相异, 有溢出。

例 3-6 $X=+10_{10}$, $Y=-7_{10}$, 求 $X-Y$(取 6 位二进制,含 2 位符号位)。

$$[X]_\text{补} = 01010,\ [Y]_\text{补} = 11001,\ [-Y]_\text{补} = 00111$$
$$[X-Y]_\text{补} = [X]_\text{补} + [-Y]_\text{补} = 001010 + 000111 = 010001 = 10001$$
$$X-Y = -15$$

两个符号位为 01, 相异, 有溢出。

例 3-7 $X=-13_{10}$, $Y=+5_{10}$, 求 $X+Y$(取 6 位二进制,含 2 位符号位)。

$$[X]_\text{原} = 111101,\ [Y]_\text{原} = 000101$$
$$[X]_\text{补} = 110011,\ [Y]_\text{补} = 000101$$
$$[X+Y]_\text{补} = [X]_\text{补} + [Y]_\text{补} = 110011 + 000101 = 111000$$
$$[X+Y]_\text{原} = 11000$$
$$X+Y = -8$$

两个符号位为 11, 相同, 无溢出。

例 3-8 $X=+10_{10}$, $Y=+9_{10}$, 求 $X-Y$。

$$[X]_\text{补} = 001010,\ [Y]_\text{补} = 001001,\ [-Y]_\text{补} = 110111$$
$$[X-Y]_\text{补} = [X]_\text{补} + [-Y]_\text{补} = 001010 + 110111 = 1000001 = 000001$$
$$X-Y = +1$$

两个符号位为 00, 相同, 无溢出。

在例 3-5 中,结果的双符号位为 10,表示两个负数之和小于计算机所能表示的最小负数(5 位二进制数,含 1 位符号位,能表示的最小负数为 -15, $X=-13_{10}$, $Y=-11_{10}$, $X+Y$ 应为 -24,小于 -15),称为"下溢"("10"也表示负数被正数相减后所得结果小于计算机所能表示的最小负数);在例 3-6 中,结果的双符号位为 01,表示正数被负数相减后所得结果大于计算机所能表示的最大正数(5 位二进制数,含 1 位符号位,能表示的最大正数为 $+15$, $X=+10_{10}$,

$Y=-7_{10}$,$X-Y$ 应为 +17,大于 +15),称为"上溢"("01"也表示两个正数之和大于计算机所能表示的最大正数)。

3.1.2 从半加器到算术逻辑部件 ALU

算术逻辑部件 ALU(Arithmetic Logic Unit)是运算器的核心,用来实现数据加工和处理所必需的各种整型数据和逻辑型数据的算术运算和逻辑运算功能。算术运算包括加、减、乘、除运算,但不论是哪种运算都离不开加法运算,因此加法器是 ALU 中最基本的部件。

1. 半加器

如前所述,二进制加法法则是:

$$0+0=0$$
$$0+1=1$$
$$1+0=1$$
$$1+1=0(进位1)$$

对两个 1 位的二进制数 X_i 与 Y_i 的加法运算,其输出与输入关系可用真值表表示,见表 3-1。

据此真值表可知,和数 S_i 同被加数 X_i、加数 Y_i 的关系可用一个异或门表示,而向高位的进位值 C_i 同 X_i、Y_i 的关系可用一个与门表示,因此可画出相应的逻辑电路如图 3-1 所示。

表 3-1 半加器的真值表

X_i	Y_i	S_i	C_i
0	0	0	0
0	1	1	0
1	0	1	0
1	1	0	1

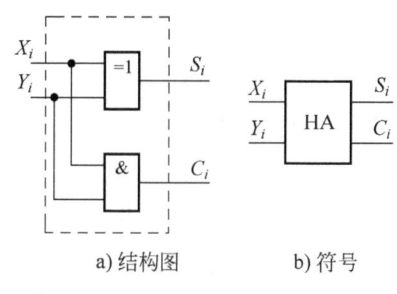

图 3-1 半加器的逻辑电路

这种只考虑被加数和加数,不考虑低位向本位的进位值的加法器称为半加器。在多位二进制数进行加法运算时,最低位的加法就可采用半加器电路。

2. 全加器

如果考虑低位向本位的进位 C_{i-1},则 2 个 1 位二进制数 X_i 与 Y_i 的加法运算,其输出与输入的关系可用表 3-2 所示的真值表表示。

表 3-2 全加器的真值表

X_i	Y_i	C_{i-1}	S_i	C_i
0	0	0	0	0
0	0	1	1	0
0	1	0	1	0
0	1	1	0	1
1	0	0	1	0
1	0	1	0	1
1	1	0	0	1
1	1	1	1	1

从表 3-2 可见：

$$S_i = \overline{X}_i\overline{Y}_iC_{i-1} + \overline{X}_iY_i\overline{C}_{i-1} + X_i\overline{Y}_i\overline{C}_{i-1} + X_iY_iC_{i-1}$$
$$= C_{i-1}(\overline{X}_i\overline{Y}_i + X_iY_i) + \overline{C}_{i-1}(X_i\overline{Y}_i + \overline{X}_iY_i)$$
$$= C_{i-1}(\overline{X}_i\overline{Y}_i + X_iY_i) + \overline{C}_{i-1}(X_i \oplus Y_i)$$
$$= X_i \oplus Y_i \oplus C_{i-1}$$
$$C_i = \overline{X}_iY_iC_{i-1} + X_i\overline{Y}_iC_{i-1} + X_iY_i\overline{C}_{i-1} + X_iY_iC_{i-1}$$
$$= C_{i-1}(X_i \oplus Y_i) + X_iY_i(\overline{C}_{i-1} + C_{i-1})$$
$$= C_{i-1}(X_i \oplus Y_i) + X_iY_i$$

由此可画出全加器的逻辑电路如图 3-2 所示。

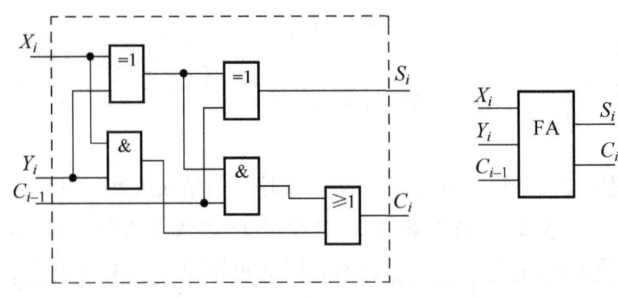

图 3-2　全加器的逻辑电路

这种考虑低位向本位的进位值的加法器称为全加器，在多位二进制数进行加法运算时，除最低位外，其余各位都必须采用全加器电路。

3. 并行加法器

（1）串行进位的并行加法器

图 3-3 为 n 位并行加法器，由 n 个全加器串接构成，进行两个 n 位数的相加，n 位数据的各位同时运算，每一级的进位输入直接依赖前一级的进位输出，进位信号逐级形成的，这种加法器称为**串行进位的并行加法器**，或称**行波进位加法器**。

上述串行进位的 n 位并行加法器的总延迟时间较长且与字长成正比，设一级"与门"、"或门"的延迟时间为 t，每一级全加器的进位延迟时间为 $2t$（即从 $C_{i-1} \to C_i$ 经过 2 个基本门电路），在 n 位并行加法器中从 $C_0 \to C_n$ 的总延迟时间为 $2nt$。

为提高加法器的速度，要求减少进位延迟时间，为此引入快速进位的概念。

（2）先行进位的并行加法器

为了减少进位延迟时间引入了"先行进位"的概念，其特点是 n 级加法器各级进位信号同时形成，故又称为**并行进位**或**同时进位**。

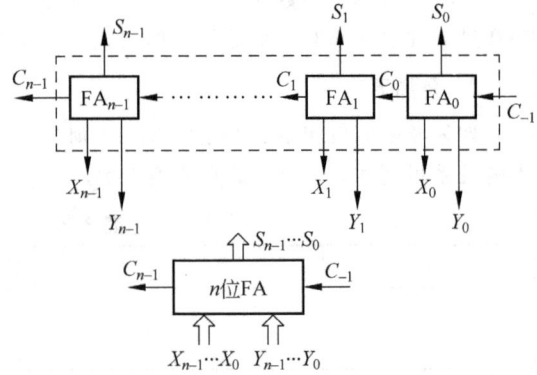

图 3-3　串行进位的 n 位并行加法器

从全加器中进位表达式 $C_i = X_iY_i + (X_i \oplus Y_i)C_{i-1}$ 可见，向高位的进位由两部分组成，X_i、Y_i 取决于本位参与运算的两个数，而与 C_{i-1}（低位进位）无关。将 X_i、Y_i 用进位生成函数 G_i 表示，这是本位运算产生的进位，即 X_i 与 Y_i 同时为 1 必然产生向高一位的进位；而 $(X_i \oplus Y_i)C_{i-1}$ 表示这一部分进位值不仅与本位参与运算的两个数有关，还同低位送来的进位值 C_{i-1} 有关，当 C_{i-1} 为 1 时，必须 $(X_i \oplus Y_i)=1$，才能产生向高位的进位。可将 C_i 表达式中 $(X_i \oplus Y_i)$ 用进位传送函数 P_i 表示，则

$$C_i = G_i + P_i C_{i-1}, \quad \begin{cases} G_i = X_i Y_i \\ P_i = X_i \oplus Y_i \end{cases}$$

由此，n 级并行加法器中各级的进位信号表达式为：

$$\begin{cases} C_1 = G_1 + P_1 C_0 \\ C_2 = G_2 + P_2 C_1 \\ \quad \vdots \\ C_n = G_n + P_n C_{n-1} \end{cases}$$

以 G_i 及 P_i 表达式代入得：

$$\begin{cases} C_1 = G_1 + P_1 C_0 \\ C_2 = G_2 + P_2 C_1 = G_2 + P_2 G_1 + P_2 P_1 C_0 \\ C_3 = G_3 + P_3 C_2 = G_3 + P_3 G_2 + P_3 P_2 G_1 + P_3 P_2 P_1 C_0 \\ C_4 = G_4 + P_4 G_3 = G_4 + P_4 G_3 + P_4 P_3 G_2 + P_4 P_3 P_2 G_1 + P_4 P_3 P_2 P_1 C_0 \\ \quad \cdots \end{cases}$$

从上述的进位信号表示式可见：

第 i 位的进位 C_i 仅由 $G_1 G_2 \cdots G_i$，$P_1 P_2 \cdots P_i$ 以及最低进位输入 C_0 决定，而与 $C_1 \sim C_{i-1}$ 无关，因此各级进位输出可以同时产生。若不计 P_i、G_i 的形成时间，从 $C_0 \to C_i$ 的延迟时间为 $2t$。注意此时的 n 位并行加法器中 C_n 的逻辑表达式为

$$C_n = G_n + P_n G_{n-1} + P_n P_{n-1} G_{n-2} + P_n P_{n-1} P_{n-2} G_{n-3} + \cdots + P_n P_{n-1} \cdots P_2 G_1 + P_n P_{n-1} \cdots P_2 P_1 C_0$$

n 位并行加法器中 C_n 的形成电路采用上述逻辑表达式组成。图 3-4 为 4 位先行进位并行加法器的并行进位链电路图，称为 4 位先行进位电路 CLA(Carry Look Ahead)。

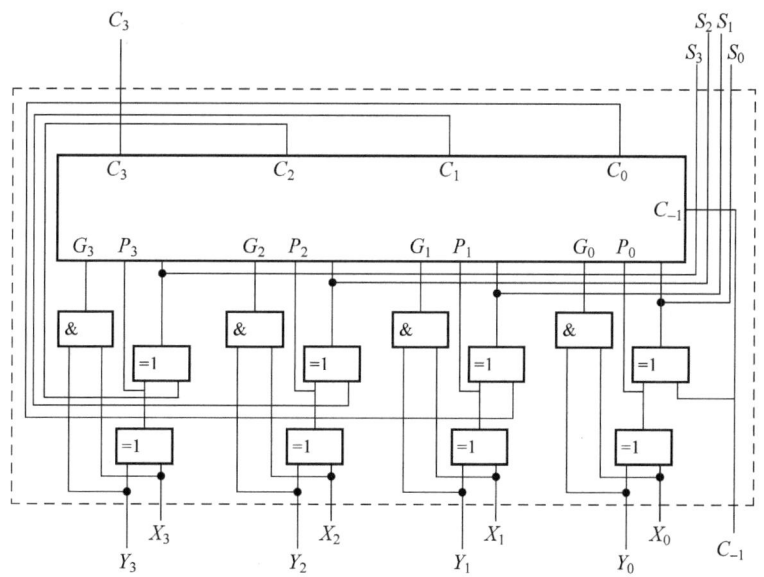

图 3-4　4 位先行进位并行加法器的并行进位链

将 4 位先行进位电路 CLA 同 4 位求和电路(包含进位生成/进位传送电路)结合可得到 4 位 CLA 加法器如图 3-5 所示。

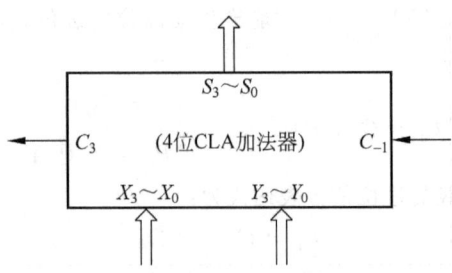

图 3-5　4 位 CLA 加法器电路

用 4 个 4 位 CLA 加法器电路可构成 16 位单级先行进位加法器,如图 3-6 所示。

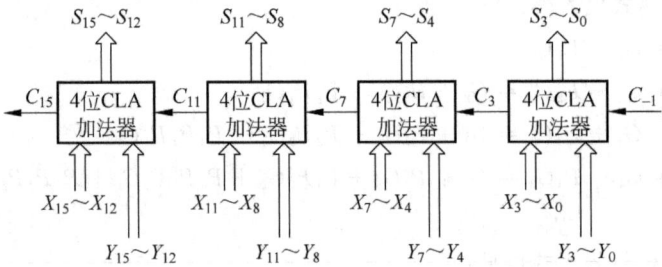

图 3-6　16 位单级先行进位加法器

4. 行波进位的补码加法/减法器(加减法部件 ASU)

利用补码加减法公式

$$\begin{cases}[X+Y]_{补} = [X]_{补} + [Y]_{补} \\ [X-Y]_{补} = [X]_{补} - [Y]_{补} = [X]_{补} + [-Y]_{补}\end{cases}$$

用补码加法可实现两数相减的操作,即用一套加法器电路可以完成$[X+Y]_{补}$和$[X-Y]_{补}$,在进行加法运算时 Y 用原值,在实现减法运算时,对 $-Y$ 求一次补,即得到 $[-Y]_{补}$,然后同 $[X]_{补}$ 作加法操作。具体操作中求补操作通过在输入端加一个反相操作,加 1 操作可在最低位上置进位输入为 1 来实现。具体线路如图 3-7 所示。

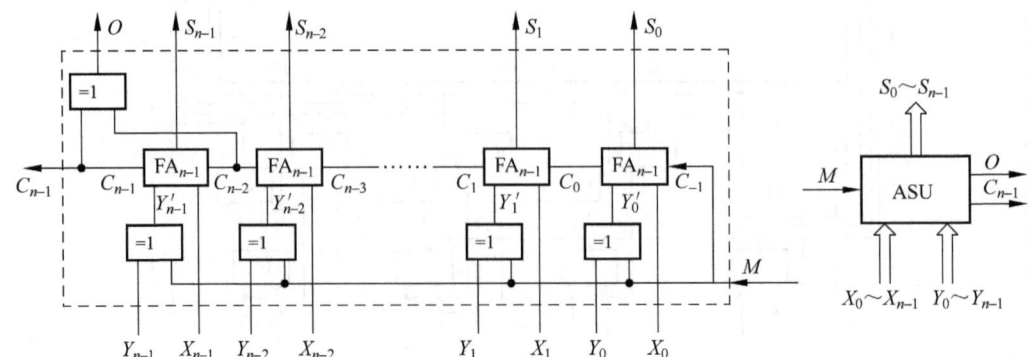

图 3-7　n 位加法/减法器 ASU

图中加数 Y_i 经过一个异或门送全加器 FA，由方式控制信号 M 控制加减操作。当 $M=0$ 时 $Y'_{n-1} \cdots Y'_0 = Y_{n-1} \cdots Y_0$，$n$ 个全加器将 X、Y 两个 n 位二进制数 X、Y 进行加法运算；当 $M=1$ 时 $Y'_{n-1} \cdots Y'_0$ 取反加 1 变为 $-Y$ 的补码，同 $[X]_{补}$ 进行加法运算。

5. BCD 码（十进制）加法器

计算机除能进行二进制数据的运算外还能进行十进制数据的运算，十进制数据在计算机中一般采用 BCD 码（Binary coded decimal）的形式，即二进制编码的十进制数，用 4 位二进制数 0000~1001 表示 1 位十进制数 0~9。BCD 码加法器的逻辑框图如图 3-8 所示。

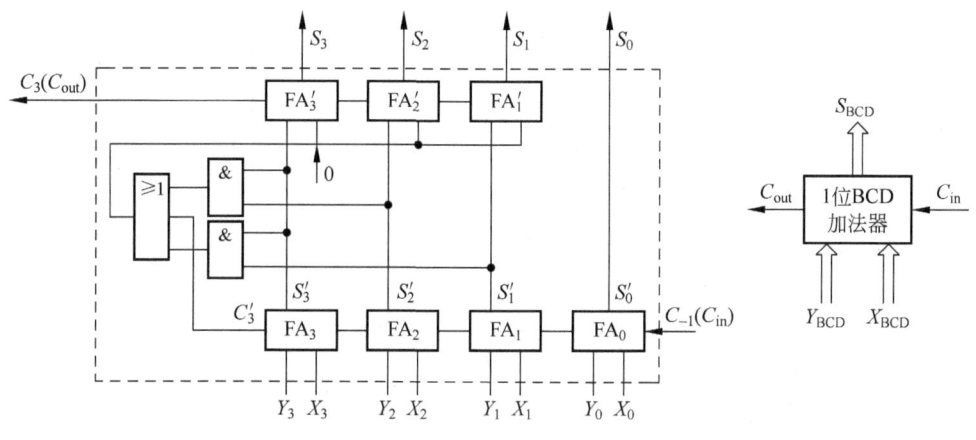

图 3-8 1 位 BCD 码加法器

由图 3-8 可见，BCD 码加法器由两部分电路组成，第一部分为 FA_3、FA_2、FA_1 和 FA_0 组成的 4 位二进制加法器。第二部分为 FA'_3、FA'_2 和 FA'_1 以及一个或门，2 个与门组成的修正电路。

BCD 码加法同二进制加法的区别在于：用 4 位二进制加法器进行 BCD 码加法运算时，当两数之和小于等于 9 时结果是正确的，而当两数之和大于 9 时，必须进行修正，具体的修正方法是：当 $X+Y+C_{in} \leqslant 9$，$S=S'$；当 $X+Y+C_{in}>9$ 时 $S=S'+6$。

由图 3-8 可见，当 $C'_3=1$ 或 $S'_3S'_2=11$ 或 $S'_3S'_1=11$ 时，修正电路中 FA'_2 和 FA'_1 输入 1，即：

$$S_3 S_2 S_1 S_0 = S'_3 S'_2 S'_1 S'_0 + 0110$$

得到加 6 修正。

6. 算术逻辑部件 ALU

算术逻辑部件 ALU 除了完成加、减法等算术运算外，还必须具有逻辑运算功能，可采用如图 3-9 所示的电路实现多功能算术逻辑部件。

图中选择器 A 是一种二选一电路，由控制信号 M 控制；选择器 B 是一种八选一电路，由 3 位控制信号 $S_2S_1S_0$ 控制。点划线框内即 1 位加法/减法电路，与图 3-7 的框图相似，其中非门和选择器 A 与异或门的作用相同。ASU 可实现补码的加法和减法操作，如前述，增加的 7 个门电路分别实现 $\overline{X}$、$\overline{Y}$、$X \cdot Y$、$X+Y$、$X \oplus Y$、$\overline{X \cdot Y}$ 和 $\overline{X+Y}$ 7 种常用的逻辑操作，由 3 位控制信号 $S_2S_1S_0$ 来控制输出信号 Z 来自哪种运算的结果。可得 ALU 功能表如表 3-3 所示。

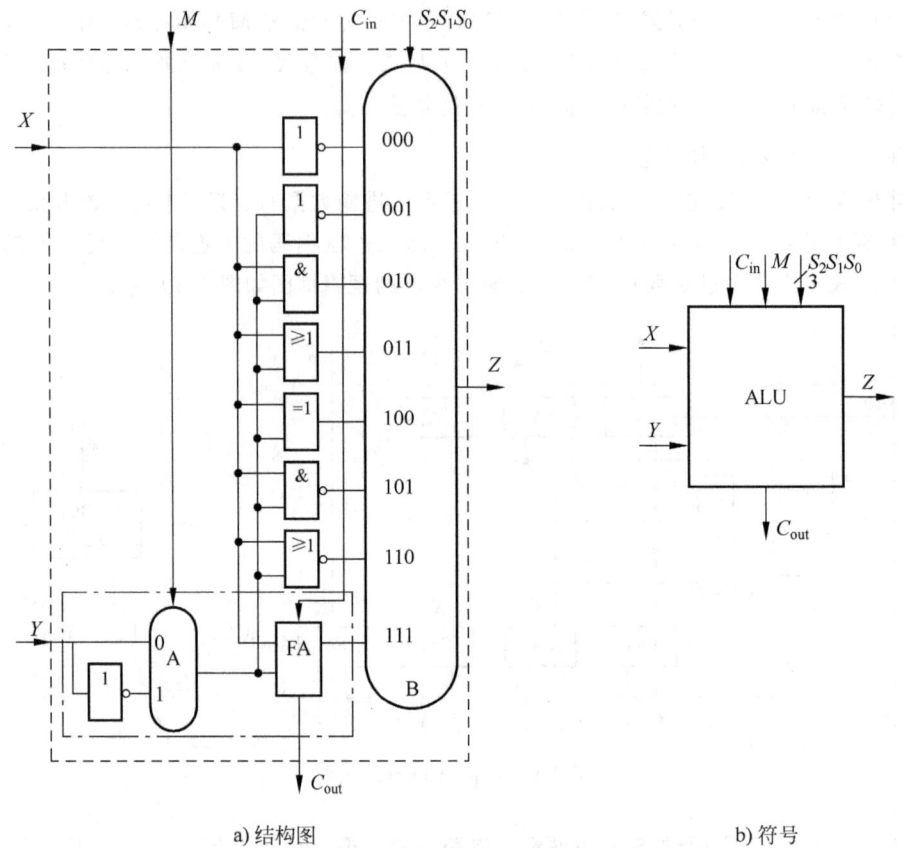

a) 结构图 b) 符号

图 3-9 1 位 ALU 电路

表 3-3 ALU 功能表

控制信号			输出 Z(正逻辑)	
S_2	S_1	S_0	$M=H$	$M=L$
L	L	L	$\overline{X}$	$\overline{X}$
L	L	H	Y	$\overline{Y}$
L	H	L	$X \cdot \overline{Y}$	$X \cdot Y$
L	H	H	$X+\overline{Y}$	$X+Y$
H	L	L	$X \oplus \overline{Y}$	$X \oplus Y$
H	L	H	$\overline{X \cdot \overline{Y}}$	$\overline{X \cdot Y}$
H	H	L	$\overline{X+\overline{Y}}$	$\overline{X+Y}$
H	H	H	X 减 Y	X 加 Y

根据图 3-9 的 1 位 ALU 电路可画出 n 位行波进位的 ALU 电路如图 3-10 所示。图中加入了一个异或门,用来判别有无溢出。

7. 4 位二进制算术逻辑部件 74181

(1) 74181ALU 的基本功能

74181 是 TI(Texas Instrument,德州仪器)公司生产的 4 位二进制算术逻辑运算部件,有

数值的机器运算　　　　　　　　　　　　　　　　　　　　　　　　　　49

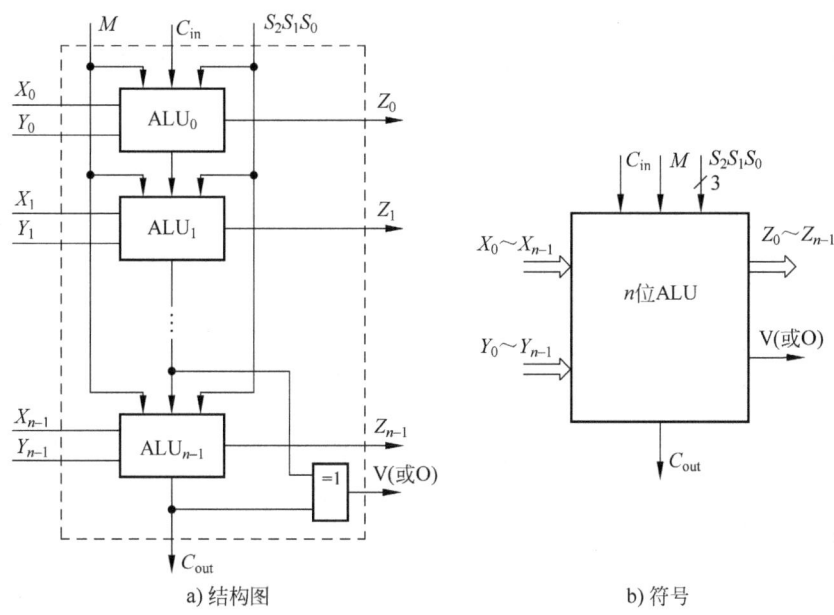

图 3-10　n 位行波进位的 ALU 电路

两种工作方式——正逻辑操作数和负逻辑操作数,对正逻辑操作数而言,逻辑运算称为正逻辑操作,算术运算称为高电平操作(即高电平为"1",低电平为"0");负逻辑操作数正好相反。图 3-11 为 74181ALU 的方框图。

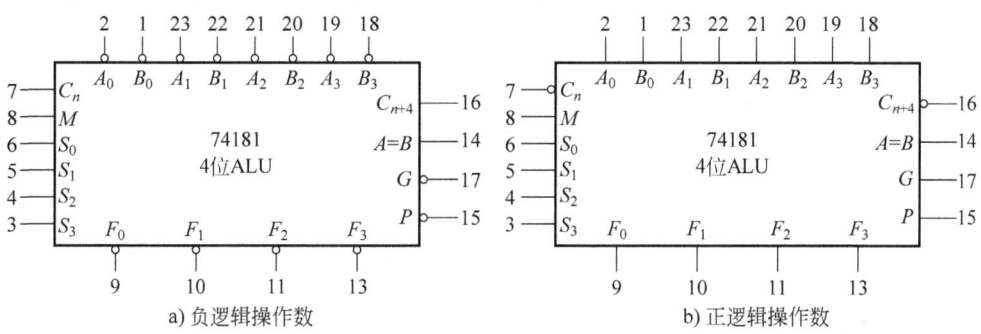

图 3-11　74181ALU 的方框图

74181ALU 在正逻辑操作和负逻辑操作下各有 16 种算术运算功能和 16 种逻辑运算功能如表 3-4 所示。

表 3-4　74181 ALU 运算功能表

工作方式选择输入 $S_3\ S_2\ S_1\ S_0$				负逻辑输入与输出		正逻辑输入与输出	
				逻辑 $M=H$	算术运算 $M=L\ C_n=L$	逻辑 $M=H$	算术运算 $M=L\ C_n=H$
L	L	L	L	$\bar{A}$	A 减 1	$\bar{A}$	A
L	L	L	H	$\overline{AB}$	AB 减 1	$\overline{A+B}$	$A+B$
L	L	H	L	$\bar{A}+B$	$A\bar{B}$ 减 1	$\overline{A}B$	$A+\bar{B}$

(续)

工作方式选择输入 $S_3\ S_2\ S_1\ S_0$				负逻辑输入与输出		正逻辑输入与输出	
				逻辑 $M=H$	算术运算 $M=L\ C_n=L$	逻辑 $M=H$	算术运算 $M=L\ C_n=H$
L	L	H	H	逻辑1	减1	逻辑0	减1
L	H	L	L	$\overline{A+B}$	A 加 $(A+\overline{B})$	$\overline{A}B$	A 加 $A\overline{B}$
L	H	L	H	$\overline{B}$	AB 加 $(A+\overline{B})$	$\overline{B}$	$(A+B)$ 加 $A\overline{B}$
L	H	H	L	$\overline{A\oplus B}$	A 减 B 减 1	$A\oplus B$	A 减 B 减 1
L	H	H	H	$A+\overline{B}$	$A+\overline{B}$	$A\overline{B}$	$A\overline{B}$ 减 1
H	L	L	L	$\overline{A}B$	A 加 $(A+B)$	$\overline{A}+B$	A 加 AB
H	L	L	H	$A\oplus B$	A 加 B	$\overline{A\oplus B}$	A 加 B
H	L	H	L	B	$A\overline{B}$ 加 $(A+B)$	B	$(A+\overline{B})$ 加 AB
H	L	H	H	$A+B$	$A+B$	AB	AB 减 1
H	H	L	L	逻辑0	A 加 A*	逻辑1	A 加 A*
H	H	L	H	$A\overline{B}$	AB 加 A	$A+\overline{B}$	$(A+B)$ 加 A
H	H	H	L	AB	$A\overline{B}$ 加 A	$A+B$	$(A+\overline{B})$ 加 A
H	H	H	H	A	A	A	A 减 1

说明：1) H=高电平，L=低电平。

2) *表示每一位均移到下一个更高位，即 $A'=2A$。

从表 3-4 可见，工作方式选择信号为 $S_3 S_2 S_1 S_0$，有 16 种状态组合，M 为算术操作和逻辑选择信号，当 $M=L$ 为算术操作，$M=H$ 为逻辑操作。$B_3 \sim B_0$ 与 $A_3 \sim A_0$ 为两个 4 位的操作数，$F_3 \sim F_0$ 为 4 位的目的操作数，C_n 为低位向本位进位输入，C_{n+4} 为本位向高位的进位输出。表中算术运算是用补码表示法表示，"加"是指"算术加"，运算时要考虑进位，"+"是指"逻辑加"，减法是用补码方法进行，数的反码是器件内部产生的，输出结果"A 减 B 减 1"，在进行减法运算时需在最末位产生一个进位（加 1），以产生"A 减 B"的结果。

注意 上述所描述的正逻辑操作方式的一组算术运算和逻辑运算与负逻辑操作数方式的一组算术运算和逻辑运算是等效的。该器件把逻辑输入信号都反相所产生的功能，也在此集合中。

(2) 74181ALU 的逻辑电路图

74181ALU 的逻辑电路图（用负逻辑表示）如图 3-12 所示。

M 端为控制端，用来控制 ALU 的运算方式——算术运算还是逻辑运算。$M=0$ 时，经反相后为 1，对进位信号无影响。输出结果 F_i 不仅与本位操作数 X_i、Y_i 有关，而且与向本位的进位值 C_{i-1} 有关，因此，当 $M=0$ 时，ALU 进行算术运算。

$M=1$ 时，经反相后为 0，封锁了各位的进位输出，即 $C_i=0$，各位运算结果 F_i 仅与本位操作数 X_i、Y_i 有关，因此当 $M=1$ 时，ALU 进行逻辑运算。

输出端 "$A=B$" 可指示两个操作数是否相等。

P、G 为两个本组先行进位输出端，P 为进位传送函数，G 为进位生成函数（其含义见 3.1.2 节 "3. 并行加法器"）。

数值的机器运算   51

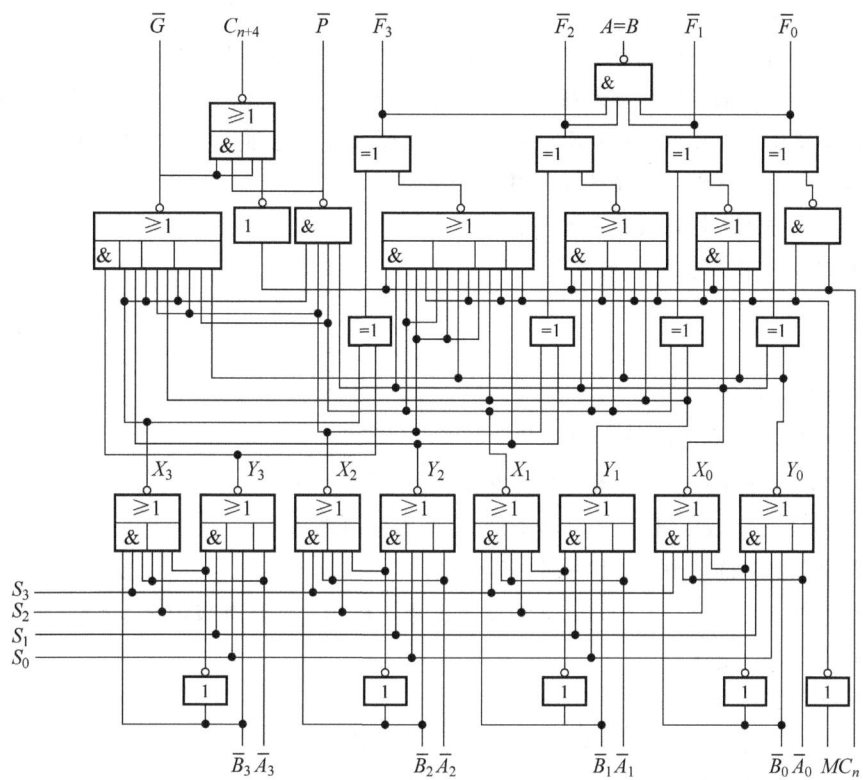

图 3-12 负逻辑操作数表示的 74181ALU 逻辑电路图

*3.2 定点数的乘、除法运算和乘、除法电路的实现

3.2.1 定点数的乘法运算和乘法电路的实现

1. 原码乘法

原码表示对乘法运算比较方便。原码表示的两数相乘,乘积的符号位为相乘两数符号位的按位加之和,数值部分为两数绝对值之积。原码乘法实际上是两个正数相乘的方法。这里"按位加"就是不考虑进位的加法,即"异或"运算,记作 $\oplus$。

设被乘数为 X、乘数为 Y,用原码表示为:

$$被乘数[X]_原 = X_s.X_1X_2\cdots X_{n-1}X_n$$
$$乘数[Y]_原 = Y_s.Y_1Y_2\cdots Y_{n-1}Y_n$$

所以原码乘法的表达式为:

$$乘积[Z]_原 = [X]_原 \times [Y]_原 = (X_s \oplus Y_s) + (0.X_1X_2\cdots X_{n-1}X_n) \times (0.Y_1Y_2\cdots Y_{n-1}Y_n)$$

原码一位乘法用两个操作数(被乘数和乘数)的绝对值相乘,乘积的符号位是两个操作数符号位的异或值。

在计算机中实现乘法运算的方法是**移位和相加**,所谓**一位乘法**运算是根据乘数 Y 的每一位 $Y_i(i=1,2,\cdots,n-1,n$,从低位 Y_n 到高位 Y_1)的取值是"0"还是"1"来决定对上次部分积作什么运算,若 Y_i 为"1",则在部分积上加被乘数;若为"0",则加上"0"。每次获得新的部分积后,右移一位,直到乘数 Y 的最高位 Y_1。两个 n 位数相乘,只需要 $(n+1)$ 位全加器,运算结果最多为 $2n$ 位。

同手算乘法相仿,计算机实现乘法操作也是将乘数的每一位自低位向高位分别与被乘数相乘求得部分积,然后将全部部分积相加,求得最终结果——乘积值。但必须注意的是每次部分积相加时,新产生的部分积必须左移一位再与原部分积之和相加。因此,n 位乘法操作可转化为 n 次**累加与移位**。计算机在进行乘法操作时是用原部分积之和的"右移"来替代欲相加的新部分积的"左移",可节省参与操作的元器件。

原码一位乘法运算规则及过程如下:
1)取被乘数 X 和乘数 Y 的绝对值:

$$|X| = 0.X_1X_2\cdots X_{n-1}X_n$$
$$|Y| = 0.Y_1Y_2\cdots Y_{n-1}Y_n$$

n 位部分积的初值为全"0"。

2)以乘数 Y 的最低位 Y_n 作为判断位。

若 $Y_n=1$,原部分积之和+被乘数得新部分积之和;

若 $Y_n=0$,原部分积之和加+0(即不加)得新部分积之和。

3)新部分积之和同乘数 $|Y|$ 一起右移一位。

4)依次检查 Y_{n-1},Y_{n-2},$\cdots$,Y_1,重复上面两步操作,最终得乘积 $Z=X\times Y$ 的绝对值。

5)符号位 $Z_s=X_s\oplus Y_s$。

得 $Z_sZ_1Z_2\cdots Z_{2n-1}Z_{2n}$,即 $X\times Y$。

例 3-9 设 $[X]_\text{原}=0.1011$,$[Y]_\text{原}=0.1101$,求 $[X]_\text{原}\times[Y]_\text{原}=[Z]_\text{原}$。

按乘法规则,符号位 $Z_s=X_s\oplus Y_s=0\oplus 0=0$。

绝对值相乘如下:

0 0 0 0 1 1 0 1	部分积初值
1 0 1 1	$Y_4=1$,加上被乘数 $\|X\|$
1 0 1 1 1 1 0 1	第一次部分积
0 1 0 1 1 1 1 0	右移一位
0 0 0 0	$Y_3=0$,加 0
0 1 0 1 1 1 1 0	第二次部分积
0 0 1 0 1 1 1 1	右移一位
1 0 1 1	$Y_2=1$,加上被乘数 $\|X\|$
1 1 0 1 1 1 1 1	第三次部分积
0 1 1 0 1 1 1 1	右移一位
1 0 1 1	$Y_1=1$,加上被乘数 $\|X\|$
1 0 0 0 1 1 1 1 1	第四次部分积
$\boxed{1\ 0\ 0\ 0\ 1\ 1\ 1\ 1}$	右移一位得乘积

得

$$[Z]_\text{原} = 0.10001111$$

例 3-10 设 $[X]_\text{原}=1.1010$,$[Y]_\text{原}=1.1111$,求 $[X]_\text{原}\times[Y]_\text{原}=[Z]_\text{原}$。

按乘法规则,符号位 $Z_s=X_s\oplus Y_s=1\oplus 1=0$。

绝对值相乘如下:

数值的机器运算

```
  0 0 0 0 1 1 1 1        部分积初值
        1 0 1 0          $Y_4=1$，加上被乘数$|X|$
  ─────────────
  1 0 1 0 1 1 1 1        第一次部分积
  0 1 0 1 0 1 1 1        右移一位
        1 0 1 0          $Y_3=1$，加上被乘数$|X|$
  ─────────────
  1 1 1 1 0 1 1 1        第二次部分积
  0 1 1 1 1 0 1 1        右移一位
        1 0 1 0          $Y_2=1$，加上被乘数$|X|$
  ─────────────
1 0 0 0 1 1 0 1 1        第三次部分积
  1 0 0 0 1 1 0 1        右移一位
        1 0 1 0          $Y_1=1$，加上被乘数$|X|$
  ─────────────
1 0 0 1 0 1 1 0 1        第四次部分积
  1 0 0 1 0 1 1 0        右移一位得乘积
```

得
$$[Z]_原 = 0.10010110$$

例 3-11 设$[X]_原=0.0101$，$[Y]_原=1.1010$，求$[X]_原 \times [Y]_原=[Z]_原$。

按乘法规则，符号位 $Z_s=X_s \oplus Y_s=0 \oplus 1=1$。

绝对值相乘如下：

```
  0 0 0 0 1 0 1 0        部分积初值
        0 0 0 0          $Y_4=0$，加 0
  ─────────────
  0 0 0 0 1 0 1 0        第一次部分积
  0 0 0 0 0 1 0 1        右移一位
        0 1 0 1          $Y_3=1$，加上被乘数$|X|$
  ─────────────
  0 1 0 1 0 1 0 1        第二次部分积
  0 0 1 0 1 0 1 0        右移一位
        0 0 0 0          $Y_2=0$，加 0
  ─────────────
  0 0 1 0 1 0 1 0        第三次部分积
  0 0 0 1 0 1 0 1        右移一位
        0 1 0 1          $Y_1=1$，加上被乘数$|X|$
  ─────────────
  0 1 1 0 0 1 0 1        第四次部分积
  0 0 1 1 0 0 1 0        右移一位得乘积
```

得
$$[Z]_原 = 1.00110010$$

2. 原码一位乘法运算器框图

原码一位乘法运算实现的原理框图如图 3-13 所示。

这是一个 5 位二进制数 $X=(+/-)0.X_1X_2X_3X_4$ 与 $Y=(+/-)0.Y_1Y_2Y_3Y_4$ 采用原码一位乘法运算的原理框图，图中，

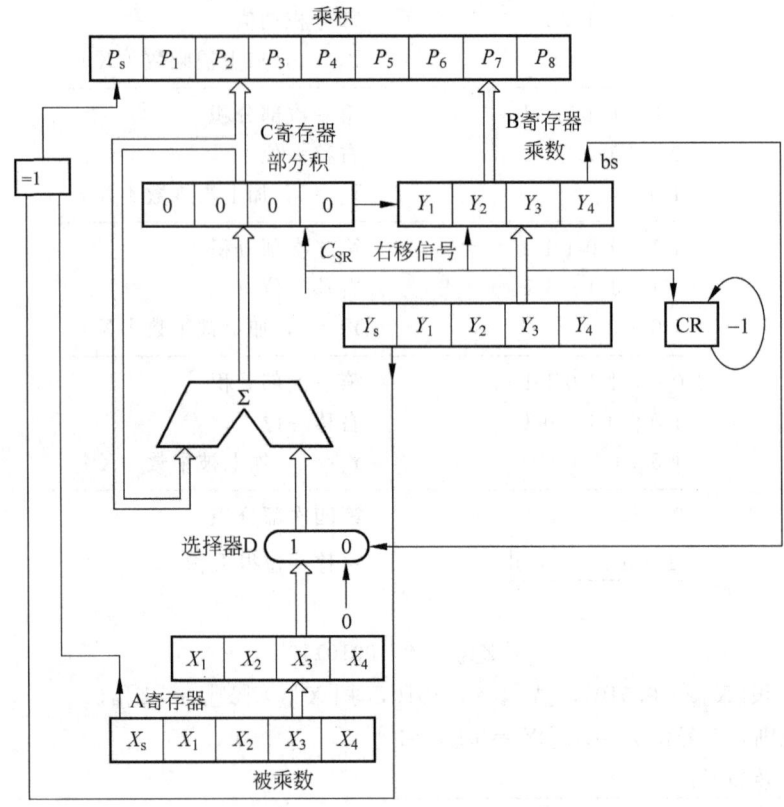

图 3-13 原码一位乘法运算实现的原理框图

$$被乘数 [X]_原 = X_s.X_1X_2X_3X_4$$
$$乘数 [Y]_原 = Y_s.Y_1Y_2Y_3Y_4$$

C 寄存器为 4 位寄存器,存放部分积,初值为 0;B 寄存器为 4 位寄存器,存放乘数 Y 的绝对值 $|Y|$;A 寄存器为 4 位寄存器,存放被乘数 X 的绝对值 $|X|$。

用 C_B 组成 8 位寄存器,用来存放每次求得的部分积之和,并可实现右移,最后结果——8 位乘积值即存于此。

D 为 2 选 1 的选择器。

C_{SR} 为右移控制信号(脉冲信号),每发一脉冲信号,控制有关寄存器 C_B 右移一次,移出位(bs)信号值——1 或 0 控制选择器 D 的输出:

bs=1 时,选择器 D 输出被乘数 X 的绝对值 $|X|$ 到 ALU,与部分积相加后输出,形成新的部分积送寄存器 C 同寄存器 B 一起右移决定下一次操作。

bs=0 时,选择器 D 输出 0 到 ALU,与部分积相加后输出(即仅输出上次的部分积),形成新的部分积送寄存器 C 同寄存器 B 一起右移决定下一次操作。

计数器 CR 为减法计数,初始值为操作数中数值位的位数,用来控制操作中部分积的右移次数,当 CR 为 0 时结束操作。

P 为 (2n+1) 位寄存器,用来存放最终结果,2n 位存放乘积的数值,最高位 P_s 为符号位,由异或门输出 $X_s \oplus Y_s$ 生成。

3. 补码乘法

由于目前绝大多数计算机都采用补码表示法来进行加减运算。因此在采用补码加减运算的计算机中也常采用补码乘法。

在补码乘法中被乘数为 X 和乘数为 Y 采用补码表示——$[X]_补$ 和 $[Y]_补$，运算结果 Z 也用补码表示——$[Z]_补$，运算时符号位 X_s 和 Y_s 参与运算。

$$被乘数补码[X]_补 = X_s.X_1X_2\cdots X_{n-1}X_n$$
$$乘数补码[Y]_补 = Y_s.Y_1Y_2\cdots Y_{n-1}Y_n$$

按原码规则运算：

1) 当乘数 $Y>0$（即 Y 为正数，$Y_s=0$），将按原码乘法运算，但按补码规则移位；

2) 当乘数 $Y<0$（即 Y 为负数，$Y_s=1$），先去掉 $[Y]_补$ 中的 Y_s，再按原码乘法运算。

最后的部分积与 $[-X]_补$ 相加，得最后结果 $[Z]_补$。

由此可得补码一位乘法的表达式为

$$[Z]_补 = [X\times Y]_补$$
$$= [X]_补 \times [0.Y_1Y_2\cdots Y_n] + [-X]_补 \times Y_s$$

当 $Y_s=0$ 时，

$$[Z]_补 = [X]_补 \times [0.Y_1Y_2\cdots Y_n]$$

当 $Y_s=1$ 时，

$$[Z]_补 = [X]_补 \times [0.Y_1Y_2\cdots Y_n] + [-X]_补$$

即在乘数 Y 为负数时，用 $+[-X]_补$ 进行校正。

上述补码乘法中，当乘数为负数时，必须在最终部分积和上再加 $[-X]_补$ 进行校正，控制较复杂，据此引出 Booth 乘法。

由前式

$$[Z]_补 = [X\times Y]_补$$
$$= [X]_补 \times [0.Y_1Y_2\cdots Y_n] + [-X]_补 \times Y_s$$
$$= [X]_补 \times [2^{-1}Y_1 + 2^{-2}Y_2 + \cdots + 2^{-n}Y_n] + [-X]_补 \times Y_s$$
$$= [X]_补 \times [2^{-1}Y_1 + 2^{-2}Y_2 + \cdots + 2^{-n}Y_n] + \{-[X]_补\} \times Y_s$$
$$= [X]_补 \times [-Y_s + 2^{-1}Y_1 + 2^{-2}Y_2 + 2^{-3}Y_3 \cdots + 2^{-n}Y_n]$$
$$= [X]_补 \times [-Y_s + (Y_1 - 2^{-1}Y_1) + (2^{-1}Y_2 - 2^{-2}Y_2) + (2^{-2}Y_3 - 2^{-3}Y_3) + \cdots$$
$$+ (2^{-(n-1)}Y_n - 2^{-n}Y_n)]$$
$$= [X]_补 \times [-Y_s + (Y_1 - 2^{-1}Y_1) + (2^{-1}Y_2 - 2^{-2}Y_2) + (2^{-2}Y_3 - 2^{-3}Y_3) + \cdots$$
$$+ (2^{-(n-1)}Y_n - 2^{-n}Y_n) + 0]$$
$$= [X]_补 \times [(Y_1 - Y_s) + (Y_2 - Y_1)2^{-1} + (Y_3 - Y_2)2^{-2} + \cdots$$
$$+ (Y_n - Y_{n-1})2^{-(n-1)} + (0 - Y_n)2^{-n}]$$
$$= [X]_补 \times [(Y_1 - Y_s) + (Y_2 - Y_1)2^{-1} + (Y_3 - Y_2)2^{-2} + \cdots$$
$$+ (Y_n - Y_{n-1})2^{-(n-1)} + (Y_{n+1} - Y_n)2^{-n}]$$

式中，Y_{n+1} 为加在乘数最低位 Y_n 右边的"附加位"，初值为 0，不影响运算结果。

据此可得如下递推公式：

$$[Z_0]_补 = 0$$
$$[Z_1]_补 = 2^{-1}\{[Z_0]_补 + (Y_{n+1} - Y_n)[X]_补\}$$
$$[Z_2]_补 = 2^{-1}\{[Z_1]_补 + (Y_n - Y_{n-1})[X]_补\}$$
$$[Z_3]_补 = 2^{-1}\{[Z_2]_补 + (Y_{n-1} - Y_{n-2})[X]_补\}$$
$$\cdots$$

$$[Z_n]_{补} = 2^{-1}\{[Z_{n-1}]_{补} + (Y_2 - Y_1)[X]_{补}\}$$

$[Z_0]_{补} = 0$，为初始积部分；$[Z_1]_{补} \sim [Z_n]_{补}$ 为每次求得的累加值右移后的部分积。

$[Z_n]_{补}$ 第一次求得的累加值右移后的值，由 $(Y_{n+1} - Y_n)$ 值决定是否在累加后的原部分积上加 $[X]_{补}$（被乘数的补码）。

由此可得补码一位乘法——Booth 算法的运算规则为：

1）参加运算被乘数和乘数都采用补码表示，符号位参加运算。

2）乘数最低位 Y_n 后加一位附加位 Y_{n+1}，初值为 0。

3）求得每次部分积和后必须与乘数一起右移一位，由乘数的最低二位 $Y_n Y_{n+1}$ 的值决定下一次执行的操作——累加与右移（按补码右移规则移位），具体规则如下：

$Y_n Y_{n+1} = 00$ 原部分积 $+0$，并右移一位

$Y_n Y_{n+1} = 01$ 原部分积 $+[X]_{补}$，并右移一位

$Y_n Y_{n+1} = 10$ 原部分积 $+[-X]_{补}$，并右移一位

$Y_n Y_{n+1} = 11$ 原部分积 $+0$，并右移一位

4）操作次数，累加 $n+1$ 次，移位 n 次（最后一次不移位）。

5）被乘数和部分积采用双符号位，乘数采用单符号位。

例 3-12 $X = -0.11010$，$Y = -0.01110$，用 Booth 法求 $X \times Y$。

解：

$[X]_{补} = 11.00110$，$[Y]_{补} = 11.10010$，$[-X]_{补} = 00.11010$

```
            00.00000    1.1001 00      加"0"
  +0        00.00000
           ─────────
   =        00.00000
  →         00.00000    0 1100 10      加[-X]补
  +[-X]补   00.11010
           ─────────
   =        00.11010
  →         00.01101    00 110 01      加[X]补
  +[X]补    11.00110
           ─────────
   =        11.10011
  →         11.11001    100 11 00      加"0"
  +0        00.00000
           ─────────
   =        11.11001
  →         11.11100    1100 1 10      加[-X]补
  +[-X]补   00.11010
           ─────────
   =        00.10110
  →         00.01011    01100 11       加"0"
  +0        00.00000
           ─────────
   =        00.01011
```

$[X]_{补} \times [Y]_{补} = 00.0101101100$

$X \times Y = +0.0101101100$

例 3-13 $X=21/32=+0.10101$，$Y=-26/32=-0.11010$，用 Booth 法求 $X \times Y$。

解：

$[X]_{补} = 00.10101$，$[Y]_{补} = 11.00110$，$[-X]_{补} = 11.01011$

```
            00.00000        1.0011 00        加"0"
  +0        00.00000
  =         00.00000
  →         00.00000        0 1001 10        加[-X]补
 +[-X]补    11.01011
  =         11.01011
  →         11.10101        10 100 11        加"0"
  +0        00.00000
  =         11.10101
  →         11.11010        110 10 01        加[X]补
 +[X]补     00.10101
  =         00.01111
  →         00.00111        1110 1 00        加"0"
  +0        00.00000
  =         00.00111
  →         00.00011        11110 10        加[-X]补
 +[-X]补    11.01011
  =         11.01110
```

$[X]_{补} \times [Y]_{补} = 11.0111011110$

$X \times Y = -0.1000100010$

4. 补码一位乘法运算器框图

补码一位乘法运算实现的原理框图如图 3-14 所示。

这是一个 n 位二进制数 $X=(+/-)0.X_s.X_1X_2 \cdots X_{n-1}X_n$ 与 $Y=(+/-)0.Y_1Y_2 \cdots Y_{n-1}Y_n$ 采用补码一位乘法（Booth 乘法）运算的原理框图，图中，

$$被乘数[X]_{补} = X_s.X_1X_2 \cdots X_{n-1}X_n$$
$$乘数[Y]_{补} = Y_s.Y_1Y_2 \cdots Y_{n-1}Y_n$$

被乘数和部分积采用双符号位，乘数采用单符号位。

C 寄存器为 $n+2$ 位寄存器，存放部分积，初值为 0；A 寄存器为 $n+2$ 位寄存器，存放被乘数 X 的补码 $[X]_{补}$；NEG 为求补器，输入被乘数 X 的补码 $[X]_{补}$，输出 $[-X]_{补}$；B 寄存器为 $n+2$ 位寄存器，存放乘数 Y 的补码 $[Y]_{补}$，最低位 Y_{n+1} 为乘数的附加位初值置"0"，由 Y_nY_{n+1} 的取值决定累加时的数值。

Y_nY_{n+1} 作为选择器 D 的控制信号，选择器的输出送加法器。

$Y_nY_{n+1}=00$ 或 11，原部分积 +0；

$Y_nY_{n+1}=01$，原部分积 $+[X]_{补}$；

$Y_nY_{n+1}=10$，原部分积 $+[-X]_{补}$。

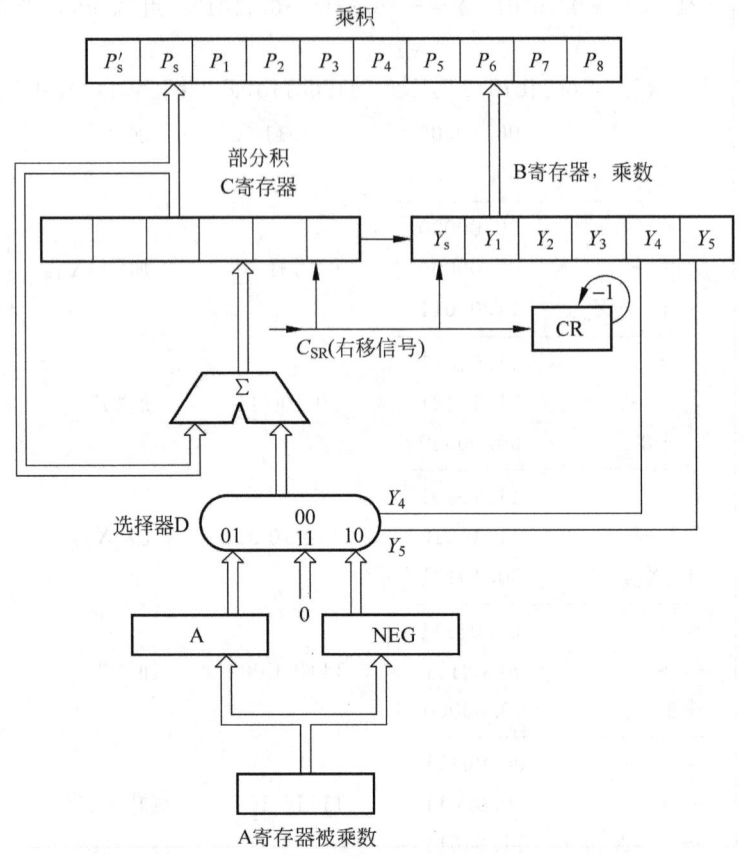

图 3-14 补码一位乘法运算实现的原理框图

C_B 组成 $2n+4$ 位寄存器,用来存放每次求得的部分积之和,并可实现右移,最后结果——$2n+2$ 位乘积值即存于此。

Σ 是一个 $(n+2)$ 位加法器。

C_{SR} 为右移控制信号(脉冲信号),每发一脉冲信号,控制有关寄存器 C_B 右移一次,最后 2 位控制选择器 D 的输出。

计数器 CR 为减法计数,初始值为操作数中数值位的位数 n,用来控制操作中部分积的右移次数,当 CR 为 0 时结束操作。

P 为 $(2n+2)$ 位寄存器,用来存放最终结果,$2n$ 位存放乘积的数值,最高两位为符号位(双符号位)。

3.2.2 定点数的除法运算和除法电路的实现

参加运算的两个数以原码表示,取两数的绝对值相除,商的符号由两数的符号位按位相加求得。

在计算机中实现除法运算的方法是移位与相减,而减法又可用补码相加来完成。因此其基本操作也是移位和加法。原码除法常用**恢复余数法**和**加减交替法**。

1. 原码除法——恢复余数法

在除法过程中采用被除数(或余数)减去除数的方法,相减前先观察是否够减,够减时,上

数值的机器运算   59

"商"为 1，然后作减法；如果不够减，上"商"为 0，并不作减法。被除数（或余数）左移一位（即乘 2），进行下一位的求商运算。这是手算过程。而在计算机中是先作减法，由余数的符号来判别是否够减，如果余数为正，说明够减，应上商为 1，如果余数为负，应上商为 0，由于已作了相减运算，需将除数加回以恢复余数。因为每次求一位商，余数左移一位，所以最后所得的余数应右移 n 位（对 n 位数相除而言）即乘以 2^{-n}。

例 3-14 设$[X]_原=0.1101$，$[Y]_原=0.1111$，用原码恢复余数法求$[X]_原/[Y]_原$。

按除法规则，符号位 $Z_s = X_s \oplus Y_s = 0$。

绝对值相除如下（$[-Y]_补=11.0001$ 双符号位）：

		上商	说明
被除数	001101		
加$[-Y]_补$	+) 110001		
	111110	0	余数为负
加 Y	+) 001111		恢复余数
	001101		
左移一位	011010		
加$[-Y]_补$	+) 110001		
	001011	1	余数为正
左移一位	010110		
加$[-Y]_补$	+) 110001		
	000111	1	余数为正
左移一位	001110		
加$[-Y]_补$	+) 110001		
	111111	0	余数为负
加 Y	+) 001111		恢复余数
	001110		
左移一位	011100		
加$[-Y]_补$	+) 110001		
	001101	1	余数为正

结果商为 $Z = 0.1101$，余数 $R = 0.1101 \times 2^{-4}$。

这种方法的缺点是，上商为 0 时，因为要恢复余数，其运算步数要比上商为 1 时多 1 步，由于商值不能预先确定，究竟有几位是上商为 0 这是个未知数，因此除法过程中所需运算步数也不能预先决定，使硬件控制设备复杂化。

2. 原码除法——加减交替法

这种方法的原理是：如果上商到 i 位时，所得余数为 r_i，那么应有 $r_i = 2r_{i-1} + (-Y)$，如果 $r_i < 0$，应上商为 0，同时恢复余数，即 r_i 加上 Y。然后左移一位，再作减 Y 运算得 r_{i+1}，再由 $r_{i+1} = 2(r_i + Y) + (-Y) = 2r_i + Y$，即当余数 r_i 为负时（$r_i < 0$，商位上 0，余数左移一次（即乘 2）加上除数即得新的余数 r_{i+1}；如果 $r_i > 0$，商位上 1，余数左移一次，减去除数，即得新的余数 r_{i+1}，称为**加减交替法**，其规则为：

余数 r_i 为正，商上 1，余数左移一位减除数；
余数 r_i 为负，商上 0，余数左移一位加除数。

例 3-15 $X = +0.1101$，$Y = +0.1111$ $|X| = 00.1101$，$|Y| = 00.1111$，用原码加减

交替法求$[X]_原/[Y]_原$。

按除法规则，

$$符号位 Z_s = X_s \oplus Y_s = 0$$

$$[|Y|]_{变补} = 11.0001$$

绝对值相除如下：

被除数	00.1101	0.0000	说　　明
加$[|Y|]_{变补}$	+) 11.0001		$-|Y|$
	11.1110	0.0000	余数为负，商上0
左移一位	11.1100		左移一位
加$|Y|$	+) 00.1111		$+|Y|$
	00.1011	0.0001	余数为正，商上1
左移一位	01.0110		左移一位
加$[|Y|]_{变补}$	+) 11.0001		$-|Y|$
	00.0111	0.0011	余数为正，商上1
左移一位	00.1110		左移一位
加$[|Y|]_{变补}$	+) 11.0001		$-|Y|$
	11.1111	0.0110	余数为负，商上0
左移一位	11.1110		左移一位
加$|Y|$	+) 00.1111		$+|Y|$
	00.1101	0.1101	余数为正，商上1

结果商为$[Z]_原 = 0.1101$，余数$R = 0.1101 \times 2^{-4}$。

$$Z = +0.1101，余数 R = 0.1101 \times 2^{-4}$$

例 3-16　$X = +0.1000, Y = -0.1010$　$|X| = 00.1000, |Y| = 00.1010$，用原码加减交替法求$[X]_原/[Y]_原$。

按除法规则，

$$符号位 Z_s = X_s \oplus Y_s = 1$$

$$-|Y| = [|Y|]_{变补} = 11.0110$$

绝对值相除如下：

被除数	00.1000	0.0000	说　　明
加$[|Y|]_{变补}$	+) 11.0110		$-|Y|$
	11.1110	0.0000	余数为负，商上0
左移一位	11.1100		左移一位
加$|Y|$	+) 00.1010		$+|Y|$
	00.0110	0.0001	余数为正，商上1
左移一位	00.1100		左移一位
加$[|Y|]_{变补}$	+) 11.0110		$-|Y|$
	00.0010	0.0011	余数为正，商上1
左移一位	00.0100		左移一位
加$[|Y|]_{变补}$	+) 11.0110		$-|Y|$
	11.1010	0.0110	余数为负，商上0
左移一位	11.0100		左移一位
加$|Y|$	+) 00.1010		$+|Y|$

		11.1110	0.1100	余数为负，商上 0
加 $\lvert Y \rvert$		+) 00.1010		最后一步余数为负时需加 $\lvert Y \rvert$
		00.1000		

结果商为 $[Z]_原 = 1.1100$，余数 $R = 0.1000 \times 2^{-4}$。

$$Z = -0.1100, \text{余数 } R = 0.1000 \times 2^{-4}$$

3. 原码加减交替法除法运算器

原码加减交替法除法运算器框图如图 3-15 所示。

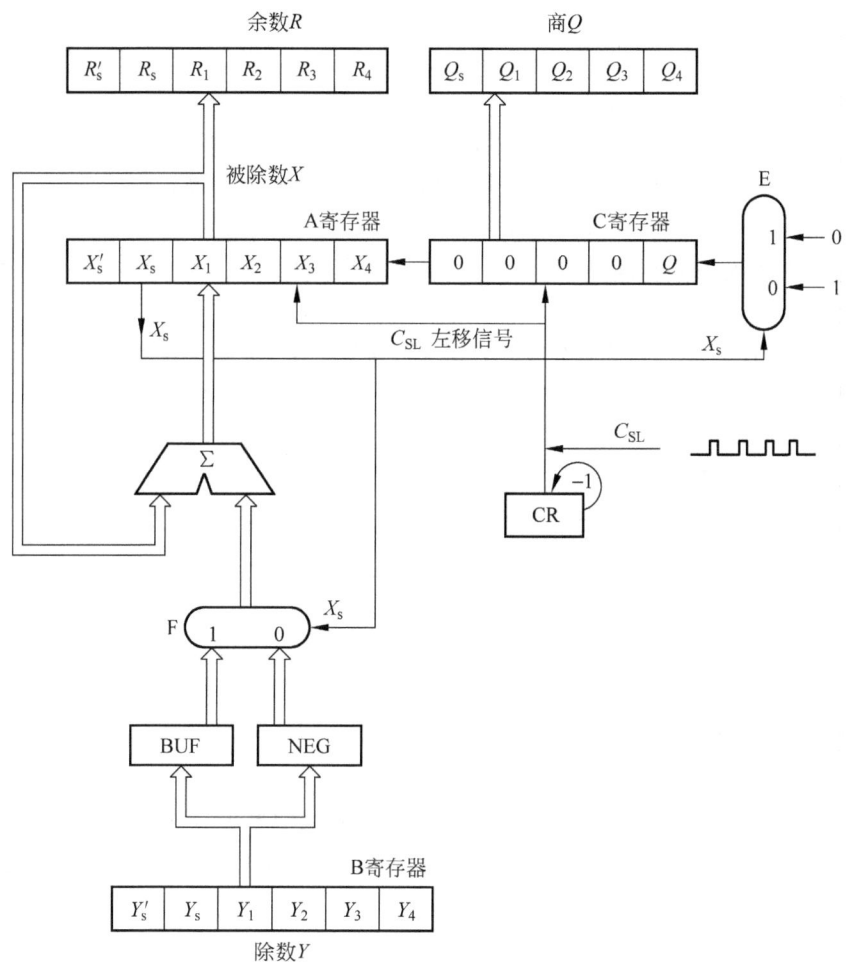

图 3-15 原码加减交替法除法运算器的原理框图

n 位原码加减交替法除法运算器的原理框图主要由两个 $n+2$ 位寄存器 A、B，一个 $n+1$ 位寄存器 C，一个 $n+2$ 位加法器 Σ，两个二选一的选择器 E 和 F，一个 $n+2$ 位求补器 NEG，一个 $n+2$ 位缓冲器 BUF 以及减法计数器 CR 组成。

$n+2$ 位寄存器 A 中存放被除数 X（双符号位 $X_s'X_s$），在运算过程中存放部分余数；

$n+2$ 位寄存器 B 中存放除数 Y（双符号位 $Y_s'Y_s$）。

第 1 次求 $\lvert X \rvert - \lvert Y \rvert$ 时，若余数为正（$X_s = 0$），Q_i 上'1'，A_C 左移后，下一次计算 $\lvert X \rvert - \lvert Y \rvert$（$\lvert X \rvert + [\lvert Y \rvert]_{变补}$）；若余数为负（$X_s = 1$），$Q_i$ 上'0'，A_C 左移后，下一

次计算$|X|+|Y|$。

用 $n+1$ 位寄存器 C 来存放商初值为 00000，在运算过程中最低位保存每次求得的商 Q_0，该位商作为下次操作是做加法或减法的控制位，$Q=0$，做加法；$Q=1$，做减法。

设 $n=4$，寄存器 $A=X_s'X_sX_1X_2X_3X_4$，寄存器 $B=Y_s'Y_sY_1Y_2Y_3Y_4$，寄存器 $C=00000$

寄存器 A_C 级联在左移控制信号 C_{SL} 作用下可实现左移。

减法计数器 CR_i 初值置 $n+1$，每左移一次并加 $|Y|/-|Y|$ 后，CR 减 1，当 $CR=0$ 时运算结束。若最后一次的部分积为负，商上 0，最后一次加 $|Y|$。

4. 补码除法——补码加减交替法

被除数、除数用双符号位补码表示，商与余数也用补码表示。除法是被除数（或部分余数）减除数，这里涉及够减与不够减的概念：

当被除数（或部分余数）的绝对值大于等于除数的绝对值，表示**够减**；

当被除数（或部分余数）的绝对值小于除数的绝对值，表示**不够减**。

当两数同号时，做减法，两数异号时，做加法。

当被除数（或部分余数）与除数同号时，如果得到的新部分余数与除数同号，表示够减，否则表示不够减；

当被除数（或部分余数）与除数异号时，如果得到的新部分余数与除数异号，表示够减，否则表示不够减。

除法操作和上商的规则为：

1) 当$[X]_补$和$[Y]_补$同号：$[X]_补-[Y]_补$。

若余数$[R_i]_补$与$[Y]_补$同号，商上"1"，下次操作为$[R_{i+1}]_补=2[R_i]_补-[Y]_补$；

余数$[R_i]_补$与$[Y]_补$异号，商上"0"，下次操作为$[R_{i+1}]_补=2[R_i]_补+[Y]_补$。

2) 当$[X]_补$和$[Y]_补$异号：$[X]_补+[Y]_补$。

若余数$[R_i]_补$与$[Y]_补$同号，商上"1"，下次操作为$[R_{i+1}]_补=2[R_i]_补-[Y]_补$；

余数$[R_i]_补$与$[Y]_补$异号，商上"0"，下次操作为$[R_{i+1}]_补=2[R_i]_补+[Y]_补$。

3) 商符在求商时自动生成，即第一次得出的商。

4) 末位恒置"1"。

例 3-17 $X=+0.1000$，$Y=-0.1101$，用补码加减交替法求$[X]_补/[Y]_补$。

$[X]_补=00.1000$，　$[Y]_补=11.0011$　$[-Y]_补=00.1101$

	被除数		说　明
	00.1000	0.0000	
$+[Y]_补$，	+) 11.0011		$[X]_补$和$[Y]_补$异号，$+[Y]_补$，
	11.1011	0.0001	$[R_i]_补$与$[Y]_补$同号，商上"1"
左移一位	11.0110		左移一位
$+[-Y]_补$	+) 00.1101		$+[-Y]_补$
	00.0011	0.0010	$[R_i]_补$与$[Y]_补$异号，商上"0"
左移一位	00.0110		左移一位
$+[Y]_补$	+) 11.0011		$+[Y]_补$
	11.1001	0.0101	$[R_i]_补$与$[Y]_补$同号，商上"1"
左移一位	11.0010		左移一位

数值的机器运算   63

+[-Y]补		+)00.1101		+[-Y]补
		11.1111	0.1011	[R_i]补与[Y]补同号,商上"1"
左移一位		11.1110		左移一位
+[-Y]补		+)00.1101		+[-Y]补
		00.1011	1.0111	末位恒置"1"

结果商为[Z]补 = 1.0111,余数 $R = 0.1011 \times 2^{-4}$。

$Z = -0.1001$,余数 $R = 0.1011 \times 2^{-4}$

3.3 逻辑运算

电子计算机能够进行各种复杂数学问题的运算,能够控制各种生产过程的运行,能够处理许多烦琐的情报资料等。它能替代人的部分脑力劳动,其关键在于它具有逻辑判断能力。下面简单地介绍一些关于逻辑运算的知识。

例如用 F 表示电灯是"亮"还是"灭"这一命题,F="1"表示灯"亮",F="0"表示灯"灭",这里的"0"与"1"就有了新的含义——逻辑含义,它表示一种命题的两种相反的结果。如果"1"表示"肯定",则"0"就表示"否定"。两值判据在计算机中是很容易实现的,可以用电平的"高"和"低",信号的"有"和"无",晶体管的"通"和"断"等来表示逻辑命题的两种相反结果"0"和"1"。

3.3.1 "与"、"或"和"非"运算

在进行逻辑推理中,有 3 种最基本的逻辑运算,即"与"逻辑、"或"逻辑和"非"逻辑。

1. 逻辑"与"

有一电灯 F 同开关 A、B 及电池串接如图 3-16 所示,规定 A、B 为"1"表示开关闭合,A、B 为"0"表示开关断开;F 为"1"表示灯"亮",为"0"表示灯"灭"。当 A 和 B 取不同值("0"、"1")的组合时,F 的取值("0"、"1")如表 3-5 所示,该表称为逻辑关系的**真值表**。

表 3-5 "与"逻辑真值表

输	入	输 出
A	B	F
0	0	0
0	1	0
1	0	0
1	1	1

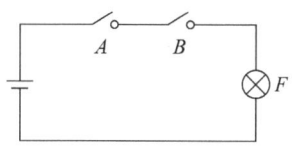

图 3-16 "与"逻辑

由真值表可见,只有当 A 与 B 同时为"1"时,F 才为"1",F 和 A 与 B 之间的关系就称为"与"逻辑关系,"逻辑与"又称为"逻辑乘",其逻辑表达式为:

$$F = A \times B = A \cdot B = A \wedge B$$

式中"×""·"和"∧"为逻辑与的符号,A、B 称为逻辑变量,F 称为逻辑函数,注意 A、B、F 在逻辑运算中只有"0"和"1"两种取值。

当计算机进行逻辑"与"运算时,将一个 n 位的二进制数同另一个 n 位的二进制数相"与",每个对应位单独相"与"。

2. 逻辑"或"

有一电灯 F 同两个并联开关 A、B 相串联,如图 3-17 所示,A、B、F 的取值约定同"与"逻辑,同样可以列出真值表,见表 3-6。由真值表可见,当 A 或 B 为"1"时(或同时为"1"时)F 为"1"。F 和 A 与 B 之间的这种关系为"或"逻辑关系,"逻辑或"又称为"逻辑加",其逻辑表达式为

$$F = A + B = A \vee B$$

式中"＋"和"∨"为逻辑或的符号。

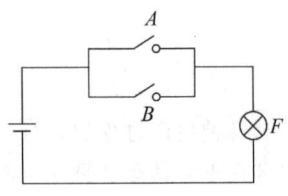

图 3-17 "或"逻辑

表 3-6 "或"逻辑真值表

输	入	输 出
A	B	F
0	0	0
0	1	1
1	0	1
1	1	1

当计算机进行二个 n 位二进制数的逻辑"或"运算时,也是各相应位单独相"或"。

3. 逻辑"非"

一个单刀双掷开关同 A、B 两个灯泡连接如图 3-18 所示,A、B 的取值为"1"表示灯"亮",为"0"表示灯"灭"。同样可列出其真值表,见表 3-7,由表可见,A 为"0",B 为"1",A 为"1",B 为"0",A 与 B 是相反相成的关系,称为"逻辑非"关系,又称为"逻辑反",其逻辑表达式为:

$$B = \overline{A}$$

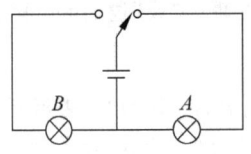

图 3-18 "非"逻辑

表 3-7 "非"逻辑真值表

输入 A	输出 B
0	1
1	0

同样,当计算机对一个 n 位二进制数进行逻辑非运算时,亦是按位取反。

3.3.2 "异或"运算

除上述三种基本的逻辑运算外,在计算机中还常用另一种逻辑运算——异或运算。

有一逻辑函数 $F = f(A, B)$,其真值表如表 3-8 所示。由真值表可知,只有当 $A=$"0",$B=$"1"(即 A、B 相异)或 $A=$"1"、$B=$"0"时,F 才为"1",F 同 A 与 B 之间的这种关系称为"异或"关系,其逻辑表达式:

$$F = A \oplus B = A \veebar B = A \cdot \overline{B} + \overline{A} \cdot B$$

"异或"运算执行的是两个逻辑变量之间"不相等"的逻辑测试,又称为"按位加"。

在电子计算机中,上述几种基本逻辑运算是由逻辑门电路来实现的,在逻辑门电路中,用电位"高"和"低"来表示"1"和"0",例如在正逻辑中,高电平表示"1",低电平表示"0"。

表 3-8 "异或"逻辑真值表

输	入	输 出
A	B	F
0	0	0
0	1	1
1	0	1
1	1	0

数值的机器运算

几种常见逻辑门的符号表示见图 3-19。

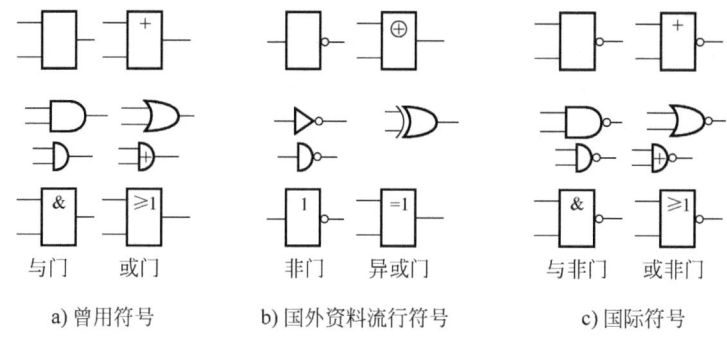

a) 曾用符号　　　　b) 国外资料流行符号　　　　c) 国际符号

图 3-19　常用逻辑门符号

这几种基本门电路的真值表归纳如表 3-9 所示。

表 3-9　基本门电路的真值表

输入		输出					
A	B	与门 $A \cdot B$	或门 $A+B$	非门 $\overline{A}$	异或门 $A \oplus B$	与非门 $\overline{A \cdot B}$	或非门 $\overline{A+B}$
0	0	0	0	1	0	1	1
0	1	0	1	1	1	1	0
1	0	0	1	0	1	1	0
1	1	1	1	0	0	0	0

3.4　定点运算器的基本结构与工作原理

定点运算器一般由 ALU 部件、寄存器、多路选择器、移位器和数据通路等组成，一个典型的定点运算器结构如图 3-20 所示。

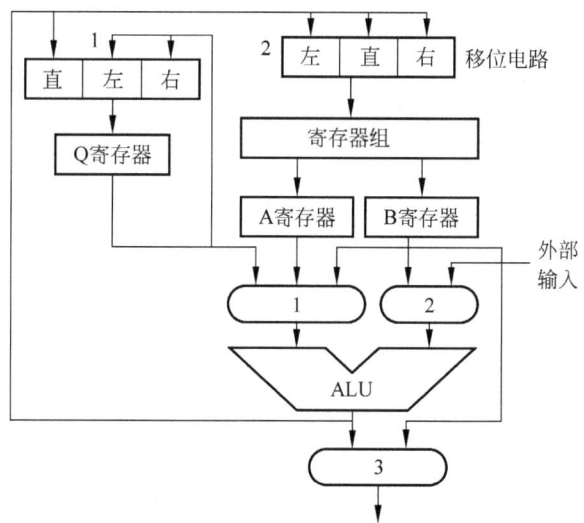

图 3-20　定点运算器结构框图

3.4.1 移位电路

在定点运算中移位操作是不可缺少的,除一般的左移、右移操作外,乘法与除法运算中,移位操作也是不可或缺的。为此在定点运算器中必然包含有移位电路。图 3-21 为一个具有直通、左移一位和右移一位的移位电路原理图。

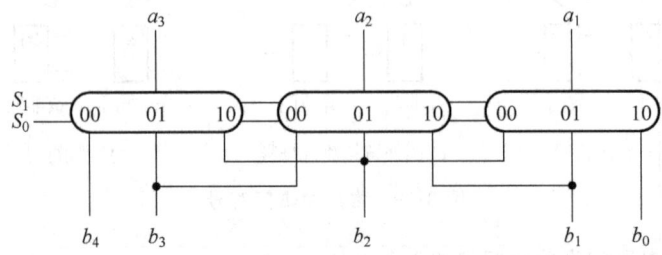

图 3-21 移位电路

该移位电路是由 3 个三选一的选择器组成的,三选一电路的工作过程是:以中间选择器为例,输入信号为 b,输出信号为 a。

当 $S_1S_0=00$ 时, $a_2=b_3$ 右移;当 $S_1S_0=01$ 时, $a_2=b_2$ 直通;当 $S_1S_0=10$ 时, $a_2=b_1$ 左移。

据此,在图 3-21 所示的移位电路中,选择信号 S_1S_0 用来控制移位功能。

当 $S_1S_0=00$ 时 $a_3a_2a_1=b_4b_3b_2$,3 位代码右移 1 次;

$S_1S_0=01$ 时 $a_3a_2a_1=b_3b_2b_1$,3 位代码直通传送;

$S_1S_0=10$ 时 $a_3a_2a_1=b_2b_1b_0$,3 位代码左移 1 次。

在上述移位电路的基础上,增加选择信号 S 以增加移 2 位、移 4 位和移 8 位等功能,构成桶形移位器。

3.4.2 定点运算的主要组成

图 3-20 所示的定点运算器由如下几部分组成。

(1) 寄存器组

它由若干个通用寄存器组成,为 1 个输入端口和 2 个输出端口的结构,输出分别送 A 寄存器和 B 寄存器,可以通过寄存器号来选择输入寄存器,以及输出寄存器。

(2) A 寄存器、B 寄存器和 Q 寄存器

A 寄存器和 B 寄存器接收来自寄存器组的数据,作为 ALU 两个运算数据的来源之一;B 寄存器的数据也可直接送到选择电路 3。

Q 寄存器,接收来自移位电路 1 的数据,其输出可反馈到其移位电路 1 的输入端(左、右移输入端)。实现数据的左移 1 位或右移 1 位的操作。Q 寄存器输出通过三选一电路 1 送入 ALU 的输入端。Q 寄存器在进行乘除法运算时可用作乘数及商寄存器。

(3) ALU

ALU 为多功能算术逻辑运算部件。参加运算的两个数据来自:①选择电路 1——三选一电路,输入来自 Q 寄存器、A 寄存器和 B 寄存器;②选择电路 2——二选一电路,输入来自 B 寄存器和外部输入。ALU 输出端送选择电路 3——二选一电路,可以选择 ALU 输出或 B 寄存器输出。

(4) 移位电路 1 和移位电路 2

可进行左移 1 位，右移 1 位以及直通操作，移位数据可以来自 ALU 输出(移位电路 1，还可对 Q 寄存器反馈回来的信息进行左移或右移 1 位的操作)。

ALU 的加减操作和移位操作可以在同一操作步骤中完成。

3.5 浮点数运算和浮点数运算器的实现

3.5.1 二进制数的浮点运算

1. 浮点数的加减法运算

两浮点数 X、Y，分别为：

$X = M_X \cdot 2^{E_X}$ （注：式中把 $(-1)^S$ 包含在 M 中，当 $S=0$ 时，M 为正数；$S=1$ 时，M 为负数）
$Y = M_Y \cdot 2^{E_Y}$

浮点数加减法运算规则为：

$$X \pm Y = M_X \cdot 2^{E_X} \pm M_Y \cdot 2^{E_Y}$$
$$= (M_X \cdot 2^{E_X - E_Y} \pm M_Y) 2^{E_Y}, E_Y \geqslant E_X$$

浮点数加减运算的步骤如下：

1) 对阶。

首先检查两数的小数点位置是否对齐，即两数阶码是否相等，只有两数的阶码相同，才能进行尾数的加减运算。若两数的阶码不同必须进行对阶，即将原来阶码小的尾数部分右移，并相应增加其阶码，以使浮点数值不变，尾数右移 1 次，阶码加 1，对阶时，先求阶码差

$$\Delta E = E_X - E_Y$$

若 $\Delta E=0$，表示两浮点数阶码相同；

若 $\Delta E>0$，表示 $E_X > E_Y$，将 M_Y 右移，E_Y 增量直到 $E_Y = E_X$；

若 $\Delta E<0$，表示 $E_X < E_Y$，将 M_X 右移，E_X 增量直到 $E_X = E_Y$。

总之，对阶是阶码小的数向阶码大的数对齐。

尾数右移时注意两个问题：
- 右移时当末位为有效值"1"时，"1"的移出实际上降低了浮点数的精度。
- 对补码形成的尾数，正数时高位补"0"，负数时高位补"1"。

2) 尾数运算。

对阶后，对阶码相同的两个浮点数实现尾数的加减运算。若尾数为补码表示，则进行补码的加减运算。

3) 运算结果规格化。

若尾数运算后的结果不符合规格化要求，必须对结果进行规格化处理。

两种规格化：
- **向左规格化**(左规)——如果运算结果尾数为 0.001…，则将结果左移 2 次，阶码减 2。
- **向右规格化**(右规)——若采用双符号位补码表示尾数，则当运算结果尾数为 01.×××…×或 10.×××…×，表示尾数绝对值大于 1，必须将结果右移以实现规格化。尾数右移 1 次，阶码加 1。

4) 舍入处理。

在运算过程中，对阶和向右规格化，尾数必须向右移，被右移尾数的低位数据会被丢弃，

造成一定的误差,必须进行舍入处理,即按照规则调整剩余部分。

常用的舍入方法有:
- **截去法**(chopping)——移去多余位,剩下位不变。其最大误差为最低位上的"1"。
- **0 舍 1 入法**——若右移舍去的最高位为 0,则舍去移出位,末位不变;若右移舍去的最高位为 1,则尾数的末位加"1"。其最大误差为最低位的一半。
- **恒置 1 法**——在截去多余位时,将剩下数据的最低位置"1"。其最大误差为最低位的"1"。

3 种舍入法中,一般采用"0 舍 1 入"法,其正负误差可抵消,误差小。

5)溢出处理

在浮点数加减运算中会发生 4 种溢出:
- **尾数上溢**——两个同符号数相加产生了最高位向符号位的进位,可将尾数右移,阶码加 1 来调整。
- **尾数下溢**——尾数右移时,最低有效位从右端丢失,要进行舍入处理。
- **阶码上溢**——运算结果的阶码值超过了阶码可能表示的最大值的正指数值,一般认为是 $+\infty$ 或 $-\infty$。
- **阶码下溢**——运算结果的阶码值超过了阶码可能表示的最小值的负指数值,一般将其认为"0"。

浮点数运算结果需要检查阶码是否溢出,阶码下溢则置运算结果为浮点数形式的"机器 0";阶码上溢,置溢出标志,由 CPU 的异常处理机制进行处理。

例 3-18 已知两浮点数 $X=-0.101000\times 2^{-101}$,$Y=+0.111011\times 2^{-100}$。如果阶码占 5 位(含 2 位阶符),尾数占 8 位(含 2 位尾符)求 $X-Y$(要求阶码、尾数都用补码表示)。

解: 按要求
$$[X]_{浮} = 11.011,11.011000$$
$$[Y]_{浮} = 11.100,00.111011$$

1)对阶。
$$[\triangle E]_{补} = [E_X]_{补} - [E_Y]_{补} = [E_X]_{补} + [-E_Y]_{补} = 11.011 + 00.100 = 11.111$$
$\triangle E = -1, E_X < E_Y, X$ 的尾数右移一位,$E_X + 1$
$$[M_X]_{补} = 11.101100$$
$$[E_X]_{补} = 11.100$$
$$[X] = 11.100,11.101100$$

2)尾数相减。
$$[M_X]_{补} - [M_Y]_{补} = [M_X]_{补} + [-M_Y]_{补}$$
$$= 11.101100 + 11.000101$$
$$= 10.110001$$
$$[X-Y]_{浮} = 11.100,10.110001$$

3)规格化。
$$[M_{X-Y}] = 10.110001 \quad 需要右规,阶码加 1$$
右规后得 $[X-Y]_{补} = 11.101,11.0110001$

4)舍入处理。

一般采用"0 舍 1 入法",右规时末位丢弃 1,则

数值的机器运算

11.011000 末位加"1"得 11.011001

$$[X-Y]_{浮}=11.101,11.011001$$

5）判溢出。

舍入处理后阶符为"11"说明无溢出。则

$$X-Y=-0.100111\times 2^{-011}$$

例 3-19 已知 $X=0.11011011\times 2^{010}$，$Y=-0.10101100\times 2^{100}$。如果阶码占 5 位（含 2 位阶符），尾数占 10 位（含 2 位尾符），求 $X+Y$（要求阶码，尾数都用补码表示）。

解：按要求

$$[X]_{浮}=00.010,00.11011011$$
$$[Y]_{浮}=00.100,11.01010100$$

1）对阶。

$$[\Delta E]_{补}=[E_X]_{补}-[E_Y]_{补}=[E_X]_{补}+[-E_Y]_{补}$$
$$=00.010+11.100=11.110$$
$$\Delta E=-2\quad E_X<E_Y\quad M_X \text{右移2位}, E_X \text{加2得}$$
$$[X]_{浮}=00.100,00.00110110(11)$$

(11)表示尾数 M_X 右移 2 位移出之值。

2）尾数相加。

$$[M_X]_{补}+[M_Y]_{补}=00.00110110(11)+11.01010100$$
$$=11.10001010(11)$$

3）规格化。

尾数为 11.10…应左规，尾数左移 1 次阶码减 1。

$$[M_X+M_Y]_{补}=11.00010101(10)$$
$$[E_{X+Y}]_{补}=00.011$$

4）舍入处理。

采用"0 舍 1 入法"，右规时丢弃 1 个"1"，则

11.00010101 末位加"1"得 11.00010110

$$[X+Y]_{浮}=00.011,11.00010110$$

5）判溢出。

舍入处理后，阶符为"00"说明无溢出。则

$$X+Y=-0.11101010\times 2^{011}$$

2. 浮点数的乘除法运算

浮点数乘法运算，其乘积的阶码为相乘两数的阶码之和，其乘积的尾数为两相乘数尾数之积。浮点数除法运算，其商的阶码为被除数的阶码减去除数的阶码，其尾数为被除数的尾数除以除数的尾数所得之商。

两浮点数

$$X=M_X\cdot 2^{E_x}$$
$$Y=M_Y\cdot 2^{E_y}$$

乘法运算时

$$X\cdot Y=(M_X\cdot M_Y)\cdot 2^{E_x+E_y}=M_{x\cdot y}\cdot 2^{E_{xy}}$$

除法运算时
$$X/Y = M_X/M_Y \cdot 2^{E_x-E_y} = M_{x/y} \cdot 2^{E_{x/y}}$$
即
$$M_{x \cdot y} = M_x \cdot M_y$$
$$M_{x/y} = M_x/M_y$$
$$E_{x \cdot y} = E_x + E_y$$
$$E_{x/y} = E_x - E_y$$

(1) 阶码运算

1) 补码表示。
$$\text{乘积的阶码} [E_{xy}]_{\text{补}} = [E_x]_{\text{补}} + [E_y]_{\text{补}}$$
$$\text{商的阶码} [E_{x/y}]_{\text{补}} = [E_x]_{\text{补}} - [E_y]_{\text{补}}$$

溢出判别——同号的阶码相加或异号的阶码相减可能产生溢出,应作溢出判断。

2) 移码表示。

按移码定义:
$$[E_x]_{\text{移}} = 2^n + E_x, -2^n \leq E_x < 2^n$$
$$[E_y]_{\text{移}} = 2^n + E_y, -2^n \leq E_y < 2^n$$
得
$$[E_x]_{\text{移}} + [E_y]_{\text{移}} = 2^n + E_x + 2^n + E_y$$
$$= 2^n + [2^n + (E_x + E_y)]$$
$$= 2^n + [E_x + E_y]_{\text{移}}$$

即直接用移码求阶码和时,其最高位多加一个 2^n,则要得到移码形式的结果,必须减去 2^n。

对应于同一真值的移码和补码数值部分完全相同,符号位正好相反,则
$$[E_Y]_{\text{补}} = 2^{n+1} + E_y (\bmod 2^{n+1})$$

因此,求阶码和的公式为:
$$[E_x]_{\text{移}} + [E_y]_{\text{补}} = 2^n + E_x + 2^{n+1} + E_y$$
$$= 2^{n+1} + [2^n + (E_x + E_y)]$$
$$= [E_x + E_y]_{\text{移}}, (\bmod 2^{n+1})$$

在作除法运算时,商的阶码为:
$$[E_x]_{\text{移}} + [-E_y]_{\text{补}} = [E_x - E_y]_{\text{移}}$$

上述两式说明进行移码加减运算时,只需将移码表示的加数或减数的符号位取反(即变补码),然后进行运算,即得阶码和或阶码差的移码。

3) 移码表示时的溢出判别。

采用双符号位,在移码原有符号位前再加一个第二符号位为"0",即最高位为"0"。溢出条件是最高位变为"1"时,若双符号位为"10",则表示上溢,相应地,"01"表示下溢,"11"表示为正,"00"表示为负。

例 3-20 $E_x = +011$,$E_y = +110$,求 $[E_x+E_y]_{\text{移}}$ 及 $[E_x-E_y]_{\text{移}}$,且判断溢出。

解: $[E_x]_{\text{移}} = 01.011$ $[E_y]_{\text{移}} = 01.110$
$[E_y]_{\text{补}} = 00.110$ $[-E_y]_{\text{补}} = 11.010$
$[E_x+E_y]_{\text{移}} = [E_x]_{\text{移}} + [E_y]_{\text{补}} = 01.011 + 00.110$
$= 10.001$ 结果上溢

$$[E_x-E_y]_{移} = [E_x]_{移} + [-E_y]_{补} = 01.011 + 11.010$$
$$= 00.101 \quad 正确结果为-3$$

(2)尾数乘法运算

浮点数尾数相乘的步骤如下:

1)检测相乘两尾数中是否有"0",若有一个为"0",乘积必为"0",若均不为"0",可进行乘法运算。

2)浮点数的尾数相乘可以采用定点小数的任一种乘法运算来完成,乘积值可能要进行左规,同时调整相应的阶码;阶码调整时,若发生阶码下溢,则作"机器0"处理;若发生阶码上溢,则作"溢出"处理。

尾数相乘时,乘积会产生超过原字长直到双倍字长结果,若限定只取原字长,则乘积的若干低位将会丢失,可采用两种方法处理:

- **截断处理**:丢弃原尾数字长的右边低位值,优点是处理简单,缺点是影响精度。
- **舍入处理**:运算过程中保留右移出的若干高位值,最后再按约定规则用这些位上的值修正尾数。

尾数用原码表示时,可采用"0舍1入法"或最低位"恒置1法"。尾数用补码表示时,采用的方法是:当丢失的各位均为"0"时,不必舍入;当丢失的最高位为0而其他各位不全为0或丢失的最高位为1,以下的各位均为0,则舍去丢失位上的值;而当丢失的最高位为1,以下各位不全为0时,执行在尾数最低位加入1的修正操作。

例 3-21 有4个乘积尾数分别为:

$$[M_1]_补 = 11.01100000$$
$$[M_2]_补 = 11.01100001$$
$$[M_3]_补 = 11.01101000$$
$$[M_4]_补 = 11.01111001$$

执行后,结果只保留小数点后4位有效数字时的舍入操作值。

$$[M_1]_补 = 11.0110 \quad 丢弃\ 0000(不舍不入)$$
$$[M_2]_补 = 11.0110 \quad 丢弃\ 0001 \quad (舍)$$
$$[M_3]_补 = 11.0110 \quad 丢弃\ 1000 \quad (舍)$$
$$[M_4]_补 = 11.0111 \quad 丢弃\ 1001$$
$$= 11.1000 \quad (入)$$

(3)尾数除法运算

浮点数尾数相除的步骤如下:

1)检测被除数是否为"0",若为"0",则商必为"0";再检测除数是否为"0",若为"0",则商必为"无穷大",另作处理;除数和被除数都不为"0",可进行除法运算。

2)浮点数的尾数相除可采用定点小数的任一种除法运算来完成。

3)先比较被除数和除数的绝对值,若被除数绝对值大于除数的绝对值,商会大于1,结果溢出。可先将被除数右移1位,对应阶码加1,再做尾数相除,可防止除法结果——商的溢出。

3.5.2 浮点运算器的基本结构

前面讨论了浮点数加减乘除四则运算规则,从浮点运算规则可见,浮点运算分阶码运算和尾数运算两部分,阶码运算采用定点整数的加减法运算,而尾数运算采用定点小数的加减乘除运算。运算结果还需经过规格化、舍入及判别溢出等操作，因此浮点运算器的硬件配置肯定比定点运算器复杂，因为它既包括了若干定点运算器又增加不少专用电路。

1. 浮点数加减法运算操作流程图

浮点数加减法运算的操作流程如图 3-22 所示。

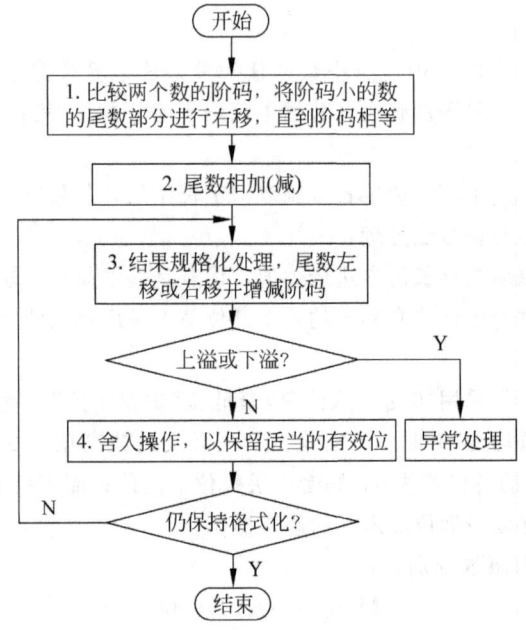

图 3-22　浮点数加减法运算操作流程

2. 加减法运算器原理图

实现图 3-22 所示算法的浮点加减运算器的结构框图如图 3-23 所示。

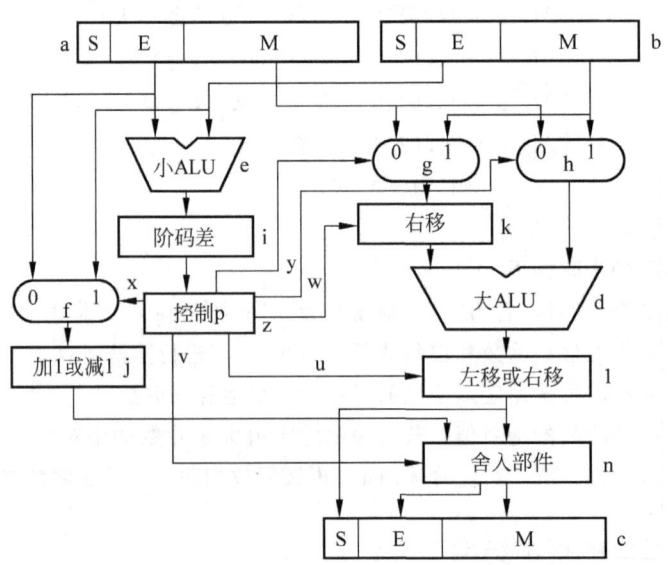

图 3-23　浮点加减法运算器结构图

3. 部件说明

a、b、c 为三个浮点数据寄存器，其中 a、b 中存放待运算的两个浮点操作数，c 中存放运算结果操作数；

d、e 为两个 ALU，d 为大 ALU，用来进行尾数运算，e 为小 ALU，用来进行阶码运算；

f、g、h 为 3 个二选一的选择器；

k 为尾数右移部件，用于对阶时操作；

l 为左移/右移部件，用于对大 ALU 运算结果的规格化；

i 为阶码差寄存器；

j 为阶码加 1/减 1 器件，用于对阶后操作及舍入操作；

n 为舍入部件，用于舍入操作；

p 为操作控制器，根据阶码差控制相关部件的操作。

4. 工作过程简介

(1) 对阶

a、b 中的两个阶码送 e(小 ALU)进行对阶操作，结果存入 i(阶码差寄存器)，然后送 p(操作控制器)，根据阶码差对尾数进行移位操作。

操作控制器输出 x、y、z、u、v、w 这六个控制信号。信号 y 控制选择器 g 将阶码较小数的尾数送 k(右移部件)。同时，对较小的阶码进行加 1 操作(由操作控制信号 x 控制)，对阶后的阶码作为结果操作数的阶码。

(2) 尾数运算

经过对阶后的两个尾数送入 d(大 ALU)进行加减运算，运算结果送入 l(左移/右移部件)进行规格化。

(3) 运算结果规格化

规格化时对运算结果的尾数进行左移或右移由操作控制器 p 的控制信号 u 控制，同时结果的阶码进行加 1 或减 1 操作，由 j(加 1/减 1 部件)实现，尾数右移，阶码加 1，尾数左移，阶码减 1。

(4) 舍入处理

规格化后数据送 n 舍入部件，经过舍入操作的数据结果送入 c(结果数据寄存器)。

习题 3

3.1 已知 $[X]_{\textrm{补}}$ 和 $[Y]_{\textrm{补}}$ 的值，用补码加减法计算 $X+Y$ 和 $X-Y$(写出结果的二进制表示和十进制表示)，并指出结果是否溢出。

(1) $[X]_{\textrm{补}} = 0.11011$，$[Y]_{\textrm{补}} = 0.00011$

(2) $[X]_{\textrm{补}} = 0.10111$，$[Y]_{\textrm{补}} = 1.00101$

(3) $[X]_{\textrm{补}} = 1.01010$，$[Y]_{\textrm{补}} = 1.10001$

(4) $[X]_{\textrm{补}} = 1.10011$，$[Y]_{\textrm{补}} = 0.11001$

3.2 给出 X 和 Y 的二进制值，用补码加减法计算 $X+Y$ 和 $X-Y$(写出结果的二进制表示和十进制表示)，并指出结果是否溢出。

(1) $X = 0.10111$，$Y = 0.11011$ (2) $X = 0.11101$，$Y = 0.10011$

(3) $X=0.11011$, $Y=-0.1010$ (4) $X=-0.11111$, $Y=0.11011$
(5) $X=-0.11011$, $Y=0.1010$ (6) $X=-0.11010$, $Y=-0.11001$
(7) $X=-1011101$, $Y=+1101101$ (8) $X=+1110110$, $Y=-1001101$
(9) $X=+1101110$, $Y=+1010101$ (10) $X=-1111111$, $Y=-1101101$

3.3 给出 X 和 Y 的二进制值，试用原码一位乘法求 $X \times Y$（写出结果的二进制表示和十进制表示，要求写出运算过程）。

(1) $X=+0100$, $Y=-0011$ (2) $X=+0.0101$, $Y=-0.1010$
(3) $X=+1001$, $Y=-1101$ (4) $X=+0.1011$, $Y=-0.1101$
(5) $X=-1010$, $Y=+1011$ (6) $X=+0.1001$, $Y=-0.0101$
(7) $X=-1010$, $Y=+1101$ (8) $X=-0.0110$, $Y=+0.0101$
(9) $X=+10101$, $Y=-10011$ (10) $X=-0.10111$, $Y=+0.10101$

3.4 给出 X 和 Y 的二进制值，试用补码一位乘法求 $X \times Y$（写出结果的二进制表示和十进制表示，要求写出运算过程）。

(1) $X=+0100$, $Y=-0011$ (2) $X=+0.0101$, $Y=-0.1010$
(3) $X=+1001$, $Y=-1101$ (4) $X=+0.1011$, $Y=-0.1101$
(5) $X=-1010$, $Y=+1011$ (6) $X=+0.1001$, $Y=-0.0101$
(7) $X=-1010$, $Y=+1101$ (8) $X=-0.0110$, $Y=+0.0101$
(9) $X=+10101$, $Y=-10011$ (10) $X=-0.10111$, $Y=+0.10101$

3.5 给出 X 和 Y 的二进制值，试用原码恢复余数法计算 X/Y（写出结果的二进制表示和十进制表示，要求写出运算过程）。

(1) $X=-1010$, $Y=+1011$ (2) $X=+0.10101$, $Y=-0.10011$
(3) $X=+1001$, $Y=-1101$ (4) $X=+0.1000$, $Y=-0.1010$

3.6 给出 X 和 Y 的二进制值，试用原码加减交替法计算 X/Y（写出结果的二进制表示和十进制表示，要求写出运算过程）。

(1) $X=-1010$, $Y=+1011$ (2) $X=+0.10101$, $Y=-0.10011$
(3) $X=+1001$, $Y=-1101$ (4) $X=+0.1000$, $Y=-0.1010$

3.7 给出 X 和 Y 的二进制值，试用补码加减交替法计算 X/Y（写出结果的二进制表示和十进制表示，要求写出运算过程）。

(1) $X=-1010$, $Y=+1011$ (2) $X=+0.10101$, $Y=-0.10011$
(3) $X=+1001$, $Y=-1101$ (4) $X=+0.1000$, $Y=-0.1010$

3.8 写出下列数据的浮点数表示，基数为 2，设阶码为 5 位（含 1 位阶符），尾数为 11 位（含 1 位尾符），要求尾数用补码，阶码用移码。

(1) 125_{10} (2) 10101_2
(3) -0.00138_{10} (4) 237_{10}
(5) -110101_2 (6) 1011111_2

3.9 用 32 位二进制浮点数表示数，其阶码 9 位（其中 1 位为阶符），尾数 23 位（其中 1 位为尾符），要求阶码为移码表示，尾数为补码表示。请问：

(1) 最大正数是多少？
(2) 最小正数是多少？

3.10 设阶码 4 位（其中 1 位为阶符），尾数 8 位（其中 1 位为尾符），按浮点运算方法求解 [$X+$

$Y]_{浮}$ 和 $[X-Y]_{浮}$。

(1) $X=2^{011}×0.100101$ $Y=2^{010}×(-0.011011)$

(2) $X=2^{101}×(-0.010010)$ $Y=2^{100}×0.011010$

3.11 已知 $X=2^{010}×0.11011011$，$Y=2^{100}×(-0.10101100)$，用浮点数运算步骤求 $[X+Y]_{浮}$（1位阶符、1位尾符、4位阶码和10位尾数）。

3.12 设有两个浮点数，$X=0.111101×2^{101}$，$Y=0.110101×2^{011}$，设阶码3位，阶符1位，尾数6位，数符1位，都用补码表示。求 $E=X-Y$ 的二进制浮点规格化数（要求写出计算过程）。

3.13 有两个浮点数 $X=2^{100}(+0.101011)$，$Y=2^{011}(-0.110101)$ 求 $X+Y=$？写出计算过程，如有舍入，用"0舍1入"法，建议用双符号位。

3.14 有两个浮点数 $X=2^{011}(+0.110100)$ 和 $Y=2^{101}(-0.101011)$ 求 $X+Y=$？写出计算过程，如有舍入，用"0舍1入"法，建议用双符号位。

3.15 试述半加器和全加器的区别，并写出它们各自的逻辑表达式。

3.16 采用半加器构成一个具有加1功能的运算电路。

3.17 用4个全加器设计一个具有4位减1功能的运算电路。

3.18 画出一个8位移位电路的完整电路。该电路具有右移一位、左移一位和直通的功能，用控制信号 S_1 和 S_0 进行选择。

3.19 用一个算术运算部件、一个逻辑运算部件和一个四选一的选择电路设计一个具有算术运算、逻辑运算和移位运算功能的ALU部件。

3.20 运算器是CPU的主要组成部件，它由算术逻辑单元ALU、通用寄存器组和状态寄存器等组成，请简述这3个器件的功能。

3.21 试述运算器的功能和组成（由哪些部件组成）。

CHAPTER 4
第 4 章

存储系统和结构

程序存储和程序控制是电子数字计算机的基本工作方式,存储系统是电子数字计算机系统的重要的、不可或缺的主要组成部分。本章的主要内容包括存储系统的组成、主存的组织与操作、存储系统的层次结构、高速缓冲存储器和虚拟存储器。芯片的互联技术是必须掌握的基本技术,Cache 的工作原理、主存与 Cache 之间的三种地址映像以及虚拟存储器的基本概念和三种存储管理方式既是重点又是难点。

4.1 存储系统的组成

4.1.1 存储器的分类

存储器是计算机系统中必不可少的组成部分,用来存放计算机系统工作时所使用的信息——程序和数据。根据其在计算机系统中的地位可分为**主存储器**(main memory,简称**主存**)和**辅助存储器**(auxiliary memory,简称**辅存**),主存储器又称为**内存储器**(internal memory,简称**内存**),辅助存储器又称为**外存储器**(external memory,简称**外存**)。主存储器通常是由半导体存储器组成,而辅助存储器的种类较多,通常包括磁盘存储器、光盘存储器及磁带存储器等。在计算机系统中常用的存储器分类如图 4-1 所示。

4.1.2 主存

在现代计算机系统中主存都是由半导体存储器组成。半导体存储器的特点是:1)速度快,存取时间可为 ns 级;2)集成化,不仅存储单元所占的空间小,而且用来寻找存储单元地址的译码

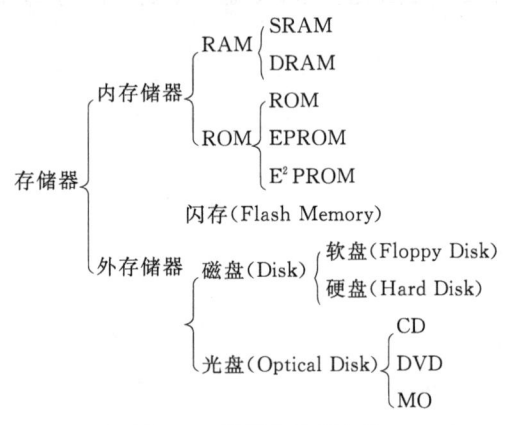

图 4-1 常用存储器分类

电路和数据、地址缓冲寄存器以及存储单元都制作在同一芯片中,体积特别小;3)非破坏性读出,特别是半导体静态存储器,不仅读操作不破坏原来的信息,而且不需要再生,这样既缩短了读写周期,又简化了控制操作。

从器件组成的角度来分类,半导体存储器可分为**单极型**存储器和**双极型**存储器两种。双极型存储器是用 TTL(Transistor-Transistor Logic,晶体管–晶体管逻辑)电路制成的存储器,其特点是速度快、功耗不大,但集成度较低;单极型存储器是用 MOS(Metal-Oxide-Semiconductor,金属氧化物半导体)电路制成的存储器,其特点是集成度高、功耗低、价格便宜,而且随着半

导体集成工艺和技术的长足进展，目前 MOS 存储器的速度已经可以同双极型 TTL 存储器媲美。

从工作特点、作用和制作工艺的角度来看，存储器又可分为如下几种：

1. 随机存取存储器 RAM

RAM(Random Access Memory)的特点是存储器中信息能读能写，且对存储器中任一存储单元进行读写操作所需时间基本上是一样的，写入的信息在关机后立即消失。RAM 又分为**静态 RAM**(Static RAM，SRAM)和**动态 RAM**(Dymanic RAM，DRAM)两种。

（1）SRAM

SRAM 是利用半导体触发器的两个稳定状态表示"1"和"0"，最简单的 TTL 电路组成的 SRAM 是由两个双发射极晶体管和两个电阻构成的触发器电路；而 MOS 管组成的单极型 SRAM 是由 6 个 MOS 管组成的双稳态触发电路。SRAM 的特点是只要保持供电电源，写入 SRAM 的信息将不会消失，不需要刷新电路。同时再读出时不破坏原存信息，一经写入可多次读出。SRAM 的功耗较大，容量较小，但存取速度较快。

（2）DRAM

DRAM 是利用 MOS 管的栅极对其衬底间的分布电容来保存信息，以储存电荷的多少（即电容端电压的高低）来表示"1"和"0"。DRAM 的每个存储单元所需的 MOS 管较少，可以由 4 管、3 管和单管 MOS 组成，因此 DRAM 的集成度较高、功耗也低。但缺点是保存在 DRAM 中的信息——MOS 管栅极分布电容上的电荷会随着电容器的漏电而逐渐消失，一般信息保存时间为 2ms 左右。为了保存 DRAM 中的信息，每隔 1～2ms 要对 DRAM 中所有的存储单元刷新一次，即对其中存放的信息进行再生，因此采用 DRAM 的计算机必须配置刷新电路。另外，DRAM 的存取速度较慢，但容量较大。一般微机系统中的内存都采用 DRAM。

2. 只读存储器 ROM

ROM(Read Only Memory)的特点是用户在使用时只能读出其中信息，不能修改和写入新的信息，存储单元中的信息由 ROM 制造厂商在生产时一次性写入，ROM 中的信息在关机后不会消失。这种 ROM 称为**掩膜 ROM**(Masked ROM)。此外，ROM 还有如下几种类型。

（1）PROM

PROM(Programmable ROM，可编程 ROM)中的程序和数据是由用户自行写入的，但一经写入，就无法更改，是一次性写入多次读出的 ROM。

（2）EPROM

EPROM(Erasable Programmable ROM，可擦除可编程 ROM)可由用户自行写入程序和数据，写入后的内容可由紫外线灯照射擦除，然后可重新写入新的内容，EPROM 可多次擦除，多次改写。这种由紫外线(Ultra Violet，UV)擦除的 EPROM 称为 UVEPROM。

（3）E^2PROM

E^2PROM(Electrically Erasable Programmable ROM，电可擦除可编程 ROM)是可用电信号进行擦除和改写的存储器，其特点是使用方便，芯片不离开插件板便可擦除或改写其中的信息。它又称为 EEPROM 或 EAPROM(Electrically Alterable ROM，电可改写 ROM)。E^2PROM 的存取速度较慢，价格较贵。

3. 闪速存储器

闪速存储器(Flash Memory，简称闪存)又称快擦型存储器，是一种非挥发性存储器。闪存芯片借用了EPROM结构简单的特点，又吸收了E^2PROM电擦除的特点，还具有可以整块芯片电擦除和部分电擦除的特点，耗电低、集成度高（容量大）、体积小、可靠性高、无须后备电池（不加电情况下，信息可储存长达10年之久）、可重新改写、重复使用性好（至少可反复使用百万次以上）等优点。闪存的访问时间可低至70ns，比硬盘驱动器快50～200倍，平均写入时间低于0.1秒。由于没有机械运动部件，所以抗震能力比硬盘驱动器强10倍。闪存使用先进的CMOS制造工艺，最大工作电流只要20mA，备用状态下的最大电流不过100μA。目前它广泛应用于便携式计算机的PC卡存储器（固态硬盘）以及用来存放主板和显卡上的BIOS以代替原来的EPROM BIOS。利用闪存存储主板的BIOS程序，可使BIOS升级非常容易。现在的Pentium主板普遍用闪存来代替EPROM和E^2PROM存储BIOS程序。

采用闪存制成的"闪盘"（又称"U盘"或优盘）已广泛应用在台式机和便携机中用以替代软盘，成为大容量、高速度（相对于软盘而言）的移动式存储器。闪盘属于辅助存储器。

4.1.3 辅存

计算机系统中的辅助存储器用来存放CPU运行时暂时不用的各种程序和文件。当CPU在运行中要用到辅存中的程序和文件时，再将其调入主存。常用作辅助存储器的有：磁盘存储器、磁带存储器和光盘存储器。有关辅助存储器的内容在7.3节中论述。

4.2 主存的组织与操作

4.2.1 半导体存储器的基本结构

计算机系统中用作主存储器的半导体存储器的基本结构如图4-2所示，图中还画出了半导体存储器与CPU的连接和信息在其间流动的概貌。

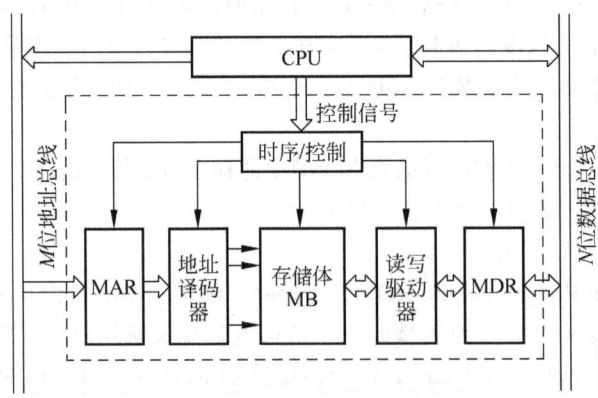

图4-2 内存储器的基本结构

图4-2中，虚线框为内存储器，由半导体存储器组成，其中MB(Memory Bank)为存储体，是存储单元的集合体。内存储器通过M位地址线、N位数据线和一些有关的控制线同CPU交换信息。M位地址线用来指出所需访问的存储单元的地址（2^M），N位数据线用来在CPU与内存之间传送数据信息，而控制线用来协调和控制CPU与内存之间的读写操作。当CPU启动一次存储器读操作时，先将地址码由CPU通过地址线送入存储地址寄存器MAR(Memory Address

Register),然后使控制线中的读信号线 READ 线有效,MAR 中地址码经过地址译码后选中该地址对应的存储单元,并通过读写驱动电路,将选中单元的数据送入存储数据寄存器 MDR (Memory Data Register),然后通过数据总线读入 CPU。

4.2.2 存储器中的数据组织

计算机系统中,作为一个整体一次存放或取出内存储器的数据称为"存储字",例如 8 位机的存储字是 8 位字长(即一个字节);16 位机的存储字是 16 位字长;32 位机的存储字是 32 位字长等。在现代计算机系统中,特别是在微机系统中,内存储器一般都以字节编址,即一个存储地址对应一个 8 位存储单元。这样,一个 16 位存储字就占了两个连续的 8 位存储单元。在 Intel 80X86 系统中,16 位存储字或 32 位存储字的地址是 2 个或 4 个存储单元中最低端的存储单元的地址,而此最低端存储单元中存放的是 32 位字中最低 8 位。例如,32 位存储字 12345678H 存放在内存中的情况如图 4-3a 所示,占有 24300H~24303H 四个地址的存储单元,其中最低字节 78H 存放在 24300H 中称为**小端存放**,则该 32 位存储字的地址即 24300H。32 位存储字在内存中的存放也有相反排列的情况,如在 Motorola 的 680X0 系统中,该 32 位存储字 12345678H 存放在内存中的情况如图 4-3b 所示,最高 8 位信息 12H 存放在最低地址 24300H,称为**大端存放**。32 位存储字的地址 24300H 指向最高 8 位的存储单元。

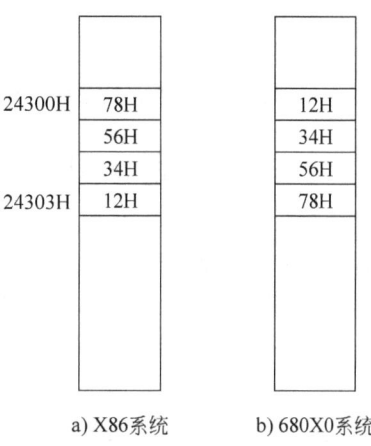

图 4-3 32 位存储字的存放情况

4.2.3 半导体存储器的主要技术指标

衡量一个半导体存储器性能优劣的主要技术指标有 4 个——存储容量、存取速度、可靠性和性能/价格比。

1. 存储容量

一个半导体存储器芯片的存储容量是指存储器可以容纳的二进制信息量。以存储器中存储地址寄存器 MAR 的编址数与存储字位数的乘积表示。例如,某存储器芯片的 MAR 为 16 位,存储字长为 8 位,则其存储容量为 $2^{16} \times 8$ 位=64K×8 位,64K 即 16 位的编址数;20 位 MAR 的编址数为 1M。图 4-2 中 M 位地址总线、N 位数据总线的半导体存储器芯片的存储容量为 $2^M \times N$ 位。

对于一个微机系统而言,有关存储容量还需搞清两个概念,一个是由系统地址总线决定的内存最大容量,另一个是内存的实际装机容量。例如,一个以 Pentium 4 为 CPU 的 PC,其地址总线为 36 位,则内存允许的最大容量为 $2^{36}=64\text{GB}(64 \times 1024^3$ 字节),而实际装机容量可能只有 128MB、256MB 或 1GB。

2. 存储速度

存储器的存储速度可以用两个时间参数表征,一个是**存取时间**(Access Time)T_A。它定义为从启动一次存储器操作,到完成该操作所经历的时间。例如,在存储器读操作时,从给出读命令到所需要的信息稳定在 MDR(存储数据寄存器)的输出端之间的时间间隔,即为"存取时间"。另一个是**存储周期**(Memory Cycle)T_{MC},定义为启动两次独立的存储器操作之间所需的最小时间间隔。通常存储周期 T_{MC} 略大于存取时间 T_A。存储速度取决于内存储器的具体结构及其工作机制。

3. 可靠性

存储器的可靠性用 MTBF(Mean Time Between Failures,**平均故障间隔时间**)来衡量,MTBF 越长,可靠性越高。内存储器常采用纠错编码技术来延长 MTBF 以提高可靠性。

4. 性能/价格比

性能主要包括上述三项指标——存储容量、存储速度和可靠性。对不同用途的存储器可强调不同的要求。例如,有的存储器要求存储容量大,则就以存储容量为主;有的存储器(如高速缓冲存储器)要求存储速度快,则要求以存储速度为主。

4.2.4 半导体存储器芯片的发展

计算机系统中的主存(内存)主要包括系统内存、高速缓冲存储器(Cache)以及各种缓冲器芯片(Buffer)(包括显卡中的显存、光存储设备中的缓存,甚至主板 BIOS 的闪存也属于内存范畴),而这些存储器件都是半导体存储器芯片。本小节主要介绍内存条芯片的发展情况。

内存条所用的芯片都是 DRAM 芯片,它的特点是集成度高、容量大、价格低,但存取速度也低。随着 CPU 芯片的飞速发展,其工作频率越来越高,就 80X86 系列而言,CPU 工作频率已从 8086 的 5MHz 发展到目前 Pentium 4 的 3.8GHz。为了满足计算机系统对访问内存速度的要求,用于内存条的 DRAM 芯片也在不断地开发新型品种,以适应 CPU 频率高速发展的需求。

DRAM 芯片技术从早期的 FPM DRAM、EDO DRAM、SDRAM 到目前的 DDR SDRAM 经历了几个重要的发展阶段。

1. FPM DRAM(Fast Page Mode DRAM,快页式 DRAM)

这是 1987 年推出的一种 DRAM 技术,其主要特点是当 CPU 访问连续的内存地址时,一旦行地址确定后,只要不断地指定列地址就可以快速地访问一行中的连续数据,而无须每次都对行、列地址重新定位。FPM DRAM 存取时间可达 80~100ns,当时是 PC486 机的主流配置。

采用 FPM DRAM 的内存条有 30 引脚(1MB/2MB)、72 引脚(4MB~16MB)的 SIMM(Single In-line Memory Module,单列直插式存储模块)结构等。

2. EDO DRAM(Extended Data Output DRAM,扩展数据输出 DRAM)

这是 1995 年前后推出的一种 DRAM 技术,是在 FPM DRAM 基础上发展而来。EDO 技术的特点是,每次访问后,在把数据发送给 CPU 的同时去访问下一个页面(另一行存储单元),这样可省去页面切换所需的额外时钟周期,以加快对下一页面单元的访问。这样能提高 15%~30% 的存取速度。EDO DRAM 存取时间可达 50~70ns,广泛应用于 Pentium 微机上,是 Pentium 机的主流配置。

EDO DRAM 用作内存条时,早期采用 72 引脚 SIMM 结构,后期采用 168 引脚 DIMM (Dual In-line Memory Module,双列直插式存储模块)结构。由于 Pentium 外部采用 64 位数据总线,因此 32 位的 EDO DRAM 只能以成对形式安装在主板上。

3. SDRAM(Synchronous DRAM，同步 DRAM)

这是 1996 年底推出的 DRAM 技术。内部设计与 FPM DRAM 和 EDO DRAM 差异很大，它在一个 CPU 时钟周期内即可完成数据的访问和刷新，可与 CPU 的外频同步工作，故称**同步 DRAM**。由于实现工作频率与 CPU 外频同步化，CPU 在传输数据时不再等待，效率可比 EDO DRAM 提高 50%。

SDRAM 采用双存储体结构，当 CPU 访问一个存储体时，另一个存储体就作好被访问的准备，两个存储体自动切换。

高工作频率也是 SDRAM 的一个特点。常见的 SDRAM 规格有：

PC66(66MHz，15ns)——用于 Pentium 平台和 Pentium II 平台。

PC100(100MHz，10ns)——用于 Pentium III 平台和 K6-2 平台。

PC133(133MHz，7.5ns)——用于 Pentium 4 平台和 Athlon 平台。

目前市场中还有 PC133 SDRAM。最高标称频率的 SDRAM 是 PC166，对应于 1.3GB/s 的传输带宽。

采用 SDRAM 芯片的内存条为 168 引脚 DIMM 结构，数据总线为 64 位宽，可以单条使用，工作电压 3.3V，具有高性能、低功耗、低价格的优点。

4. DDR SDRAM(Double Data Rate SDRAM，双倍数据速率 SDRAM)

DDR SDRAM 的核心建立在 SDRAM 的基础上，但在速度和容量上比它都有提高。DDR SDRAM 使用了更多、更先进的同步电路。DDR SDRAM 中有一个**延时锁定回路**(Delay-Locked Loop，DLL)来提供一个数据滤波信号。当数据有效时，存储器控制器可使用该滤波信号来精确定位数据，每 16 位输出一次，并且同步来自不同的双存储器模块的数据。DDR SDRAM 允许在时钟脉冲的上升沿和下降沿分别读出数据，因而其速度是标准 SDRAM 的两倍。DDR SDRAM 在不提高时钟频率的情况下就能加倍提高 SDRAM 的速度和带宽。

DDR SDRAM 普遍使用数据传输频率 MHz 作为其性能指标，如 DDR266(266MHz)、DDR333(333MHz)(时钟频率为其一半，即 133MHz 和 166MHz)。

DDR SDRAM 的内存条采用 168 引脚 DIMM 结构，64 位带宽，外观类同 SDRAM，但不完全兼容，采用 2.5V 电压。

DDR SDRAM 规格有：DDR200(PC1600)、DDR266(PC2100)、DDR333(2.7GB/s)和 DDR400(3.2GB/s)。

5. DDR2 SDRAM

DDR2 在 DDR 的基础上新增加 **4 位数据预取**(4bit Prefetch)的特性，这是 DDR2 的关键技术之一，DRAM 内部都采用了 4bank 的结构，内存颗粒单元称为 Cell，这是由内存单元队列(Memory Cell Array)构成。这时内存颗粒的频率分成三种：①DRAM 核心频率；②时钟频率；③数据传输频率。在 DDR2 中核心频率和时钟频率已经不一样了，由于 DDR2 采用了 4bit Prefetch 技术，DDR2 可以达到两倍于 DDR 的带宽。DDR 采用 2 位数据预取技术，其数据传输频率是核心 Cell 工作频率的 2 倍；DDR2 采用 4 位数据预取技术，其数据传输频率为核心 Cell 工作频率的 4 倍。这里必须指出的是，DDR2 要达到两倍于 DDR 的带宽水平的前提是 DDR2 SDRAM 的外部时钟频率也是 DDR SDRAM 的 2 倍。

用 DDR2 SDRAM 组成的内存条采用 200、220 和 240(主流标准为 240)引脚的 FBGA(Flip-chip Ball Grid Array)封装，内存颗粒的工作电压为 1.8V，物理规格与 DDR SDRAM 不兼容。

6. DDR3 SDRAM

DDR3 SDRAM 是第三代的 DDR SDRAM，DDR3 拥有高速数据传输性能，工作电压更低。其频率为 1066MHz，提高了时钟速度，具有更高的带宽，拥有高速数据传输性能；采用 90nm 制造工艺，减少功率消耗；预取缓冲达到 8 位，进一步提高性能；工作电压从 1.8V 降低至 1.5V，降低了功率消耗和发热量。

4.2.5 主存储器的组织

1. 静态 RAM 的功能和特性

HM 6116 是一种 2048×8 位的高速静态 CMOS 随机存取存储器，其基本特征是：

1) 高速度——存取时间为 100ns/120ns/150ns/200ns（分别以 6116-10、6116-12、6116-15、6116-20 为标志）。

2) 低功耗——运行时为 150mW，空载时为 100mW。

3) 与 TTL 兼容。

4) 管脚引出与标准的 2K×8b 的芯片（例如 2716 芯片）兼容。

5) 完全静态——无须时钟脉冲与定时选通脉冲。

HM 6116 的引脚排列如图 4-4 所示。

HM 6116 的内部功能框图如图 4-5 所示。

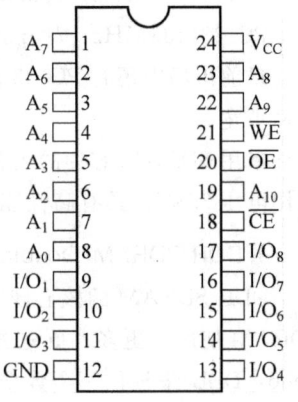

图 4-4　HM 6116 的引脚排列

HM 6116 芯片的存储容量为 2K×8b，片内有 16 384（即 16K）个存储单元，排列成 128×128 的矩阵，构成 2K 个字，字长 8 位，可构成 2KB（字节）的内存。该芯片有 11 条地址线，分成 7 条行地址线 $A_4 \sim A_{10}$ 和 4 条列地址线 $A_0 \sim A_3$，一个 11 位地址码选中一个 8 位存储字，需有 8 条数据线 $I/O_1 \sim I/O_8$ 与同一地址的 8 位存储单元相连，由这 8 条数据线进行数据的读出与写入。

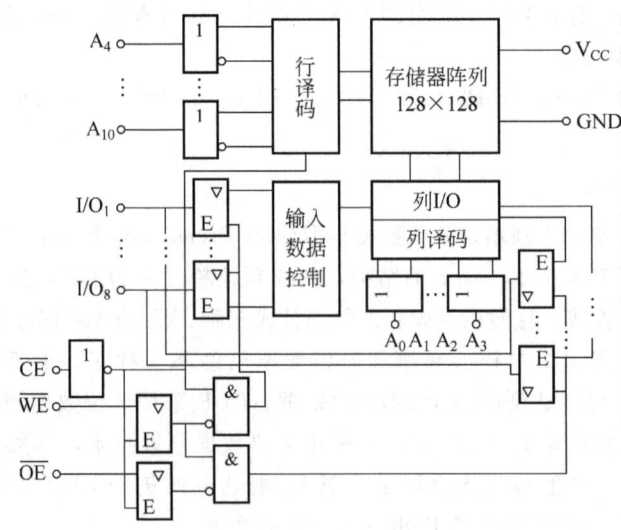

图 4-5　HM 6116 的内部功能框图

存储系统和结构

从图 4-5 可见，HM 6116 的 24 个引脚中除 11 条地址线、8 条数据线、1 条电源线 V_{CC} 和 1 条接地线 GND 外，还有 3 条控制线——片选信号 $\overline{CE}$、写允许信号 $\overline{WE}$ 和输出允许信号 $\overline{OE}$。这 3 个控制信号的组合控制 HM 6116 芯片的工作方式，如表 4-1 所示。

表 4-1 HM 6116 的工作方式

$\overline{CE}$	$\overline{OE}$	$\overline{WE}$	工作方式	I/O 引脚
H	X	X	未选中（待用）	高阻
L	L	H	读出	D_{OUT}
L	X	L	写入	D_{IN}

2. DRAM 芯片 Intel 2164

Intel 2164 是 $64K \times 1b$ 的芯片，其基本特征是

1) 存取时间为 150ns/200ns（分别以 2164A-15、2164A-20 为标志）。

2) 低功耗，工作时最大为 275mW，维持时最大为 27.5mW。

3) 每 2ms 需刷新一遍，每次刷新 512 个存储单元，2ms 内需有 128 个刷新周期。

Intel 2164A 的引脚排列如图 4-6 所示。

Intel 2164A 的内部功能框图如图 4-7 所示。

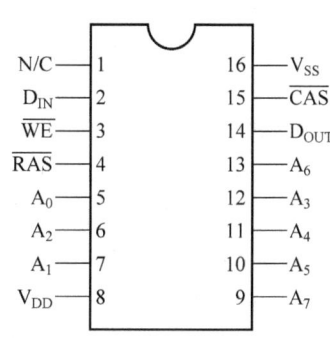

图 4-6 Intel 2164A 的引脚排列

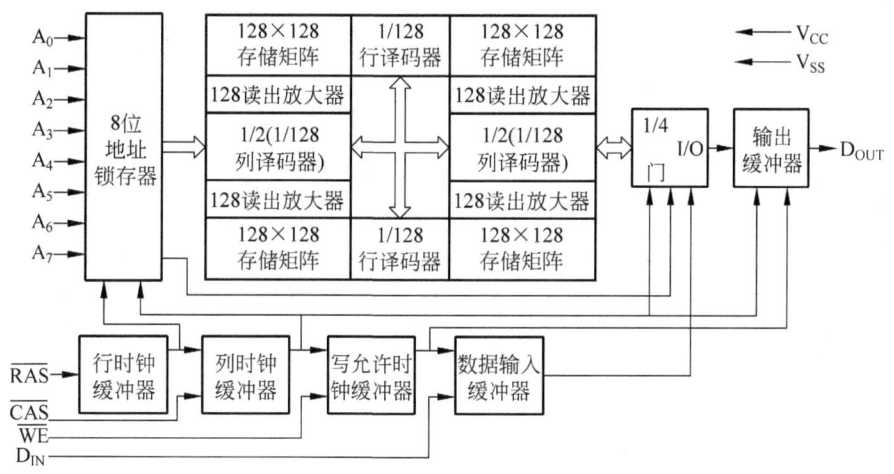

图 4-7 Intel 2164A 的内部功能框图

由图 4-7 可见，2164A 的片内有 64K(65 536) 个内存单元，有 64K 个存储地址，每个存储单元存储一位数据。片内要寻址 64K 个单元，需要 16 条地址线。为了减少封装引脚，地址线分为两部分——行地址和列地址。芯片的地址引脚只有 8 条，片内有地址锁存器，可利用外接多路开关，由行地址选通信号 $\overline{RAS}$ 将先送入的 8 位行地址送到片内行地址锁存器，然后由列地址选通信号 $\overline{CAS}$ 将后送入的 8 位列地址送到片内列地址锁存器。16 位地址信号选中 64K 个存储单元中的一个单元。

2164A 芯片中的 64K 存储体由 4 个 128×128 的存储矩阵组成，每个 128×128 的存储矩阵

由 7 条行地址和 7 条列地址进行选择。7 位行地址经过译码产生 128 条选择线，分别选择 128 行中的一行；7 位列地址经过译码产生 128 条选择线，分别选择 128 列中的一列。7 位行地址 $RA_0 \sim RA_6$（即地址总线的 $A_0 \sim A_6$）和 7 位列地址 $CA_0 \sim CA_6$（即地址总线的 $A_8 \sim A_{14}$）可同时选中 4 个存储矩阵中各一个存储单元，然后由 RA_7 与 CA_7（即地址总线中的 A_7 和 A_{15}）经 1：4 I/O 门电路选中 1 个单元进行读写。而刷新时，在送入 7 位行地址时选中 4 个存储矩阵的同一行，即对 512(4×128) 个存储单元进行刷新。

Intel 2164A 的数据线是输入和输出分开的，由 $\overline{WE}$ 信号控制读/写。当 $\overline{WE}$ 为高电平时，为读出，所选中单元的内容经过输出三态缓冲器，从 D_{OUT} 引脚读出；当 $\overline{WE}$ 为低电平时，为写入，D_{IN} 引脚上的内容经过输入三态缓冲器，对选中单元进行写入。

Intel 2164A 芯片无专门的片选信号，一般行选通信号和列地址选通信号也起到了片选的作用。与 2164A 有相同引脚的芯片有 MN4164 等。

3. 芯片的互连

单个 RAM 芯片的存储容量有限，用多个 RAM 芯片互连可以扩大存储容量，构成系统所需的存储器。根据存储系统的容量要求和 RAM 芯片的容量大小，采用多个 RAM 芯片构成计算机存储系统的方法有三种。

(1) 位扩展法

采用位扩展法的存储器示意图如图 4-8 所示。

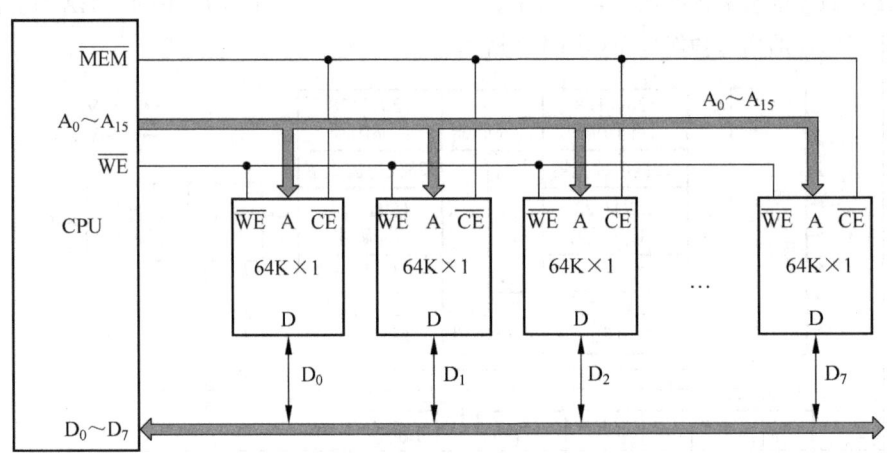

图 4-8 位扩展法

图 4-8 中 8 个存储容量为 64K×1 位的半导体存储芯片，采用位扩展法构成容量为 64KB 的存储器，8 个 64K×1 位存储芯片的 16 条地址线 $A_0 \sim A_{15}$（图中标为 A），同 CPU 的地址线 $A_0 \sim A_{15}$ 相连，每个存储芯片只有 1 条数据线 D，8 个存储芯片的数据线分别同 CPU 的数据线 $D_0 \sim D_7$ 相连，CPU 发出 16 位地址，同时选中 8 个存储片的同一地址单元，各提供 1 位数据，形成 1 个字节的信息供 CPU 读写，这就是**位扩展**。存储芯片的片选信号 $\overline{CE}$ 同 CPU 的存储器访问信号 $\overline{MEM}$ 相连，存储芯片的读写允许信号 $\overline{WE}$ 同 CPU 的读写信号 $\overline{WE}$ 相连。

(2) 字扩展法

采用字扩展法的存储器示意图如图 4-9 所示。

图 4-9 中 8 个 64K×8 位的半导体存储芯片采用字扩展法构成 512KB 的存储器，每个存储

存储系统和结构

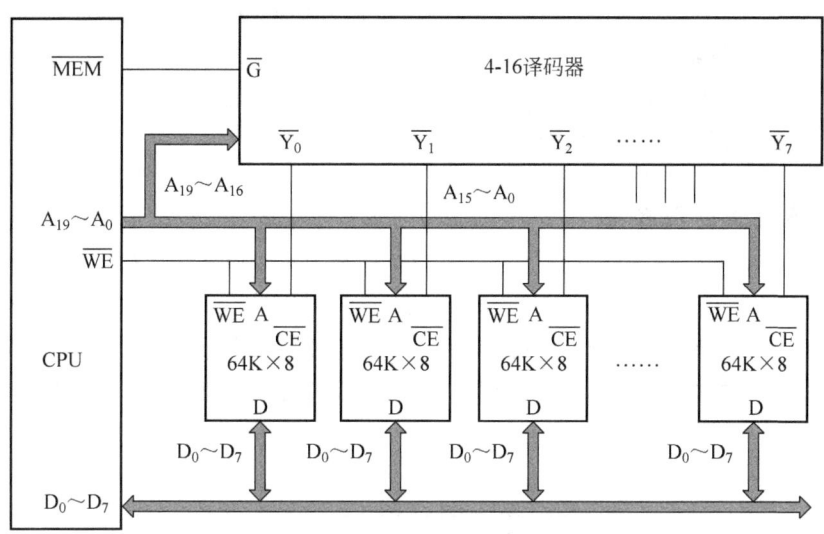

图 4-9　字扩展法

芯片有 16 条地址线 $A_0 \sim A_{15}$（图中标为 A），8 条数据线（图中标为 D），CPU 的 20 条地址线中的 $A_0 \sim A_{15}$ 同存储芯片的 16 位地址线 $A_0 \sim A_{15}$ 相连，高 4 位地址线 $A_{16} \sim A_{19}$ 通过 4-16 译码器的 8 个输出端 $\overline{Y_0} \sim \overline{Y_7}$（4-16 译码器共有 16 个输出端，本例只用了 8 个）分别同存储芯片的片选信号 $\overline{CE}$ 相连，CPU 的 8 条数据线 $D_0 \sim D_7$ 同存储芯片的数据线 $D_0 \sim D_7$ 相连，4-16 译码器的选通信号 $\overline{G}$ 同 CPU 的存储器访问信号 $\overline{MEM}$ 相连，存储芯片的读写允许信号 $\overline{WE}$ 同 CPU 的读写信号 $\overline{WE}$ 相连。在字扩展法中，每个存储芯片提供字信息，本例中字信息为 8 位，每个芯片可提供 64K×8 位——64K 字，8 个存储芯片构成 64K×8 字，把存储字从 64K 字扩展为 512K 字。这就是**字扩展**。

(3) 字位扩展法

采用字位扩展法的存储器示意图如图 4-10 所示。

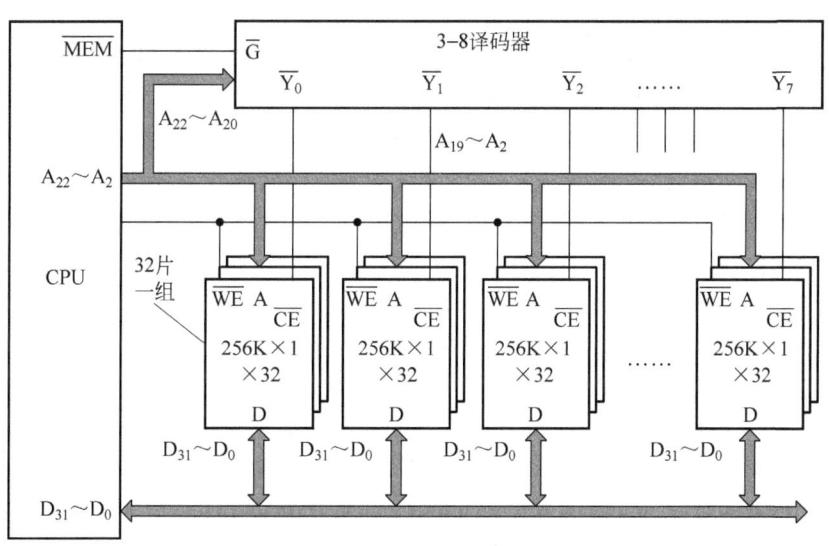

图 4-10　字位扩展法

图 4-10 中 32 片 256K×1 位的存储芯片采用位扩展法形成 256K×32 位＝256K×4×8 位（即 256K 字——32 位系统中存储字为 32 位，容量为 1024KB，即 1MB），8 组相同的芯片组合采用字扩展法构成 1MB×8＝8MB 的存储器。可见字位扩展法既在位方向进行扩展，又在字方向进行扩展，是两种扩展方法的组合。

4.2.6 多体交叉存储技术

在构成存储器时，当存储芯片选定后，还可从结构技术方面来提高存储器的访问速度，多体交叉存储技术(Interleaved Memory Technology)就是一种提高访存速度的结构技术。

多体交叉访问存储器是一个多体系统，由多个容量相同的存储体(存储模块)组成，各个存储体各自具有相互独立的数据寄存器、地址寄存器和读写电路，各存储体能并行工作，也能交叉工作。

一种多体访问交叉存储器如图 4-11 所示。

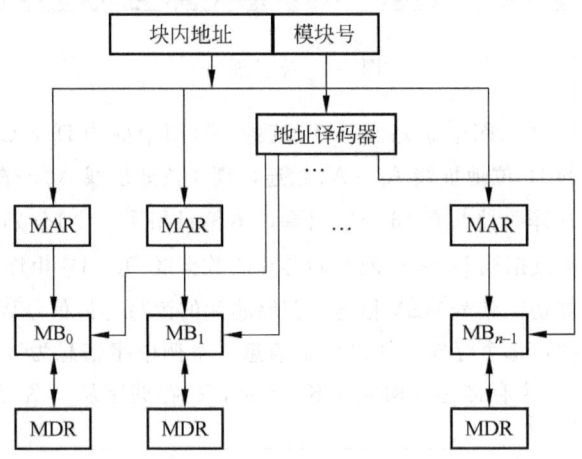

图 4-11 多体访问交叉存储器

该多体交叉访问存储器由 n 个容量相同的存储体 MB_0，MB_1，…，MB_{n-1} 组成，各存储体都是一个独立操作的单位，有各自的地址寄存器 MAR、数据寄存器 MDR 和读写电路，存储器地址寄存器 MAR 中的高位地址(块内地址)指向存储体中的存储字，低位地址(模块号)经地址译码器选择不同的存储体。在任何时间都可以对多个存储体进行读写操作。多体访问交叉存储器中各存储体之间可以交替地工作，CPU 可以交替地访问这些存储体，即在对一个存储体的访问刚开始时，可立即开始对另一个存储体的访问。虽然每一个存储体的访问速度并未提高，但由于访问的间隔时间缩短了，整个存储器的访存速率可得到提高。多体交叉访问存储器的交叉访问不要求访问的地址是连续的，只要连续访问的存储单元位于不同的存储体中。

CPU 访问多个存储体一般是在一个存储周期内分时访问各个存储体。多体交叉访问存储器采用分时启动的方法，可以在不改变每个存储体存取周期的条件下，提高主存的访问速度。设存储器由 n 个存储体组成，各存储体可按一定的顺序分时地轮流启动，两个相邻存储体启动访问的间隔时间可以等于单个存储体访问周期的 $1/n$，即每隔 $1/n$ 访问周期启动一个存储体的操作，从而存储器的带宽可以增加到原来的 n 倍。但在实际应用中，当出现数据相关和程序转移时，将破坏并行性，主存访问速度的提高达不到理想值——n 倍。

采用多体交叉访问存储器结构要求存储体的个数必须是 2 的整数幂——2、4、8、16……

个，必须指出构成多体交叉访问存储器的 n 个存储体中，任一个存储体发生故障都会影响整个地址空间区域。

4.3 存储系统的层次结构

如前所述，存储系统是计算机系统的一个重要组成部分，用来存放计算机工作所必需的程序和数据。随着计算机应用领域的不断扩大，计算机能处理的程序和数据量成倍增长，人们要求存储系统有足够的容量，希望存储容量越大越好。由于计算机在工作过程中，最频繁的操作是 CPU 的访存操作，CPU 的访存速度直接影响整个计算机系统的运行速度，因此希望存储系统的访存速度越快越好。此外，低成本、低价格也是用户所期望的。由此可见，在计算机应用中对存储系统的要求是大容量、高速度和低成本、低价格。

但是在同一存储器（即用相同器件构成的存储器）中要同时达到上述要求是困难的。大容量、高速度和低成本三者是相互制约的，必须从结构上采用专门技术来实现存储系统的上述要求。

在实际应用中，计算机往往需要巨大容量的高速存储空间，但对大量典型程序运行情况的分析结果表明，程序对其存储空间的访问并不是均匀分布的。在一个较短的时间间隔内，程序对存储空间 90% 的访问局限在存储空间 10% 的区域中，而其余 10% 的访问则分布在存储空间的其余 90% 区域中，这一规律称为**访问局部性规律**。按冯·诺依曼原理，指令地址的分布一般是连续的，再加上循环程序需要重复执行多次，所以下一次执行的指令和上一次执行的指令在存储空间的位置是相邻的或相近的。而对程序中所使用的数据而言，经常使用数组和变量的数据结构，它们在内存中的分布也相对集中。因此，程序和数据的存放都符合一定的访问局部性规律。

在计算机系统中可以把几种不同特性的存储器件构成一个存储系统，其中有的器件速度很快但容量很小，价格也贵；而有的器件容量很大，价格（指单位容量的价格）很低，但速度较慢。根据访问局部性规律可以优化存储系统的设计，即将计算机中正在或将要执行的程序代码和频繁使用的数据存放在速度较快的存储器件中，而将暂不执行的程序代码和暂不频繁使用的数据存放在速度较慢、价格较低但容量较大的存储器件中，这就引出了层次化存储系统的实现方法。也即根据容量和工作速度把存储系统分成若干个层次。将速度较慢、价格/容量比较低的存储器件实现较低层次的大容量存储器，而用少量的速度较快、容量较小、价格/容量比较高的存储器件实现高速的存储层次，构成一个多层次的存储系统。在这样的一个多层次的存储系统中，高一层次的存储器比低一层次的容量更小、速度更快、价格/容量（单位字节的成本）更高。既可以用较低的成本实现大容量存储，又使存储器具有较高的平均访问速度。

在现代计算机系统中，采用如图 4-12 所示的层次化存储系统。

从图 4-12a 可见，在这一层次化存储系统中，最高层次的存储部件是 CPU 中的寄存器，其存取速度最快，存储容量最小，价格/容量比最大，是一个高速存储部件；最低层次的存储部件是辅助存储器，由磁盘（软磁盘和硬磁盘）、磁带和光盘等组成，其存取速度慢、存储容量大、价格/容量比小，是一个大容量存储部件。

从图 4-12b 可见，Cache（高速缓冲存储器）、主存储器和辅助存储器构成三级存储系统，分

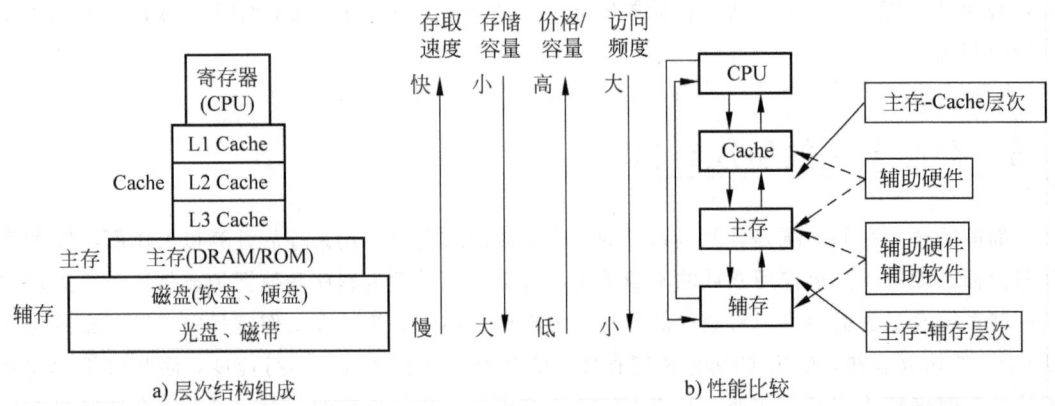

图 4-12 层次化存储系统

为两个存储层次：**Cache-主存存储层次**（Cache 存储系统）和**主存-辅存存储层次**（虚拟存储系统）。

Cache-主存存储层次用来解决主存速度低的问题，弥补 CPU 与主存在速度上的差异。在主存和 Cache 之间增加辅助硬件使主存和 Cache 构成一个整体，从 CPU 角度看，CPU 访问 Cache 存储系统时，速度接近 Cache 速度，而容量是主容量，价格/容量比接近主存。Cache 存储系统对系统程序员和应用程序员都是透明的，因为 CPU 对 Cache 和主存层次的调度全部由硬件实现。

主存-辅存存储层次用来解决主存容量小的问题，在主存和辅存之间增加辅助硬件和辅助软件，使主存和辅存构成一个整体，扩大程序可访问的存储空间，通过把磁盘空间当作主存空间供程序使用，建立起一个虚拟存储器。从 CPU 角度看，CPU 访问虚拟存储系统时，速度接近主存的速度，容量是虚拟地址空间的大小，价格/容量比接近辅存。虚拟存储系统对应用程序员是透明的，对系统程序员是不透明的，因为虚拟存储系统需要通过操作系统进行调度。

4.4 高速缓冲存储器

4.4.1 Cache 的工作原理

随着计算机应用范围的扩大，对主存容量的要求越来越大，目前 PC 中主存（内存）一般已达几百 MB～几 GB，通常采用 DRAM（动态 RAM）芯片组成。而相对于 CPU 的工作频率而言，DRAM 芯片的存取速度较低。例如，2GHz 的 Pentium 4 CPU，时钟周期为 0.5ns，而与其配套使用的 DDR-SDRAM 的存取时间为 6ns 左右，远低于 CPU 的速度。这容易造成 CPU 等待数据的情况，降低了系统的整体性能。

为了提高 CPU 访问主存的速度，在不大幅度增加成本的前提下，可以在主存（动态 RAM）与 CPU 之间插入一个速度快、容量较小的 SRAM（静态 RAM），用于存储近阶段 CPU 访问最频繁的指令和操作数据，起到缓冲作用。这样一个由高速的 SRAM 芯片组成的小容量临时存储器称为高速缓冲存储器 Cache。高速缓冲存储器已广泛用于各类计算机系统中，现代微处理器芯片中都集成有高速缓冲存储器。例如，Pentium 4 处理器芯片中就集成了 20KB 的 L1 Cache（一级 Cache）和 256KB 的 L2 Cache（二级 Cache）；64 位处理器芯片 Itanium（安腾）中还集成了 3MB 的全速 L3 Cache（三级 Cache）。

CPU-Cache-主存之间的联系框图如图 4-13 所示，CPU 可以通过"主存控制逻辑"实现同主存之间的数据交换；而通过"Cache 控制逻辑"实现 CPU 与 Cache，Cache 与主存，CPU 与主存之间的数据传送。

对 Cache 在 CPU 芯片外的情况，通常实现二者之间控制的是一个称为"主存/Cache 控制器"的逻辑电路，也即芯片组中"北桥"的一个组成部分，对 Cache 集成在 CPU 内部的情况，由 CPU 提供对 Cache 的控制逻辑。

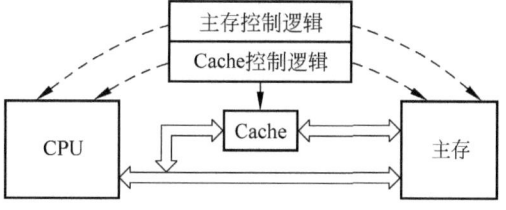

图 4-13　CPU-Cache-主存间的联系框图

Cache 的工作过程简述如下：

CPU 对主存和 Cache 的读写是以字（存储字）为单位，而主存同 Cache 之间的数据传送是以数据块（简称块）为单位，一个块由若干定长的字组成。

开始工作时，Cache 中无数据和程序。CPU 访问主存（设为读主存），从主存中读取数据或代码，写入 CPU 中的寄存器，同时把含有该字的一个数据块从主存读出写入 Cache，称为将主存中的数据块**调入** Cache。此后 CPU 再对主存访问时，便发出欲访问字的内存地址，Cache 控制逻辑依据地址判断此字是否在 Cache 中；若是，可直接以 Cache 的存取速度从 Cache 中访问到数据或代码，这种访问主存的数据或代码存在于当前的 Cache 中的情况，称为 **Cache 命中**（hit），Cache 命中的统计概率称为"Cache 的命中率"；若非，即访问主存的数据或程序代码不存在于当前的 Cache 中时，称为"Cache 不命中"或"Cache 失效"（miss），则 CPU 必须访问主存，从主存中读取数据或代码，写入 CPU 中的寄存器，同时把含有该字的一个数据块从主存读出调入 Cache。不命中的统计概率称为"Cache 的失效率"。

4.4.2　主存与 Cache 之间的地址映像

在含有 Cache 的存储系统中，CPU 在访问存储器时，首先要确定 Cache 是否被命中，若被命中，则要求到 Cache 中去访问。CPU 访问存储器时，指令中给出的是主存地址，而访问 Cache 必须知道被访问字的 Cache 地址。因此必须确定主存地址和 Cache 地址的映像关系。在主存地址和 Cache 地址之间建立一个确定的逻辑关系，这样可以根据主存的地址来构成 Cache 的地址，以便在 Cache 被命中时，使用指令中给出的主存地址能正确地在 Cache 中访问到对应的存储字。Cache 同主存之间的这种地址间的逻辑关系称为**地址映像**。用以解决 Cache 是否被命中，并确定被访问的数据字在 Cache 中的存储位置。

反映主存单元和 Cache 单元对应的地址映像关系的表格称为**地址映像表**，该表采用高速器件实现，以提高查表速度。为了使查表与访问 Cache 结合起来，地址映像表可以和 Cache 数据项结合起来，在 Cache 中为每个数据块增加一个地址映像标记，地址映像标记包含了判断访问的数据是否存在于 Cache 中的信息，该标记可以是一个地址的信息。每次把主存以块方式调入 Cache 时，将该数据块在主存中的地址作为标记写入 Cache 中的对应位置。当访问存储器的地址与 Cache 中的这一地址标记相等时，表示所要访问的数据就在 Cache 中，确定 Cache 被命中，同时也找到了数据在 Cache 中的存储位置。为识别一个 Cache 存储块中数据是否有效，增加一个有效位表示 Cache 中一个块对应的标记是否有效。

按上述要求，Cache 由快速存储器构成，包含两部分内容：存储地址映像表内容和从主存中调入的数据，地址标记是数据块在主存中的块地址。

CPU 按主存的地址访问存储器。主存的地址由二部分组成，高段地址称为块号，用于标识一个存储块；低段地址称为**块内地址**或**偏移量**，用于块内寻址。它可直接作为 Cache 地址的块内地址。

Cache 的基本结构如图 4-14 所示。

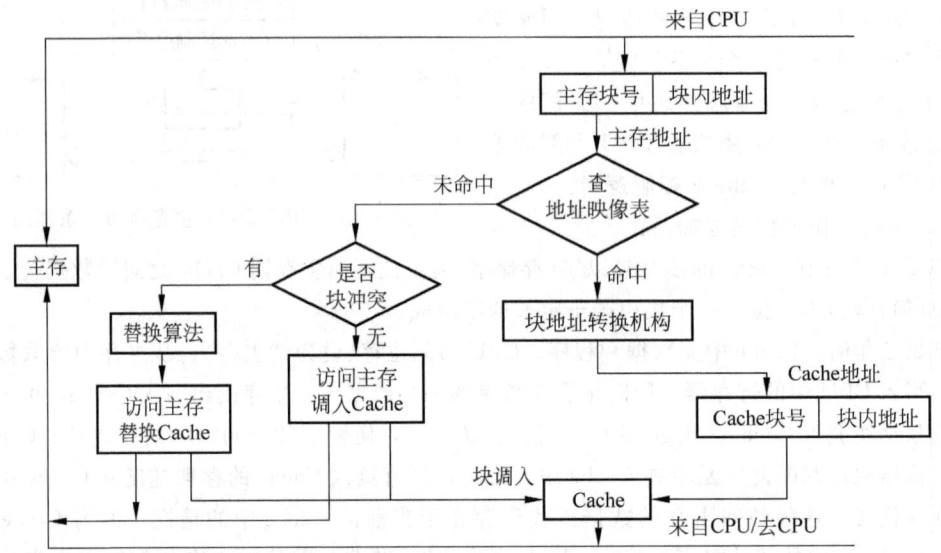

图 4-14 Cache 的基本结构

Cache 和主存都被分成大小相等的若干个"块"，每块由若干字（或字节）组成，Cache 中的块数远少于主存中的块数，Cache 中存放的信息仅是主存中最急需执行的若干块的副本，当 CPU 访问某主存单元时，用该主存地址的块号字段去访问地址映像表，判定该主存地址存储单元的副本是否在 Cache 中，若在 Cache 中，则 Cache 被命中，由地址映像机构（地址映像表也在其中）将主存地址高段块号转换为 Cache 地址的块号，与块内地址合并生成被访问主存单元的 Cache 地址去访问 Cache。若被访问的主存单元在 Cache 中尚无副本，则 Cache 不命中，这时 CPU 需访问主存，同时将该存储单元所在块调入 Cache，有两种情况：①若 Cache 中还可装入，则直接将该块主存数据装入 Cache，同时补充地址映像表；②若 Cache 中无存放该块数据的地方，称为**块冲突**，需按某种替换算法将 Cache 中的某一块数据副本替换出去，将该主存数据装入 Cache，并修改地址映像表。

在 Cache 同主存的地址映像中必须注意如下问题：

1）CPU 访问主存，命中时系统通过地址转换机构转换成 Cache 地址，未命中时将其从主存中调入 Cache（发生块冲突时还需通过替换算法以实现块替换），这一切都是由硬件来实现的，因此 Cache 的工作对程序员而言是透明的。

2）地址映像是将主存地址映像成 Cache 中的地址，Cache 的地址位数少，地址空间较小；主存的地址位数多，地址空间较大，因此 Cache 中的一个存储块可与主存中的若干个存储块相对应，即若干个主存地址将可映射到同一 Cache 地址。有 3 种地址映像方法——直接映像、全相联映像和组相联映像。

4.4.3 直接映像

一个主存块只能映像到 Cache 中某一个特定块地址的映像方式，称为**直接映像**。如图 4-15 所示。

存储系统和结构

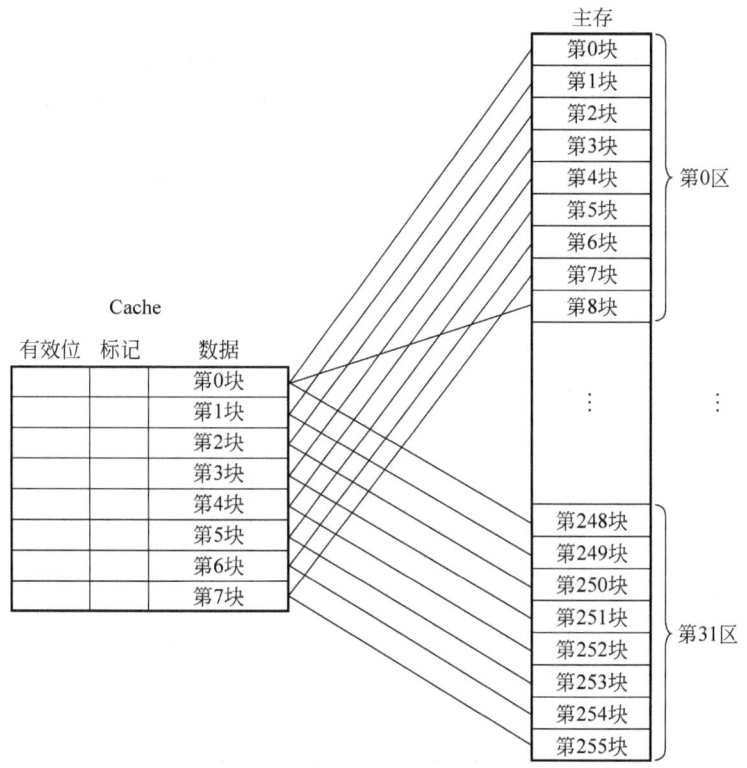

图 4-15 直接映像示意图

设主存有 $m \times n$ 块，Cache 有 n 块，可把主存分成 m 区，每区中有 n 块。图 4-15 中主存有 256 块，Cache 有 8 块，主存分成 32 区，即 $m=32$，$n=8$，$m \times n=256$。对 Cache 而言，块号为 $0,1,2,\cdots,n-1$，主存块号为 $0,1,2,\cdots,mn-1$，主存区号为 $0,1,2,\cdots,m-1$。

在直接映像的 Cache 中，主存中某一块(设块号为 1)的数据只能调入到 Cache 中第 1 块，主存中第 9 块也只能调入 Cache 中第 1 块，即主存中块号为 $j(j=0 \sim mn-1)$ 的数据只能调入 Cache 中块号为 $i(i=0 \sim n-1)$ 的位置。j 与 i 的关系为：$i=j \bmod n$，n 为 Cache 的块数，在图 4-15 中为 8。

由此可见，直接映像方法一般是将主存块地址对 Cache 的块数取模即可得到 Cache 中的块地址。相当于将主存的地址空间按 Cache 的空间大小分区，每个区内可按 Cache 块号编号，这样主存地址结构如下：

| 区号 | 块号 | 块内地址 |

"区号"作为标记(表示为 Tag)存放在"地址映像表"中，用于判断是否被命中；

"块号"是区内块号，同 Cache 块号，用于直接查"地址映像表"(用作查表索引，表示为 Index)，以及在 Cache 中进行"块寻址"；

"块内地址"用于在块内选择字或字节(表示为 BS)，设一块有 1024 个字或字节，则块内地址为 10 位(1024 个字节)或 11 位(1024 个字)，这里字为 16 位。

在本例中，区号为 5 位，块号为 3 位，块内地址为 10 位(块内字地址)，共 18 位，直接映像下的访存过程如图 4-16 所示。

图中 Cache 由存放主存调入数据块的数据和调入块的区号(称为"标记")组成。访问存储器时给出主存地址,由区号(标记)、块号和块内地址组成,以块号到 Cache 中检索到该块号所对应块,取出标记部分同主存地址中的标记(区号)送比较器进行比较。若相等,说明被命中,该主存单元在 Cache 中已有副本。由该块号加上块内地址构成 Cache 地址访问 Cache。若不等,说明未被命中,该主存单元在 Cache 中尚无副本,则以主存地址访问主存,并把主存中该块数据调入填补空块(直接映像只能调入指定块内,不需要采用替换策略)或替换原有的副本,且修改标记值。

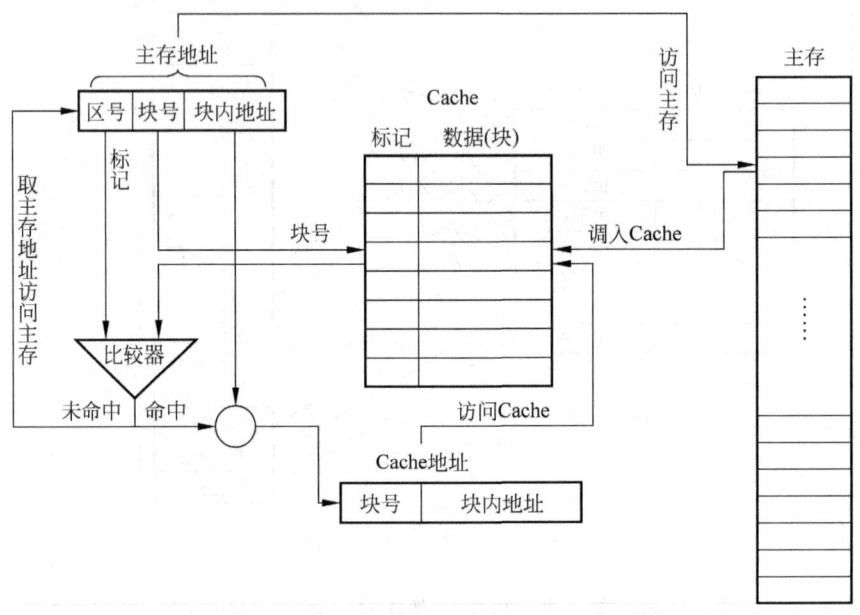

图 4-16 直接映像的访存过程

例 4-1 设在直接映像的 Cache 中,主存地址的区号 5 位,块号 3 位,CPU 访存过程中,依次访问主存单元高 8 位地址为:00010110,00011010,00010110,00011010,00010000,00000011,00010000,00010010。

要求写出每次访问后 Cache 中的内容。

解:1)开始工作时 Cache 的初始状态如表 4-2 所示。

表 4-2 初始的 Cache

块地址	有效位	标记	数据
000	N		
001	N		
010	N		
011	N		
100	N		
101	N		
110	N		
111	N		

2)访问 00010110,Cache 中块地址为 110 的块内无数据——有效位为 N,未命中。访问主存,调入 Cache 后,Cache 中块地址为 110 的有效位写为 Y,标记字段写入 00010 数据段写入(00010110)——块地址为 00010110 的内容。Cache 内容如表 4-3 所示。

表 4-3 访问 00010110 后的 Cache

块地址	有效位	标记	数据
000	N		
001	N		
010	N		
011	N		
100	N		
101	N		
110	Y	00010	(00010110)
111	N		

3）访问 00011010，Cache 中块地址为 010 的块内无数据——有效位为 N，未命中。访问主存，调入 Cache 后，Cache 中块地址为 010 的有效位写为 Y，标记字段写入 00011 数据段写入（00011010）——块地址为 00011010 的内容，未命中。访问主存，调入 Cache 后，Cache 内容如表 4-4 所示。

表 4-4 访问 00011010 后的 Cache

块地址	有效位	标记	数据
000	N		
001	N		
010	Y	00011	(00011010)
011	N		
100	N		
101	N		
110	Y	00010	(00010110)
111	N		

4）访问 00010110 命中，访问 Cache，Cache 中内容不变。

5）访问 00011010 命中，访问 Cache，Cache 中内容不变。

6）访问 00010000，Cache 中块地址为 000 的块内无数据——有效位为 N，未命中。访问主存，调入 Cache 后，Cache 中块地址为 000 的有效位写为 Y，标记字段写入 00010 数据段写入（00010000）——块地址为 00010000 的内容。访问主存，调入 Cache 后，Cache 内容如表 4-5 所示。

表 4-5 访问 00010000 后的 Cache

块地址	有效位	标记	数据
000	Y	00010	(00010000)
001	N		
010	Y	00011	(00011010)
011	N		
100	N		
101	N		
110	Y	00010	(00010110)
111	N		

7）访问 00000011，Cache 中块地址为 011 的块内无数据——有效位为 N，未命中。访问主存，调入 Cache 后，Cache 中块地址为 011 的有效位写为 Y，标记字段写入 00000 数据段写入

(00000011)——块地址为 00000011 的内容，未命中。访问主存，调入 Cache 后，Cache 内容如表 4-6 所示。

表 4-6 访问 00000011 后的 Cache

块地址	有效位	标记	数据
000	Y	00010	(00010000)
001	N		
010	Y	00011	(00011010)
011	Y	00000	(00000011)
100	N		
101	N		
110	Y	00010	(00010110)
111	N		

8) 访问 00010000 命中，访问 Cache，Cache 中内容不变。

9) 访问 00010010 未命中，Cache 中 010 块标记为 00011≠00010，未命中。访问主存，以 (00010010) 替换 (00011010) 修改标记为 00010，Cache 内容如表 4-7 所示。

表 4-7 访问 00010010 后的 Cache

块地址	有效位	标记	数据
000	Y	00010	(00010000)
001	N		
010	Y	00010	(00010010)
011	Y	00000	(00000011)
100	N		
101	N		
110	Y	00010	(00010110)
111	N		

直接映像的地址变换速度快，而且不涉及替换策略，实现的硬件简单、成本低。其缺点是每一主存块只能调入 Cache 中某一指定的区域，块冲突的概率高，Cache 的效率低。它适用于大容量 Cache 的场合。

4.4.4 全相联映像

主存中每一个块都可映像到 Cache 中任何块的地址映像方式称为**全相联映像**。如图 4-17 所示。

主存和 Cache 的地址结构如下：

主存地址为：

主存块号	块内地址

Cache 地址为：

块号	块内地址

全相联映像下的访存过程如图 4-18 所示。

图中 Cache 由存放从主存调入的数据和调入块的主存块号（作为"标记"）组成，CPU 访问存储器时，给出主存地址由"主存块号"及"块内地址"组成。以"主存块号"作为"标记"到 Cache 中检索有无该标记在 Cache 中,即将主存地址中的标记依次分别同 Cache 中的各标记送比较器比较。若有一个相等,说明被命中,该主存单元在 Cache 中已有副本,由主存块号转换为 Cache 块号,同主存的块内地址组合为 Cache 地址访问 Cache;若无一个相等,说明未被命中,该主存单元在 Cache 中尚无副本,则以主存块地址访问主存,并把主存中该块数据调入 Cache,这里有两种情况:一种是 Cache 中各块未充满,则可调入任意空块中;另一种是 Cache 中各块都已充满,则可采用一定的替换算法替换掉 Cache 中某一块,并修改标记(即在该块的标记部分写入该块的主存块号作为新标记)。

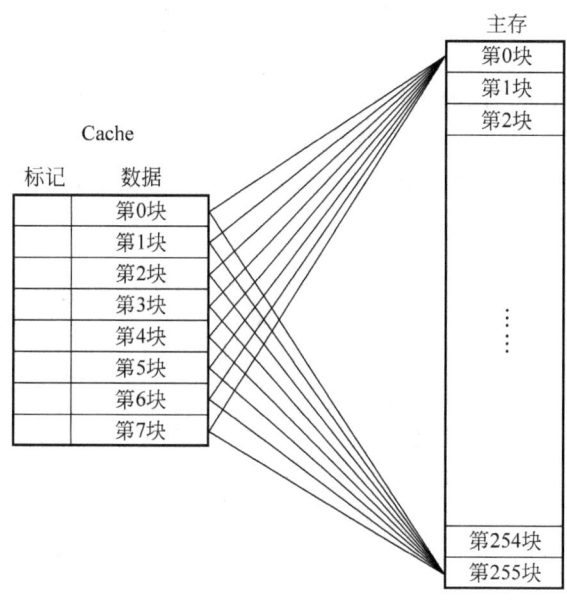

图 4-17 全相联映像

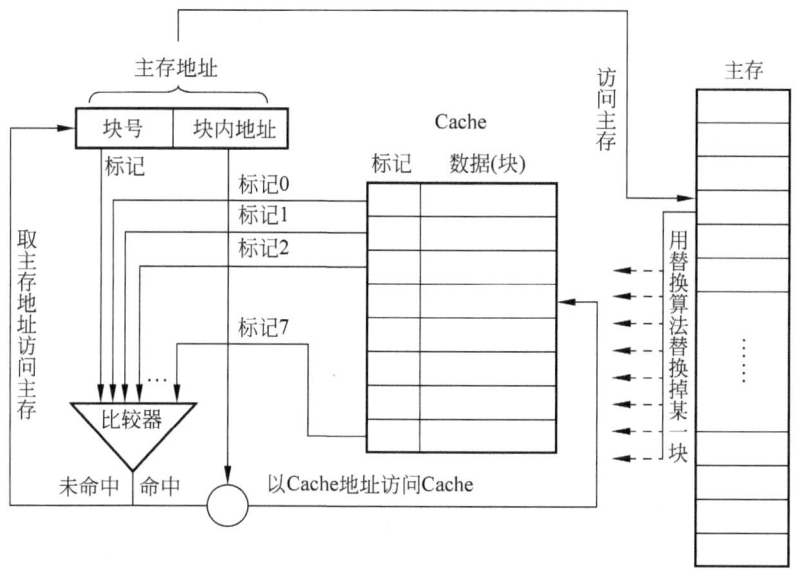

图 4-18 全相联映像的访存过程

全相联映像在 Cache 中各块全部装满时才会出现块冲突，而且可以灵活地进行块的分配，所以块冲突概率低，Cache 的利用率高，但标记检查速度慢，控制复杂，比较电路较难实现，且要用硬件来实现替换算法，适用于容量较小的 Cache 中，使参与比较的标记较少、比较电路相应简单、检索速度也不会太长。

例 4-2 设在全相联映像的 Cache 中，主存地址块号 8 位，Cache 块号 3 位，CPU 在访存过程中依次访问主存单元的高 8 位地址为：00010110，00011010，00010110，00011010，00010000，00000011，00010000，00010010（与例 4-1 同）。

要求画出全相联映像下完成上述访问后 Cache 的调入块的分配情况，并同直接映像的分配情况作对比。

解： 为简单起见，把被访问的 8 个主存单元块地址依次用十进制表示为：22，26，22，26，16，3，16，18。从例 4-1 的分析，可画出直接映像方式下 Cache 中的块分配情况，如图 4-19 所示。第 8 次访问时，虽然 Cache 中 8 块中仅装入了 4 块，但还是发生了块冲突，因为 18 mod 8 = 26 mod 8 必须进行替换操作。

访问顺序	1	2	3	4	5	6	7	8
主存块地址	22	26	22	26	16	3	16	18
Cache块地址 0					16	16	16	16
1								
2		26	26	26	26	26	26	18
3						3	3	3
4								
5								
6	22	22	22	22	22	22	22	22
7								
操作状态	调入	调入	命中	命中	调入	调入	命中	替换

图 4-19 直接映像下的块替换

同样，可画出全相联映像方式下 Cache 中的块分配情况，如图 4-20 所示。从图可见，8 次访问后，Cache 未被装满，不会发生块冲突。

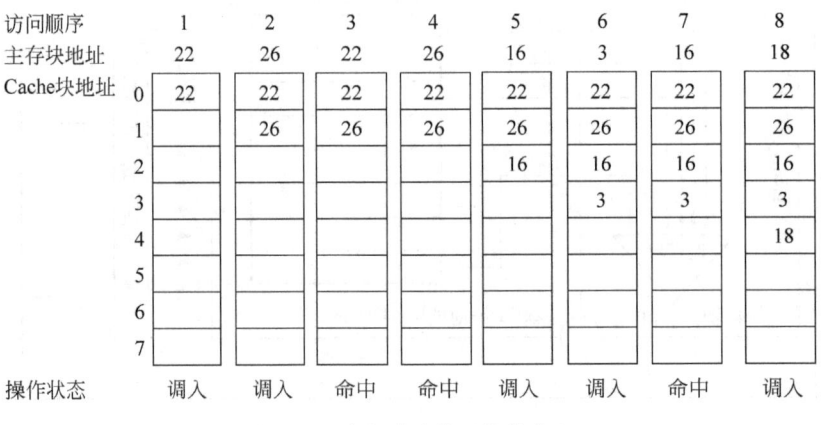

图 4-20 全相联映像下的块分配

4.4.5 组相联映像

直接映像方式的 Cache 硬件简单、成本低,但主存调入 Cache 的存放位置固定,容易发生块冲突,命中率低;而全相联映像方式主存调入 Cache 的存放位置灵活,命中率高,但比较器电路复杂,较难实现。介于直接映像和全相联映像之间的设计是**组相联映像**,组相联映像的 Cache-主存关系如图 4-21 所示。

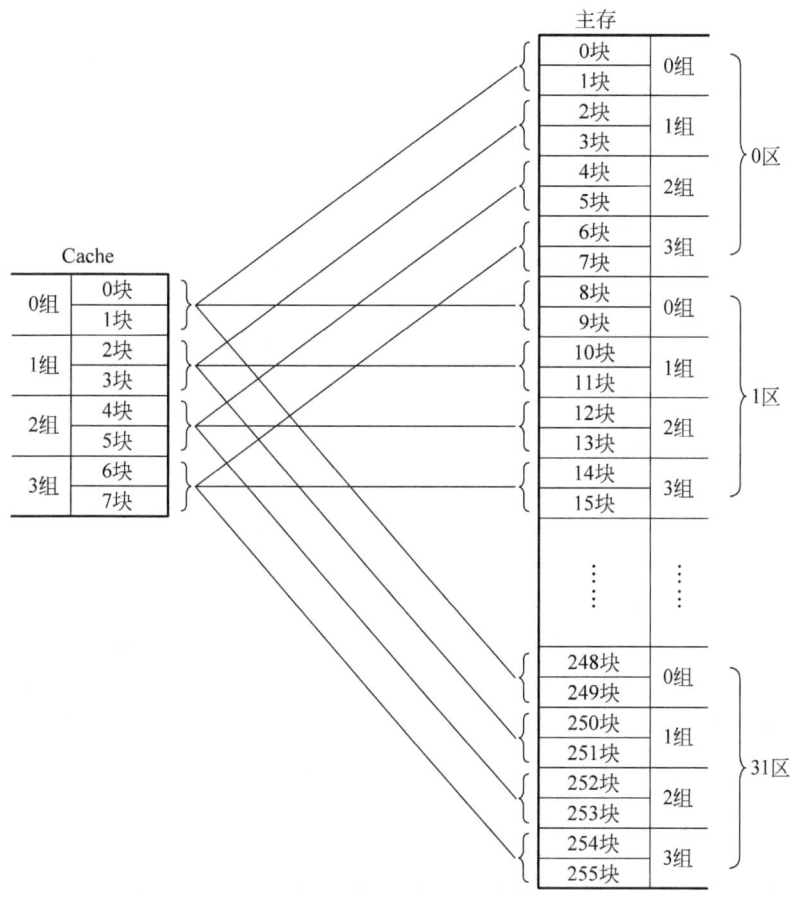

图 4-21 组相联映像

主存空间按 Cache 容量分为若干区(m 区),每个区分为若干个组(p 组),每个组含有若干块(n 块,称为 **n 路组相联**)。这样,主存共 $m \times n \times p$ 块,Cache 为 $n \times p$ 块。图 4-21 中,M 为 32,p 为 4,n 为 2,所以主存为 256 块,Cache 为 8 块。主存第 $i(0 \leqslant i \leqslant m-1)$ 区中的块数等于 Cache 中的块数,Cache 中某指定组的空间只能存放主存中相同组号的存储块的副本,至于该主存数据块存放在 Cache 中指定组内哪一块,那是任意的,也就是说主存中存储块可调入 Cache 中一个指定组中的任意块。组相联映像的特点可以这样表示:

组内是全相联映像,组间是直接映像。

组的容量为 1 块时即为直接映像,组的容量为 Cache 块容量时(只有一组)即为全相联映像。

组相联映像中主存地址结构为:

| 区号 | 组号 | 主存块号（组内） | 块内地址 |

主存块号

Cache 地址结构为：

| 组号 | 组内地址 | 块内地址 |

Cache块号

Cache 地址中块内地址和组号部分直接取自主存地址。组内块号部分是查找地址映像表的结果，即命中时，与主存的组内块号相同。

地址映像表如图 4-22 所示。

区号标记	组内块号标记	Cache块号	
		000	0
		001	1
		010	2
		011	3
		100	4
		101	5
		110	6
		111	7

图 4-22 组相联的地址映像

该"地址映像表"又称为"块表"。用来检索 Cache 是否被命中，形成命中块的 Cache 地址，检索标记包括两部分：区号标记和组内块号标记。访存时，根据主存地址中的区号和组内块号在"地址映像表"中该组对应的表项中查找有无相同的主存区号标记和组内块号标记。若有，表示 Cache 被命中，将对应的 Cache 块号取出，形成 Cache 地址访问 Cache；若无，表示 Cache 未被命中，在对主存进行访问的同时，将主存中对应块调入 Cache，将主存区号、组内块号、Cache 块号写入地址映像表，改变地址映像关系。注意，主存块存入 Cache 中哪一组是由直接映像规定的，关于存入该组中哪一块是由全相联映像规定的，这里也涉及替换操作及替换算法。

例 4-3 设两路组相联映像 Cache 中，主存块地址（块号）8 位，Cache 块号 3 位，分区分组情况同图 4-21，CPU 在访存过程中，依次访问主存单元的两路 8 位地址（块地址）为：

00010110(22)，00011010(26)，00010110(22)，00011010(26)；

00010000(16)，00000011(3)，00010000(16)，00010010(18)。

括号内为十进制地址值，要求画出两路组相联映像下完成上述访问后，Cache 内调入块的分配情况。

解：1) 访问 00010110(22)

8 位地址中最高 5 位"00010"为区号，次 2 位"11"为组号，末位"0"为组内块号。开始时，Cache 内 8 块都是空的，未命中，访问主存，调入 Cache 中 3 组 0 块，即 Cache 块地址"6"。

2) 访问 00011010(26)

同理调入 1 组 0 块，Cache 块地址"2"。

3) 访问 00010110(22)

3 组中区号为 2，副本在 Cache 中，命中。

4)访问 00011010(26)

1 组中区号为 3，副本在 Cache 中，命中。

5)访问 0001000(16)

未命中，调入 0 组 0 块，Cache 地址"0"。

6)访问 00000011(3)

未命中，调入 1 组，1 组 0 块已满，1 块尚空，调入 1 块，Cache 地址"3"。

7)访问 00010000(16)

0 组中区号为 2，副本在 Cache 中，命中。

8)访问 00010010(18)

为 2 区 1 组，已满，1 组中存放 3 区(26)及 0 区(3)的数据块。发生块冲突，访问主存替换 1 组中任一个，现替换 0 块(FIFO 替换)，得到图 4-23 所示的分配情况。

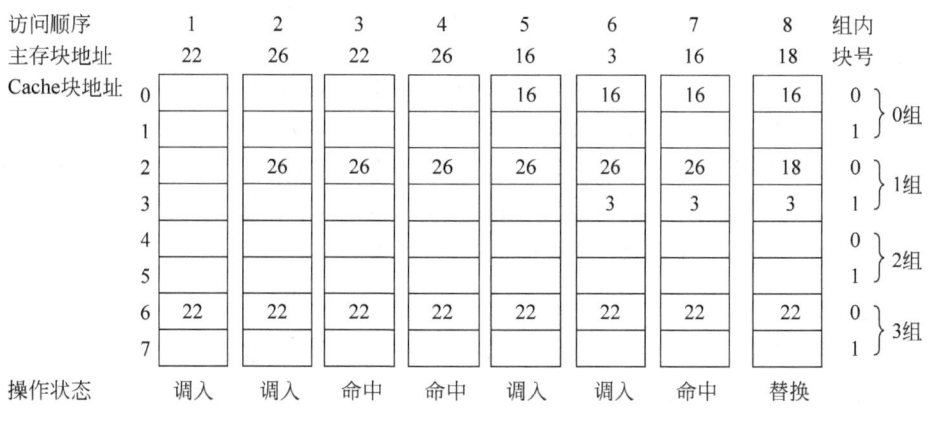

图 4-23 组相联映像下的分配图

3 种地址映像方式中，全相联和组相联可提高命中率，但要涉及替换算法，要应用复杂的多路比较器，硬件电路复杂并使映像速度降低；而直接映像的硬件电路较简单，无须考虑替换策略，映像速度快，但命中率较低，易发生块冲突。因此在计算机系统中，大容量高速 Cache 采用直接映像，而小容量较低速的 Cache 采用组相联映像和全相联映像。

4.4.6 替换策略和更新策略

1. 替换策略

CPU 访问带有 Cache 的存储器时，如果 Cache 未命中，则 CPU 访问主存，并将该数据块调入 Cache，这时对应于不同的地址映像方式有不同的处理：①若为直接映像的 Cache，则调入的数据块只能存入 Cache 中固定的位置，如果该位置是空的，即存入该空间；如果该空间已有其他数据块占有，则新数据块就替换原有的数据块，不需要考虑替换策略。②若为全相联映像或组相联映像的 Cache，则调入的数据块可存入 Cache 中任意位置或组内任意位置，如果 Cache 或组内已被占满，则就有一个新数据块写入哪一个位置(替换掉原有的哪一个块)的问题。这就是替换策略——**替换算法**的问题。

常用的替换算法有 3 种——随机法、先进先出法和近期最少使用法。选择的依据是考虑存储器总体的性能，主要是提高 Cache 的命中率。

(1)随机法(Random)

从 Cache 中随机地取出一块作为替换块，把新的数据块调入即可。它用硬件实现简单，可用一个随机数产生器产生一个随机的替换块号。这种算法替换速度快,但没有考虑程序访问的局部性原理,随机换出的数据块可能马上又要被访问,从而降低了命中率和工作效率。这一缺点随着 Cache 容量增大而减小。

(2)先进先出法(First-In-First-Out,FIFO)

这种算法是将最先调入 Cache 的数据块替换出来。实现较容易,开销少。缺点是也没有顾及程序访问的局部性原理,往往在执行循环程序时,会降低效率和命中率。

(3)近期最少使用法(Least Recently Used,LRU)

这种算法是将 Cache 中近期内长久未被访问过的数据块替换出来。为实现该算法,Cache 中每一块各设置一个计数器。访存时,当 Cache 被命中时,命中的块计数器清 0,其余块计数器加 1,当需要替换时,比较各特定块的计数值,将计数值最大的块替换出去。这种算法使刚调入及近期访问过的 Cache 数据块不会立即被替换。符合程序访问局部性原理,这是 Cache 能提高访存速度的基本工作原理,可以使 Cache 有较高的命中率。

对两路组相联的 Cache 而言,实现 LRU 算法的硬件电路可以不需要计数器,只需用一个二进制位即可。因为 Cache 是两路组相联,一个主存块只能在一个特定组的两个数据块中存放,例如一组中 A 块调入新数据块将计数位置"0",当需要替换时,只需检查该计数位状态,为"0"替换 B 块,为"1"替换 A 块。保护了新调入块。Pentium(奔腾)芯片的数据 Cache 是一种两路组相联结构的 Cache,采用这种简化的 LRU 替换算法。

2. 更新策略

CPU 对主存的访问包括读主存和写主存两种方式,读主存时通过 Cache 中存放已读数据所在数据块的副本,以后再读该数据块中数据时,可以直接读速度高的 Cache,从而提高 CPU 的访存速度,这是 Cache 的基本工作原理,当然在读操作时要考虑替换策略。但读操作不会改变主存的内容。而 CPU 写操作时主存内容会改变,在 CPU 对含有 Cache 的主存进行写时,若 Cache 被命中,CPU 写 Cache 而不写主存。这样,Cache 内容按指令要求改变了,主存中内容未改变,而 Cache 中调入的内容只是主存部分内容的副本,应同主存内容一致,因此在 Cache 被命中,CPU 对 Cache 中相应数据块进行写操作而改变 Cache 中该块的内容时,主存应保持同 Cache 的一致,这就提出对 Cache 写操作的策略——**更新策略**。有两种更新策略。

(1)**写回法**(write back)

当 CPU 写 Cache 命中时,只修改 Cache 的内容,不立即写入主存,只有当该数据块要被替换时,才将它写回主存。这样使 Cache 在 CPU 的读和写操作中都起到高速缓存的作用。对一个 Cache 块的多次命中都在 Cache 中高速完成。只是在需要替换时,才把已改写的 Cache 块写回较低速的主存,减少了 CPU 访问主存的次数。采用写回法时,要求每个 Cache 块配置一个修改位,以反映该块在替换前是否被修改(写)过,当数据块首次调入 Cache 时修改位清"0",在被写时,修改位置"1"。某块被替换时按修改位是"0"还是"1"决定该块是简单地被覆盖还是还要写回主存。

(2)**全写法**(write through)

全写法又称**写直达法**。当写 Cache 命中时,Cache 与主存同时发生写修改,较好地维护了 Cache 与主存内容的一致性。这种方法无须在 Cache 块中增加修改位。其缺点是 CPU 向主存进行写操作时,Cache 无高速缓冲功能,降低了 Cache 的作用。

在 CPU 写操作中,若 Cache 未被命中,则 CPU 是否将被写的主存块调入 Cache?此时也有两种写策略。

1) **写装入法**(write allocate)，又称**按写分配法**。

在写主存时，将修改过的主存块调入 Cache 并为其分配一个块位置。

2) **写不装入法**(write no allocate)，又称**不按写分配法**。

只写主存，不调入 Cache。

通常，写装入法同写回法一起使用，写不装入法同全写法一起使用。

在 Pentium 芯片的片内数据 Cache 采用写回法结合全写法的写策略称为**写一次法**。具体策略是：写命中与写未命中的处理方法与写回法基本相同，只是第一次写命中时要同时写入主存，因为第一次写 Cache 命中时，CPU 要在总线上启动一个存储器写周期，其他 Cache 监听到此主存块地址及写信号后，即可复制该块或及时废弃，以便维护系统全部 Cache 的一致性。

4.5 虚拟存储器

4.5.1 虚拟存储器的基本概念

虚拟存储器是指计算机层次化存储系统中的主存-辅存(外存)层次，是一个容量极大的存储器逻辑模型，不是实际的物理存储器。它以透明的方式给计算机用户提供一个比实际主存空间大得多的程序地址空间，这时程序的逻辑地址称为**虚拟地址**(又称**虚地址**)，程序的逻辑地址空间称为**虚拟地址空间**。虚拟地址是由编译程序生成的，CPU 工作在虚拟地址模式下能理解这些虚拟地址，并将虚拟地址转换为物理地址。**物理地址**(又称**实地址**)是由 CPU 地址引脚产生，用于访问主存储器的地址。**物理地址空间**大小由 CPU 的地址总线宽度决定，地址总线为 n 位，则物理地址空间为 2^n。虚拟存储器的内容保存在磁盘上，所以虚拟地址空间的大小受辅助存储器容量限制。

虚拟存储器借助磁盘、磁带和光盘等辅助存储器来扩大主存容量，不仅解决了存储系统的存储容量与存取速度的矛盾，也是管理存储设备的有效方法。虚拟存储器具有大容量、编程方便的特点。

虚拟存储器的工作原理也是基于"访问局部性规则"。在主存-辅存(外存)层次结构中，使用硬件和软件技术，把主存储器和辅助存储器(磁盘或磁带存储器)相连，构成一个供用户使用的(可寻址)容量非常大的存储器。使用时，系统软件把必不可少的指令和数据模块放在主存内，而其余放在辅存中，信息在主存和辅存之间由系统软件根据需要实现自动调度。从而实现辅存当主存使用，有效地扩大了存取空间。采用虚拟存储器技术的计算机系统称**虚拟系统**。在虚拟存储器的工作过程中，信息也需在主存和辅存之间进行多次传递，在主存和辅存层次间信息传递的单位有两种：段和页。

- **段**(Segment)：利用程序的模块化性质，按程序的逻辑结构划分多个相对独立部分。段作为独立的逻辑单位可以被其他程序段调用形成段间连接产生较大规模的程序，段作为基本信息单位在主存-辅存间定位和传送，用段表来指示段的特性——在主存中的位置(起始地址、段长)和段名等。
- **页**(Page)：把主存的物理地址空间和虚拟地址空间划分为等长的固定区域称为**页面**(或页)，页的长度通常为几 KB～几十 KB，各虚拟页可以调入主存中不同的页面位置，用页表来指示页的特性。

在计算机中，各种存储器硬件以及管理这些存储器的软硬件构成了计算机的存储系统。

存储管理软件处理所有的软件操作，包括确定将哪一个页面从主存中移出以腾出空间装入新的页面，以及什么时候将一个页面从辅存中调入主存，还有将页面放在主存的什么地方。存储器管理软件属于OS(操作系统)的一部分。

硬件对于虚拟存储器的支持主要是提供快速的地址映像，这部分硬件称为MMU(Memory Management Unit，**存储管理部件**)。

虚拟存储器还可以将各个程序的地址空间分离开来。许多程序中程序员可以直接指定存储器中的具体实际存储位置。这样在计算机中运行多个不同的程序时就要求各个程序段用不同的地址范围。采用虚拟存储器后，实际上计算机在访问存储器时都不是直接根据程序员指定的地址进行的。MMU能够将程序员指定的地址转换成可在存储器中访问的地址。

这样CPU根据指令生成的地址是虚拟地址，经过转换后的地址是实际地址。通过将不同用户程序的逻辑地址空间转换成不同的物理地址空间，系统可将用户程序的存储空间互相隔离。计算机中这种虚拟地址与实际地址的映射关系可以在运行过程中根据系统要求动态改变。

主存-辅存层次工作时把程序中当前要运行的常用部分驻留在主存中，一旦这部分不再运行，就调回辅存，把要运行的新的程序部分(包括程序运行中所需的数据)调入主存，这种调入调出是由硬件(MMU，在现代处理器芯片中都集成了MMU)结合软件(操作系统中的存储管理软件)来完成的。它对用户是透明的，而对设计存储管理软件的系统程序员是不透明的。在调入调出过程中必须进行地址映像，即虚拟地址与实地址的转换，这一些都由存储管理的软硬件来实现。

虚拟存储器中，访问主存的速度比访问辅存的速度快100~1000倍。

在虚拟存储器中，辅存与CPU之间无直接的访问通路。一旦在主存中未被命中，必须从辅存中调度数据到主存，因辅存速度相对主存而言太慢，调度时间需几个ms。为减少对整个系统的影响，在调度数据时CPU一般改换为执行另一程序，待调度完成后再返回原程序继续执行。

虚拟存储器用于扩大主存的存储空间，扩大的存储空间称为**虚拟存储器**，由外存储器(磁盘)支持。虚、实地址的转换由系统软件完成。虚拟存储器的物理结构基础是主存和辅存，由附加硬件装置以及OS的存储管理软件组成一种存储体系。使计算机系统具有辅存的高容量成本比，而接近主存的速度。主存和辅存的地址空间统一编址，形成一个庞大的存储空间，用户可在该空间内自由编程。用户编好的程序由计算机的OS装入辅存中，程序运行时，附加的辅助硬件装置和存储管理软件会把辅存中的程序一块块地自动调入主存由CPU执行，或从主存中调出。不必考虑程序在主存中是否能够容纳，以及辅存中程序将来装入主存时的实际位置。从用户的角度看，不必考虑主存容量限制，但实际上CPU执行的仍是调入主存中的程序。

按存储映像算法划分虚拟存储器有3种存储管理方式——页式管理、段式管理和段页式管理。

4.5.2 页式虚拟存储器

在页式虚拟存储器中把虚拟存储空间和实际存储空间等分成固定容量的页，分别称为**虚拟页**和**实际页**。各虚拟页可装入主存中不同的实际页的页面位置。主存中的页面存放位置称为**页框架**(Page Frame)。通常一页大小为4~64KB。

页式虚拟存储器中，程序所用的逻辑地址(虚地址)结构如下：

而实际地址(实地址)结构为：

| 实页号 | 页内地址 |

其中，基号是操作系统给每个程序产生的附加的地址字段，以便区分不同程序的地址空间。

地址映像结构将虚页号转换成主存的实际页号。任一时刻，每个虚拟地址都对应一个实际地址，该实际地址可能在主存中，也可能在辅存中，这种把存储空间按页分配的存储管理方式称为**页式管理**。

页式虚拟存储器采用页表和页基址表来实现地址映像和存储管理。如图 4-24 所示。

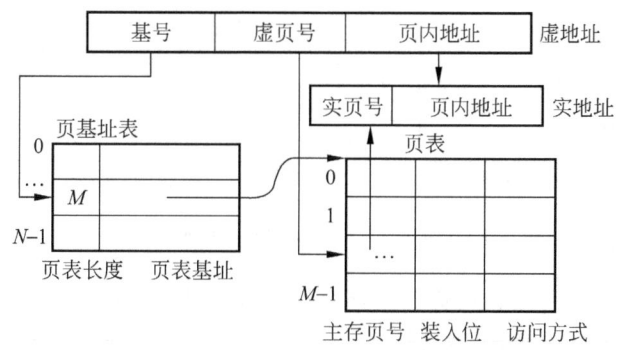

图 4-24 页式虚拟存储器

页表是虚拟页号(逻辑页号)与实页号(物理页号)的映像表。页表包括每个页的主存页号，表示该页是否已装入主存的装入位以及访问方式(只读、只执行和可写)。虚页号一般对应于该页在页表中的行号。页的长度固定，不需要在页表中记录。在页式虚拟存储器中一个页表对应一个运行的程序，每个页表驻留在主存中，各页表在主存中的起始地址由页基址表指示。页基址表是 CPU 中的一个专门寄存器组，表中每一行代表一个运行的程序的页表信息——**页表起始地址**(页表基址)和**页表长度**。从页基址表中查出页表的起始地址，用虚页号从页表中查找实页号，同时判断该页是否已装入主存。若已装入，则从页表中取出实页号，与页内地址一起构成物理地址。

页式管理中，操作系统在建立程序运行环境时建立所有的页框架，在页表中记录各页的存储位置。当主存页面占满时，操作系统必须选择一个页，将其替换出去，通常采用 LRU。

页式虚拟存储器的地址变换过程如下：

首先由虚地址中基号查找页基址表，由页基址表查找页表基址，查页表。其次通过页表将虚页号变换成主存中的实页号。若页表中对应该页的装入位等于 1，表示该页已装入主存，可按主存地址访问主存；若装入位等于 0，表示该页未装入主存，从外存中调页，先通过外部地址变换，一般通过查外页表，将虚地址变换为外存中的实际地址，然后通过 I/O 接口将该页调入主存。在页面数量多时页表本身占用较大存储空间，从而引起页式管理的工作效率降低。

4.5.3 段式虚拟存储器

在段式虚拟存储器中，将主存按段分配的存储管理方式为**段式管理**。采用段式管理的虚拟存储器为**段式虚拟存储器**。段长可以任意设定。这是一种模块化的存储管理方式。在段式虚拟存储器中操作系统为每一个运行的用户程序分配一个或几个段，每个运行的程序只能访问分配给该程序的段所对应的主存空间，每个程序都以段内地址访问存储器，即每个程序都按各自的虚拟地址访问主存。

段式虚拟存储器中虚地址（逻辑地址）结构如下：

其中，基号是一个段标识符，用以标识不同程序中的地址被映像到不同的段中。

段式虚拟存储器采用段表和段基址表来实现地址映像，如图 4-25 所示。

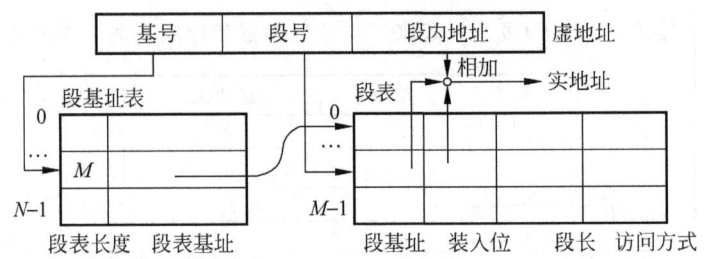

图 4-25　段式虚拟存储器

在虚拟存储器中允许一个段映像到主存中的任何位置。**段表**用来指明各段在主存中的位置，驻留在主存中，可由虚拟地址找到。段表包括**段基值**、**装入位**、**段长**以及**访问方式**。**段号**是查找段表项的序号；段基值用来指示该段在主存中的起始位置；装入位用以表示该段是否已装入主存；段长为该段的长度，用于检查访问地址是否越界。访问方式包含只读/可写/只执行，以提供段的访问方式的保护。

段式虚拟存储器中地址映像过程如下：

首先，由虚地址中基号查找段基址表。段基址表一般由 CPU 中的专门寄存器组组成。从段基址表中查出段表的起始地址（段表基址）。其次，由虚地址中段号从段表中查找该段在主存中的起始地址，判断该段是否装入主存。若装入位等于 1，说明已装入主存，则从段表中取出段基址与虚拟地址中的段内地址相加构成被访问数据的物理地址。发生段失效时，操作系统必须进行控制，首先在外存中找到该段，然后决定将该段装入主存何处。

虚地址中未直接指明在外存中的位置，系统必须跟踪每个段的位置。通常在操作系统有一个数据结构，记录各段的存储位置。段表本身也存放在一个段中，常驻主存中。分段方法使大程序可分模块编制，独立运行，容易以段为单位实现存储保护和数据共享。

段式虚拟存储器的优点是用户地址空间分离。段表占用存储空间少，管理简单。其缺点是整个段必须一起调入/调出，使段长不能大于主存容量，而建立虚存的目的是希望程序的地址空间大于主存容量。

4.5.4　段页式虚拟存储器

段页式虚拟存储器是段式管理和页式管理的结合。将存储空间按逻辑模块分段，每段又分成若干页。访存通过一个段表和若干页表进行。段长必须是页长的整数倍，段的起点必须是某一页的起点。

存储系统和结构　　105

在段页式虚拟存储器中的虚拟地址结构如下：

| 基号 | 段号 | 段内页号 | 页内地址 |

段页式虚拟存储器采用段基值表、段表、页表进行地址映像如图 4-26 所示。

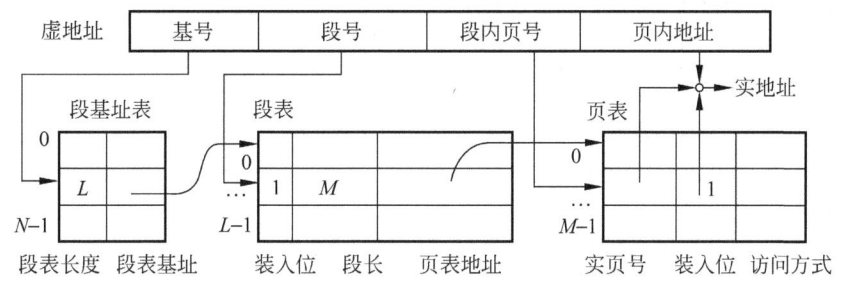

图 4-26　段页式虚拟存储器

地址变换时需查段表和页表。每个运行程序通过一个段表和相应的一组页表建立虚拟地址与物理地址的映像关系。段表的每一项对应一个段——装入位、该段页表行数和页表地址，页表的每一项对应一个页——装入位、主存实页号和访问方式。

地址映像过程如下：

首先，由基号查找段基值表，查出段表基址；其次，由段号查找段表，查出该段页表起始地址；最后，由页号查找页表，查出实页号——该页在内存中的起始地址并判断该段是否已装入主存，若已装入，从页表中取出实页号与页内地址拼接构成被访问数据的物理地址。

4.5.5　快表技术

1. 问题的提出

在虚拟存储器中，实现地址转换是最主要的工作，而实现地址转换必须先查表——页表（页式虚拟存储器和段页式虚拟存储器）和/或段表（段式虚拟存储器和段页式虚拟存储器），而页表和段表一般存放在主存中，因此每次访问主存时必须访问两次主存，一次是查表，查得段基址或实页号形成读/写数据在主存中的物理地址；一次是读/写数据。这样主存的访问速度必然下降。在两次访问主存的操作中，读/写数据的速度是固定的，因此为了提高虚拟存储器的访存速度，必须提高查表的速度，从而引出快表的概念。

2. 快表的形成

根据程序访问的局部性原理——程序虚拟地址空间内不同页面的访问概率不是均匀的，在一段时间内对页表的访问往往只局限在少数几个页面上，若能提高对这些使用频率高的页面的访问速度，就可以提高 CPU 的访存速度。据此，将当前最常用的地址转换关系的信息存放在一个小容量的高速存储器（一个特殊的 Cache）中，这个存放地址转换关系的特殊的段式虚拟存储器采用段表和段基值表来实现地址映像，如图 4-25 所示。它称为**地址转换参照表**(Translation Look-aside Buffer，TLB)或**快表**。而存放整个地址转换关系的信息表称为**慢表**。在段页式虚拟存储器中，存放在快表的信息既有页号字段又有段号字段。快表由高速硬件构成，而慢表存放在主存中。快表是慢表中部分内容的复本，当 CPU 访问虚存时，先查快表。若在快表中未查到，再从慢表中查找。

3. 利用快表和慢表实现地址转换

在页式虚拟存储器中，虚地址到实地址的转换如图 4-27 所示。

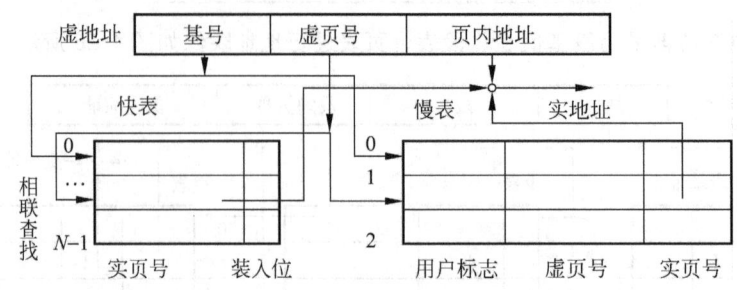

图 4-27　快表和慢表实现的内部地址转换

图 4-27 中，快表由 3 个字段——虚页号、实页号和装入位组成，快表采用全相联映像。在 CPU 访问主存时，按指令给出的虚地址中的虚页号同时查找快表和慢表：

1）若在快表中查找到该虚页号，取其对应的实页号同指令中的页内地址组合为实地址访问主存，同时查找慢表作废。

2）若在快表中未查找到该虚页号，首先判断是快表失效还是页面失效，若是页面失效，即该页面尚未调入主存，则由操作系统做出响应；若是快表失效，而页面未失效在主存中，则地址映像关系可从页表装入快表，这样经过一个访问主存的时间延迟，将从慢表中查到的实页号送入实地址寄存器，即可取得实地址。同时将此虚页号和对应的实页号通过替换算法调入快表。

习题 4

4.1　说明 1M×1 位 DRAM 芯片的刷新方法，刷新周期定为 8ms。

4.2　用 16k×8 位的 DRAM 芯片构成 64K×32 位的存储器，并画出该存储器的组成逻辑框图。

4.3　设有一个具有 20 位地址和 32 位字长的存储器，求

(1) 该存储器能存储多少个字节的信息？

(2) 若存储器由 512k×8 位 SRAM 芯片组成，需要多少片？

(3) 需要多少位地址作芯片选择？

4.4　用下列芯片构成存储系统，各需要多少 RAM 芯片？需要多少位地址作为片外地址译码？设系统为 20 位地址线，采用全译码方式。

(1) 512×4 位 RAM 构成 16KB 的存储系统；

(2) 1024×1 位 RAM 构成 128KB 的存储系统；

(3) 2K×4 位 RAM 构成 64KB 的存储系统；

(4) 64K×1 位 RAM 构成 256KB 的存储系统。

4.5　现有一种存储芯片容量为 512×4 位，若要用它组成 4KB 的存储容量，需多少这样的存储芯片？每块芯片需多少寻址线？而 4KB 存储系统最少需多少寻址线？

4.6　何谓位扩展？何谓字扩展？并举例说明。

存储系统和结构

4.7 用 16k×8 位的 SRAM 芯片构成 64K×16 位的存储器,要求画出该存储器的组成逻辑框图。

4.8 已知某 8 位机的主存采用半导体存储器,地址码为 18 位,采用 4K×4 位的 SRAM 芯片组成该机所允许的最大主存空间,并选用模块条形式,问:
(1) 若每个模块条为 32K×8 位,共需几个模块条?
(2) 每个模块条内有多少 RAM 芯片?
(3) 主存共需多少 RAM 芯片? CPU 需使用几根地址线来选择各模块?使用何种译码器?

4.9 用 32K×8 位的静态存储芯片实现 128K×16 位的存储体,按字编址(16 位为一个字)。
(1) 该存储体需要多少块 32K×8 位存储芯片;
(2) 该存储体的地址总线和数据总线各是多少位?

4.10 试述三级存储系统的组成(按 CPU 向外的次序写)及功能。

4.11 一个具有 8KB 直接映像 Cache 的 32 位计算机系统,主存容量为 32MB,假定该 Cache 中块的大小为 4 个 32 位字。
(1) 求该主存地址中区号、块号和块内地址的位数;
(2) 求主存地址为 $ABCDEF_{16}$ 的单元在 Cache 中的位置。

4.12 直接映像 Cache 的块长为 4 个 32 位,容量为 4096 字,主存容量为 64K 字。
(1) 画出该 Cache 的地址映像方式;
(2) 求主存中有多少块,Cache 中有多少块?

4.13 一个计算机系统的主存容量为 2MB,字长 32 位,采用直接映像的 Cache 的容量为 512 字,计算主存地址格式中,区号、块号和块内地址字段的位数。
(1) Cache 块长为 1 字;
(2) Cache 块长为 8 字。

4.14 一个具有 16KB 直接映像 Cache 的 32 位微处理器,主存容量为 256MB,假定该 Cache 中块的大小为 4 个 32 位字。
(1) 画出该 Cache 的地址映像方式,并指出主存地址不同字段的作用;
(2) 主存地址为 $ABCDE8F_{16}$ 的单元在 cache 中的位置(写出区号、块号和块内地址值)。

4.15 有一个 Cache-主存存储层次,主存容量为 8 个块,Cache 容量为 4 个块,采用直接地址映像。
(1) 对于如下主存块地址流:0、1、2、5、4、6、4、7、1、2、4、1、3、7、2,如果主存中内容一开始未装入 Cache 中,请列出每次访问后 Cache 中各块的分配情况;
(2) 指出块命中的时刻;
(3) 求出此期间 Cache 的命中率。

4.16 一个组相联映像 Cache 由 64 个存储块构成,每组包含 4 个存储块。主存包含 4096 个存储块,每块由 128 字组成,访存地址为字地址。
(1) 求一个主存地址有多少位?一个 Cache 地址有多少位?
(2) 计算主存地址格式中,区号、组号、块号和块内地址字段的位数。

4.17 有一个 16KB 的 4 路组相联 Cache 的 32 位微处理器,假定该 Cache 的块为 4 个 32 位的字。
(1) 画出该 Cache 的结构逻辑图,指出主存地址的不同字段的作用。
(2) 主存地址为 $ABCDE8F8_{16}$ 的单元在 Cache 中的什么位置。

4.18 有一个 Cache-主存存储层次，主存共分为 8 个块(0～7)，Cache 为 4 个块(0～3)，采用组相联映像，组内块数为 2 块，采用 LRU(近期最少使用法)的替换算法。
(1)画出主存、Cache 地址的各字段对应关系；
(2)画出主存、Cache 空间块的映像对应关系的示意图；
(3)对于如下主存块地址流：1、2、4、1、3、7、0、1、2、5、4、6、4、7、2，请列出每次访问后 Cache 中各块的分配情况。

4.19 设 Cache 的工作速度为主存的 8 倍，Cache 被访问命中的概率为 0.9，问采用 Cache 后，存储器性能提高多少？

4.20 某计算机的页式虚存管理中采用长度为 32 字的页面。页表内容如习表 4-1 所示，求当 CPU 程序按下列二进制虚拟字地址访存时产生的实际字地址。
(1)00001101
(2)10000000
(3)00101000

习表 4-1

虚页号	实页号	装入位
000	01	1
001		0
010	11	1
011	00	1
100	10	1
101		0
110		0
111		0

4.21 一个虚拟存储器有 8 个页面，页面大小为 1024 字，内存有 4 个页面框架，页表的内容如习表 4-2 所示。问对应于虚拟地址 4096 的主存地址是什么。

习表 4-2

虚页号	实页号	虚页号	实页号
0	3	4	2
1	1	5	
2		6	0
3		7	

4.22 一个虚拟存储器有 8 个页面，页面大小为 1024 字，内存有 4 个页面框架，页表的内容如习表 4-2 所示(同上题)。
(1)问哪些虚拟地址将引起页面失效？
(2)对应于以下虚拟地址的主存地址是什么？
    0
    3728
    1023

1024
7800
4096

4.23 主存容量为4MB，虚存容量为1GB，则虚拟地址和物理地址各为多少位？如页面大小为4KB，页表长度是多少？

4.24 一台计算机的主存容量为1MB，字长为32位，Cache的容量为512字，确定下列情况下主存和Cache的地址格式：
(1)直接映像的Cache，块长1字；
(2)直接映像的Cache，块长8字；
(3)组相联映像的Cache，块长1字，组内4块。

4.25 一个直接映像的Cache，块长为4个16位的字，容量为4096字，主存容量为64K字
(1)设计该Cache的地址映像方式；
(2)主存有多少个块？Cache有多少个块？

第 5 章 指令系统

指令是指示 CPU 执行某种规定操作的命令。计算机所具有的全部指令的集合称为指令系统。指令系统表明了 CPU 所能执行的全部操作,表征了 CPU 的基本性能。程序(Program)是指令的有序集合。指令是构成程序的基础,CPU 执行程序就是依次执行一条一条的指令。

本章主要介绍两类指令系统——80X86 系列指令系统和 MIPS 指令系统,论述两种典型的 CPU 结构以及指令流程——指令执行过程。

5.1 指令与指令系统

5.1.1 指令格式

1. 指令

指令是指示计算机执行某种基本操作的命令,CPU 能执行的指令是用二进制代码表示的机器指令。

机器指令由**操作码**(opcode)和**操作数**(operand)两部分(字段)组成。

操作码	操作数

操作码字段指出该指令的功能——执行何种操作。若操作码字段有 n 位,则可表示 2^n 条指令——有 2^n 种不同的基本操作。

操作数字段指出该指令的操作对象,通常为一个立即数(在指令代码中直接给出)、寄存器的内容、存储单元的内容或 I/O 端口的内容。

1) 若为立即数,则操作数字段即是该立即数的二进制表示。

2) 若为寄存器内容,则操作数字段即该寄存器的地址,以寄存器地址的二进制编码表示,例如 CPU 有 8 个寄存器,则这 8 个寄存器地址可用 3 位二进制码 000~111 表示之。

3) 若为存储器内容,则操作数字段即是该存储器地址的二进制表示。

通常把操作数字段称为**地址码**。

按指令执行过程,操作数有**源操作数**和**目的操作数**之分,源操作数是参与操作的原始数据,目的操作数是指令执行后的结果数据。

2. 指令格式

按指令操作的不同,源操作数可以是 1 个,也可以是 2 个,而有的指令无操作数。据此,按指令中地址码个数的不同,指令格式可分为:

指令系统

(1) 零地址指令

指令格式如下：

```
| op |
```

指令中只有操作码字段(op)，而无操作数——地址码字段。这类指令在如下两种情况下出现。

一种是该条指令运行时不需要操作数，例如80X86系列中的空操作指令NOP(机器码格式为90H)和暂停指令HLT(机器码格式为F4H)；另一种是指令有操作对象——操作数，但该操作数是指令操作码已指定的，通常是指定对累加器进行操作，称为**隐地址**——操作数由指令操作码隐含约定。例如，80X86系列中的BCD修正指令DAA(机器码格式为27H)。该指令是在进行BCD码加法操作后，对AL寄存器中的内容进行修正操作。显然操作数为AL，但该指令的机器码中27H为操作码，无表示操作数AL的代码，但操作码27H中已隐含约定操作数为AL。

采用隐地址指令减少了指令的长度，简化了指令的结构。

(2) 一地址指令

指令格式如下：

```
| op | A |
```

该类指令的功能是：

op(A)或(AC)op(A)⟶AC

其中，op为表示该指令的功能；A为一个操作数的地址码——寄存器名(寄存器的编号)、内存或I/O端口的地址；AC为累加器(在一地址指令中为隐地址，指令中无表示AC的地址码)；(A)为地址码等于A的寄存器、内存或I/O端口中的内容；(AC)为累加器AC中的内容。

有两种情况可以采用一地址指令。

一种是单操作数指令，源与目的为同一操作数，由指令中地址码A指定。例如80X86系列中的增量指令INC CL的机器码格式为：

```
FE C1H 即   11111110  11  000  001
            f1       f21  f22  f23
```

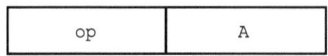

其中，f1字段和f22字段表示这是8位增量指令，f21字段11说明是寄存器操作数，f23字段指出寄存器为CL。

另一种是双操作数——一个操作数由指令的地址码A给出，另一个操作数是隐含的，一般为累加器AC。例如80X86系列中的乘法指令MUL CL的机器码格式为：

```
F6 E1H 即   11110110  11  100  001
            f1       f21  f22  f23
```

其中，f1字段的11110110和f22的100表示该指令为两个8位数相乘，f21的11表示是两个寄存器相乘，f23的001表示乘数为CL，执行AL×CL，结果送AX的操作，其中被乘数AL和乘积AX在机器码格式中无操作数字段表示。

(3) 二地址指令

指令格式如下：

| op | A1 | A2 |

该类指令的功能是：

(A1)op(A2)⟶A1

其中，op 为表示该指令的功能；A1 为一个源操作数和目的操作数的地址码——寄存器名（寄存器的编号）、内存或 I/O 端口的地址；A2 为另一个操作数的地址码——寄存器名（寄存器的编号）、内存或 I/O 端口的地址，也可以是立即数；(A1)为地址码等于 A1 的寄存器、内存或 I/O 端口中的内容；(A2)为地址码等于 A2 的寄存器、内存或 I/O 端口中的内容。

上述零地址、一地址和二地址指令的特点是：指令代码短、硬件实现简单以及执行速度快。一般用于小型机和微型机中，因为这两类机器的结构较简单而且字长较短。

(4) 三地址指令

指令格式如下：

| op | A1 | A2 | A3 |

该类指令的功能是：

(A2)op(A3)⟶A1

其中，op 为表示该指令的功能；A2 为第一个源操作数的地址码——寄存器名（寄存器的编号）、内存或 I/O 端口的地址，也可以是立即数；A3 为第二个源操作数的地址码——寄存器名（寄存器的编号）、内存或 I/O 端口的地址，也可以是立即数；A1 为目的操作数（操作结果）的地址码——寄存器名（寄存器的编号）、内存或 I/O 端口的地址；(A2)为地址码等于 A2 的寄存器、内存或 I/O 端口中的内容；(A3)为地址码等于 A3 的寄存器、内存或 I/O 端口中的内容。

三地址指令的特点是：指令代码长、指令功能强、便于编程。一般用于大型机中，因为这类机器的结构较复杂而且字长较长。

3. 汇编语言指令

汇编语言是一种符号语言，其特点是用符号形式表示计算机指令，用指令助记符代替机器指令的操作码、用标识符代替地址码。这是一种面向具体计算机的语言。汇编语言与机器语言相比，除保留了机器语言的优点外，还具有易懂、易写、易记、易调试和易修改等优点；与高级语言相比，具有执行速度快、节省内存和控制精确等优点。不同的 CPU 有不同的汇编语言。

在 80X86 系列 CPU 的汇编语言指令中指令操作码和操作数的符号表示分述如下。

1) 部分指令助记符（以 8086 指令为例）如表 5-1 所示。

表 5-1 部分指令助记符及功能

MOV	(MOVE)	传送字节或字
PUSH	(PUSH)	字入栈
POP	(POP)	字出栈
XCHG	(EXCHAGE)	交换字节或字
IN	(INPUT)	输入字节或字
OUT	(OUTPUT)	输出字节或字
ADD	(ADD)	加法
ADC	(ADD WITH CARRY)	带进位的加法

(续)

INC	(INCREMENT)	增量(加1)
SUB	(SUBTRACT)	减法
SBB	(SUBTRACT WITH BORROW)	带借位的减法
DEC	(DECREMENT)	减量(减1)
CMP	(COMPARE)	比较
MUL	(MULTIPLY)	无符号数乘法
DIV	(DIVIDE)	无符号数除法
AND	(AND)	逻辑"与"
OR	(OR)	逻辑"或"
NOT	(NOT)	逻辑"非"
XOR	(EXCLUSIVE OR)	逻辑"异或"
TEST	(TEST)	测试
SHL	(SHIFT LOGICAL LEFT)	逻辑左移
SAL	(SHIFT ARITHMETIC LEFT)	算术左移
SHR	(SHIFT LOGICAL RIGHT)	逻辑右移
SAR	(SHIFT ARITHMETIC RIGHT)	算术右移
ROL	(ROTATE LEFT)	循环左移
ROR	(ROTATE RIGHT)	循环右移
RCL	(ROTATE THROUGH CARRY LEFT)	通过CF循环左移
RCR	(ROTATE THROUGH CARRY RIGHT)	通过CF循环右移
CALL	(CALL)	调用过程(子过程)
RET	(RETURN)	从过程(子程序)返回
JMP	(UNCONDITIONAL JUMP)	无条件转移
JC	(JUMP ON CARRAY)	有进位(借位),转移
JNC	(JUMP ON NOT CARRY)	无进位(借位),转移
JE/JZ	(JUMP ON EQUAL/ZERO)	等于/为零,转移
JNE/JNZ	(JUMP ON NOT EQUAL/NOT ZERO)	不等于/不为零,转移

2)80X86汇编语言指令中所用到的寄存器(以8086为例)如表5-2所示。

表5-2 80X86汇编语言指令中用到的寄存器(8086)

通用寄存器		段寄存器和专用寄存器	
8位	16位		
AL	AX(累加器)	CS(代码段寄存器)	IP(指令指针)
BL	BX(基址寄存器)	DS(数据段寄存器)	FR(标志寄存器)
CL	CX(计数寄存器)	ES(附加段寄存器)	
DL	DX(数据寄存器)	SS(堆栈段寄存器)	
AH	SP(堆栈指针)		
BH	BP(基址指针)		
CH	SI(源变址寄存器)		
DH	DI(目的变址寄存器)		

3)80X86汇编语言指令中所用到的存储器操作数表示为:

[DISP]/[REG]/[REG+DISP]

其中,DISP为16位或32位立即数(在8086中只能是16位立即数);REG为16位或32位寄存器(在8086中只能是16位寄存器),可形成寄存器间接寻址、基址寻址和变址寻址,也可以用两个寄存器形成基址变址寻址(见下一小节)。

5.1.2 寻址方式

指令的**寻址方式**是指指令中操作数的表示形式。

指令中的操作数(操作对象)通常来源于：

- **立即数**，操作数即指令代码中的地址码部分；
- **寄存器**，操作数在寄存器中(即指令代码中的地址码部分所指出的寄存器中的内容)；
- **内存单元**，操作数在内存单元中(即指令代码中的地址码部分所指出的内存单元中的内容)；
- **I/O 端口**(I/O 接口中存放信息的寄存器)，操作数在 I/O 端口中(即指令代码中的地址码部分所指出的 I/O 端口中的内容)。

前两种操作数的表示比较简单，立即数操作数即指令中的地址码部分，寄存器操作数由代表寄存器编号的二进制值表示地址码，分别称为**立即寻址**和**寄存器寻址**。

存储器操作数的地址码即内存单元的地址，称为**存储器(内存)寻址**。由于内存单元的地址一般较长，通常以其有效地址表示。而且有效地址又有多种表示，因此存储器寻址又有多种表示形式。

I/O 端口操作数的地址较短，比存储器寻址简单些。

据此，计算机指令的寻址方式可归纳为如下几种：立即寻址、隐含寻址、寄存器寻址、直接寻址、寄存器间接寻址、存储器间接寻址、基址寻址、变址寻址、相对寻址及基址变址寻址等。下面对上述几种寻址方式进行简要的介绍。

1. 立即寻址

操作数直接由指令中的地址码给出，该操作数的寻址方式称为**立即寻址**(immediate addressing)。如图 5-1 所示。

op1	Rd	Rs1	imm

图 5-1 立即寻址

该指令是一个三地址的逻辑与指令。指令中的 op1 为操作码，表示逻辑与操作；Rd 为存放目的操作数的寄存器编号；Rs1 为存放一个源操作数的寄存器编号；imm 为一个立即数，是另一个源操作数。

该指令的功能是：

(Rs1) AND imm ⟶ Rd

即把编号为 Rs1 的寄存器中的内容和指令中的立即数 imm 相"与"后的结果送到另一个编号为 Rd 的寄存器中。

这里的一个源操作数 imm 即为立即寻址。

通常立即寻址的操作数用于对寄存器赋值，进行初始化，也用于要求有立即数参与的一些数据运算(算术和逻辑运算)的指令中。

注意，立即数只能作为源操作数，不能作为目的操作数。

在汇编语言指令中，通常直接用数字表示操作数，例如"ADD AL，20H"。有的计算机中，在常数前加上#，以表示立即数，例如"ADD AL，#20H"。

2. 寄存器寻址

操作数是一个寄存器中存放的数据，寄存器的编号由指令中对应的地址码给出，称为**寄存**

器寻址(register addressing)。图 5-1 中的地址码字段 Rs1 和 Rd 都是寄存器寻址的操作数。把指令中的地址码——寄存器号 Rs1 和 Rd 作为指针,直接指向对应寄存器中的操作数。若寄存器号 Rs1 和 Rd 字段各为 n 位二进制代码,那么可以有 2^n 个寄存器作为操作数。

3. 直接寻址

存储器操作数中,存储器的地址在指令中由代码直接给出,称为**直接寻址**(direct addressing),如图 5-2 所示。

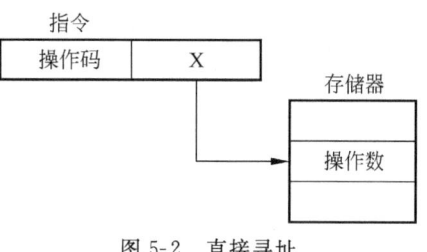

图 5-2 直接寻址

图 5-2 指令中的 X 字段即内存操作数的地址,据此代码,从对应内存中取出内存操作数参与运算。操作数的地址是指令代码的组成部分,适用于访问固定的存储单元。当内存容量很大时,地址码会很长。在汇编语言指令中,直接寻址中的内存地址可直接在指令中用数字给出,有的计算机中在数字前后加上一个符号[ ]。例如,指令

```
JUMP  2000;
AND   AL,[2000H]
```

以指令"AND AL,BL,[2000H]"为例,指令功能为:

BL AND mem(2000H)──→AL

该指令的机器码如图 5-3 所示。

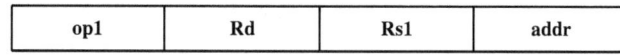

图 5-3 直接寻址格式

该指令也是一个三地址指令。指令中的 op1 为操作码,表示逻辑"与"操作;Rd 为存放目的操作数 AL 的寄存器的编号;Rs1 为存放一个源操作数 BL 的寄存器的编号;addr 为一个以立即数(直接地址)表示的内存单元地址码,是另一个源操作数。

该指令的功能是:

(Rs1) AND mem(addr)──→Rd

即把编号为 Rs1 的寄存器 BL 中的内容和指令中以 addr(地址码 2000H)为地址的内存单元中的内容相"与"后的结果送到另一个编号为 Rd 的寄存器 AL 中。

这里的一个源操作数 addr(地址码 2000H)即为直接寻址,由 addr 求得内存操作数 mem(2000H),即地址为 2000H 的内存单元的内容。

4. 寄存器间接寻址

操作数在内存中,内存地址在寄存器中,指令中给出寄存器的编号,称为**寄存器间接寻址**(register indirect addressing),如图 5-4 所示。

图 5-4 指令中的 R 字段为寄存器编号,由此字段可找到对应的寄存器,从该寄存器中取出内容(R)——X,即内存操作数的地址,据此地址可从对应内存中取出操作数。由于寄存器的内容可以改变,所以这种寻址方式具有很强的寻址能力。在汇编语言指令中,表示寄存器间接寻址中的寄存器通常用寄存器名,并在其前后加上符号()或[]。例如

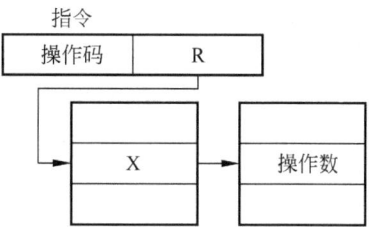

图 5-4 寄存器间接寻址

```
AND R1,(R2),R3;
MOV AX,[BX]
```

以指令"AND R1,(R2),R3;"为例,指令功能为:

mem[(R2)] AND (R3)——→R1

该指令的机器码如图 5-5 所示。

| op1 | Rd | Rs1 | Rs2 |

图 5-5 寄存器间接寻址格式

图 5-5 指令中,**op1** 为操作码,表示逻辑"与"操作,Rs1 字段为寄存器 R2 的编号,由此字段可找到对应的寄存器 R2,从该寄存器中取出内容 X(即内存操作数的地址),据此地址可从对应内存中取出操作数。Rs2 字段为寄存器 R3 的编号,由此字段可找到对应的寄存器 R3,从该寄存器中取出内容(R3),Rd 为存放目的操作数寄存器 R1 的编号。

该指令的功能是:

mem[(Rs1)] AND (Rs2)——→Rd

即把编号为 Rs1 的寄存器 R2 中的内容(Rs1)为地址寻址内存,取出该地址对应的内存单元中的内容[(Rs1)]和指令中以编号为 Rs2 的寄存器 R3 中的内容(Rs2)相"与",将"与"后的结果送另一个编号为 Rd 的寄存器 R1 中。

这里的一个源操作数 Rs1(R2),即为寄存器间接寻址,由 Rs1(R2)求得内存操作数[mem(Rs1)]。

5. 存储器间接寻址

操作数在存储器的内存单元 1 中,内存单元 1 的地址 X 在另一个内存单元 2 中,而内存单元 2 的地址 A 在指令代码中,这种寻址称为**存储器间接寻址**(memory indirect addressing),又称**间接寻址**,如图 5-6 所示。

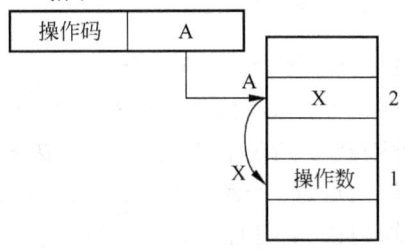

图 5-6 的指令中,字段 A 给出内存地址,由 A 找到内存单元 2,取出其内容 X,再以 X 为地址找到内存单元 1,该内存单元 1 中存放的数即参与操作的操作数。这种寻址方式的寻址能力也很强,但执行过程中需多次访问存储器,影响指令执行的速度。在汇编语言指令中,内存地址 A 用数字加上符号( )或@( )表示。例如,指令

```
ADD R2,(2000)、
AND R1,@(R2),R3
```

图 5-6 存储器间接寻址
注:A—Rs1,X—mem(Rs1),
操作数—mem[mem(Rs1)]

以指令"AND R1,@(R2),R3"为例,指令功能为:

mem[mem(R2)] AND (R3)——→R1

该指令的机器码如图 5-7 所示。

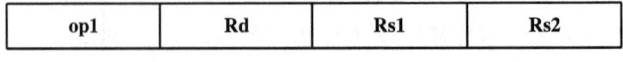

图 5-7 存储器间接寻址格式

图 5-7 指令中的 Rs1 字段为寄存器 R2 的编号，由此字段可找到对应的寄存器 R2，从该寄存器中取出内容(R2)——X，即一级内存操作数的地址，据此地址，X 可从对应内存中((R2))中取出操作数(X)。Rs2 字段为寄存器 R3 的编号，由此字段可找到对应的寄存器 R3，从该寄存器中取出内容(R3)，Rd 为存放目的操作数寄存器 R1 的编号。

该指令的功能是：

mem[mem(RS1)] AND (Rs2)⟶Rd

即把编号为 Rs1 的寄存器 R2 中的内容(Rs1)为一级地址的内存单元中的内容 mem[mem(Rs1)]和指令中以编号为 Rs2 的寄存器 R2 中的内容(Rs2)相"与"后的结果送另一个编号为 Rd 的寄存器 R1 中。

这里的一个源操作数 Rs1——R2 即为存储器间接寻址，由 Rs1——R2 二次寻址求得内存操作数 mem[mem(Rs1)]。

6. 基址寻址

操作数在内存中，操作数的地址由两部分组成，一个是寄存器中的数据，另一个是指令中给出的一个地址码，两者相加之和即内存操作数的地址。若寄存器中的数值是固定的，而地址码的值是可变化的，这种寻址方式称为**基址寻址**(base addressing)。

基址寻址与变址寻址的指令在形式上相似，其区别是变址寻址中，R 中的值是变化的；而基址寻址中，R 中的值是固定的。

7. 变址寻址

操作数在内存中，操作数的地址由两部分组成，一个是寄存器中的数据，另一个是指令中给出的一个地址码，两者相加之和即内存操作数的地址，称为**变址寻址**(indexed (indexing) addressing)。如图 5-8 所示。

图 5-8 的指令中，R 字段为寄存器号，A 为一个立即数的代码，操作数的地址为(R)+A，(R)为寄存器号 R 对应的寄存器中的内容。当寄存器中的内容进行加 1 或减 1 操作后寻址时，可以用来对一个内存数组进行访问。在汇编语言指令中，变址寻址操作数的表示通常为 A(R)。例如，指令

```
ADD R2, 100 ( R1 )
ADD R2, [R1+ 100]
```

8. 相对寻址

操作数在内存中，操作数的地址是程序计数器 PC 值加上一个偏移量 A，而该偏移量在指令代码中，称为**相对寻址**(relative addressing)。如图 5-9 所示。

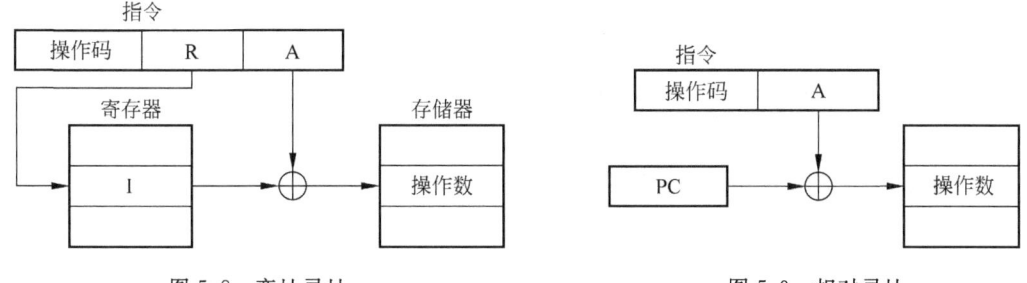

图 5-8 变址寻址　　　　图 5-9 相对寻址

由图可见，操作数的地址为 PC+A，A 可以为正值，也可以为负值。通常 A 值小于内存地址值，所以相对寻址能以较短的地址码来访问内存。在汇编语言指令中，一般用 A(PC)表

示操作数的地址。例如,"ADD A,2000H(PC)"。

9. 隐含寻址

指令中不给出操作数,根据指令中操作码即可确定操作数的存储位置,操作数隐含在操作码中,称为**隐含寻址**(implicit addressing),例如,指令 PUSH AX 中的源操作数是 AX,目的操作数为堆栈指针 SP 指出的内存单元,它是隐含的。在大多数计算机中,累加器 A、AL 与 AX 常用作隐含寻址中的操作数。例如,ADD ♯3,该指令中源操作数为立即数 3,目的操作数为 A(隐含的)。又例如 MUL BL,乘数为 BL,被乘数为 AL,也是隐含的。

5.2 两类指令系统

5.2.1 80X86 系列处理器的指令系统

在通用微机系统中,80X86 及其兼容芯片是应用最多的处理器芯片,属于 CISC 型的指令系统。为便于分析,以 8086 芯片为例说明 CISC 芯片指令编码的特点。

8086 指令是变字长指令,不同指令的操作码和寻址方式不同,指令长度也不一致,每条指令由 1~6 个字节组成。

最常用的两操作数的传送、加、减、与、或指令的编码格式如图 5-10 所示。

操作码和类型	寻址方式	操作数

图 5-10　8086 指令编码格式 1

图中:

操作码(opcode)——表示该指令的功能;
类型(type)——表示操作数的类型(字长等);
寻址方式(address mode)——表示操作数的寻址方式,寄存器操作数的编码也在其间;
操作数(operand)——操作数中的立即数、内存操作数中的位移量部分。

对于实现"寄存器与寄存器,寄存器与存储器之间"的上述操作的指令而言,图 5-10 可细化为图 5-11。

15	14	13	12	11	10	9	8	7	6	5	4	3	2	1	0
OPCODE						D	W	MOD		REG			R/M		

图 5-11　8086 指令编码格式 2

第一字节中 6 位 OPCODE 可表示 64 个不同的操作。

D 位表示数据传送的方向:D=0,寄存器为源操作数;D=1,寄存器为目的操作数。

W 位表示操作数是字还是字节:W=1,为字操作;W=0,为字节操作。

第二字节中 3 位 REG 字段的编码如表 5-3 所示。

表 5-3　3 位 REG 字段的编码

REG	W=1(字操作)	W=0(字节操作)
000	AX	AL
001	CX	CL
010	DX	DL

(续)

REG	W=1（字操作）	W=0（字节操作）
011	BX	BL
100	SP	AH
101	BP	CH
110	SI	DH
111	DI	BH

两个操作数中有一个是寄存器，其编码如表 5-3 所示。另一个是寄存器或存储器，其指令代码由第二个字节中的 MOD 字段和 R/M 字段决定，如表 5-4 所示。

表 5-4　MOD 字段和 R/M 字段的编码

R/M \ MOD	00	01	10	11 W=0	11 W=1
000	[BX]+[SI]	[BX]+[SI]+D8	[BX]+[SI]+D16	AL	AX
001	[BX]+[DI]	[BX]+[DI]+D8	[BX]+[DI]+D16	CL	CX
010	[BP]+[SI]	[BP]+[SI]+D8	[BP]+[SI]+D16	DL	DX
011	[BP]+[DI]	[BP]+[DI]+D8	[BP]+[DI]+D16	BL	BX
100	[SI]	[SI]+D8	[SI]+D16	AH	SP
101	[DI]	[DI]+D8	[DI]+D16	CH	BP
110	D16 直接地址	[BP]+D8	[BP]+D16	DH	SI
111	[BX]	[BX]+D8	[BX]+D16	BH	DI

MOD=00、01 和 10 时，另一操作数为存储器操作数。

MOD=00　R/M=000～011：为不带位移量的基址变址寻址；
　　　　　R/M=100、101 和 111：为不带位移量的寄存器间接寻址；
　　　　　R/M=110：为直接寻址。

MOD=01　R/M=000～011：为带 8 位位移量的基址变址寻址；
　　　　　R/M=100～111：为带 8 位位移量的寄存器间接寻址。

MOD=10　R/M=000～011：为带 16 位位移量的基址变址寻址；
　　　　　R/M=100～111：为带 16 位位移量的寄存器间接寻址。

MOD=11 时，另一操作数为寄存器操作数：

8 位寄存器为 AL、BL、CL、DL、AH、BH、CH 和 DH；

16 位寄存器为 AX、BX、CX、DX、SP、BP、SI 和 DI。

例 5-1　查表写出指令"MOV [BX + 2340H]，AX"的机器指令。（给出 OPCODE 为 100010）

解：源操作数 AX 为寄存器，目的操作数[BX + 2340H]为存储器。

该指令为 16 位操作。

则机器指令共 4 字节，各字段的取值分别为：

第 1 字节中，OPCODE 为 100010，D=0，W=1；

第 2 字节中，MOD=10，REG=000，R/M=111。

该指令的机器码如下：

1	0	0	0	1	0	0	1	1	0	0	0	0	1	1	1
OPCODE						D	W	MOD		REG			R/M		
0	1	0	0	0	0	0	0	0	0	1	0	0	0	1	1
DISPL								DISPH							

例 5-2 查表写出指令"ADD [BX + 2340H], AX"的机器指令。(给出 OPCODE 为 000000)
解: 只需改变操作码即可,该指令的操作码为 000000,其余字段不变。
该指令的机器码如下:

0	0	0	0	0	0	0	1	1	0	0	0	0	1	1	1
OPCODE						D	W	MOD		REG			R/M		
0	1	0	0	0	0	0	0	0	0	1	0	0	0	1	1
DISPL								DISPH							

例 5-3 查表写出指令"AND [BX + 2340H], AX"的机器指令。(给出 OPCODE 为 001000)
解: 只需改变操作码即可,该指令的操作码为 001000,其余字段不变。
该指令的机器码如下:

0	0	1	0	0	0	0	1	1	0	0	0	0	1	1	1
OPCODE						D	W	MOD		REG			R/M		
0	1	0	0	0	0	0	0	0	0	1	0	0	0	1	1
DISPL								DISPH							

例 5-4 查表写出指令"SUB [BX + 2340H], AX"的机器指令。(给出 OPCODE 为 001010)
解: 只需改变操作码即可,该指令的操作码为 001010,其余字段不变。
该指令的机器码如下:

0	0	1	0	1	0	0	1	1	0	0	0	0	1	1	1
OPCODE						D	W	MOD		REG			R/M		
0	1	0	0	0	0	0	0	0	0	1	0	0	0	1	1
DISPL								DISPH							

例 5-5 查表写出指令"MOV [BX + 2340H], 1234H"的机器指令。(给出 OPCODE 为 1100011)
解: 该指令是将 16 位数送内存[BX + 2340H]。
源操作数为 16 位立即数 1234H,机器码增加了第 5 字节和第 6 字节——DATAH 和 DATAL,本例中为 1234H,指令的机器码依次为 34H,12H。由于源操作数为 16 位立即数,操作码为 7 位——1100011。
该指令的机器码如下:

1	1	0	0	0	1	1	1	1	0	0	0	0	1	1	1
OPCODE							W	MOD		REG			R/M		
0	1	0	0	0	0	0	0	0	0	1	0	0	0	1	1
DISPL								DISPH							
0	0	1	1	0	1	0	0	0	0	0	1	0	0	1	0
DATAL								DATAH							

从例 5-1~例 5-4 可见,对于同一组操作数的"加"、"减"、"与"及"传送"等操作的指令,其机器编码仅操作码字段不同。而例 5-5 是 8086 中最长的指令——6 字节长。

5.2.2 MIPS 处理器的指令系统

1. MIPS 处理器

MIPS 处理器是 MIPS 技术公司推出的一种 RISC 芯片,MIPS 技术公司是一家设计制造高性能、高档次及嵌入式 32 位和 64 位处理器的公司,在 RISC 处理器方面占有重要地位。1984 年,MIPS 计算机公司成立。1998 年,命名为 MIPS 技术公司。

MIPS 技术公司设计 RISC 处理器始于 20 世纪 80 年代初,1986 年推出 R2000 处理器,1988 年推出 R3000 处理器,1991 年推出第一款 64 位商用微处理器 R4000。之后又陆续推出 R8000、R10000 和 R12000 等型号的处理器。

MIPS 处理器的主要特征是:

1)指令系统简单。

2)采用流水技术,依靠优化编译器进行指令序列的重新安排,以防止流水线中出现的相互冲突。

3)使用较多寄存器,32 个通用寄存器、一对存储 64 位数据的寄存器 Hi 和 Lo 以及异常 PC 寄存器 epc。32 个通用寄存器分别表示为 \$0～\$31,其中 \$0 固定为 0。Hi、Lo 寄存器用于存放定点乘法的结果。

4)采用"比较与转移"指令,比较和转移这两个动作在一条指令内便可完成,如 beq \$1,\$2,1000。

5)没有状态寄存器。

2. MIPS 系列微处理器的指令系统

MIPS 处理器指令系统的主要特征是:指令系统简单。它采用等字长指令——32 位字长。指令格式有 3 种——寄存器型(R 型)、立即数型(I 型)和转移型(J 型),如图 5-12 所示。

1)R(register)类型的指令。该类型指令从寄存器堆(register heap)中读取两个源操作数,计算结果写回寄存器堆。

2)I(immediate)类型的指令。该类型指令使用一个 16 位的立即数作为一个源操作数。

3)J(jump)类型的指令。该类型指令使用一个 26 位的立即数作为跳转目标地址(target address)。

	6位 31 26	5位 25 21	5位 20 16	5位 15 11	5位 10 6	6位 5 0
寄存器型	op	rs	rt	rd	shamt	funct
立即数型	op	rs	rt	address/immediate			
转移型	op	target				

图 5-12 3 种类型的指令

从操作功能分,MIPS 的指令种类有:算术运算指令、逻辑运算指令、数据传送指令、条件转移指令、无条件跳转指令、特殊指令、异常指令和协处理器指令等。

表 5-5～表 5-9 分别为算术运算、逻辑运算、数据传送、条件转移和无条件转移指令的功能表。

表 5-5 MIPS 算术运算指令

指令举例	操作	说明
add \$1, \$2, \$3	\$1=\$2+\$3	寄存器加法
sub \$1, \$2, \$3	\$1=\$2-\$3	寄存器减法
addi \$1, \$2, 100	\$1=\$2+100	立即数加法
addu \$1, \$2, \$3	\$1=\$2+\$3	无符号数加法

(续)

指令举例	操 作	说 明
subu $1, $2, $3	$1 = $2 − $3	无符号数减法
addiu $1, $2, 100	$1 = $2 + 100	无符号立即数加法
mfco $1, $epc	$1 = $epc	读取异常 PC
mult $2, $3	Hi, Lo = $2 × $3	乘法
multu $2, $3	Hi, Lo = $2 × $3	无符号数乘法
div $2, $3	Lo = $2/$3, Hi = $2 mod $3	除法
divu $2, $3	Lo = $2/$3, Hi = $2 mod $3	无符号数除法
mfhi $1	$1 = Hi	从 Hi 中取数据
mflo $1	$1 = lo	从 lo 中取数据

表 5-6 MIPS 逻辑运算指令

指令举例	操 作	说 明
and $1, $2, $3	$1 = $2 & $3	与操作
or $1, $2, $3	$1 = $2 | $3	或操作
andi $1, $2, 100	$1 = $2 & 100	立即数与操作
ori $1, $2, 100	$1 = $2 | 100	立即数或操作
sll $1, $2, 10	$1 = $2 << 10	逻辑左移
srl $1, $2, 10	$1 = $2 >> 10	逻辑右移

表 5-7 MIPS 数据传递指令

指令举例	操 作	说 明
lw $1, 100($2)	$1 = M[$2+100]	装入字
sw $1, 100($2)	M[$2+100] = $1	存储字
lui $1, 100	$1 = 100 × 2^{16}	装入立即数到高位

表 5-8 条件转移指令

指令举例	操 作	说 明
beq $1, $2, 100	if($1 == $2) go to PC+4+100	相等时转移
bne $1, $2, 100	if($1! = $2) go to PC+4+100	不相等时转移
slt $1, $2, $3	if($2 < $3) $1=1; else $1=0	小于时置位
slti $1, $2, 100	if($2 < 100) $1=1; else $1=0	小于立即数时置位
sltu $1, $2, $3	if($2 < $3) $1=1; else $1=0	小于无符号数时置位
sltiu $1, $2, 100	if($2 < 100) $1=1; else $1=0	无符号数小于立即数时置位

助记符	转移条件	助记符	转移条件
bz	为 0 时转移	bnv	无溢出时转移
bnz	非 0 时转移	bgt	大于时转移
bc	进位时转移	bge	大于或等于时转移
bnc	无进位时转移	blt	小于时转移
bp	为正数时转移	ble	小于或等于时转移
bm	为负数时转移	beq	等于时转移
bv	溢出时转移	bne	不等于时转移

表 5-9 MIPS 无条件转移指令

指令举例	操 作	说 明
j 10000	go to 10000	转移到 10000
jr $31	go to $31	转移到 $31
jal 10000	$31 = PC+4; go to 10000	转移并链接

MIPS 指令中指令操作码定义如表 5-10 所示。

表 5-10　MIPS 指令操作码定义

$I_{31}\sim I_{29}$ \ $I_{28}\sim I_{26}$	000	001	010	011	100	101	110	111
000	R 格式	Bltz/gez	j	jal	beq	bne	blez	bgtz
001	addi	addiu	slti	sltiu	andi	ori	xori	lui
010	TLB 指令	浮点指令						
011								
100	lb	lh	lwl	lw	lbu	lhu	lwr	
101	sb	sh	swl	sw			swr	
110	lwc0	lwc1						
111	swc0	swc1						

MIPS 指令中 R 格式指令扩展码定义如表 5-11 所示。

表 5-11　MIPS R 格式指令扩展操作码定义

$I_5\sim I_3$ \ $I_2\sim I_0$	000	001	010	011	100	101	110	111
000	sll		srl	sra	sllv		srlv	srav
001	j$r	jalr			syscall	break		
010	mfhi	mthi	mflo	mtlo				
011	mult	multu	div	divu				
100	add	addu	sub	subu	and	or	xor	nor
101			slt	sltu				
110								
111								

5.3　指令流程

5.3.1　指令执行过程

计算机的所有工作都可归纳为执行程序，而组成计算机程序的指令序列存放在主存储器中。执行程序的过程就是按序从主存储器取出指令然后执行指令的过程。CPU 中的 PC 寄存器存放待取出的指令在主存中的地址。CPU 执行指令的过程如下：CPU 按 PC 中的地址从主存中取出指令，除遇到转移类指令外，程序中的指令是按顺序执行的。当取出一条指令后，PC 中内容更新为下一条指令的地址（实际过程是 CPU 每从主存中取出一个指令字节，PC 中的内容就自动加 1，若一条指令为 4 个字节，则取出该指令后，PC＋4，指向下一条指令地址），这是 CPU 能顺序执行程序的硬件支持（若取出的指令为转移类指令——转移指令、调用指令和返回指令，则执行该类指令时，将转移的目标地址送 PC，以使 CPU 能取出并执行目标地址的指令）。上述过程称为指令执行的**取指阶段**。取指后是分析指令，对指令进行译码，识别指令所需进行的操作，产生执行该指令所需的操作控制信号。完成指令所指定的操作。然后再从主存储器读取下一条指令，并分析和执行。如此重复循环，直至程序中的指令执行完。

产生操作控制信号的过程是：取指阶段从主存储器中取出的指令，经数据寄存器 DR，存入指令寄存器 IR，再送指令译码器 ID 译码、分析和识别，产生同该指令相对应的指令信号，经操作控制器(协同时序产生器),产生执行该指令所需要的满足一定时序关系的一组操作控制信号。

5.3.2 3种周期

在指令执行过程中,涉及3种周期(时间)概念。

1. 指令周期

指令周期(Instruction Cycle)是指从一条指令启动到下一条指令启动的间隔时间。亦即 CPU 执行一条指令所需要的全部时间,包括取指令、译码和执行指令所需的时间。指令周期的长短取决于指令的功能。不同指令的指令周期的长短不一样。例如一条访问内存的指令(访内指令)在执行过程中还要作一次访问内存的操作,显然该指令的指令周期会大于非访内指令。

2. 机器周期

一条指令的执行需要经过若干个操作阶段。**机器周期**(Machine Cycle)是指令执行中每一步操作所需的时间。指令周期可以用若干个机器周期来表示。一般用 CPU 完成一个运算操作所需时间作为机器周期的基本时间,代表大多数指令操作步骤的时间。通常以从主存中读取一个指令字的最短时间规定为机器周期。机器周期又称 **CPU 周期**。

3. 时钟周期

时钟周期(Clock Cycle)是 CPU 主频的周期(通常称为节拍脉冲或 T 周期),它是 CPU 处理操作的最基本单位。

3种周期的关系通常可表示为:

一个指令周期由若干个机器周期组成,机器周期的个数随指令不同而不同;

一个机器周期又包含若干个时钟周期。

这是对早期的 CPU 而言。近代的新型计算机的 CPU 采用了并行处理技术,使 CPU 的平均指令周期可以小于一个时钟周期。

5.3.3 两种典型的 CPU 结构类型

指令执行过程取决于 CPU 的类型和具体指令的类型。为说明指令执行过程,先介绍两种典型的 CPU 结构类型。

1. 单总线结构的 CPU

一种单总线结构的 CPU 结构示意图如图 5-13 所示。

图中 $R_0 \sim R_{n-1}$ 为 n 个通用寄存器 GR(General Register),是一种多累加器结构。$R_0 \sim R_{n-1}$ 中任一个都可作为源操作数和目的(结果)操作数。ALU 为算术逻辑部件,有两个输入端 A、B。A 由寄存器 Y 输入,B 直接来自内部总线,可由其他送入总线的寄存器提供。由此可见,送入 ALU 进行运算的两个操作数中必须有一个来自寄存器 Y。ALU 的输出送寄存器 Z,再通过内部总线 BUS 送目的寄存器(由指令指定)。状态寄存器 SR(Status Register)保存运算结果的有关标志位。MAR 为主存地址寄存器,存放被访问信息在主存中的地址。MDR 为主存数据寄存器,存放从主存取出的信息以及欲写入主存的信息。ABUS 和 DBUS 为 CPU 同主存之间的总线,即芯片总线(片总线)。从主存取出的指令代码经 MDR、IR 送指令译码器 ID 译码后送入操作控制器,操作控制器根据 ID 送来的指令信号和时序产生器输出的时序信号,产生指令执行时所需要的操作控制信号 $C_0 \sim C_{i-1}$。$C_0 \sim C_{i-1}$ 共 i 个操作控制信号，按指定时序送 CPU 和主存及 I/O 接口中的相关部件，以完成指定的数据处理任务。

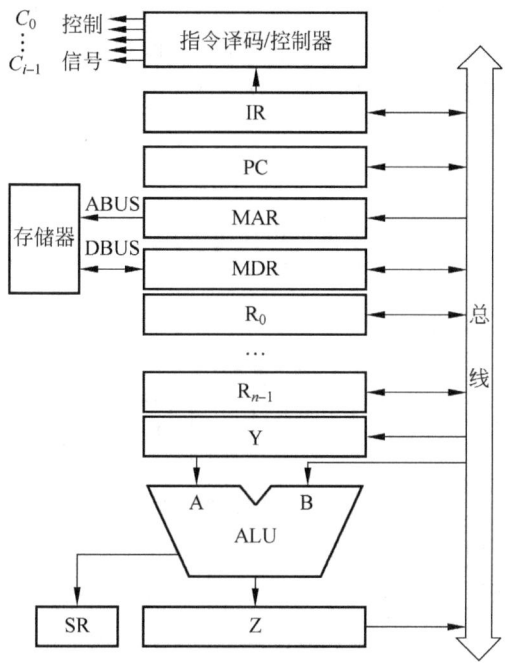

图 5-13　单总线结构 CPU

图 5-13 中的总线 BUS 是寄存器与寄存器、寄存器与 ALU 之间传送信息的公共通路，这一通路在 CPU 中称为**数据通路**，这是一种称为单总线的数据通路。在任一时刻总线上可以有多个部件同时接收数据，但只能有一个部件向同一条总线发送数据，否则会在总线上产生总线冲突，因此必须对连接到总线上的各部件（寄存器等）进行输出端控制。

CPU 中各部件信息的输入和输出都需要有相应的控制信号，因此图 5-13 中连接到总线上的各部件除输入输出的数据信号外，还有输入控制信号和输出控制信号。这些控制信号包括：

Rn_{out}：Rn 寄存器的输出控制，当 Rn_{out} 有效时，Rn 中的数据输出到总线（n=0，1，2，…）；
Rn_{in}：Rn 寄存器的输入控制，当 Rn_{in} 有效时，总线上的数据输入 Rn；
IR_{out}：IR 的输出控制，当 IR_{out} 有效时，IR 上数据输出到总线；
IR_{in}：IR 的输入控制，当 IR_{in} 有效时，总线上数据输入 IR；
PC_{out}：PC 的输出控制，当 PC_{out} 有效时，PC 上数据输出到总线；
PC_{in}：PC 的输入控制，当 PC_{in} 有效时，总线上数据输入 PC；
Y_{in}：Y 寄存器的输入控制，当 Y_{in} 有效时，总线上数据输入 Y；
PC+1：PC 寄存器更新控制，当 PC+1 有效时，PC 值增量；
MAR_{in}：MAR 输入控制，当 MAR_{in} 有效时，总线上地址信息送入 MAR；
MDR_{out}：MDR 输出控制，当 MDR_{out} 有效时，MDR 上数据输出到总线；
MDR_{in}：MDR 输入控制，当 MDR_{in} 有效时，总线上数据送入 MDR；
Z_{out}：Z 寄存器的输出控制，当 Z_{out} 有效时，Z 上数据输出到总线；
ADD：ALU 加法操作控制，ADD 有效时 ALU 对 A、B 两端输入数据进行加法运算；

Read：读主存信号，当 Read 有效时，CPU 读主存；
Write：写主存信号，当 Write 有效时，CPU 写主存。

这些控制信号都由操作控制器根据不同指令产生，即图 5-13 中的 $C_0 \sim C_{i-1}$，分别作用到 CPU、主存和 I/O 接口中的有关部件。在安排控制信号的时序时，要注意，连接到总线的所有部件的输出控制信号中，不能有两个同时为有效信号，因为挂在总线上所有部件中任何时刻只能有一个部件向总线输出数据。

2. 专用通路结构的 CPU

CPU 中数据通路建立的另一种方法是采用专用通路，图 5-14 是在 MIPS 机中采用的专用通路结构 CPU 的结构示意图。MIPS 机是一种 RISC 处理机。

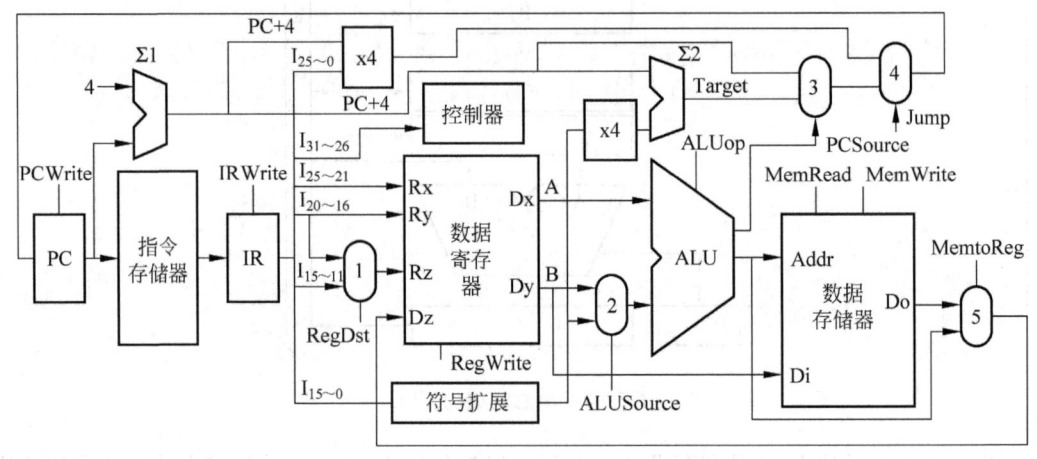

图 5-14 专用通路结构 CPU

在专用通路结构的 CPU 中，在寄存器之间、寄存器同 ALU 之间建立专用的数据传输通路。各专用通路的数据传输互不相关，控制较简单，各寄存器之间的数据传输可以并行进行。由于数据通路的数量很多，必须合理安排数据通路的连接结构。MIPS 机的指令是等字长指令，32 位字长。指令格式 3 种——寄存器型（R 型）、立即数型（I 型）和转移型（J 型），如图 5-15 所示。

31	26 25	21 20	16 15	11 10	6 5	0
op	rs	rt	rd	shamt	funct	
op	rs	rt	address/immediate			
op	target					

图 5-15 MIPS 的 3 种指令

图 5-15 中，op：操作码，指定指令基本功能；
　　　　　rs：源操作数 1 的寄存器编号；
　　　　　rt：源操作数 2 的寄存器编号；
　　　　　rd：目的操作数的寄存器编号；
　　　　　shamt：移位次数（移位指令）；
　　　　　funct：功能码，操作码的扩展，指定操作类型；

immediate：立即数；

target：目标地址。

指令存储器中存放 CPU 欲执行的程序，数据存储器中存放程序执行中所需的数据。D_i 为数据输入端口，D_o 为数据输出端口，Addr 为地址输入端口。数据寄存器是一个寄存器组（或称寄存器堆）的通用寄存器，是一个高速存储部件，其中某个寄存器的内容可以通过相应的寄存器号进行访问。该寄存器组是一个具有多个地址端口和多个数据端口的高速存储器件，在 MIPS 机中有 3 个寄存器端口，其中两个是读数据端口，一个是写数据端口（这里的"读"是指数据从寄存器输出，"写"是指数据写入寄存器）。Rx 端和 Ry 端为读数据端的寄存器号端口，Rz 端为写数据端的寄存器号端口。Dx 端和 Dy 端是数据读出端口，Dz 端是数据写入端口。读数据端口是将相应的寄存器号所指定的寄存器中存放的内容输出，写数据端口是把数据输入相应的寄存器号所指定的寄存器中。读/写操作是在读/写控制信号的控制下进行的，由控制器发出，被读/写的寄存器接收。

以 R 型指令为例：$I_{31} \sim I_{26}$ 为指令的操作码 OP（操作码）字段送控制器译码分析，$I_{25} \sim I_{21}$ 为 rs（源操作数 1 的寄存器号）送 Rx 端口，$I_{20} \sim I_{16}$ 为 rt（源操作数 2 的寄存器号）送 Ry 端口，$I_{15} \sim I_{11}$ 为 rd（目的操作数的寄存器号）送 Rz（经选择器 1 后）；数据寄存器中取出 rs 和 rd（即 Rx，Ry 端口内容）找到对应的两个寄存器，取出其中数据从 Dx、Dy 端口输出到 ALU 的两个输入端，运算后由 ALU 输出，经选择器 5 后送数据寄存器的 Dz 端。

以 I 型指令为例：同样 $I_{31} \sim I_{26}$ 为指令的 op 字段，rs+address 为内存地址。rs 送 Rx 从 Dx 输出 rs 对应寄存器中的内容，$I_{15} \sim I_0$ 为 address（内存地址位移量），经"符号扩展"部件扩展为 32 位值，通过选择器 2 送 ALU，同 rs 对应的寄存器内容相加后得内存地址，送数据存储器地址端口 Addr，找到对应内存单元内容，从数据输出口 D_o 输出到数据寄存器的 Dz，Dz 的地址由指令的 $I_{20} \sim I_{16}$ 即 rt 字段经选择器 1 输入到 Rz。

ALU 是一个多功能的运算部件，可完成多种运算（算术运算和逻辑运算）。ALU 由若干个控制信号控制运算操作的类型，它有两个 32 位的数据输入端，一个 32 位的数据输出端，输入端与数据寄存器连接。

两个加法器 Σ1 和 Σ2，Σ1 用于 PC+4 操作，以产生下一条指令地址，Σ2 用于产生相对转移时的目标地址，即 (PC+4)+地址位移量×4（即左移 2 位），因为是字地址末两位为 0。

5 个选择器用来选择参加运算的操作数。

图中各部件的操作由相应的控制信号控制，这些控制信号是：

ALUop：ALU 的运算操作控制，控制 ALU 操作类型。

ALUsource：ALU 运算数据选择，控制选择器源数据：①数据寄存器的 Dy；②经符号扩展后的 $I_{15} \sim I_0$（寄存器间接寻址中的位移量）。

MEMread：数据存储器读控制信号，MEMread 有效，Do 输出。

MEMwrite：数据存储器写控制信号，MEMwrite 有效，Di 输入。

REGwrite：数据寄存器写控制信号，REGwrite 有效，Dz 输入。

MEM to reg：写数据选择控制信号，MEM to reg 有效，数据从 Do→Dz。

PCwrite：PC 写控制信号，PC 值写入控制。

PCsource：PC 输入选择控制信号，PCsource 作用于选择器 3，用来控制 PC 输入的数据——下条指令的地址源。

REGdst：数据寄存器写入信号 Rz（Dz 地址值）的选择信号，用来选择 $I_{15} \sim I_{11}$ 与 $I_{20} \sim I_{16}$。

IRwrite：指令寄存器 IR 写控制信号。

JUMP：转移选择控制信号，控制选择器 4 的输入源。

5.3.4 指令流程举例 1——单总线结构 CPU

本节所介绍的指令流程都是基于图 5-13 所示的单总线结构 CPU。

1. 运算指令的执行过程

ADD R3, R1, R2; R1+ R2→R3

1) 送指令地址。指令地址在 PC 寄存器中，首先把 PC 值送存储地址寄存器 MAR，并从此地址读内存数据。

PC→MAR   读存储器(read)

2) 计算下一条指令的地址。

下一条指令地址 = 当前 PC 值 + 当前指令字节数

若取单字节指令(下面的指令都是单字节指令)，则

PC+ 1→PC

3) 读入指令。读出内存储器中指令代码，通过 DBUS 送 CPU 进行译码以决定该指令的操作。

DBUS→MDR→IR

4) 源操作数寄存器 R1 送 ALU 的输入寄存器 Y。

R1→Y   通过单总线

5) 源操作数寄存器 R2 送 ALU 的输入，同 Y 相加输出到 ALU 寄存器 Z。

R2+ Y→Z

6) 结果送指定寄存器 R3。

Z→R3

若有一个源操作数是内存操作数，则在第④步中还需进行一次访存——读内存操作；同样，若运算结果要求存放在某一内存单元，则在第⑥步也需有一次访存——写内存操作。

2. 访问存储器指令的执行过程

(1) 读存储器指令

LOAD R1, mem; (mem)→R1, mem 为内存地址值，以 mem 为地址的内存单元中的数据送寄存器 R1。

1) 取指令。

PC→MAR   读存储器(read)
PC+ 1→PC

2) 指令译码。

DBUS→MDR→IR   译码

3) 计算地址，读内存。

IR(地址段)→MAR 读存储器(read)，IR(地址段)为 IR 中地址部分。
DBUS→MDR

4) 写回，存结果。

MDR→R1

(2) 写存储器指令

STORE R1,mem；R1→(mem)，R1 内容存入以 mem 为地址的内存单元。

1) 取指令。

PC→MAR　读存储器(read)
PC+1→PC

2) 指令译码。

DBUS→MDR→IR　译码

3) 计算地址，写内存。

IR(地址段)→MAR
R1→MDR　写存储器(write)

在写存储器时，CPU 通过 IR(地址段)→MAR 提供内存地址，通过 R1→MDR 提供写入的数据。

3. 控制指令的执行过程

BR　offs　；offs 为相对转移地址。

PC+offs→PC

1) 取指令。

PC→MAR　读存储器(read)，PC+1→PC

2) 指令译码。

DBUS→MDR→IR　译码

3) 计算地址。

PC→Y, Y+IR(地址段 offs)→Z

4) 转移。

Z→PC

上述各指令执行时所需的控制信号如表 5-12 所示。

表 5-12　4 种指令执行时的操作、时钟周期和操作信号

指令	分类	操作	时钟周期	控制信号
ADD R3, R1, R2	取指	PC→MAR, PC+1, read	T1	PC_{out}, MAR_{in}, PC+1, read
		MDR→IR	T2	MDR_{out}, IR_{in}
	执行	R1→Y	T3	$R1_{out}$, Y_{in}
		R2+Y→Z	T4	$R2_{out}$, Z_{in}, A_{dd}
		Z→R3	T5	Z_{out}, $R3_{in}$

(续)

指令	分类	操作	时钟周期	控制信号
LOAD R1, mem	取指	PC→MAR, PC+1, read	T1	PC_{out}, MAR_{in}, PC+1, read
		MDR→IR	T2	MDR_{out}, IR_{in}
	执行	IR→MAR, read	T3	IR_{out}, MAR_{in}, read
		MDR→R1	T4	MDR_{out}, $R1_{in}$
STORE R1, mem	取指	PC→MAR, PC+1, read	T1	PC_{out}, MAR_{in}, PC+1, read
		MDR→IR	T2	MDR_{out}, IR_{in}
	执行	IR→MAR	T3	IR_{out}, MAR_{in}
		R1→MDR, write	T4	$R1_{out}$, MDR_{in}, write
BR offs	取指	PC→MAR, PC+1, read	T1	PC_{out}, MAR_{in}, PC+1, read
		MDR→IR	T2	MDR_{out}, IR_{in}
	执行	PC→Y	T3	PC_{out}, Y_{in}
		IR+Y→Z	T4	IR_{out}, Add, Z_{in}
		Z→PC	T5	Z_{out}, PC_{in}

5.3.5 指令流程举例 2——专用通路结构 CPU

本小节以 MIPS 机器为例介绍专用通路 CPU 的指令执行过程。

1. 运算指令

```
add $3,$1,$2;    $3=$1+$2
```

$1,$2,$3 为 3 个通用寄存器。

1) 送指令地址。

PC 内容作为地址访问内存，首先把 PC 内容送指令寄存器 IR，PC+n→PC，n 为该指令的字节数，对 MIPS 机而言 $n=4$。则

$$\begin{cases} IR = Memory[PC] \\ PC = PC + 4 \end{cases}$$

Memory[PC]把内存看作数组，PC 为数组的下标。

这里的存储器是具有 Cache 的内存系统，若 Cache 被命中，取指令可在一个时钟周期内完成。

2) 指令译码，读取操作数。

对指令寄存器 IR 中的操作码 OP(IR[31：26])进行译码，识别指令的操作类型是 add(加法)，再根据 IR 中的地址码从相应的寄存器中读取操作数，由数据寄存器的两个输出端 A 和 B 输出到 ALU。

$$\begin{cases} A = R[IR[25：21]] \\ B = R[IR[20：16]] \end{cases}$$

IR[25：21]表示 IR 寄存器的第 25~21 位构成的字段值，该值作为通用寄存器号。R[n]，表示第 n 个通用寄存器的内容。

3) 执行。

控制器向算术逻辑单元 ALU 发送操作指令，由指令操作码决定运算操作为加法操作。ALU 进行加法操作，结果由 ALU 输出端输出。

```
ALU_output = A+B
```

4) 写回。

将运算结果写回到结果寄存器、累加器或存储器中,由指令中的 $I_{15} \sim I_{11}$ 指定结果寄存器 rd 写回操作表示为:

```
R[IR[15:11]] = ALU_output
```

在本例中 2)、3)、4)的操作每个操作都只需 1 个时钟周期 T_{CLK},因为是寄存器的读和写,以及简单的加法操作。如果是对内存的读和写,或者复杂的运算,往往需要多个时钟周期 T_{CLK}。

2. 访问存储器指令

(1) 读存储器指令

```
lw $1, offs($2);    $1 = M[$2+offs]
```

以 $2+offs 为地址的内存内容送 $1 寄存器。

1) 取指令。

PC 内容作为地址访问指令存储器,[PC]→IR,PC 内容加上指令字节数→PC。

本指令的指令操作为:

$$\begin{cases} IR = Memory[PC] \\ PC = PC+4 \end{cases}$$

2) 指令译码。

对指令中操作码 OP(IR[31:26])进行译码,识别指令操作类型为读内存,内存地址为寄存器间接寻址 offs($2)需要根据 rs(即 $2)同 address(即 offs)给出,两者由 ALU 运算(加操作)得内存地址。

rs 即 R[IR[25:21]]从数据寄存器 A 端(Dx)读出。

```
A = R[IR[25:21]]
```

3) 地址计算。

根据内存数据的寻址方式计算数据地址,内存数据的地址为指令中给出的地址寄存器 rs 的内容与指令中给出的偏移量 offs 之和,由 ALU 实现相加运算,计算结果从 ALU 输出端输出。注意,指令中给出的 16 位偏移量必须经符号扩展部件作符号扩展为 32 位带符号数。

```
ALU_output = A + Sign_extend(IR[15:0])
```

4) 访存(读)。

将计算所得到的地址送存储器,从数据存储器指定的地址单元中读取数据。存储器表示为一个数组 Memory_data 是操作结束后出现在存储器数据端口 Do 的信息内容。

```
Memory_data = Memory[ALU_output]
```

Memory[ALU_output]为以 ALU_output 为地址的内存单元内容。

5) 写回。

将读取的数据写入结果寄存器,或累加器中,本指令中的寄存器号在指令的[20:16]字段。

```
R[IR[20:16]] = Memory_data
```

(2) 写存储器指令

```
SW $1, offs($2); M[$2+offs]=$1
```

将寄存器 $1 的内容送存以 $2+offs 为地址的内存单元。

1) 取指令。

```
IR = Memory[PC]
PC = PC + 4
```

2) 指令译码。

对指令寄存器 IR 中的操作码进行译码，识别指令操作类型，由操作码可见有两个操作数，一个是 IR[25:21] 决定的 rs，rs 与 IR[15:0]（即 offs）相加构成目的操作数；另一个是 IR[20:16] 决定的 rt，rt 为源寄存器操作数的寄存器号。

```
A = R[IR[25:21]]
B = R[IR[20:16]]
```

A 为数据寄存器 Dx 端输出数据，作为内存基址寻址的基址值将送 ALU 与偏移量相加；B 为数据寄存器 Dy 端输出数据，是送往数据存储器的寄存器操作源操作数。

3) 地址计算。

$$ALU_{output} = A + Sign\_extend[IR[15:0]]$$

4) 写入内存。

```
Memory[ALU_output] = B
```

3. 控制指令

以条件转移指令为例。

```
Beq $1, $2, offs; if($1==$2)
goto PC+4+offs
```

即 $1 与 $2 相等时跳转。

1) 取指令。

```
IR = Memory[PC]
PC = PC+ 4
```

2) 译码，取操作数。

```
A = R[IR[25:21]]
B = R[IR[20:16]]
Target = PC + (Sign_extend(IR[15:0])) <<2
```

式中 <<2 表示左移 2 位。

3) 执行、转移。

```
if (A==B), PC = Target
```

IR[15:0] 为指令中的转移目标地址字段 offs。

IR[15:0] 与取指令后的 PC 值相加形成目标指令地址，设指令为相对转移地址，offs 为相对地址。如果为绝对转移指令 jal 10000。

其功能是：

$$\begin{cases} \$31 = PC+4 \\ goto\ 10000 \end{cases}$$

将取指令后的 PC 值送 31 (31 号寄存器)，然后转向 10000，即 PC=10000。
$31=PC+4$，即保存返回地址以便返回断点。

习题 5

5.1 查表写出指令 "MOV [BP+1234H]，AX" 的机器指令。(操作码同例 5-1)
5.2 查表写出指令 "ADD [BP+1234H]，AX" 的机器指令。(操作码同例 5-2)
5.3 查表写出指令 "AND [BP+1234H]，AX" 的机器指令。(操作码同例 5-3)
5.4 查表写出指令 "SUB [BP+1234H]，AX" 的机器指令。(操作码同例 5-4)
5.5 某计算机的数据通路如习图 5-1 所示。其中，M 为主存，MBR 为主存数据寄存器，MAR 为主存地址寄存器，$R_0 \sim R_3$ 为通用寄存器，IR 为指令寄存器，PC 为程序计数器(具有自增能力)，C、D 为暂存器，ALU 为算术逻辑单元(此处做加法器看待)，移位器为左移、右移、直通传送。所有双向箭头表示信息可以双向传送。

请按数据通路图画出 "ADD(R1)，(R2)+" 指令的指令周期流程图。该指令的含义是两个数进行求和操作。其中源操作数地址在寄存器 R_1 中，目的操作数寻址方式为自增型寄存器间接寻址(先取地址后加 1)。

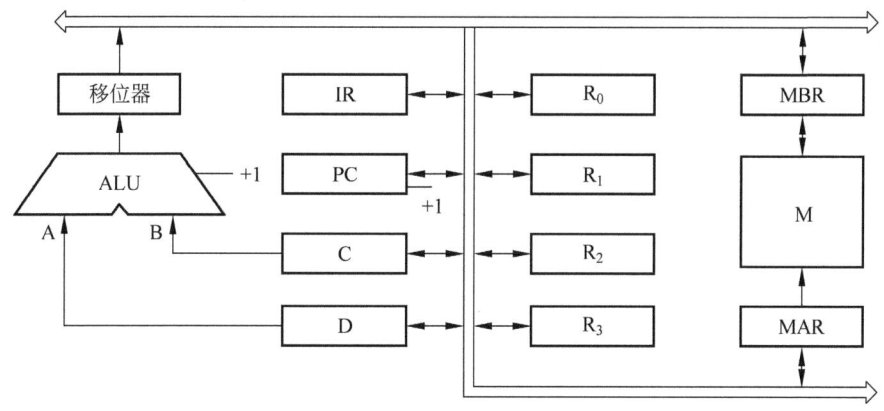

习图 5-1

5.6 举例说明计算机中常用的两种寻址方式(寄存器寻址、变址寻址)。
5.7 简述一条算术逻辑运算指令的执行过程(包括取指令)。
5.8 画出形成标志寄存器中判零位 ZF、符号位 SF、进位位 CF 和溢出位 OF 的形成电路。
5.9 在单总线结构的 CPU 中，写出下列指令的执行过程，画出执行指令的指令流程图。
    (1) ADD R0，R1   ;   R0←R0+R1
    (2) ADD R0，(R1)   ;   R0←(R1)+R0
    (3) ADD R0，R1，R2   ;   R2←R0+R1
    (4) ADD (R0)，R1   ;   (R0)←(R0)+R1

(5) ADD (R0), (R1)   ;   (R0)←(R0)+(R1)

5.10 有一单总线结构的 CPU，可实现下列指令操作。
(1) ADD R2, R1, R0 ;   R2←R1+R0
(2) LOAD mem, R1   ;   R1←(mem)
(3) STORE mem, R1   ;   (mem)←R1
(4) JMP offs   ;   PC←PC+offs
写出实现上述指令的指令流程。

5.11 写出 MIPS 计算机中执行无条件转移指令 j 10000 的操作步骤，该指令的功能为 go to 10000。

5.12 简述一条指令应包含的信息以及这些信息的作用。

第 6 章

中央处理器

中央处理器(CPU)是电子数字计算机的心脏,是由运算器和控制器组成的处理部件。本章主要讲述中央处理器的功能与组成、硬连线控制器、微程序控制器、中断与异常处理以及中央处理器中的流水线技术,重点掌握控制器用于产生 CPU 正确执行各条指令时所需要的各种控制信号。

6.1 中央处理器的功能与组成

6.1.1 中央处理器的组成

中央处理器 CPU(Central Processing Unit)原始含义是由运算器和控制器组成的处理部件。随着计算机应用领域的扩大,超大规模集成电路(VLSI)的发展,CPU 内集成了越来越多的功能部件,如**存储管理部件** MMU(Memory Management Unit)、**浮点处理器** FPU(Floating Processing Unit)、**高速缓冲存储器** Cache、**多媒体扩展部件** MMX 等,使 CPU 的组成越来越复杂,功能越来越强大。现代计算机的 CPU 已不再是原始意义上的 CPU 了,但从原理上分析它的最基本部分还是运算器和控制器。

从原始含义出发的 CPU 简单框架如图 6-1 所示。

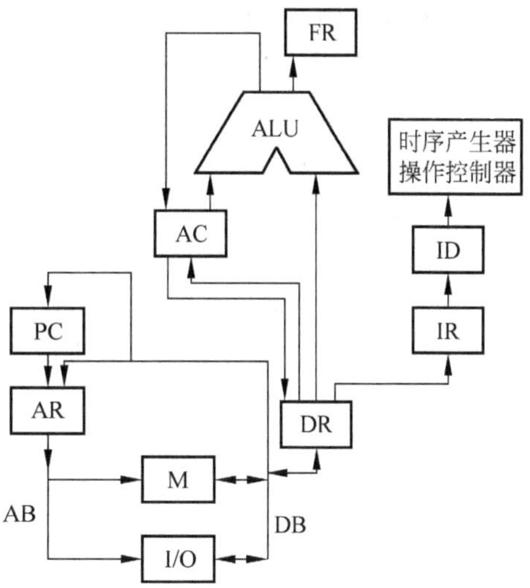

(1) **算术逻辑部件** ALU(Arithmetic Logic Unit)

ALU 是运算器的重要部件,用来执行各种数据运算操作,包括算术操作(加减乘除四则运算和数据格式转换)、逻辑操作(对数据进行按位的与、或、非以及移位等运算)。ALU 是一个组合逻辑电路,一般有两个输入端,可同时输入两个参加运算的操作数。

(2) **累加器** AC(Accumulator)

图 6-1 CPU 结构简图

AC 是一个通用寄存器,为 ALU 在执行算术或逻辑操作时,提供一个工作区,通常在执行加法操作例如 A+B 时,可以把 A 暂存于 AC,B 与 AC 送 ALU 进行加法操作,而结果 A+B 送回 AC。可见累加器 AC 是暂时存放 ALU 运算结果信息的寄存器。

当 CPU 中采用多个累加器时,就变成通用寄存器组的结构,需要在指令格式中对寄存器号加以编址,例如通用寄存器 $R_0 \sim R_{n-1}$ 共 n 个,设 $n=32$,则可用 5 位二进制代码 00000~11111 分别代表 $R_0 \sim R_{31}$。通用寄存器中任一个都可存放源操作数,也可存放结果操作数。

(3) **标志寄存器** FR(Flag Register)

存放由算术操作和逻辑操作以及测试操作的结果所形成的各种条件码信息,包括进位标志(C)、溢出标志(V 或 O)、零标志(Z)、负标志或符号标志(N 或 S)以及奇偶校验标志(P)等。此外 FR 还保存中断及系统工作状态的信息。FR 是一个由各种状态条件标志组合而成的寄存器。FR 又称为程序状态字 PSW(Program Status Word)或状态寄存器 SR(Status Register)。

(4) **数据寄存器** DR(Data Register)

DR 用来存放从主存读出的一条指令或从/向主存或外设接口读/写的一个数据字。作为 CPU 同主存或外设接口之间信息的缓冲器,以弥补 CPU 同主存或外设接口之间操作速度的差异,DR 又称数据缓冲寄存器。

(5) **地址寄存器** AR(Address Register)

AR 用来存放 CPU 正要访问的主存单元地址,直至读/写操作完成。在对外设进行读写时,AR 同样存放外设的地址信息。

上述 5 个部件构成运算器,而程序计数器 PC、指令寄存器 IR、指令译码器 ID、时序产生器和操作控制器构成控制器。

6.1.2 中央处理器的功能

中央处理器 CPU 的基本功能为:

1) **指令控制**——控制程序的运行。计算机的所有工作都可归纳为程序的运行,程序是指令的有序集合,这些指令在逻辑上的关系是固定的,CPU 必须对指令的执行进行控制,以保证指令序列的正确执行。

2) **操作控制**——控制指令的操作步骤。组成程序的各条指令的执行,分别需要几个操作步骤来完成,CPU 必须控制这些操作步骤的实施,即产生完成这些操作步骤所需要的操作控制信号。

3) **时间控制**——对操作控制信号的定时。完成一条指令运行的各种操作控制信号在时间上有严格的定时关系,这一定时关系也是由 CPU 产生的,使一条指令在执行过程中受到严格的定时,以保证指令的正确执行。

4) **数据处理**——对数据进行算术运算和逻辑运算。

5) **中断处理和异常处理**——中断处理是指 CPU 具有处理外部设备等中断源的服务请求的能力。异常处理是指 CPU 具有处理指令执行过程产生非正常情况(如运算溢出)的能力。这一功能也是计算机能正常工作所必需的。

除上述基本功能外,现代 CPU 由于集成了更多的功能部件,还具有存储管理、总线管理和电源管理等扩展功能。

- **存储管理**——对主存和 Cache 的管理、虚拟存储器的管理和存储器的保护等;
- **总线管理**——对同 CPU 所连接的系统总线中各设备的总线仲裁和总线同步;
- **电源管理**——减少 CPU 芯片的发热和电能消耗。

6.1.3 控制器的组成

CPU(中央处理部件)的核心是运行指令的电路,由运算器和控制器组成。运算器完成对数据的运算处理功能,是指令的执行部件。运算器必须在控制器的控制下,完成指令所指定的运算处理功能。控制器的功能是向计算机的各部件提供指令执行时(计算机运行时)所需要的控制信号。具体地说,控制器的功能是从内存中取出指令,计算下一条指令在内存中的地址,然后对指令进行译码、分析,产生相应的操作控制信号,以控制指令执行的步骤和数据流动的方向,使指令按规定的执行步骤运行。控制器要实现上述功能,必须具有一些不同处理功能的逻辑部件组成。这些部件主要是:

(1) **程序计数器** PC(Program Counter)

计算机的运行就是执行程序的过程,程序是指令的有序集合,执行程序就是按序执行一条条指令的过程。而程序存放在主存储器中,执行指令首先必须从主存储器中取出指令。也就是从主存中读指令。而指令在主存中存放的地址由一个专用寄存器 PC——程序计数器提供。程序计数器 PC 存放下一条要取出的指令在主存中的地址,控制器每从主存中取出一个指令字节,PC 会自动加 1。若一条指令有 4 个字节长,则取出该指令后 PC+4→PC,指向下一条指令的第一字节,以保证程序的顺序执行。若遇到程序转移指令,则在执行该指令时,会把转移的目标地址送往程序计数器 PC,以使程序计数器 PC 指向下一条要执行的指令地址。

程序计数器 PC 在 80X86 系列机中称为**指令指针** IP(Instruction Pointer)。

(2) **指令寄存器** IR(Instruction Rigister)

从主存中取出的指令,由操作码字段和操作数(地址码)字段组成,这是由二进制数码组成的机器码,这一待执行的指令存放在数据缓冲寄存器 DR(Data Register)中,然后传送到一个存放指令代码的专用寄存器——指令寄存器 IR 中。

(3) **指令译码器** ID(Instruction Decoder)

指令寄存器 IR 中的操作码字段输出到指令译码器 ID,经指令译码器译码、分析,向操作控制器发出实现该指令的特定信号,操作控制器据此产生该指令执行时所需要的各种操作控制信号。

(4) **时序产生器**

CPU 执行一条指令,要分不同的操作步骤。在不同的操作步骤中,需要操作控制器提供不同的操作控制信号。因此需要有一个协调 CPU 动作的时间标志——时序信号,时序信号用来标记每条指令的各个操作步骤的相对次序关系。时序产生器就是产生时序信号的逻辑部件。

(5) **操作控制器**

操作控制器是控制器的重要组成部件,要根据指令译码器和时序产生器送来的有关信息——指令信息和时序信息,按序产生执行该指令所需要的全部操作控制信号,以保证该指令能有序且正确的执行。

6.2 硬连线控制器

6.2.1 硬连线控制器概述

1. 控制信号的作用

在 5.3.4 节中对 4 条基本指令(ADD、LOAD、STORE 和 BR)的执行过程作了较详细的分析。表 5-12 又列出了这 4 条基本指令的执行过程,数据在相关部件中的传送操作以及为这些操作所要求的操作控制信号。从上述分析及列表中可见:

1)一条指令的执行过程分为若干个不同的操作步骤,在每一个操作步骤中,完成指令所规定的数据的传送或运算。

2)在数据的传送和运算过程中,必须要有相应的操作控制信号作用于相应的部件,对数据传送操作,输出数据的部件必须有输出控制信号的作用,输入数据的部件有时也必须有输入控制信号的作用,对数据运算操作必须有决定相关运算的操作控制信号。

3) 一个操作过程中所需要的一组操作控制信号的作用必须严格按照一定的时序关系,即哪个控制信号先作用,哪个控制信号后作用有严格的要求。

2. 两种控制器

指令执行过程中所需要的操作控制信号是 CPU 中的控制器根据不同指令的要求而产生的,控制器的主要功能是向计算机的各部件提供指令运行时所需要的操作控制信号,以控制指令的执行步骤和数据流动的方向,使指令按规定的执行步骤运行。

控制器生成操作控制信号的方法有两种,一是**硬连线逻辑方式**,二是**微程序方式**。硬连线逻辑方式采用一个时序电路产生时间控制信号,采用组合逻辑电路实现各种控制功能,又称为**组合逻辑型控制器**。随着大规模集成电路的发展及应用,又出现**阵列逻辑方式**的控制器,这是一种大规模集成化的组合逻辑型控制器。微程序控制方式系用一个 ROM 作为控制信号产生的载体,ROM 中存储着一系列的微程序,组成微程序的微指令代码产生相应的操作控制信号,这是一种存储逻辑型的控制器。

6.2.2 硬连线控制器的结构

CPU 在完成一条机器指令的执行过程中要依次完成一系列的操作步骤——微操作,控制器要发出相应的一系列的微操作命令——操作控制信号,以完成上述微操作。这些操作控制命令必须是按序产生的,具有定时的特点。硬连线控制器的结构框图如图 6-2 所示。

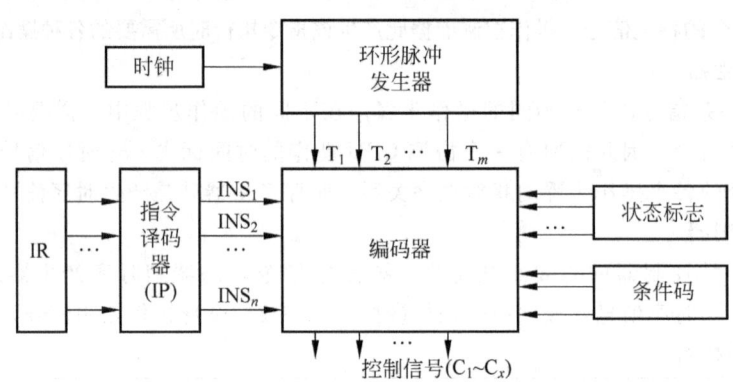

图 6-2 硬连线控制器结构框图

由图 6-2 可见,控制器由如下几部分组成:

1) **指令寄存器** IR:将其中存放的指令操作码送指令译码器译码。

2) **指令译码器** ID:对指令寄存器 IR 送入的指令操作码进行译码产生指令信号 $INS_1 \sim INS_n$(设指令操作码为 i 位,则 $n=2^i$)。

3) **时钟源** CLK:由石英振荡器组成产生机器主频,送节拍脉冲发生器。

4) **节拍脉冲发生器**:又称**环形脉冲发生器**,接收来自时钟源 CLK 的时钟信号,循环产生一组节拍信号序列 $T_1, T_2, \cdots, T_m$。节拍脉冲宽度等于时钟源 CLK 的周期(T_{CLK}),即时钟周期,节拍脉冲 T 的重复周期即机器周期,正如图 6-3 所示。

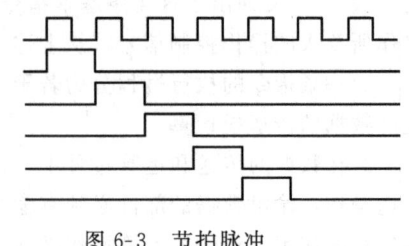

图 6-3 节拍脉冲

5) **控制信号编码逻辑**：这是一个由编码器电路构成的操作信号发生器，接收来自指令译码器、状态寄存器和条件码等输入，产生输出控制信号。在编码时，根据节拍脉冲发生器的定时信号和操作信号生成定时的操作控制信号 $C_1 \sim C_x$。

操作控制信号的一般逻辑表达式为：

$$C = T_1 \cdot (INS_1 + INS_2 + \cdots + INS_n) + T_2 \cdot (INS_1 + INS_2 + \cdots + INS_n) + \cdots + T_m \cdot (INS_1 + INS_2 + \cdots + INS_n)$$

上述逻辑表达式中，C 为操作控制信号，是控制器最终输出的控制信号，用于在执行某一指令时对各部件的控制；$T_1, T_2, \cdots, T_m$ 为节拍脉冲电路给出的定时信号，表示控制信号出现的时间特征；$INS_1, INS_2, \cdots, INS_n$ 为指令译码器输出信号，表示指令操作码所对应的指令信号。上述各定时信号 T 与指令信号 INS 是否存在于控制信号 C 的逻辑表达式中，取决于具体控制信号 C 的定时要求及其与各指令的关系。

按图 5-13 单总线结构 CPU 结合表 5-12 中 4 条指令（ADD R3, R1, R2、LOAD R1, mem、STORE R1, mem 和 BR offs）流程和控制信号的定义，可写出有关控制信号的逻辑表达式如下：

$$PC_{out} = T_1 + BR \cdot T_3 \qquad ①$$
$$PC + 1 = T_1 \qquad ②$$
$$PC_{in} = BR \cdot T_5 \qquad ③$$
$$MAR_{in} = T_1 + STORE \cdot T_3 + LOAD \cdot T_3 \qquad ④$$
$$MDR_{in} = STORE \cdot T_4 \qquad ⑤$$
$$MDR_{out} = T_2 + LOAD \cdot T_4 \qquad ⑥$$
$$Read = T_1 + LOAD \cdot T_3 \qquad ⑦$$
$$Write = STORE \cdot T_4 \qquad ⑧$$
$$IR_{in} = T_2 \qquad ⑨$$
$$IR_{out} = LOAD \cdot T_3 + STORE \cdot T_3 + BR \cdot T_4 \qquad ⑩$$
$$R1_{in} = LOAD \cdot T_4 \qquad ⑪$$
$$R1_{out} = ADD \cdot T_3 + STORE \cdot T_4 \qquad ⑫$$
$$R2_{out} = ADD \cdot T_4 \qquad ⑬$$
$$R3_{in} = ADD \cdot T_5 \qquad ⑭$$
$$Y_{in} = ADD \cdot T_3 + BR \cdot T_3 \qquad ⑮$$
$$Add = ADD \cdot T_4 + BR \cdot T_4 \qquad ⑯$$
$$Z_{in} = ADD \cdot T_4 + BR \cdot T_4 \qquad ⑰$$
$$Z_{out} = ADD \cdot T_5 + BR \cdot T_5 \qquad ⑱$$
$$END = (LOAD + STORE) \cdot T_4 + (ADD + BR) \cdot T_5 \qquad ⑲$$

对上述控制信号的逻辑表达式，选择其有代表性的几个进行说明。

1) 取指令周期是所有指令公有的周期，共有 4 个微操作：

```
PC→MAR    需要 PC_out, MAR_in
PC+1      需要 PC+1
read      需要 Read
```

这 3 个微操作在 T_1 节拍进行。

MDR→IR   需要 MDR_{out}，IR_{in}

这一微操作在 T_2 节拍进行。

因此，在控制信号表达式①②④⑦中有 T_1 项，表示在 T_1 状态任何指令都必须有该控制信号。同样，在控制信号表达式⑥⑨中有 T_2 项，表示在 T_2 状态任何指令都必须有该控制信号。

2）$PC+1=T_1$ 表示任何指令在 T_1 状态必须有 $PC+1$ 信号。

3）$MAR_{in}=T_1+STORE \cdot T_3+LOAD \cdot T_3$ 表示控制信号 MAR_{in} 出现在任何指令的 T_1 状态，STORE 和 LOAD 指令的 T_3 状态。

4）$END=(LOAD+STORE) \cdot T_4+(ADD+BR) \cdot T_5$。

END 控制信号用来终止当前的时钟序列，进入下一条指令的循环周期。用于可变长机器周期数的情况。上式表示"LOAD，STORE"指令需 4 个 T，"ADD，BR"指令需 5 个 T。

6.2.3 硬连线控制器的设计步骤

硬连线控制器的设计一般按如下步骤进行：

1）设计指令操作码，确定指令是固定长指令还是可变长指令。

2）确定机器周期、主频和节拍脉冲，确定机器周期是固定长还是可变长。

3）按指令功能，确定每条指令所需的机器周期数，以及在每个机器周期中所完成的微操作，列出微操作命令的操作时间表，画出流程图和控制时序图。

4）列出每一个微操作命令的初始逻辑表达式，并经化简整理写出微操作命令的最简逻辑表达式。

5）画出对应每个微操作命令的逻辑电路图，6.2.2 节中的 19 个操作控制信号的逻辑表达式都可画出相应的逻辑电路图。

例如：$IR_{out}=LOAD \cdot T_3+STORE \cdot T_3+BR \cdot T_4$ 其逻辑电路图如图 6-4 所示。

必须指出的是，该电路及逻辑表达式仅适用于 5.3.3 节的 CPU，即仅含 ADD、LOAD、STORE 和 BR 4 条指令的 CPU。

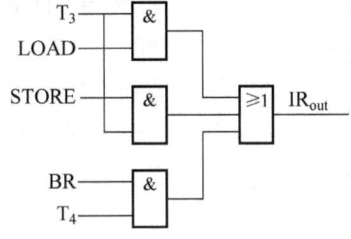

图 6-4 IR_{out} 微命令信号

6.3 微程序控制器

6.3.1 微程序控制器概述

1. 微程序控制的基本思路

从 6.2 节的讨论可见，采用硬连线逻辑的控制器，每一个微操作命令都对应于一个逻辑电路，指令系统功能越强，微操作命令越多，产生微操作命令的逻辑电路越复杂。在实现过程中要绘制状态转移图、状态转移表以及控制信号输出表等十分复杂的工作。而且在设计完成后，调试、修改和增删机器指令十分困难。为了克服硬连线控制器线路庞杂，规范性差的缺点，20 世纪 50 年代初 M. V. Wilkes（英）提出采用同存储程序相类似的办法，来形成微操作命令序列——这就是微程序控制的设想。

微程序控制的基本思想是：把机器指令执行时所需要的全部控制信号存放在一个专用的存储器——控制存储器中，机器在执行某一条机器指令时，就从控制存储器中读取该机器指令所对应的控制信号。具体地说,将一条机器指令所需要的操作控制信号以一个个控制字的形式存放在控制存储器中,每一个控制字称为一条**微指令**(Microinstruction),以二进制代码形式表示,每一个二进制位代表一个控制信号,若某位为 1 表示该控制信号有效,为 0 表示该控制信号无效。

这样,一条机器指令所需要的操作控制信号就由若干条微指令组成的序列来实现,对应于一条机器指令的微指令序列称为**微程序**(Microprogram)。设计者将一个机器的全部机器指令所对应的微程序存储在一个控制存储器(控存)中,在机器运行时,一条一条从控制存储器读取所要运行指令的微程序中的微指令,从而产生各种操作控制信号以实现该机器指令的功能。

由于执行一条机器指令必须多次访问控制存储器以取出多条微指令来控制各个微操作,因此对控制存储器提出高速存取的要求。20 世纪 60 年代半导体存储器的广泛应用为微程序控制器的实现提供了保证。1964 年推出的 IBM 360 是世界上第一台微程序控制的计算机。

2. 微指令格式

微程序(微指令序列)存储在控制存储器中,控制存储器是微程序控制器的核心部件,一般用 ROM 实现。机器指令对应一段微程序,机器指令的操作码以及 CPU 系统状态条件码构成的微指令地址,作为控制存储器的输入。控制器按此微指令地址,从 ROM 中读取相应的微指令,产生控制信号去控制系统的操作。执行部件接收微指令后所进行的操作叫作**微操作**。

微指令的基本格式如图 6-5 所示。

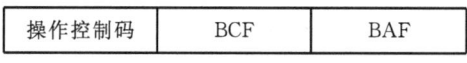

图 6-5 微指令的基本格式

从图 6-5 可见,一条微指令包含两个字段,一是操作控制字段——操作控制码,为一次微操作所需要的全部控制信号的编码,用以发出管理和指挥全机工作的控制信号;二是顺序控制字段——用以决定产生下一条微指令的地址。该字段可由两部分组成:BCF(Branch Control Field,**转移控制字段**)和 BAF(Branch Address Field,**转移地址字段**)。

BAF 在发生转移时用来指定下一条微指令的地址;BCF 用于微程序中需要转移时,表示条件转移的转移条件。BCF 为微程序控制器中的转移地址生成器提供一种微程序中的转移机制。

6.3.2 微程序控制器的基本结构

一个微程序控制器的基本结构如图 6-6 所示。

由图 6-6 可见,微程序控制器的基本结构由控制存储器、微指令寄存器 μIR、微地址寄存器 μAR、顺序控制逻辑以及微地址形成部件等组成。

1) **控制存储器**用来存放实现全部机器指令的全部微程序,机器在执行机器指令时,微程序控制器不断地依次从控制存储器中读取对应微程序的微指令,用微指令代码中的控制信号去控制处理器的其他部件。控制存储器由 ROM 组成,将微程序写入 ROM 称为微程序的**固化**。控制存储器的容量取决于指令的数量和每条指令的微程序的长

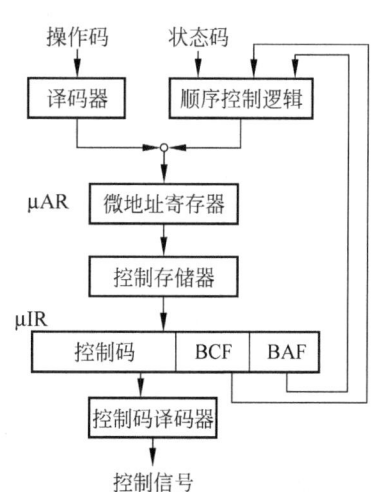

图 6-6 微程序控制器的基本结构

度,以及微指令代码的利用率,控制存储器的字长即微指令字的字长。

2) **微地址寄存器** μAR 用来存放将要访问的下一条微指令的微地址,而微地址是指微指令在控制存储器中的存储位置。只有知道微地址,才能从控制存储器中取出相关微指令。

3) **微地址形成部件**通常是一个译码器,该译码器根据指令寄存器 IR 中的操作码(OP)产生实现该机器指令的微程序的入口地址。

4) **顺序控制逻辑**用来控制微指令序列,亦即控制形成下一条微指令(后续微指令)的地址。顺序控制逻辑的输入为 3 部分:①由机器指令操作码 OP 经微地址形成部件产生的对应于该机器指令的微程序的入口地址送微地址寄存器;②上一条微指令中的下址字段给出,即 μIR 中的 BAF(还需顾及 BCF);③外界在电源加电后直接向 μAR 输入微指令地址——取指周期微程序的入口地址,μAR+1→μAR(在顺序执行时)。顺序控制逻辑能通过测试微程序执行中的状态标志信息修改微地址寄存器中的内容,以便按修改后的内容从控制器中读出下一条微指令。

5) **微指令寄存器** μIR,用来存放从控制存储器中读出的一条微指令信息。它包含产生操作控制信号的控制码字段,以及指出下条微指令的地址字段(包括 BAF——地址信息和 BCF——条件信息)。

6.3.3 微程序设计技术

在采用微程序控制的 CPU 中,机器指令运行所需要的控制信号的获得就是微程序的执行过程,微程序执行的关键有两个,一是如何由微指令的操作控制字段形成微操作命令;二是如何形成下一条微指令的地址(微地址)。

1. 微指令的编码方式

微指令的编码方式是指如何对微指令的控制字段进行编码,以形成控制信号。

CPU 的微操作有**相容性微操作**和**相斥性操作**之分,在同时或同一个机器周期内可以并行执行的微操作称为相容性微操作;而不能同时或不能在同一个机器周期内并行执行的微操作称为相斥性微操作。这是由数据通路间的结构决定的。例如,在单总线结构的 CPU 中,向总线输出数据的部件在某一时刻只能有一个,即不能有两个(或两个以上)部件同时向总线输出数据。这样,控制各部件向总线输出的操作控制信号是互斥的。又如内存操作中,读操作控制信号 Read 和写操作控制信号 Write 是互斥的;ALU 功能控制信号也是互斥的。

在微指令的编码中应考虑到操作控制信号的相斥性问题。

(1) 直接表示法(直接控制法)

微指令的操作控制码字段中,每一位代表一个微命令,即表示一个操作控制信号,"1"表示该控制信号有效;"0"表示该控制信号无效。这种方式如图 6-7 所示。

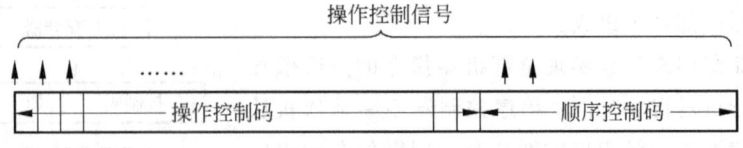

图 6-7 直接表示法

直接表示法含义清楚、简单直观,其输出可直接用于控制。但由于 CPU 工作时的微命令很多,需要的操作控制信号也很多,导致直接表示法中微命令的操作控制码字段长达数百位,需要有很大的控制容量。另外,在大多数微指令中,只有很少的操作控制信号是有效的,因此微代码的编码效率极低。

(2)编码表示法

将微指令中的操作控制码分为若干字段,将一组互斥的微命令分在一个字段中编码为较短的代码,例如有 15 个互斥的微命令,可采用 4 位二进制代码,译码后可表示 16 种不同的互斥状态,15 个状态表示对应于 15 个互斥微命令的操作控制信号,一个状态表示不发微命令。

对于需要并行发出的微命令可以分在不同的字段中。例如有 3 个需并行发出的微命令,微指令的操作控制码可分为 3 段,分别用 3 个译码器产生 3 个可并行发出的操作控制信号。

采用分段编码可缩短微指令的长度,减少控制存储器所需存储的代码数量。而编码的指令代码需要经过译码后才能得到操作控制信号。译码器的加入,会增加控制信号的延迟,影响 CPU 的工作速度。

编码表示法如图 6-8 所示,又称为"字段编码法"。

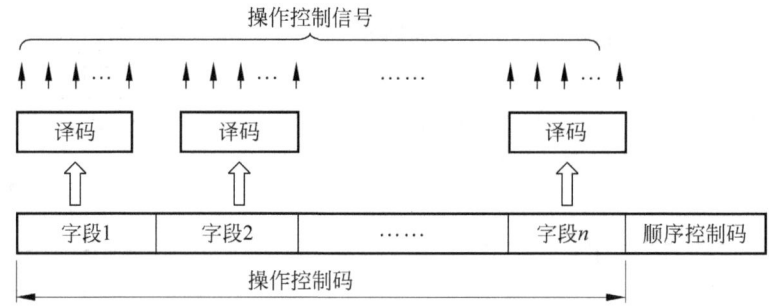

图 6-8　编码表示法

(3)混合表示法

把直接表示法与编码表示法结合使用,采用部分直接表示,部分编码表示的方法。具体做法是将一些要求速度高的,或者一些相容的控制信号用直接表示法;将其他相斥信号用编码表示法。混合表示法如图 6-9 所示。

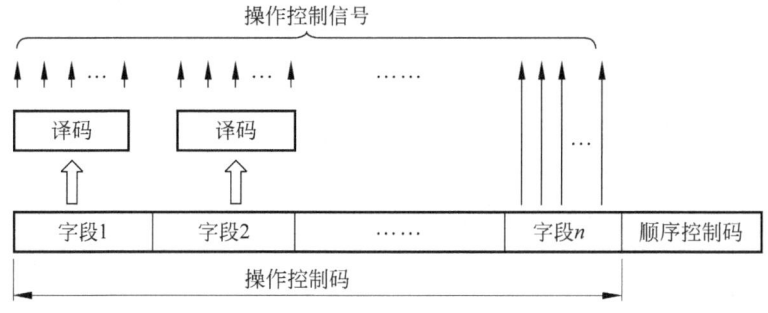

图 6-9　混合表示法

2. 微地址的形成方法

(1)计数器方法

它又称增量方式。用微程序计数器 μPC 加 1 来产生下一条指令的微地址。对顺序方式执行的微程序,各条微指令按执行顺序安排在控制存储器中,后继微地址由现行微地址加上一个增量而得。对非顺序方式执行的微程序,用一条转移微指令转向执行指定后继微地址的下一条微指令。在微指令格式中可以增加一个标志位,以区分转移微指令和控制微指令。

微程序计数器 μPC 在下述情况下不进行加 1 操作:

1) 微程序结束时,μPC 复位到起始微地址,由起始微地址生成电路产生,或包含在微指令中。

2) 当一条新的机器指令装入指令寄存器 IR,μPC 中装入该机器指令的执行阶段的起始微地址,该起始微地址由该机器指令的操作码生成。

3) 遇到转移微指令且满足转移条件时,μPC 装入转移目标的微地址,该微地址在转移微指令的某个字段中。

计数器方式的顺序控制字段较短,微地址生成机构较简单,实现方法较直观。缺点是执行速度慢,存在大量的分支,转移微指令的执行需要占用时间。

采用计数器方式的微程序控制器的结构如图 6-10。

(2) 断定方式

根据机器状态决定下一条微指令的微地址,下一条微指令的微地址包含在当前微指令的代码中。微指令的格式如下:

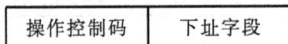

| 操作控制码 | 下址字段 |

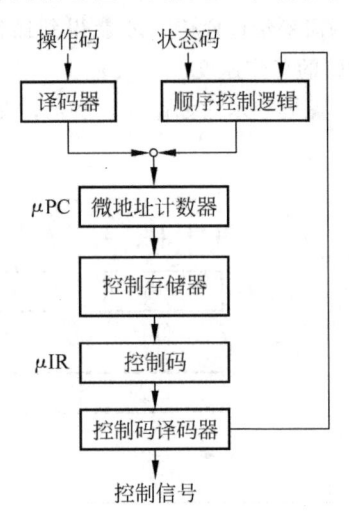

图 6-10 计数器方式的微程序控制器

每条微指令中增加一个**下址**(next address)字段,指定下一条微指令的微地址。在需要根据条件进行转移时,下址的生成可根据状态条件形成。为有效解决分支问题,引入两个地址字段——下址 1,下址 2,如图 6-11 所示,根据状态条件选择其中一个下址作为下一条微指令的微地址。

断定方式提高了微程序的执行速度,可以不需要用 μPC 来指定下一条微指令的微地址,灵活性好,缺点是增加了微指令代码的长度。

(3) 结合方式

这是取增量方式和断定方式的优点而形成的一种方式。如图 6-12 所示。

结合方式的微控制器将微程序计数器 μPC 的计数值作为分支时两个下址中的一个,微指令中给出另一个下址。为确定分支条件,在微指令中增加一个转移控制字段 BCF,下址字段则为转移地址字段 BAF。转移控制字段确定转移的条件,转移地址字段指定转移时下一条微指令的微地址。当微程序实现转移时,BAF 送入 μPC 即为断定方式,否则顺序执行下一条微指令,即以增量方式执行。

在图 6-12 中,微指令由 3 部分组成:①微指令控制字段——操作控制码,可以是编码的操作控制信号或是直接表示的操作控制信号;②条件选择字段——BCF,用于规定条件转移微指令要测试的外部条件(状态码);③转移地址字段——BAF,满足转移条件时,用作下一条微指令的微地址。若无转移要求,则使用微程序计数器 μPC 提供下一条微指令的微地址。

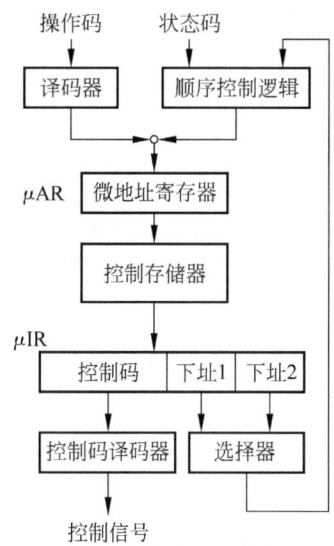
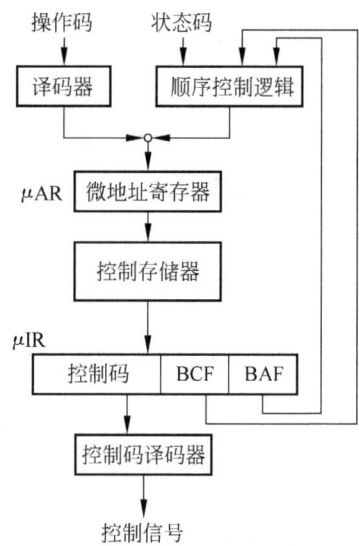

图 6-11 断定方式的微程序控制器　　图 6-12 结合方式的微程序控制器

3. 微指令格式分类

微指令格式同微指令的编码方式有关，在微程序控制的计算机设计中可采用不同的微指令编码方式。

微指令格式有两种——水平型微指令和垂直型微指令。

(1) 水平型微指令

所谓水平型微指令是指一次能定义并执行多个并行操作控制信号的微指令，前面所介绍的 3 种编码方式——直接表示法、编码表示法和混合表示法的微指令都属于水平型微指令，其中直接表示法的微指令称为不编码的全水平型微指令，是一种速度最快的微指令格式。

(2) 垂直型微指令

所谓垂直型微指令是指采用类似机器指令结构的微指令。在垂直型微指令中，设置有微操作码字段，由微操作码规定微指令的功能。通常一条垂直型微指令中只有 1~2 个微操作命令，控制 1~2 种微操作，这种微指令不强调并行控制功能。

下面举两个垂直型微指令的例子来说明这一类微指令的结构。

1) 传送型微指令。

D_{15}	D_{14}	D_{13} D_{12}	D_8 D_7	D_3 D_2	D_0
0	0	0	源寄存器	目的寄存器	其他控制
(微操作码)			(地　址　码)	(其　他)	

2) 运算控制型微指令。

D_{15}		D_{13} D_{12}	D_8 D_7	D_3 D_2	D_0
0	0	1	ALU 左输入	ALU 右输入	ALU

ALU 字段 3 位代码规定 ALU 的运算功能可对应 8 种运算，运算结果送暂存器。

水平型微指令与垂直型微指令的比较如下：

水平型微指令的并行操作能力强、效率高、灵活性强，执行一条机器指令所需的微指令的数目少，速度比垂直型微指令快。由水平型微指令解释机器指令的微程序，具有微指令较长，微程序较短的特点。水平型微指令用较短的微程序结构换取较长的微指令结构；而垂直型微指令以其较长的微程序结构换取较短的微指令结构。另外水平型微指令的结构同机器指令结构差别较大，而垂直型微指令的结构同机器指令结构相似。

4. 微指令格式设计举例

以 5.3.4 节中 4 条指令（ADD R3, R1, R2、LOAD R1, mem、STORE R1, mem 和 BR offs）的指令操作流程和控制信号定义，设计一个微程序控制器。设 4 条指令的操作码分别为 00、01、10 和 11。

1）从表 6-1 可见，这 4 条指令的执行共需 18 个控制信号构成 18 位的控制字，格式如图 6-13 所示。

PC_{out}	$PC+1$	MAR_{in}	MDR_{out}	Read	IR_{in}	R_{1out}	Y_{in}
D_{17}	D_{16}	D_{15}	D_{14}	D_{13}	D_{12}	D_{11}	D_{10}
R_{2out}	Add	Z_{in}	Z_{out}	R_{3in}	IR_{out}	R_{1in}	PC_{in}
D_9	D_8	D_7	D_6	D_5	D_4	D_3	D_2
MDR_{in}	Write						
D_1	D_0						

图 6-13　18 位控制字格式

2）这 4 条机器指令共有 12 条微指令。
取指令周期的 2 条微指令表示为 T_1、T_2，这是 4 条机器指令所共有的。
ADD 指令的执行周期有 3 条微指令，表示为 $ADDT_3$，$ADDT_4$，$ADDT_5$；
LOAD 指令的执行周期有 2 条微指令，表示为 $LOADT_3$，$LOADT_4$；
STORE 指令的执行周期有 2 条微指令，表示为 $STORET_3$，$STORET_4$；
BR 指令的执行周期有 3 条微指令，表示为 BRT_3，BRT_4，BRT_5。

3）各条微指令的控制字如下：

	D_{17}	D_{14} D_{13}	D_{10} D_9	D_6 D_5	D_2 D_1	D_0
T_1	1110	1000	0000	0000	00	
T_2	0001	0100	0000	0000	00	
$ADDT_3$	0000	0011	0000	0000	00	
$ADDT_4$	0000	0000	1110	0000	00	
$ADDT_5$	0000	0000	0001	1000	00	
$LOADT_3$	0010	1000	0000	0100	00	
$LOADT_4$	0001	0000	0000	0010	00	
$STORET_3$	0010	0000	0000	0100	00	
$STORET_4$	0000	0010	0000	0000	11	
BRT_3	1000	0001	0000	0000	00	
BRT_4	0000	0000	0110	0100	00	
BRT_5	0000	0000	0001	0001	00	

4）列出微程序流程，安排微地址。
12 条微指令组成 4 个微程序的流程图如图 6-14 所示。

中央处理器

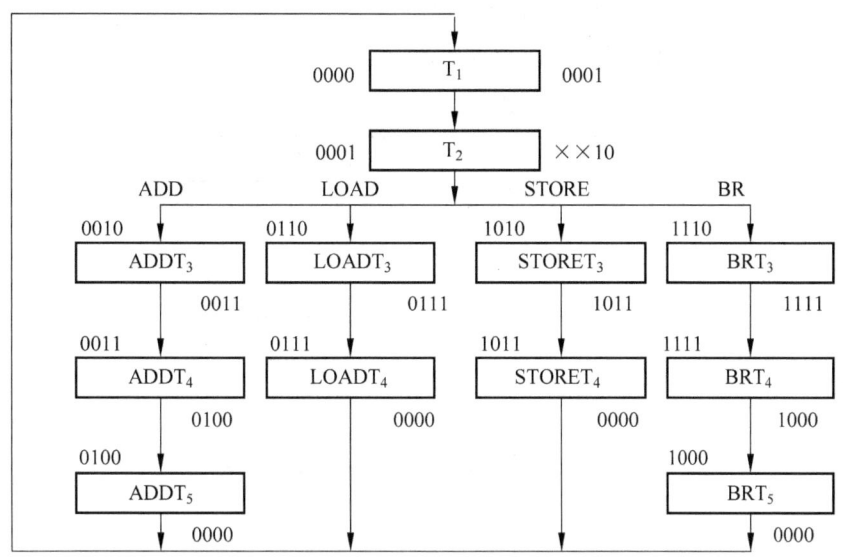

图 6-14 微程序流程

因为有 12 条微指令，微指令在控制存储器中地址为 4 位，T_1，T_2 两条微指令的微地址定为 0000 和 0001。

4 条机器指令的微指令分支中的第一条微指令的微地址分别定为 0010、0110、1010 和 1110。这 4 微地址中高 2 位恰与各自的操作码(00、01、10 和 11)相同，可利用 4 条机器指令的操作码形成 4 个分支微地址的高 2 位，4 个微地址中低 2 位都是相同的。而下继各微指令的微地址基本上是加 1 关系(除个别发生地址冲突外)。各微地址写于微指令框左上方。而微指令框右下方上标出该微指令的下址值。例如 $ADDT_3$ 的下址 0011。

5)指令格式设计。

由上述可见微指令中操作控制码为 18 位、下一条微指令地址字段 BAF 为 4 位，BCF 字段为 1 位，因为流程中只有 1 个分支(在 T_2)。

完整的微指令为：

微指令	操作控制(18 位)					BCF	BAF
T_1	1 1 1 0	1 0 0 0	0 0 0 0	0 0 0 0	0 0	0	0 0 0 1
T_2	0 0 0 1	0 1 0 0	0 0 0 0	0 0 0 0	0 0	1	××1 0
$ADDT_3$	0 0 0 0	0 0 1 1	0 0 0 0	0 0 0 0	0 0	0	0 0 1 1
$ADDT_4$	0 0 0 0	0 0 0 0	1 1 1 0	0 0 0 0	0 0	0	0 1 0 0
$ADDT_5$	0 0 0 0	0 0 0 0	0 0 0 1	1 0 0 0	0 0	0	0 0 0 0
$LOADT_3$	0 0 1 0	1 0 0 0	0 0 0 0	0 1 0 0	0 0	0	0 1 1 1
$LOADT_4$	0 0 0 1	0 0 0 0	0 0 0 0	0 0 1 0	0 0	0	0 0 0 0
$STORET_3$	0 0 1 0	0 0 0 0	0 0 0 0	0 1 0 0	0 0	0	1 0 1 1
$STORET_4$	0 0 0 0	0 0 1 0	0 0 0 0	0 0 0 0	1 1	0	0 0 0 0
BRT_3	1 0 0 0	0 0 0 1	0 0 0 0	0 0 0 0	0 0	0	1 1 1 1
BRT_4	0 0 0 0	0 0 0 0	0 1 1 0	0 1 0 0	0 0	0	1 0 0 0
BRT_5	0 0 0 0	0 0 0 0	0 0 0 1	0 0 0 1	0 0	0	0 0 0 0

6)第二条微指令(T_2)的下址(BAF)采用多路分支。

用指令操作码生成下址的高 2 位，低 2 位固定为 10(4 组微指令首地址)。

用 1 位 BCF 字段控制分支地址形成的生成。

微指令格式及多路分支地址形成电路如图 6-15 所示。

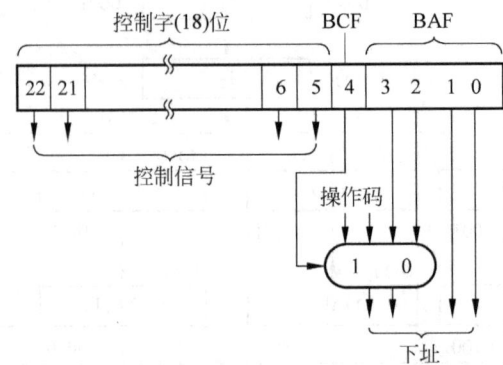

图 6-15 微指令格式及多分支地址形成

6.4 中断与异常处理

6.4.1 中断与异常的定义

1. 中断与异常的定义

所谓**异常**(exception)是指 CPU 在运行程序时，由于某一事件的出现，要求 CPU 暂时中止（挂起）正在运行的程序，转而调用一个引起 CPU 暂时中止运行的内、外部事件的服务程序（处理程序），待该服务程序处理完毕后又返回到被中止的程序的过程。

引起异常的事件可以源于多种不同的内部或外部事件。外部事件引起的异常——**外部异常**通常称为**外部中断**或硬件中断(hardware interrupt)，能够向 CPU 发出中断请求的中断来源称为**中断源**。常见的中断源为：

1)一般的输入/输出设备，如 CRT 终端、行式打印机等。

2)数据通道，如磁带、磁盘等。

3)实时时钟，如定时器芯片 8253 等的定时输出作为定时中断请求信号。

4)故障信号，如电源掉电等。

外部异常的产生是随机的、不可预料的，因此与主程序（被中断的原程序）是不同步的。

而内部异常是由于软件引起的，常见的内部异常事件有：

1)系统调用。

2)陷阱指令、特权指令和程序调试指令。

3)程序运行出错。

4)程序运行中遇到异常操作——非正常操作，例如，虚拟存储器访问时的页面错、分段操作时的段越界、溢出以及被零除。

通常 1)和 2)称为指令中断，3)和 4)称为内部中断。

内部异常的产生是与程序的运行直接有关的，有的发生在程序中相关指令处，如上述内部异常源中的 1)和 2)，有的是发生在程序执行过程中的异常操作时，如上述内部异常源中的 3)和 4)。内部异常是与 CPU 时钟同步的。

用来处理异常与中断的硬件称为**中断处理机构**，在嵌入式操作系统中用来处理异常与中断的软件称为**异常处理程序**。

本书主要讨论外部异常，采用中断这一常用术语来讨论相应内容。

2. 可屏蔽中断与不可屏蔽中断

根据处理器内部受理中断请求的情况，中断可分为可屏蔽中断与不可屏蔽中断两种。

凡是处理器内部能够屏蔽的中断，称为**可屏蔽中断**；凡是处理器内部不能屏蔽的中断，称为**不可屏蔽中断**。所谓**屏蔽**是指处理器能拒绝响应中断请求信号，不允许打断处理器所执行的主程序。这通常是由内部的中断触发器(或中断允许触发器)来控制的。

6.4.2 中断处理过程

计算机系统的中断处理过程的流程图如图 6-16 所示。

1. CPU 响应中断的条件

(1) 设置中断请求触发器

每个中断源向 CPU 发出中断请求信号是随机的，而大多数 CPU 都是在现行周期结束时，才检测有无中断请求发出，故在现行指令执行期间，必须把随机输入的中断请求信号锁存起来，并保持到 CPU 响应这个中断请求后才可以清除中断请求。因此，要求每一个中断源有一个中断请求触发器，如图 6-17 中Ⓐ所示。

(2) 设置中断屏蔽触发器

在多个中断源的情况下，为增加控制的灵活性，常要求在每一个外设的接口电路中，设置一个中断屏蔽触发器，只有当此触发器为"1"时，外设的中断请求才能被送到 CPU，如图 6-17 中的Ⓑ所示。可把 8 个外设的中断屏蔽触发器组成一个中断屏蔽寄存器端口，用输出指令来控制它们的状态。

(3) 设置中断允许触发器的状态

在 CPU 内部有一个中断允许触发器，只有当其为"1"时（即中断开放时），CPU 才能响应中断；若其为"0"（即中断关闭时），即使中断请求线上有中断请求，CPU 也不响应。可用允许中断和禁止中断指令来设置中断允许触发器的状态。当 CPU 复位时，中断允许触发器也复位为"0"，即关中断。当中断响应后，CPU 就自动关闭中断，以禁止接受另一个新的中断（否则要处理多重中断），因而通常在中断服务程序结束时，必须有两条指令，即允许中断指令和返回指令。

(4) CPU 在现行指令结束后响应中断

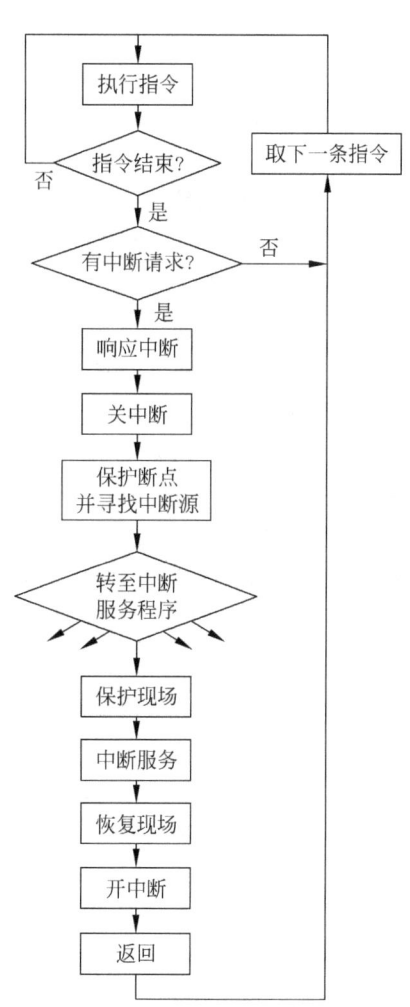

图 6-16 中断处理过程的流程图

在满足上面前 3 个条件的情况下，CPU 在执行现行指令的最后一个机器周期（总线周期）的最后一个时钟周期（T 状态）时，才采样中断输入线 INT（或 $\overline{\text{INT}}$），若发现中断请求有效，则把内部的中断锁存器置"1"，下一总线周期进入中断周期。

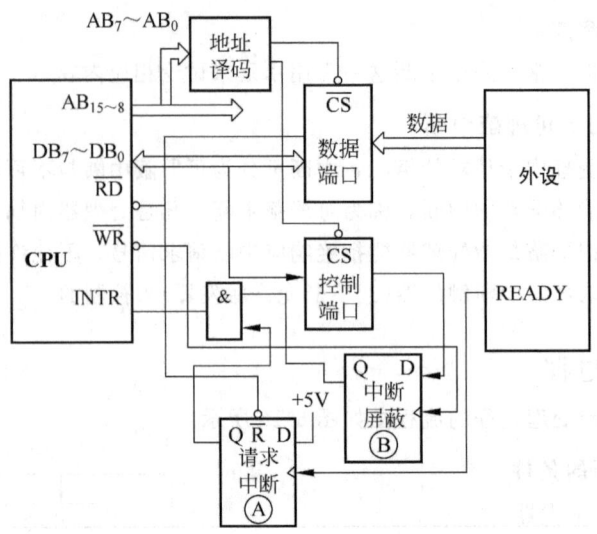

图 6-17 具有中断屏蔽的接口电路

2. CPU 对中断响应

进入中断周期后，中断响应的过程如下：

1) 关中断。CPU 在响应中断后，发出中断响应信号 $\overline{INTA}$，同时内部自动地关中断，以禁止接受其他的中断请求。

2) 保护断点。把断点处的 IP(指令指针)值和 CS 值(段基值)压入堆栈保留，以备中断处理完后能正确地返回主程序断点。

3) 识别中断源。CPU 要对中断请求进行处理，必须要找到相应的中断服务程序(处理中断的程序)的入口地址，这就是中断源的识别。

识别中断源有两种方法：

- 查询中断。当外设没有提出中断请求时，CPU 照常执行主程序，只有在接收到外设的中断请求后 CPU 才去查询，以识别提出中断请求的设备，而主要采用软件查询。软件查询是用程序查询接在中断线上的每一个外设。查询程序依次读出每一个外设的中断状态位，通过测试该状态位来判断对应的外设是否发出过中断请求。若是，则转到相应的中断服务程序。一个管理 4 个外设的查询测试程序的流程图及硬件示意图见图 6-18。从图中可见，如果 4 次测试都未发现有中断请求，则表示中断输入线的信号是由于出错引起，程序转向出错出口。

- 向量中断(Vectored Interrupt)。又称矢量中断，在具有向量中断的微型计算机系统中，每个外设都预先指定一个中断识别码，当 CPU 识别出某个外设请求中断并予以响应时，控制逻辑就将该外设的中断识别码送入 CPU，以自动地提供相应的中断服务程序的入口地址，转入中断服务。用向量中断来确定中断源主要是用硬件来实现的，通常在微型计算机系统中所用的可编程中断控制器都能提供中断识别码或中断类型码。

4) 保护现场。为了不使中断服务程序的运行影响主程序的状态，必须把断点处有关寄存器(指在中断服务程序中要使用的寄存器)内容以及标志寄存器的状态压入堆栈保护。

5) 执行中断服务程序。

6) 恢复现场。即把中断服务程序执行前压入堆栈的现场信息弹回原寄存器及标志。

7)开中断与返回。开中断放在返回之前,目的是返回主程序后能继续响应新的中断请求。

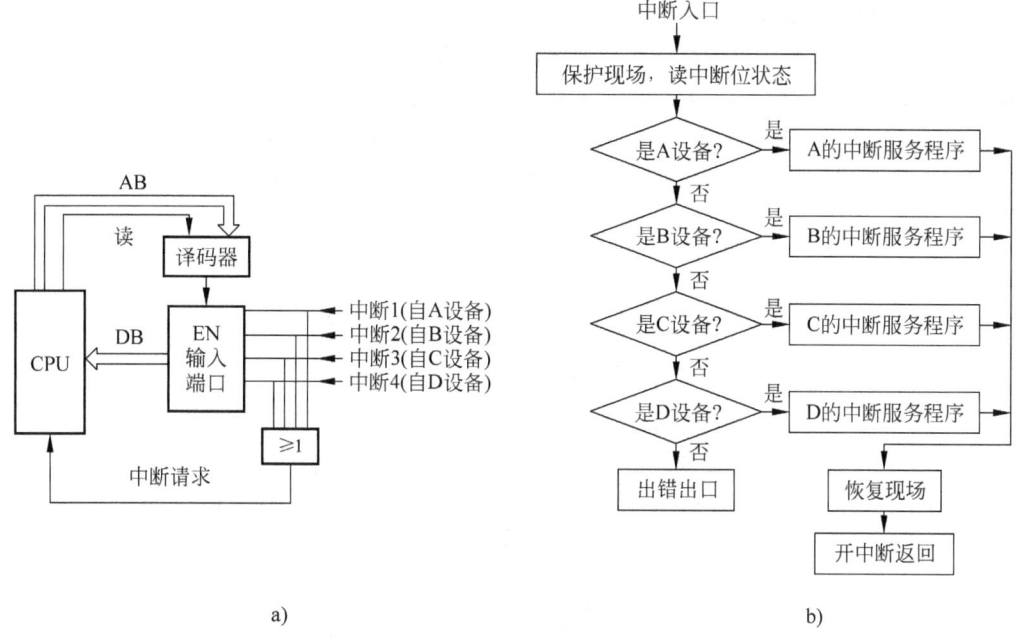

图 6-18 用软件查询法找中断源

6.4.3 中断优先级

在实际系统中,常常遇到多个中断源同时请求中断的情况,这时 CPU 必须确定首先为哪一个中断源服务以及服务的次序。解决的方法是用中断优先排队的处理方法。这就是根据中断源要求的轻重缓急,排好中断处理的优先次序,即**优先级**(Priority),又称优先权。先响应优先级最高的中断请求。有的微处理器有两条或更多的中断请求线,而且已经安排好中断的优先级,但有的微处理器只有一条中断请求线。凡是遇到中断源的数目多于 CPU 的中断请求线的情况时,就需要采取适当的方法来解决中断优先级的问题。

另外,当 CPU 正在处理中断时,也要能响应优先级更高的中断请求,而屏蔽掉同级或较低级的中断请求,即所谓**多重中断**的问题。

通常,解决中断的优先级的方法有以下几种。

1. 软件查询确定中断优先级

把 8 个外设的中断请求触发器组合起来,作为一个端口,赋予设备号,如图 6-19 所示。把各个外设的中断请求信号相"或"后,作为 INT 信号,这样任一外设有中断请求都可向 CPU 发出 INT 信号。当 CPU 响应中断后,把中断寄存器的状态作为一个外设信息读入 CPU,逐位检测其状态。若检测出某位有中断请求,即转入相应的中断服务程序入口。在查询方式中询问的次序即为优先级的次序,不需要有判断与确定优先级的硬件排队电路。其缺点是在中断源较多的情况下,由询问到转至

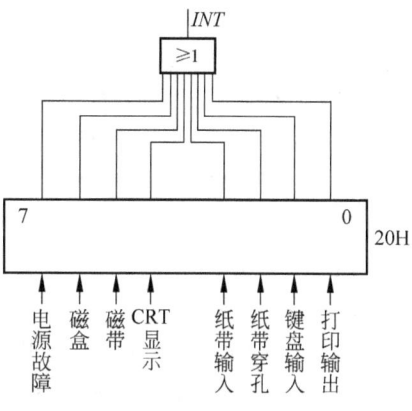

图 6-19 用软件查询确定优先级

相应的中断服务程序的入口时间较长。

2. 硬件查询确定优先级

图 6-20 为实现硬件查询的**优先级中断链电路**(Daisy-chaining)。来自 CPU 中断响应信号从 A 设备开始串行地往下传送,当 A 设备有中断请求时,则中断响应信号在门 A_2 处被封锁,不再下传,使后级设备得不到 CPU 的中断响应信号。同时 A 设备的"数据允许"线 EN 变为有效,从而允许 A 设备使用数据总线,将其中断类型码放上数据总线进入 CPU。当 A 设备无中断请求时,中断响应信号可以通过 A_2 门传给下一设备 B。

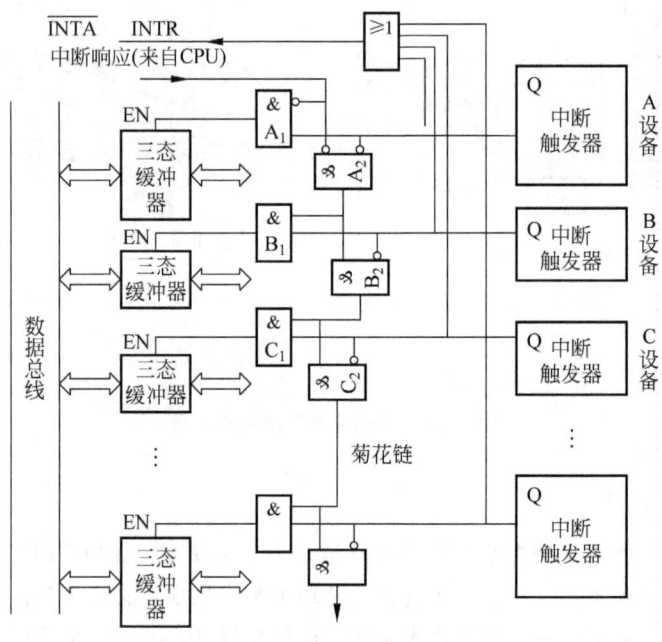

图 6-20 优先级中断链电路

优先级中断链电路又称**链式优先级排队电路**,当中断响应信号串行地通过所有外设时,这些外设的中断优先级由其在链式排队电路中的先后次序来决定。

3. 中断优先级编码电路

用硬件编码器和比较器组成的中断优先级排队电路如图 6-21 所示。

设有 8 个中断源,当任何一个有中断请求时,通过"或"门,即可产生一个中断请求信号,但它能否送至 CPU 的中断请求线,还必须受比较器的控制。

8 条中断输入线中的任何一条,经过编码器可以产生 3 位二进制优先级编码 $A_2A_1A_0$,优先级最高的中断输入线的编码为 111,优先级最低的中断输入线的编码为 000,而且若有多个中断输入线同时输入,则编码器只输出优先级最高的编码。

正在进行中断处理的外设的优先级编码,由 CPU 通过软件,经数据总线送至优先级寄存器,然后取出编码 $B_2B_1B_0$ 至比较器。

比较器对编码 $A_2A_1A_0$ 与 $B_2B_1B_0$ 的大小进行比较。若 $A \leqslant B$,则"A>B"端输出低电平,封锁与门 1,禁止向 CPU 发出新的中断请求;只有当 A>B 时,比较器输出端才为高电平,打开与门 1,将中断请求信号送至 CPU 的 INTR 输入端。当 CPU 响应中断后,就中断正在进行的中断服务程序,转去执行优先级更高的中断服务程序。

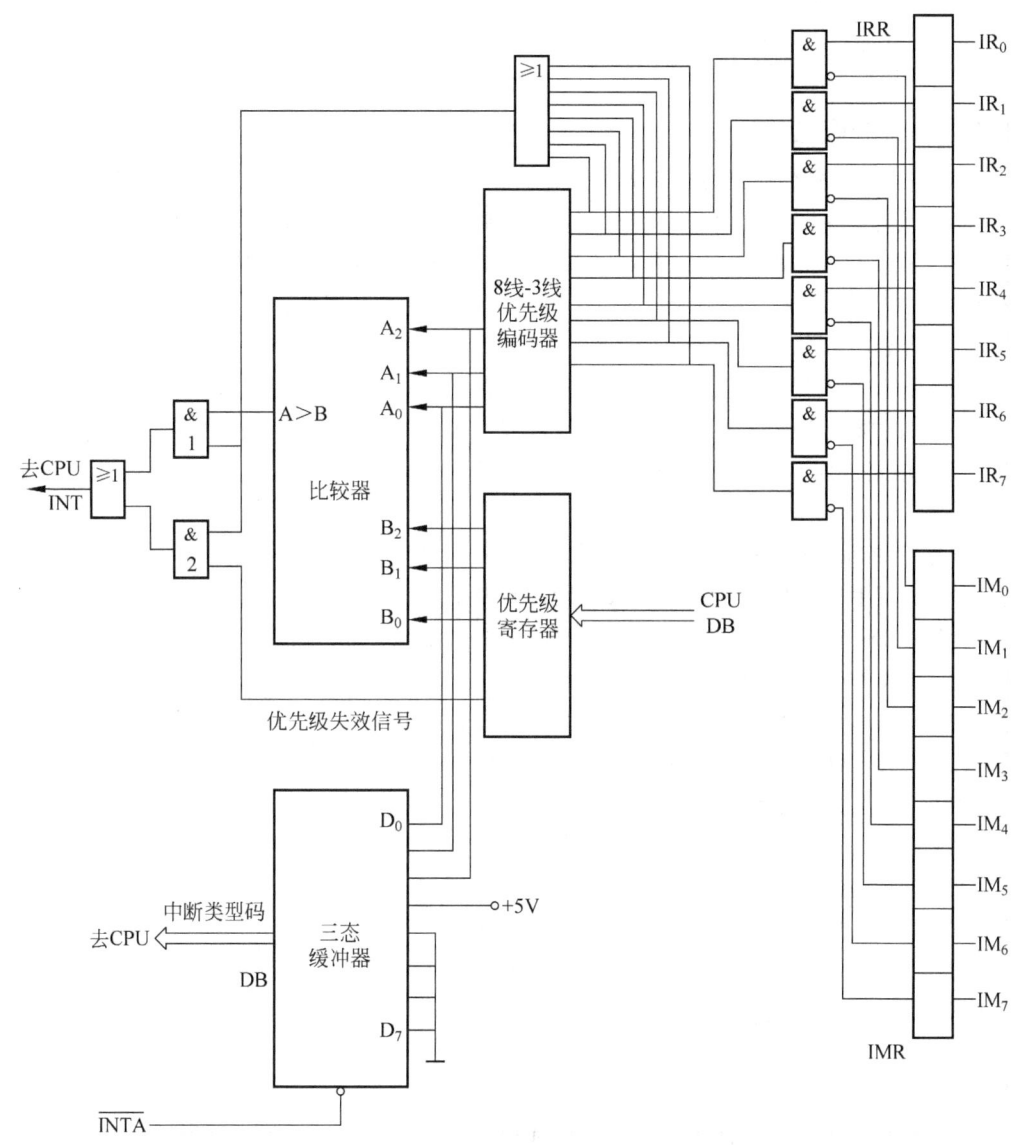

图 6-21 编码器和比较器的优先级排队电路

若 CPU 不在执行中断服务程序时(即在执行主程序),则优先级失效信号为高电平,此时如有任一中断源请求中断,都能通过与门 2,向 CPU 发出 INTR 信号。

当外设的个数≤8 时,它们共用一个产生中断向量(指中断类型码)的电路,该电路由 3 位比较器的编码 $A_2A_1A_0$ 供给。据此不同的编码,即可转入不同的入口地址。中断屏蔽寄存器 IMR 可用来屏蔽 IR_i 中任一个或几个的中断请求,更增加了控制的灵活性。

中断优先级编码电路的功能如下:

1)当 CPU 执行主程序时,能使任一个中断请求信号 IR_i 送入 CPU 的 INTR,当 CPU 满足一定条件时,将响应该中断请求。

2)能对 8 个不同中断源的中断请求进行中断优先级编码。

3)能实现中断嵌套。

4) 能对一个或几个中断源实现中断屏蔽。

5) 在中断响应时, 能提供中断类型码。

6.4.4 中断的嵌套

当 CPU 执行优先级较低的中断服务程序时, 允许响应优先级比它高的中断源请求中断, 而挂起正在处理的中断, 这就是**中断嵌套**或称**多重中断**。此时, CPU 将暂时中断正在进行着的级别较低的中断服务程序, 优先为级别高的中断服务, 待优先级高的中断服务结束后, 再返回到刚才被中断的较低优先级的那一中断, 继续为它进行中断服务。

多重中断流程与单级中断流程的区别有以下几点:

1) 加入屏蔽本级和较低级中断请求的环节。这是为了防止在进行中断处理时不致受到来自本级和较低级中断的干扰, 并允许对优先级比它高的中断源进行中断处理。

2) 在进行中断服务之前, 要开放中断。因为如果中断仍然处于禁止状态, 则将阻碍较高级中断的中断请求和响应, 所以必须在保护现场、屏蔽本级及较低级中断完成之后, 开放中断, 以便允许进行中断嵌套。

3) 中断服务程序结束之后, 为了使恢复现场过程不致受到任何中断请求的干扰, 必须安排并执行关中断指令, 将中断关闭, 才能恢复现场。

4) 恢复现场后, 应该安排并执行开中断指令, 重新开放中断, 以便允许任何其他等待着的中断请求有可能被 CPU 响应。应当指出, 只有在执行了紧跟在开中断指令后面的一条指令以后, CPU 才重新开放中断。一般紧跟在开中断指令后的是返回指令 IRET, 它将把原来被中断的服务程序的断点地址弹回 IP 及 CS, 然后 CPU 才能开放中断, 响应新的中断请求。

多个中断源、单一中断请求线的中断处理过程的流程图如图 6-22 所示。

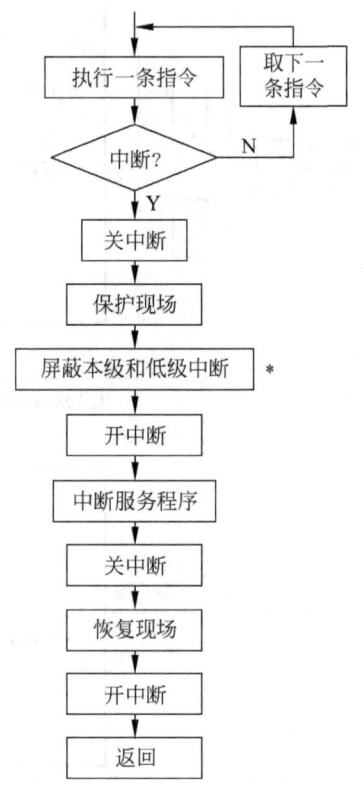

图 6-22 多个中断源、单一中断请求线的中断处理过程流程图

6.5 中央处理器中流水线技术的基本概念

6.5.1 并行性的概念

1. 冯·诺依曼型计算机结构

1946 年, 匈牙利籍数学家 John von Neumann 提出存储程序的概念和一个完整的现代计算机雏形, 这就是至今仍占主流地位的以存储程序原理为基础的冯·诺依曼结构, 该结构以运算器为中心, 由运算器、控制器、存储器、输入设备和输出设备组成, 程序运行所需要的指令与数据存放在存储器中, 所有的输入/输出活动都必须经过运算器。该类型计算机结构如图 6-23 所示, 图中虚线为控制信号, 实线为数据或指令。

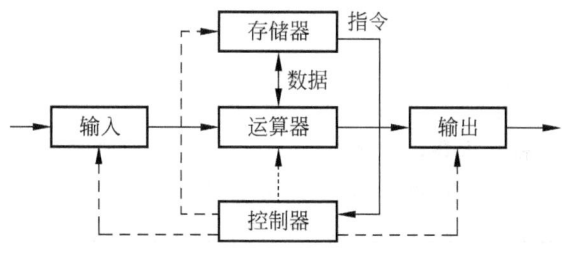

图 6-23 以运算器为中心的结构

改进后的冯·诺依曼型计算机的组成如图 6-24 所示。它是以存储器为中心的计算机系统结构。

其主要特点是：

1) 增加了浮点数、字符串和 BCD 码的表示。

2) 采用虚拟存储器，便于高级语言编程。

3) 为支持高级语言中的过程调用、递归和表达式求值，引入堆栈。

4) 为支持对复杂数据结构对象的访问，采用变址寄存器并增加间接寻址方式。

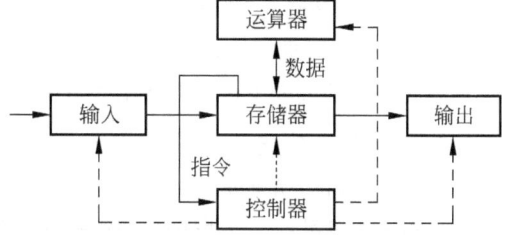

图 6-24 以存储器为中心的结构

5) 为减少 CPU 与主存之间过分频繁的信息交换，增加了 CPU 内通用寄存器的数量，增设 Cache。

6) 为加宽存储器带宽，采用存储器交叉访问技术及无冲突并行存储器。

7) 为加快指令及操作执行速度，采用流水线技术。

8) 为实现一条指令，可以对多个数据元素在不同功能部件上的并发操作采用多功能部件。

9) 为使 CPU 从复杂的 I/O 操作中脱开，集中精力进行数据运算，可采用支持处理机，例如，协处理器(Coprocessor)和输入/输出处理器(I/O Processor)。

10) 采用自定义的数据表示。

11) 使程序和数据空间分开，以增加存储带宽。

10) 和 11) 两项已超出原来冯·诺依曼型范围。

冯·诺依曼型计算机的主要特点之一是：计算机执行程序是按指令顺序进行的，即指令采用串行执行，并由控制器集中控制。这样，在仅有一个 CPU 的计算机系统中，系统的速度主要由 CPU 的速度决定，而 CPU 的速度就取决于单一指令的执行速度。要提高系统的速度，可通过 3 种途径来实现。

1) 提高 CPU 的速度。这是最能理解的，它是芯片设计者的任务。但当 CPU 的速度提高到一定值后，会引发影响整机性能的一系列问题，如功耗、高频效应等。

2) 增加 CPU 个数，使多个 CPU 能同时执行程序中的多条指令，即多个 CPU 并行执行多条指令。

3) 不增加 CPU 的个数，系统中还是一个 CPU，将指令执行过程分为 n 个子过程，这 n 个子过程分别由 CPU 中 n 个各自独立的子部件来处理。这样对每一个子部件而言，每个时刻完成某一条指令中的一个子过程，但对整个 CPU 而言，在满足一定条件下，在某一时刻，n 个子部件同时执行 n 条指令的 n 个不同的子过程，即一个 CPU 并行执行 n 条指令。显然，这会提高 CPU 执行指令的速度。

后两种途径是系统设计者的任务,这里引入并行性的概念。

2. 并行性定义

并行性(Parallelism)是指在同一时刻或同一时间间隔内完成两种或两种以上性质相同或不同的工作,只要在时间上相互重叠,均存在并行性。进一步讨论并行性,又可分为同时性和并发性。**同时性**(Simultaneity)是指两个或多个事件在同一时刻发生的并行性;而**并发性**(Concurrency)是指两个或多个事件在同一时间间隔内发生的并行性。如何区分同时性和并发性,可以用 n 位串行进位的并行加法器为例来说明。由于存在进位信号从低位向高位的逐位传递的延迟时间,n 位加法的结果(n 位"和数"的值)不是在同一时刻得到的,所以这种串行进位的并行加法器虽是并行操作,但只存在并发性而不存同时性。而在用 8 片存储芯片(例如 2164)组成 8 位存储器,每个芯片提供 1 位数据,构成 1 字节信息,则在对该存储器进行读写时,8 个芯片同时进行读、写,属于同时性。可见,并行性是指在数据处理、信息处理、数值计算或问题求解过程中可能存在某些可同时进行操作或运算的部分。

3. 并行性的等级

从程序执行的角度看,并行性等级可分为:

1) **指令内部并行**——指令内部微操作之间的并行;
2) **指令级并行**(Instruction Level Parallel,ILP)——并行执行两条或多条指令;
3) **任务级或过程级并行**——并行执行两个或多个过程或任务(程序段);
4) **作业或程序级并行**——在多个作业或程序间的并行。

上述各级并行性的实现有一个软、硬件功能合理分配的问题。在单处理机系统中,任务级并行、作业级并行需要通过软件来实现,如操作系统中的进程管理、作业管理。而在多处理机系统中,任务和作业是分配给各个处理机去完成的,其并行性是由硬件来完成的。

从数据处理的角度看,并行性等级可分为:

1) **字串位串**——同时只对一个字的一位进行逐位处理,即为最基本的串行处理,不存在并行性;
2) **字串位并**——同时对一个字的所有位进行处理,但字与字之间是串行处理;
3) **字并位串**——同时对许多字的同一位(如位片机)进行处理;
4) **字并位并**——同时对多个字的所有位或部分位进行处理,是最高一级的并行。

4. 提高并行性的技术途径

在计算机系统中,提高并行性的技术途径有三个。

(1)时间重叠

时间重叠(Time Interleaving)是指在并行性概念中引入时间因素,使多个处理过程在时间上相互错开,轮流重叠地使用同一套硬件设备的各个部件,以加快部件的周转而提高速度,提高多个处理过程的并发性。时间重叠在原则上不要求重复硬件设备。

采用时间重叠方式提高并行性的一个例子是指令内部各操作步骤的流水线工作,如图 6-25 所示。

图 6-25a 为指令流水线示意图,一条指令的解释可分为"取指"、"译码分析"和"执行"3 个操作步

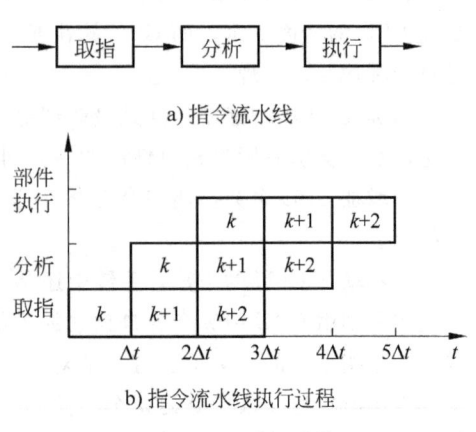

图 6-25 时间重叠

骤,各自由相应的硬件部件来完成,Δt为每个操作步骤的完成时间(假设三者相同),则第k条指令、第$k+1$条指令和第$k+2$条指令的操作在时间上产生重叠,设3条指令彼此在时间上错开Δt,以流水线方式被解释执行,其执行过程如图6-25b所示。从图可见,若这3条指令采用串行执行,需要$9\Delta t$;而采用流水线方式,则为$5\Delta t$。

在本例中,时间重叠能加快程序(一个指令序列)的执行速度,但并未缩短一条指令的执行速度。采用时间重叠技术,提高了系统的并行性,在不需要增加过多硬件设备的前提下,提高了系统的性能价格比。这一技术在标量流水线处理机、超流水线处理机和向量流水线处理机中得到广泛应用。

(2) 资源重复

资源重复(Resource Replication)是指在并行性概念中引入空间因素,通过重复设置资源,特别是硬件资源,分别同时用于多个处理过程,实现多个处理过程的同时性,以大幅度提高计算机系统的性能。

图6-26是一个资源重复的例子,图中有n个完全相同的处理器$PE_0 \sim PE_{n-1}$,受同一个控制器CU控制,控制器每执行一条指令就可以同时让各个处理器对各自分配到的数据完成同一运算,可以达到提高处理速度的要求。

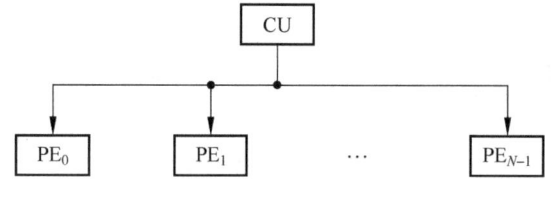

图 6-26 资源重复

资源重复技术在单处理机中得到广泛应用,而多处理机本身就是资源重复的产物。这一技术在超标量处理机和阵列处理机中得到很好的应用。

(3) 资源共享

资源共享(Resource Sharing)是指采用软件方法使多个用户(或多个任务)按一定顺序(时间片)来轮流使用一套硬件资源,通过提高系统资源利用率来提高系统的性能和效率。多道程序和分时系统就是利用软件手段(借助操作系统)来实现多用户或多道程序共享CPU、主存和外设等硬件资源的例子。当然,资源共享不仅限于共享系统的硬件资源,也包括软件的信息资源共享,典型的例子如计算机网络(Computer Network)和分布式处理系统(Distributed System)等。

6.5.2 指令的3种解释方式

一条指令的解释过程可以按完成该过程的微操作分为若干个子过程,一般可分为取指、分析和执行3个子过程,如图6-25所示。取指子过程是把要处理的指令从存储器里取出送处理机的指令寄存器,同时形成下条指令的地址;分析子过程是把指令寄存器中存放的要处理的指令进行译码,形成操作数的实际地址,并取操作数;执行子过程是对操作数进行运算或处理,并存结果。

指令的解释方式有3种——顺序、重叠和流水。

1. 顺序解释方式

设执行由n条指令组成的程序段。每条指令解释分为取指、分析和执行3个操作,则顺序执行时的工作方式如图 6-27 所示。

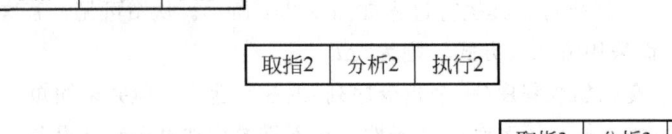

图 6-27　顺序解释方式

若取指令、分析指令和执行指令的时间分别为 $\Delta t_{取i}$、$\Delta t_{分i}$ 和 $\Delta t_{执i}$，则顺序解释 n 条指令的时间为

$$T=\sum_{i=1}^{n}(\Delta t_{取i}+\Delta t_{分i}+\Delta t_{执i})$$

若 $\Delta t_{取i}=\Delta t_{分i}=\Delta t_{执i}=\Delta t$，则 $T=3\times n\times\Delta t=3n\Delta t$。

2. 重叠解释方式

在两条相邻指令的解释过程中，若某些不同解释阶段在时间上存在重叠部分，如图 6-28a 所示。

a) 重叠解释执行

b) 更高重叠程度的解释执行

c) 一次重叠工作方式

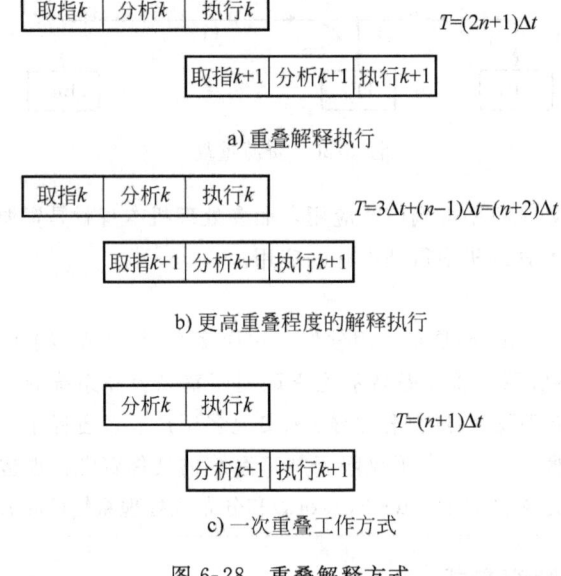

图 6-28　重叠解释方式

图 6-28a 中第 k 条指令的执行阶段同第 $k+1$ 条指令的取指阶段完全重叠，则执行总时间减少为 $T=(2n+1)\Delta t$，使功能部件利用率有所提高。这种“重叠解释执行方式”需要硬件上增加一个指令缓冲寄存器，用来存放第 $k+1$ 条指令(在执行第 k 条指令时)。

如果将相邻两条指令的重叠时间再往前提一阶段，便形成如图 6-27b 所示的“更高重叠程度的解释执行方式”。其重叠程度加大，所需执行总时间降为 $T=3\Delta t+(n-1)\Delta t=(n+2)\Delta t$。由图 6-27b 可见，在第 k 条指令分析阶段要访问操作数，第 $k+1$ 条指令的取指阶段要取指令，这两条指令在同一时间段都要访问存储器，会形成访存冲突。可用 3 种方法防止冲突。

1)将指令和数据分别存放在两个不同的存储器：指令存储器和数据存储器。

2)采用多存储体交叉方法,使第 k 条指令和第 $k+1$ 条指令存放在不同的存储体中。

3)设立指令缓冲寄存器组,把所需的后继指令预取到指令缓冲器组(指令缓冲栈)即可。

3. 先行控制技术

解决访存冲突的根本方法是采用**先行控制**(Advanced Control)技术。先行控制技术的核心技术是缓冲技术和预处理技术。**缓冲技术**(Buffer Technology)是在工作速度不固定的两个功能部件之间设置缓冲器用以平滑两者之间工作速度的差异。而**预处理技术**(Precondition Technology)是指把进入运算器的指令都处理成寄存器-寄存器型(Register-Register,RR 型)指令,该技术同缓冲技术相结合,为进入运算器的指令准备好所需要的全部操作数。

采用先行控制方式的处理机结构如图 6-29 所示。在指令控制部件中,除了原有指令分析器外,又增加了**先行指令栈**、**先行读数栈**、**先行操作栈**和**后行写数栈**。现代计算机组成中,缓冲部件使用较多,它们一般设置在两个工作速度不同的部件之间,起到平滑其工作的作用。缓冲技术是计算机组成设计的一个重要技术。

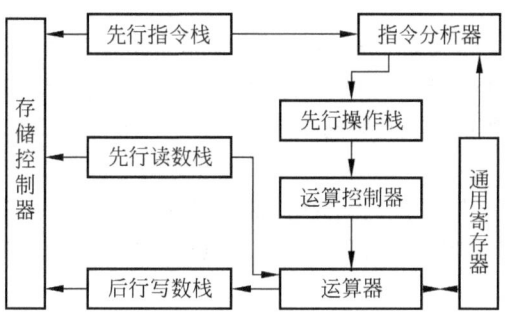

图 6-29 先行控制基本结构

先行指令栈的作用是后继指令预取,保证指令分析器在顺序取指时能从先行指令栈内取到,它的作用相当于一次重叠结构的指令栈。所以,先行指令栈是主存与指令分析器之间的一个缓冲部件,用于平滑主存和指令分析器之间的工作。当指令分析器分析某条指令用时较长时,或者主存空闲时,可多取几条指令存入先行指令栈备取。

指令分析器完成指令译码后,经过寻址操作得到操作数有效地址。如果仍由指令分析器向存控发取数请求信号,则必然等待存控的响应,这就妨碍了后继指令的连续处理。若将有效地址送先行读数栈内的先行地址缓冲寄存器,则指令分析器可以继续处理后继指令。先行读数栈由一组先行地址缓冲寄存器、先行操作数缓冲寄存器和相应的控制逻辑组成。每当地址缓冲寄存器接到有效地址后,控制逻辑主动向存控发取数请求信号,读出的数据送到先行数据缓冲寄存器内。先行读数栈以先进先出的方式工作。运算器直接从其读取数据进行操作,不向主存取数。所以,先行读数栈是主存和运算器间的缓冲部件。先行读数栈内的数据对运算器内正在执行的指令而言是属于后继指令执行所需的数据,故称**先行**。指令分析器对指令预处理,将原来交给运算器执行的各种机器指令转换成运算器能执行的操作命令,从而把运算器原来的访存操作变成访问先行操作缓冲寄存器。

指令分析器与运算器之间的缓冲部件是先行操作栈,由一组操作命令缓冲寄存器及相应的控制逻辑组成。指令分析器预处理完一条指令,将相应操作命令送入先行操作栈,指令分析器继续对后继指令进行预处理。而运算器通过监控从栈内按顺序逐个取出操作命令执行。同样,先行操作栈内命令对于运算器内正在执行的命令而言是"先行"的。

对于"写数"命令，则需将有效地址送入后行写数栈中的后行地址缓冲器。运算器执行"写数"操作命令，只需将数据送入后行写数缓冲器即可，不与主存打交道，然后继续执行后继命令。后行写数栈由一组后行地址缓冲器、后行写数缓冲器及相应的控制逻辑组成。每当接到运算器送来的要写入主存的数据，由控制逻辑自动地向主存发写数请求信号，完成存数的操作。它是运算器和主存间的缓冲部件。由于后行写数栈中写回的数据对于运算器中正在执行的命令而言是先前命令滞后写回的数据，故叫后行写数栈。它也是按先进先出方式工作的。

综上所述，先行控制实际上是缓冲技术和预处理技术相结合的产物。通过对指令流和数据流的先行控制，尽量使指令分析部件和执行部件处于忙碌状态。与一次重叠相比，其不同之处在于指令分析部件和执行部件可以同时处理两条不相邻的指令，即实现了多条指令重叠解释，因此它的并行性更高。通常把先行指令栈、先行读数栈、先行操作栈和后行写数栈统称为**先行控制器**。它与指令分析器一起构成先行控制方式中的指令分析与控制部件，而运算器及其运控构成了执行部件。

4. 一次重叠工作方式

在上述工作方式中，预取的第 $k+1$ 条指令存放在指令缓冲寄存器中，由于访问寄存器速度较快，因此实际上原来的取指阶段可合并到分析指令中，使指令的解释过程仅由"分析"和"执行"两个阶段组成，所需的总执行时间 $T=(n+1)\Delta t$。如图 6-28c 所示。由于在任何时刻只允许上条指令的"执行"与下条指令的"分析"相重叠，称为一次重叠。因为上下指令的重叠时间有一定的约束，因此只需一套指令分析和执行部件即可，如图 6-30 所示。

图 6-30 中取指分析子过程在分析器中完成，执行子过程在执行部件中实现，两个部件是独立的。

5. 流水线方式

如果把解释过程进一步细分为取指、译码、取操作数和执行 4 个子过程，这 4 个子过程分别由各自独立的子部件来处理，这样在上一条指令的第一子过程处理完后进入第二子过程处理时，在第一子部件中就开始对第二条指令的第一子过程进行处理。在一定时间后，这种重叠操作最后可达到 4 个子部件同时对 4 条指令的子过程进行操作。这种工作方式称为**流水线方式**，如图 6-31 所示。

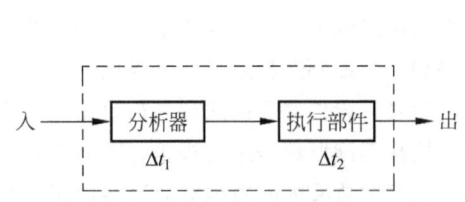

图 6-30 指令分解为两个部件来实现

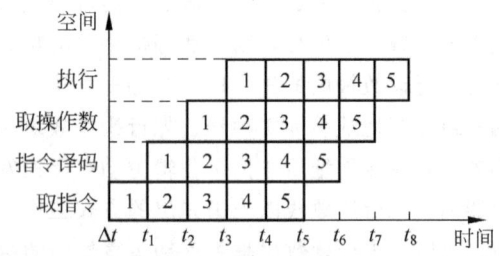

图 6-31 流水线技术原理

可见，**流水线技术**(pipelining)是指将一个重复的时序过程分解为若干个子过程，而每一个子过程都可有效地在对应的专用功能部件上与其他子过程同时执行。经过一定时间后($n\Delta t$)，n 个子部件可同时对 n 条指令的子过程进行操作。

6.5.3 流水线技术的特点

流水线技术的特点如下：

1)流水线可以划分为若干个互有联系的子过程(功能段)。每个功能段有专用功能部件实现。

2)实现子过程的功能段所需时间应尽可能相等,避免因不等而产生处理的瓶颈,形成流水线的"断流"。

3)形成流水处理,需要一段准备时间,称为通过时间。只有在此之后流水过程才能够稳定。

4)指令流发生不能顺序执行时,会使流水过程中断,再形成流水过程,则需要经过时间,所以流水过程不应常"断流",否则效率就不会很高。

5)流水技术适用于大量重复的程序过程,只有在输入端连续地提供服务,流水线效率才能充分发挥。

6.5.4 流水线中的相关性

1. 相关性

流水线中的**相关性**是指相邻或相近的两条指令因存在某种关联,后一条指令不能在原指定的时钟周期开始执行。流水线中的相关性主要有 3 种类型:

1)**结构相关**:当硬件资源满足不了指令重叠执行的要求,发生资源冲突时将产生结构相关,又称为资源相关。

2)**数据相关**:当一条指令需要用到前面指令执行结果,而这些指令均在流水线中重叠执行时,就可能引起数据相关。

3)**控制相关**:当流水线遇到分支指令和其他能改变 PC 值的指令时,就会发生控制相关。

2. 解决方法

当存在相关性时,可采用流水线停顿、编译检测和定向技术等方法来解决。**流水线停顿**是暂停后继指令的流水,待相关性问题解决时,才继续流水,为此需要硬件对数据的相关性进行检测;**编译检测**的方法是由编译程序对指令的流水情况进行监测,在存在相关性时进行调整以消除相关性对流水的影响;**定向技术**是指可以在指令流水线中增加相关的专用通路,将执行部件的输出直接送到执行部件的输入端,使下一条指令能尽快地得到所需的数据,从而减少因数据相关而引起的流水线停顿。

在 RISC 指令流水线中,解决控制相关性的方法有:加快和提前形成条件码;分支预测;由编译程序优化延迟转移;预取转移成功或转移不成功两个控制流方向上的目标指令以及加快短循环程序的处理等。

6.5.5 流水线的性能指标

引入流水线技术的目的是提高 CPU 执行部件的处理速度,因此衡量流水线性能的主要指标为:流水线吞吐率(throughput rate)、流水线的加速比(speedup ratio)和流水线的效率(efficiency)。

1. 吞吐率

流水线**吞吐率**定义为单位时间流水线所完成的任务数或输出结果数。

$$T_P = n/T_k$$

其中,n 为任务数,T_k 为执行 n 个任务的总时间。

设流水线各段执行时间都相同，输入到流水线中的任务是连续的，一条 k 段线性流水线在 $k+n-1$ 个时钟周期内完成 n 个任务。该流水线的时空图如图 6-32 所示，图中 k 为 4。

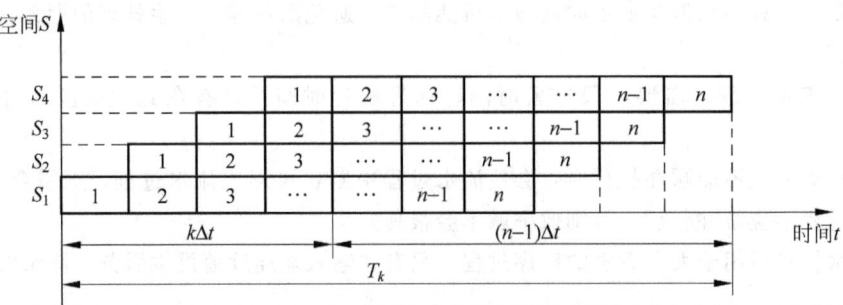

图 6-32　各段执行时间均等的流水线时空图

图中 $S_4 \sim S_1$ 为 4 个段空间，Δt 为时钟周期(各段的执行时间)，$k\Delta t$ 为执行第一个任务的时间，T_k 为执行 n 个连续任务的总时间。

流水线输出端用 $k(k=4)$ 个时钟周期输出第一个任务后，其后从第 2 个任务到第 n 个任务，每个任务各需 1 个时钟周期，$(n-1)\Delta t$ 为执行余下 $(n-1)$ 个任务的时间。则该流水线完成 n 个连续任务的总时间 T_k 为

$$T_k = (k+n-1)\Delta t$$

代入 T_P 定义式得

$$T_P = n/(k+n-1)\Delta t$$

当 $n=\infty$(任务很大)时得最大吞吐率

$$T_{Pmax} = \text{Lim} n/(k+n-1)\Delta t = 1/\Delta t$$

当 $n \gg k$ 时 $T_P \approx T_{Pmax}$。

2. 加速比

流水线**加速比**定义为完成同一批任务，不使用流水线所用的时间与使用流水线所用的时间之比。

$$S = T_0/T_k$$

T_0 为顺序执行时(不使用流水线时)的执行时间，T_k 为使用流水线时的执行时间。设流水线各段执行时间都相同，$T_0 = kn\Delta t$，

$$T_k = (k+n-1)\Delta t$$

则

$$S = T_0/T_k = kn\Delta t/(k+n-1)\Delta t$$
$$= kn/(k+n-1)$$

同样可得最大加速比

$$S_{max} = kn/(k+n-1) = k(n \gg k \text{ 时})$$

当 $n \gg k$ 时，最大加速比同流水线的段数。

3. 流水线的效率

流水线工作时存在有建立时间和排空时间，在连续完成 n 个任务的时间内，各段不总是满负荷工作的，这样就存在流水线的效率问题。

流水线**效率**定义为流水线中设备的实际使用时间与整个运行时间之比,即流水线的设备利用率。

当流水线为线性流水线,同时各段经过的时间相同,流水线的效率正比于吞吐率。

$$\eta = n/n + (k-1)$$
$$= T_P \cdot \Delta t$$

6.5.6 流水线举例——MIPS R4000

R4000 处理器是一种流水线处理器,其指令集为 64 位的 MIPS-3 指令集,R4000 整型流水线结构如图 6-33 所示。

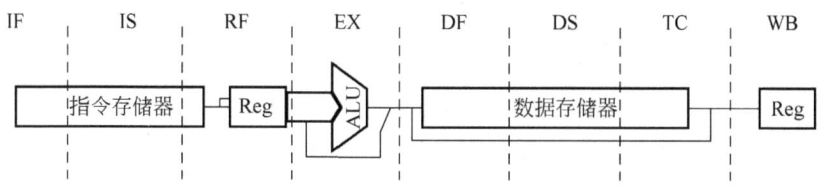

图 6-33 R4000 流水线结构

这是一种 8 段流水线,各段名称及功能如下:

- **IF**(Instruction Fetch,取指令):主要完成选择 PC 值及访问指令 Cache 的启动工作,是取指令的前一部分工作。
- **IS**(Issue,指令流出):主要完成访问指令 Cache 的操作,是取指令的后一部分工作。
- **RF**(Fetch Operands from Register,取寄存器操作数):完成译码、取寄存器和相关检测等操作,并检测指令 Cache 的命中情况。
- **EX**(Execution,执行):执行阶段,包括计算有效地址(Effective Address,EA)进行 ALU 操作、计算分支目标地址(Branch Target Address)和检测分支条件。
- **DF**(Data Cache First Half):完成取数据操作,是访问数据 Cache 的前一部分工作。
- **DS**(Data Cache Second Half):访问数据 Cache 的后一部分工作。
- **TC**(Tag Check,标记检测):完成 Cache 标记检测,以确定访问数据 Cache 是否命中。
- **WB**(Write back,写回):写回读出的数据或完成寄存器-寄存器操作。

R4000 的流水线段数较多,称为**超流水线**(Super Pipelining)。其时钟频率达 100~200MHz。R4000 流水线可以在每个时钟周期启动一条新的指令。

MIPS 的浮点部件由一个浮点加法器、一个浮点乘法器和一个浮点除法器组成。浮点功能部件的流水线由 8 段组成:

- A 段为尾数加流水线,由浮点加法器完成;
- D 段为除法流水线,由浮点除法器完成;
- E 段为异常测试段,由浮点乘法器完成;
- M 段为乘法器第一个流水线,由浮点乘法器完成;
- N 段为乘法器第二个流水线,由浮点乘法器完成;
- R 段为舍入段,由浮点加法器完成;
- S 段为操作数移位段,由浮点加法器完成;
- U 段展开浮点。

习题 6

6.1 简述微程序控制器完成一条机器指令的过程。

6.2 在微程序控制器中，控制存储器的容量为 1024×32 位，微指令有控制字、BCF 和 BAF 3 个字段，控制字为 16 位，问 BCF 和 BAF 字段各有多少位？

6.3 CPU 在满足了什么条件下可响应中断。

6.4 中央处理器应具有哪些基本功能。

6.5 何谓中断？简述中断在计算机系统中的作用（试举两例）。

6.6 简述控制器的主要任务。

6.7 简述一条指令应包含的信息以及这些信息的作用？

6.8 计算机中的控制器主要由程序计数器、指令寄存器、指令译码器、时序产生器和操作控制器 5 部分组成，请简述操作控制器和时序产生器的功能。

6.9 微程序控制器主要由控制存储器、微指令寄存器和微指令地址形成部件组成，简述这 3 个部件的功能。

6.10 简要说明 CPU 中 6 个主要寄存器的名称和功能。

6.11 叙述机器指令与微指令的相互关系。

6.12 简述多级中断的中断响应原则。

6.13 说明中断(不嵌套)的响应过程，并画出流程图，扼要说明之。

6.14 CPU 结构如习图 6-1 所示，其中有一个累加寄存器 AC，一个状态条件寄存器，各部分之间的连线表示数据通路，箭头表示信息传送方向。

(1)标明图中 4 个寄存器的名称。

(2)简述指令从主存取到控制器的数据通路。

(3)简述数据在运算器和主存之间进行存/取访问的数据通路。

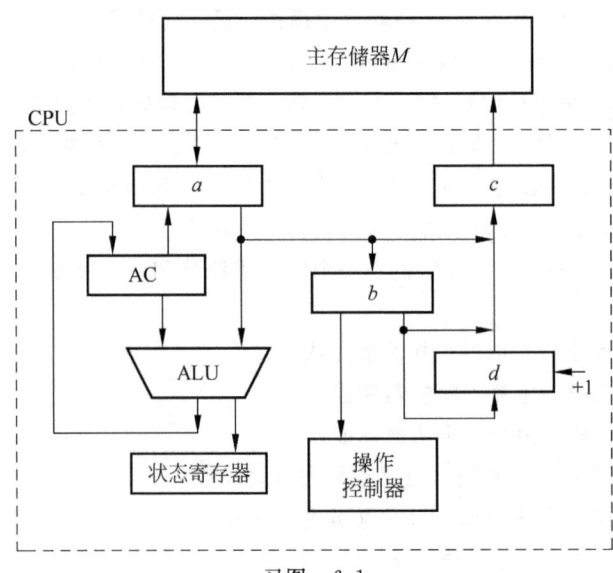

习图 6-1

CHAPTER 7

第 7 章

I/O 接口与外围设备

"输入/输出"是计算机通过外围设备与外部世界通信或交换数据的操作，是人们使用计算机解决实际问题时必不可少的过程。而"输入/输出系统"是计算机系统中实现输入/输出操作的部件，由外围设备和 I/O 接口组成。本章主要论述各种常用外围设备的工作原理及特点，外围设备与主机的定时方式和信息交换方式，有关图形用户界面的基本概念。外围设备与主机的定时方式和信息交换方式是重点。

7.1 外围设备

外围设备（peripheral device）是指在计算机主机处理信息前负责把信息送入计算机的设备，以及在主机对信息进行处理后输出处理结果的设备。它包括计算机同外部环境联系、实现通信的设备，如图 7-1 所示。一般而言外围设备是指输入设备、输出设备和外存储器。

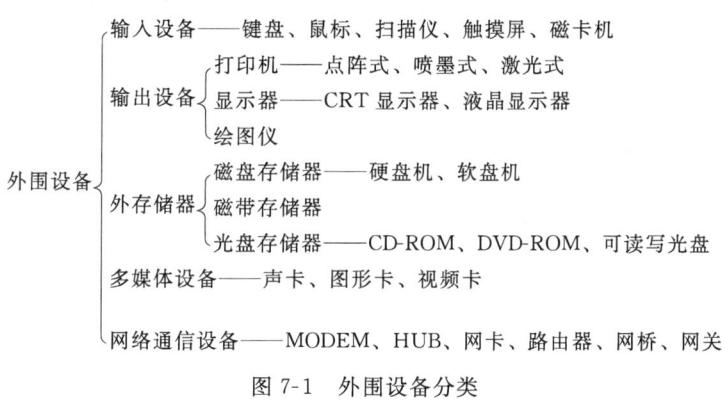

图 7-1 外围设备分类

7.2 常用输入设备和输出设备

输入/输出设备是实现计算机系统与人（或其他系统）之间进行数据交换的设备。输入/输出设备是通过接口实现与主机交换数据的。

输入设备是把各种信息（包括字符、图形、图像、语言以及电信号等）送入计算机处理的设备，最常用的是键盘、鼠标和扫描仪等。

输出设备是把计算机的处理结果用人所能识别的形式（例如字符、图形、图像以及语音等）表示出来的设备，最常用的是显示器和打印机等。

由于输入/输出设备在结构和工作原理上与计算机主机有很大差异，因此在主机与输入/输出设备进行数据交换时，必须有相应的逻辑部件，使计算机主机同输入/输出设备间能正确地传送信息，这个逻辑部件就称为**接口**。

接口的基本功能为：

1) 实现数据缓冲，使主机与外围设备在工作速度上达到匹配。

2) 实现数据格式转换。接口线路在完成数据传送的同时，实现处理器与外围设备之间数据格式的转换。

3) 提供外围设备和接口的状态，为处理器更好地控制和调整各种外围设备提供有效的帮助。

4) 实现主机与外围设备之间的通信联络控制。包括设备的选择、操作时序的控制与协调，主机命令与外围设备状态的交换与传递等。

7.2.1 键盘

键盘是人向计算机输入信息的最基本的设备，人可以通过按键向计算机输入数字、字母、特定字符和命令。键盘把按下不同键的机械动作转换成计算机能识别的编码。

a) 104键

键盘是由一定数量的开关——按键（key）按一定规律排列而成的输入设备，如图7-2所示。常用键盘有83、84、101和103～107个键组成。以107键的键盘为例，107个键可分为4个键区——功能键区、主键盘区、光标控制键区和数字键区，按键区名各司其职。如图7-2b所示。

b) 107键

图 7-2 键盘外形

按照按键（开关）接触方式的不同，键盘有机械式、电容式和薄膜式，如图7-3～图7-5所示，在计算机中常用前两种。

1) 机械式键盘，这种键盘按键后，触点接触通电而产生按键信号，见图7-3。

2) 电容式键盘，这种键盘利用键运动时极板间电容容量的变化产生按键信号，见图7-4。

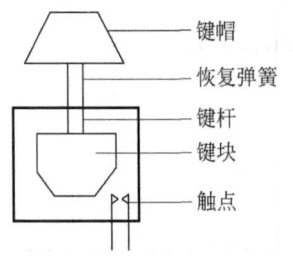

图 7-3 机械式按键

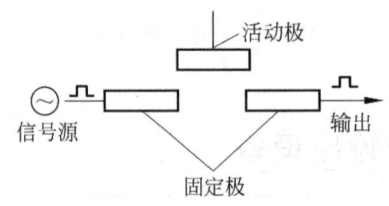

图 7-4 电容式按键

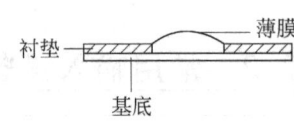

图 7-5 薄膜式按键

键盘输入信息的过程：

1) 检测是否有键按下。

2) 查出按下的是哪一个键。

3) 将该键所代表的信息翻译成计算机能识别的内部代码。如 ASCII 码或其他预先约定的编码。

有两类键盘：编码键盘和非编码键盘。

- 编码键盘能自动提供对应于被按键的编码信息，如 ASCII 码，并能同时产生一个选通脉冲通知微处理器。
- 非编码键盘由一组开关组成，提供行和列的键盘矩阵。其全部工作，包括按键的识别、按键代码的产生、防止串键和消去抖动等问题，都靠程序来实现。

键盘上的按键排列成矩阵形式。对于非编码键盘而言，可以用硬件或软件的方法分别对行与列进行扫描，以获取按键的位置，生成键扫描码，以串行形式传送给主机。主机将接收到的串行扫描码转换为并行数据，最后由软件将扫描码转换为该键对应的 ASCII 码，供存储或显示。键盘的扫描原理图见图 7-6。

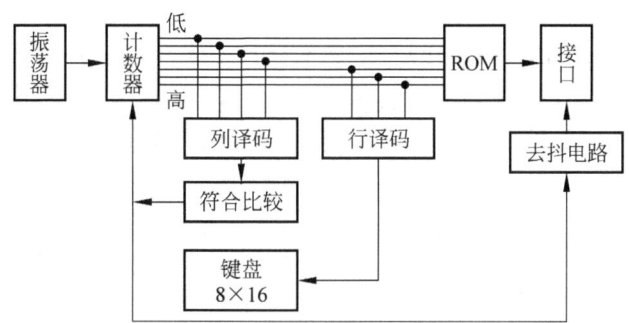

图 7-6　键盘的扫描原理图

7.2.2　鼠标

鼠标（mouse）是一种手持式屏幕坐标定位设备，是控制计算机的显示屏幕上光标移动的输入设备，常用于菜单选择、屏幕作图和屏幕编辑等，是微机系统必备的输入设备。如图 7-7 所示。鼠标移动时，鼠标内部有测量位移的部件，把移动距离与方向的信息转换为电脉冲送入计算机，再由计算机将电脉冲转换为鼠标指针的坐标数据送显示屏幕，用以达到指示位置的目的。根据鼠标内部测量位移部件的类型不同，鼠标可分为光电式、光机式和机械式 3 种。

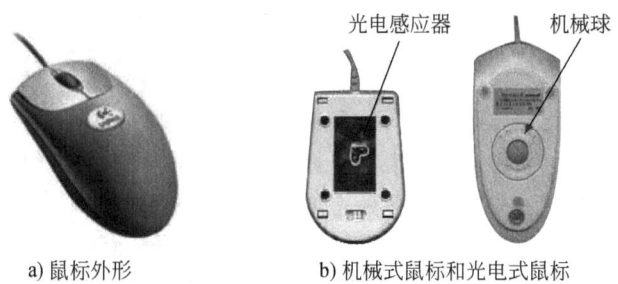

a) 鼠标外形　　　　b) 机械式鼠标和光电式鼠标

图 7-7　鼠标

1) **机械式鼠标**：采用机械结构有一个机械球通过摩擦两个滚轮，将滚轮移动距离转换为电信号——电脉冲，使显示屏幕上的光标移动。转换部件——编码器是机械的。

2) **光电式鼠标**：采用发光二极管和光敏晶体管组合成光电感应器来测量位移。

3) **光机式鼠标**：工作原理同机械式鼠标，但编码器采用的是光学器件。

作为输入设备，鼠标同计算机的连接也必须通过接口，鼠标同计算机接口有三类——串行口（COM 口）、PS/2 口和 USB 口，串行口（COM 口）是早期机器用的鼠标接口，PS/2 口是作为固定接口集成在主板上的，USB 口的鼠标已普遍应用于笔记本计算机中。

此外，还有无线鼠标，这种鼠标与计算机的连接改成红外线，使鼠标移动更灵活。

7.2.3 扫描仪

扫描仪是一种能捕获图像信息——包括文本、图形和符号，并把它转换为计算机可以显示、编辑、存储和输出的数字化输入设备，也是一种高精度的光电组合的设备。对于要在文稿中加入图片或照片时，扫描仪是最好的输入工具(见图7-8)。

扫描仪主要由光学成像部件、机械传动部件和光电转换部件组成，这3个部件相互配合将反映图像特征的光信号转换为计算机能处理的电信号。扫描仪的核心是转换部件——完成光电转换的电荷耦合元件 CCD(Charge Coupled Device)，扫描仪的光源照射在要输入的图稿(或文稿)上，对不透光的纸张文稿产生反射光，对透明胶片文稿产生透射光。光学系统收集这些光信号聚焦到电荷耦合元件 CCD，CCD 将这些光信号转换成电信号，然后由 A/D 转换器(模拟/数字转换器)转换为数字信号，产生数字图像信息，传送到计算机。扫描仪工作原理见图7-9。

图7-8 扫描仪

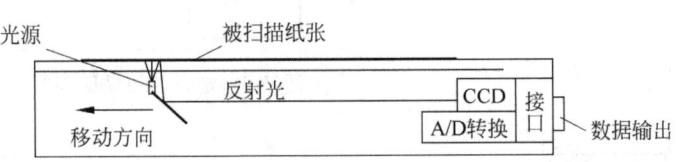

图7-9 扫描仪工作原理图

扫描仪的正常工作还需有如下软、硬件配合。

1) 扫描仪接口卡

2) 扫描仪同计算机之间的连接线——USB信号线(或SCSI信号线，或并口信号线)

3) 控制扫描工作的有关软件——扫描软件、图像编辑软件或光学文字识别软件

7.2.4 触摸屏

触摸屏作为一种新的电脑输入设备，是目前最简单、方便、自然的人机交互方式。它是一种可接收触头等输入信号的感应式液晶显示装置，当接触了屏幕上的图形按钮时，屏幕上的触觉反馈系统可根据预先编制的程序驱动各种连接装置，并借由液晶显示画面制造出生动的影音效果，从而取代了机械式的按钮面板。触摸屏赋予了多媒体以新的面貌，是一种新型的多媒体交互设备。触摸屏的最大优点是不用学习，人人都会使用，标志着计算机应用普及时代的真正到来。

触摸屏是一套透明的绝对定位系统，其有三个特性：

- **透明**。它直接影响到触摸屏的视觉效果，必须通过材料科技来解决透明问题，像数字化仪、写字板和电梯开关，都不是触摸屏。
- **绝对坐标**。要选哪里就直接点哪里，与鼠标这类相对定位系统的本质区别是一次到位的直观性。绝对坐标系的特点是每一次定位坐标与上一次定位坐标没有关系，触摸屏在物理上是一套独立的坐标定位系统，每次触摸的数据通过校准数据转为屏幕上的坐标，要求触摸屏这套坐标不管在什么情况下，同一点的输出数据是稳定的，不能产生漂移——不稳定，否则就不能保证绝对坐标定位，而鼠标是相对定位的一套系统。

- **检测触摸并定位**。各种触摸屏技术都是依靠各自的传感器来工作的，有的触摸屏本身就是一套传感器，各自的定位原理和所用的传感器决定了触摸屏的反应速度、可靠性、稳定性和寿命。

触摸屏具有坚固耐用、反应速度快、节省空间、易于交流等许多优点。利用这种技术，用户只要用手指轻轻地碰计算机显示屏上的图符或文字就能实现对主机操作，从而使人机交互更为直截了当，这种技术大大方便了那些不懂电脑操作的用户。

触摸屏起源于20世纪70年代，被安装于工控计算机、POS机终端等工业或商用设备之中，主要应用于公共信息的查询、领导办公、工业控制、军事指挥、电子游戏、点歌点菜、多媒体教学、房地产预售等。2007年苹果公司推出iPhone手机时采用了触摸屏，把一部至少需要20个按键的移动电话，设计得仅需三四个键就能搞定，成为触控行业发展的一个里程碑。触摸屏赋予了使用者更加直接、便捷的操作体验，并使手机的外形变得更时尚轻薄，增加了人机直接互动的亲切感，开启了触摸屏迈向主流操作界面的新征程。

目前，触摸屏的应用范围已越来越广泛，从工业用途的工厂设备的控制/操作系统、公共信息查询的电子查询设施、商业用途的提款机，到消费性电子的移动电话、PDA、数码相机等，都有触控屏幕的身影。当然，这其中应用最为广泛的仍是手机。触摸屏在消费电子产品中的应用范围正从手机屏幕等小尺寸领域向具有更大屏幕尺寸的笔记本电脑拓展，见图7-10。

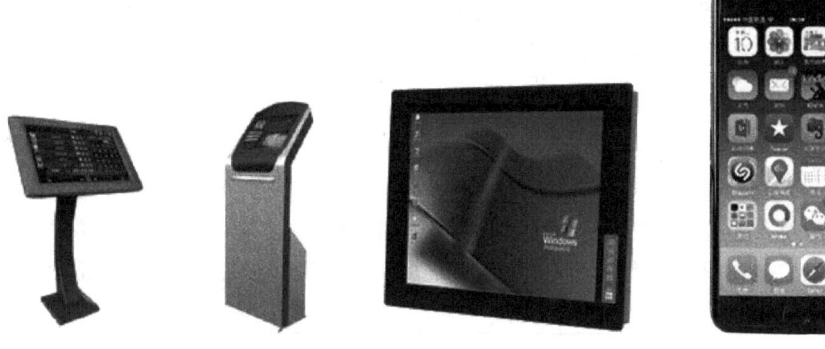

图7-10 触摸屏的几种应用

触摸屏技术具有专业化、多媒体化、立体化和大屏幕化等特点。随着信息社会的发展，人们需要获得各种各样的公共信息，以触摸屏技术为交互窗口的公共信息传输系统，通过采用先进的计算机技术，运用文字、图像、音乐、解说、动画、录像等多种形式，直观、形象地把各种信息介绍给人们，给人们带来了极大的方便。可以相信，随着技术的迅速发展，触摸屏对于计算机技术的普及应用将发挥重要的作用。

7.2.5 打印机

打印机是计算机最基本的硬拷贝输出设备，见图7-11。打印机种类繁多，工作原理和性能各异。一般分为针式打印机、喷墨打印机和激光打印机。

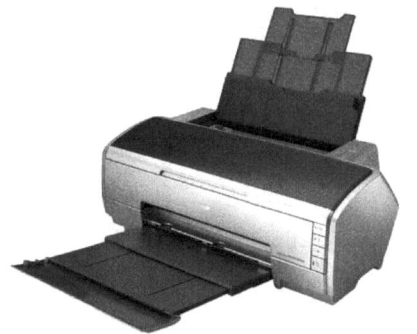

图7-11 打印机

1. 针式打印机

针式打印机生成字符是依靠电磁力驱动印字部件（打印钢针）击打色带，将打印钢针击打点阵的印痕（字符或图形）打印到打印纸上，所以针式打印机属于击打式打印机（见图 7-12）。同属于击打式打印机的还有字模式打印机，这种打印机一次生成一个字符，汉字数量大，无法采用字模式打印机。

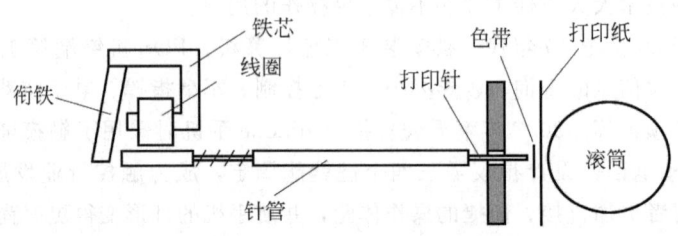

图 7-12 针式打印机示意图

2. 喷墨打印机

喷墨打印机采用喷墨技术，用喷墨头代替针式打印机的打印头，将墨滴直接喷射到打印纸上形成印点（见图 7-13）。现在有两种喷射方式：连续式和随机式。连续式的墨水从喷嘴连续喷射，在墨水运动过程中控制喷射方向，使墨滴喷射到纸面上预定位置，形成点阵字符或图像。而随机式则是控制墨水的喷射，而不控制墨水喷射的方向，依靠喷头的移动形成打印字符或图像。目前的喷墨打印机都采用随机式喷墨打印。

3. 激光打印机

激光打印机是基于电子照相技术和激光技术发展的非击打式打印机，关键部件是激光扫描系统、电子照相系统（见图 7-14）、字符发生器和电子控制电路。激光打印机的基本工作过程是：激光扫描系统产生激光束，由计算机送来二进制图文点阵信息，经接口电路送到字符发生器，产生相应的二进制脉冲信号。而电子照相系统中的感光鼓（或硒鼓）经过初始化、感光和显影，将欲打印的文稿和图像在感光鼓上完成显影，并将文稿和图像传到打印纸上。

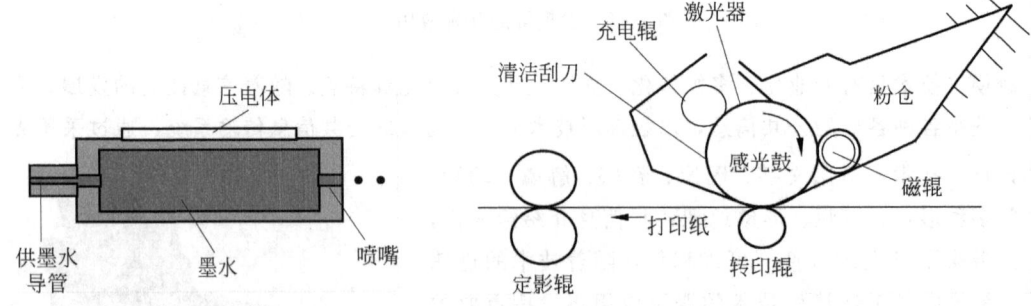

图 7-13 喷墨打印机的喷墨头示意图   图 7-14 激光打印机的激光扫描系统和电子照相系统示意图

激光打印机是一种高速度、高质量的打印机，其打印速度最低为 4ppm（页/分），一般为 12ppm、16ppm，更高的可达 24ppm。打印分辨率最低为 300dpi（点/英寸），高的可达 1200dpi，已达到照相机的分辨率。由于激光打印机是非击打式打印机，因此工作时噪声小，通常低于 53db。

7.2.6 显示器

显示器(见图 7-15)是计算机必备的输出设备,用来将主机输出的信息经一系列处理后转换为光信号,以文字、图像形式显示出来。在计算机系统中所采用的显示器通常有 CRT(Cathode Ray Tube,阴极射线管)显示器、LCD(Liquid Crystal Display,液晶显示器)和 LED(Light Emitting Diode,发光二极管)显示器。

1. CRT 显示器

计算机中广泛使用的彩色 CRT 显示器的内部结构如图 7-16 所示。

由图 7-16 可见,彩色 CRT 显示器主要由 CRT、视频电路和扫描电路等几部分组成。

阴极射线管中的电子枪有 3 个独立的阴极可向显示屏发出 3 束平行的电子束。改变阴极和控制极 G1 之间的电

图 7-15 显示器

压,可控制电子束电流的强弱。屏蔽极 G2 和阴极之间的电场使两边的电子束折向中心轴,经聚焦极 G3 聚焦后由两侧射出,再经两对汇聚极板的静电场作用折向中心,最后经阳极加速后的 3 束电子在排有竖条形孔的荫罩板的细缝中汇聚后分别准确地轰击涂在荧光屏上对应红绿蓝的 3 色荧光粉。

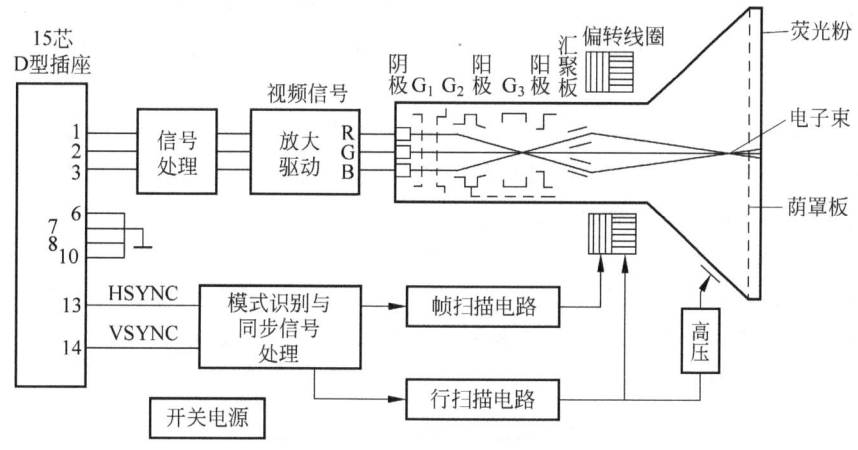

图 7-16 彩色 CRT 显示器的内部结构

CRT 显示器采用光栅扫描方式工作——电子束扫描方式。电子束对整个荧光屏进行周期性的扫描,被扫描到的点上的荧光物质发出短暂的光,形成显示图像。电子束从显示屏幕最高位置沿水平方向自左至右的扫描,称为**行扫描**,第一行扫描完。自上至下一行一行依次扫描,扫描完整个显示屏幕,构成一幅图像——称为一帧。行与帧的扫描频率分别称为行频与帧频。有两种光栅扫描方式——逐行扫描和隔行扫描。如果电子束在垂直扫描时,按奇偶每隔一行扫描一次,称为**隔行扫描**,在行频相同时,可提高帧频;如果电子束在垂直扫描时依次对每一行进行扫描,称为**逐行扫描**,这种扫描方式具有较高的分辨率,采用逐行扫描可使屏幕显示无闪烁感。

帧扫描电路和行扫描电路分别向垂直偏转线圈和水平偏转线圈提供帧频和行频锯齿波电流，在电子枪前端的管颈内产生两个互相垂直的、强度按帧频和行频变化的偏转磁场，电子束在穿过这两个磁场时，受到垂直和水平两个方向的作用力产生位移——从左向右、从上向下扫描荧光屏产生一幅幅光栅。水平扫描包括正程和逆程，正程用于显示，逆程用于消隐。水平扫描频率称为行频。垂直扫描也包括正程和逆程，垂直扫描频率称为帧频。整个屏幕有 m 条扫描线（被扫描线分成 m 行），每行有 n 个点，一个点为一个像素（pixel），全屏幕有 $m \times n$ 个像素。显示屏上显示的图像是电子束扫描时在屏幕上产生的不同亮度、不同颜色的像素组成，而不同图像的视频信号由 CPU 通过接口插座经"信号处理"送来，通过"放大驱动"送 CRT 的阴极，控制电子束在对应位置上产生不同亮度、不同颜色的光点，以构成不同的图像。

CRT 显示器的主要性能指标为分辨率（resolution）和对比度。分辨率以图像点——像素的个数为标志，是衡量显示器显示清晰度的指标。显示的像素越多，分辨率越高，显示的图像和字符越清晰。对比度是指显示的图像和字符与屏幕背景底色的亮度之比，对比度越高，所显示的图像和字符越清晰。

2. LCD 显示器

(1)液晶（Liquid Crystal）

某些有机化合物，在一定的温度范围内，以液体和固体之间的中间状态——液晶状态存在，称为液晶物质。每种液晶物质都有一个称为"液晶相温度"的温度范围，低于"液晶相温度"下限值时，液晶物质处于晶体态，失去液晶物质的流动性；高于"液晶相温度"上限值时，液晶物质处于液体态，失去液晶物质的光学性。用作 LCD 显示器的液晶材料要求"液晶相温度"的温度范围较大，为 $-20 \sim +60$℃。具有良好的物理稳定性和化学稳定性以及良好的电光特性。

液晶物质具有液体的流动性和晶体的各向异性，液晶分子是按一定的方向整齐排列的。当加上电场时，电场会使液晶分子的排列次序打乱或发生变化，改变液晶材料的光学特性。液晶材料的这些特性是液晶显示器显示的基础。

(2)液晶显示原理

液晶显示原理利用液晶的多种物理光学效应，常用的有动态散射效应（电流效应）和偏光效应中的扭曲效应。近年生产的液晶显示器大多是利用扭曲效应制成的，如图 7-17 所示。

液晶显示器中的液晶封装在两块平行的玻璃之间，玻璃板内侧有透明电极。电极间未加电压时，液晶分子是平行于显示面排列，见图 7-17a，对液晶分子进行处理后，液晶分子从顶层到底层扭曲了 90°，使偏振光通过液晶时产生 90°的偏转效果，再通过与偏振器有 90°的偏转面的另一个偏振器，偏振光不再发生偏转，结果光线可通过显示器而在屏幕上显示。电极间加上电压时，液晶分子未发生扭曲。偏振光通过两个偏振器后产生偏转 90°的效果，挡住了光线，可产生亮点黑字的显示效果。这是透射型场效应管液晶显示器的工作原理。

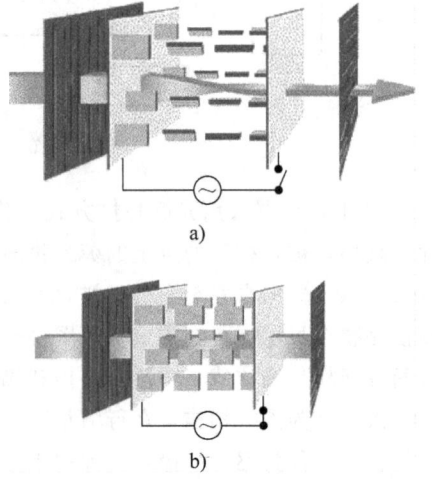

图 7-17 液晶分子的排列

3. LED 显示器

(1) 发光二极管

发光二极管是一种通过控制半导体发光二极管的显示方式，由镓(Ga)、砷(As)、磷(P)、氮(N)、铟(In)的化合物制成的二极管，当电子与空穴复合时能辐射出可见光，因而可以用来制成发光二极管。发光二极管在电路及仪器中作为指示灯，或者组成文字或数字显示。磷砷化镓二极管发红光，磷化镓二极管发绿光，碳化硅二极管发黄光，铟镓氮二极管发蓝光。

从各种指示灯、路灯、节日彩灯到笔记本电脑、电视背光，都在广泛采用 LED 照明。由于其高能效，人们普遍认为用 LED 灯取代传统的灯泡、荧光灯是一种非常环保的做法。

LED 背光源以高效侧发光的背光源最为引人注目，LED 作为 LCD 背光源应用，具有寿命长、发光效率高、无干扰和性价比高等特点，已广泛应用于电子手表、手机、BP 机、电子计算器和刷卡机上。随着便携电子产品日趋小型化，LED 背光源更具优势，因此背光源制作技术将向更薄型、低功耗和均匀一致的方向发展。LED 是手机关键器件，一部普通手机或小灵通约需使用 10 只 LED 器件，而一部彩屏和带有照相功能的手机则需要使用约 20 只 LED 器件。现阶段手机背光源用量非常大，一年要用 35 亿只 LED 芯片。目前我国手机生产量很大，而且大部分 LED 背光源还是进口的，对于国产 LED 产品来说，这是个极好的市场机会。

(2) LED 显示屏

LED 显示屏(LED display)是由一个个小的 LED 模块面板组成的平板显示器，一般用来显示文字、图像、视频、录像信号等各种信息。

与其他大屏幕终端显示器相比，LED 显示屏主要有以下特点：

- 亮度高：户外 LED 显示屏的亮度大于 8000mcd/m^2，是目前唯一能够在户外全天候使用的大型显示终端；户内 LED 显示屏的亮度大于 2000mcd/m^2。
- 寿命长：LED 寿命长达 100 000 小时(十年)以上，该参数一般指设计寿命，亮度暗了也算。
- 视角大：室内视角可大于 160 度，户外视角可大于 120 度。视角的大小取决于 LED 发光二极管的形状。
- 屏幕面积可大可小：小至不到一平方米，大则可达成百上千平方米。
- 易与计算机接口，支持软件丰富。

20 世纪 70 年代，最早的 GaP、GaAsP 红、黄、绿色低发光效率的 LED 已开始应用于指示灯、数字和文字显示。

LED 显示器集微电子技术、计算机技术、信息处理于一体，以色彩鲜艳、动态范围广、亮度高、寿命长、工作稳定可靠等优点，成为最具优势的新一代显示媒体。目前，LED 显示器已广泛应用于大型广场、商业广告、体育场馆、信息传播、新闻发布、证券交易等，可以满足不同环境的需要。由此 LED 开始进入多种应用领域，包括宇航、飞机、汽车、工业应用、通信、消费类产品等，遍及国民经济各部门和千家万户。尽管多年以来 LED 一直受到颜色和发光效率的限制，但由于 GaP 和 GaAsP LED 具有长寿命、高可靠性，工作电流小，可与 TTL、CMOS 数字电路兼容等许多优点，因而一直受到使用者的青睐。

LED 的技术进步是其应用的最大推动力。最初，LED 只是作为微型指示灯，在计算机、音响和录像机等高档设备中应用，随着大规模集成电路和计算机技术的不断进步，LED 显示器迅速崛起，逐渐扩展到证券行情股票机、数码相机、PDA 以及手机领域。

按显示器件，LED 显示屏可分为以下几种：
- LED 数码显示屏：显示器件为 7 段码数码管，适于制作时钟屏、利率屏等，是显示数字的电子显示屏。
- LED 点阵图文显示屏：显示器件是由许多均匀排列的发光二极管组成的点阵显示模块，适于播放文字、图像信息。
- LED 视频显示屏：显示器件是由许多发光二极管组成的，可以显示视频、动画等各种视频文件。

(3) LED 液晶显示器

LED 液晶显示器的全称应该是 LED 背光源液晶显示器。根据液晶显示器的原理，液晶显示器是由液晶分子折射背光源的光线来呈现出不同的颜色，液晶分子自身是无法发光的。绝大部分液晶显示器的背光源都是 CCFL(Cold Cathode Fluorescent Lamp，冷阴极荧光灯管)，其原理近似于日光灯管。而 LED 背光则是用于替代 CCFL 的一个新型背光源。

LED 液晶显示器的优点是：

1) LED 背光由于原理的不同，发光体分布均匀。

2) 寿命更长。普通 CCFL 背光源的使用寿命为 50 000 小时，而 LED 的使用寿命则大于 100 000 小时。因此使用 LED 背光源的液晶显示器或液晶电视在使用时间较长后，背光源的亮度衰减情况要优于 CCFL 背光。

3) 环保性更好。采用 CCFL 背光，永远无法解决"汞"这个有毒物质，这是由其发光原理所决定的。但是，LED 无此问题。

4) LED 背光的显示器比 CCFL 背光的显示器更节能，以 21.6 寸的显示器为例，LED 背光源液晶显示器的功耗约为 CCFL 背光源显示器的 60%。

7.3 外存储器

当 CPU 在工作时，计算机系统中的外存储器用来存放 CPU 运行时暂时不用的各种程序和文件。要用到外存中的程序和文件时，再将其调入内存。**外存储器**又称为**辅助存储器**，简称**辅存**。常用的外存储器有：磁盘存储器、磁带存储器和光盘存储器。

外存储器中的磁盘存储器和磁带存储器都属于磁表面存储器，它们都是利用某一基体表面的薄层磁性材料来存储信息。磁表面存储器采用数字磁记录，写入时，被记录的是电脉冲信号，通过磁头在磁介质上留下的是一连串的饱和磁化翻转；读出时，通过磁头再将其转换为电信号。

7.3.1 磁盘存储器

磁盘存储器有硬盘存储器和软盘存储器两种。

1. 软盘存储器

软磁盘是一个涂有磁性物质的聚酯薄膜圆盘，盘片较柔软，故称为软磁盘(floppy diskette)。软磁盘片有 8 英寸⊖盘、5 英寸盘、2.5 英寸盘和 3 英寸盘等几种尺寸，其中 8 英寸盘是早期小

⊖ 1 英寸=0.0254 米。

型机用盘，PC 上使用的是 5 英寸盘、2.5 英寸盘和 3 英寸盘。软盘的存储容量为 180KB、360KB、720KB、1.2MB 和 1.44MB 等。软盘存储器具有体积小、重量轻、盘片可以脱机保存、携带方便等优点。20 年来，它是在 PC 中使用最广的、脱机保存的外存储器。近两年来，由于容量更大、携带更方便的存储器——U 盘(闪存盘)的迅速发展与广泛应用，软盘存储器完成其历史使命，已经退出 PC 的基本配置。

2. 硬盘存储器

(1) 硬磁盘存储器

硬磁盘存储器是计算机系统主要的外存储器，具有存储容量大(目前在 PC 上所使用的硬盘存储器容量最低的是 40GB，中档的是 160GB，高档的已达 500GB 以上)和存取速度快的优点。计算机的系统软件(操作系统)、编译系统以及应用软件都驻留在硬磁盘存储器上。

硬磁盘的盘基是一个铝合金(或改性陶瓷——玻璃基片制成的刚性盘片，故称为硬磁盘(hard disk)。盘片表面涂以磁性介质层。硬磁盘片的尺寸有 1.8 英寸、2.5 英寸、3.5 英寸和 5.25 英寸 4 种，多片同心的磁盘片固定在同一主轴上组成硬磁盘组。

(2) 硬盘机——硬盘驱动器(Hard Disk Driver，HDD)

硬盘驱动器(如图 7-18 所示)是由盘片组、马达(主轴驱动机构)、磁头、磁头驱动定位机构、电子线路(读/写电路)、接口及控制电路等组成，一般置于主机箱内。

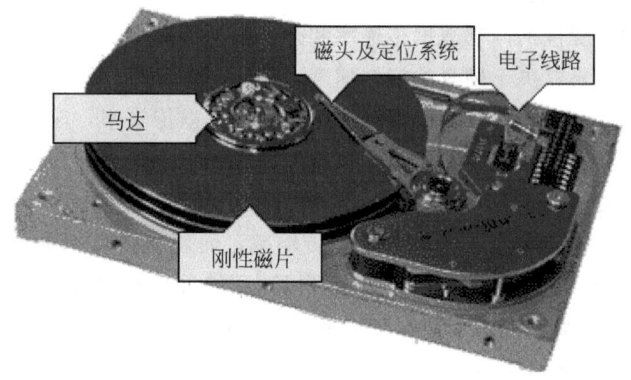

图 7-18 硬盘存储器

信息存储在磁盘片上，由磁头读出或写入。硬盘通电后，盘片高速旋转，当硬盘从系统接到一个读数据指令后，磁头根据指令中给出的地址，按磁道号产生驱动信号定位，再通过盘片的转动寻找信息所在的扇区，由磁头读取指定位置——指定磁道、指定扇区的信息，并传送到硬盘的 Cache 中，然后通过硬盘接口实现数据交换。

(3) 温彻斯特技术(Winchester Technology)

目前使用的硬磁盘多采用温彻斯特硬盘，通常称为**温盘**。

温彻斯特技术是 20 世纪 70 年代中期，IBM 公司在 IBM 3340 型硬盘驱动器上首次采用的一种固定盘片的硬盘技术，温彻斯特技术的主要特点是：

1) 磁盘片组、磁头、主轴以及装载读/写磁头臂的小车等机械精度要求严格的关键零部件安装在一个密封的壳体内，称为"头盘组件"(Head Disk Assembly，HDA)，从而消除了影响磁头定位精度的一些机械变动因素；

2) 平轨磁头浮动块具有质量轻、尺寸小、浮力轻的特点，可同盘片作接触启停，盘片磁层表面涂有润滑剂,盘片不转时磁头与磁盘接触,当磁盘达到一定转速时,浮动块浮起,当磁盘的转速降到一定值时,浮动块经过一段滑行后,降落到磁盘盘面;

3)读前置放大器、写电流驱动电路、选磁头选择电子开关以及保护电路都集成在一块芯片上,该芯片安装在磁头臂上,可尽量减少外界电磁场对磁头引线的影响,从而改善了读/写信号的高频传输特性。

采用温彻斯特技术的硬盘具有防尘性好、可靠性高、对使用环境要求低的优点,是目前应用最广的硬磁盘存储器。

(4)硬盘驱动器的性能参数

1)磁盘记录密度。

磁盘记录密度分为道密度和位密度,道密度是指沿磁盘盘片直径方向单位长度内的磁道数;位密度是指磁盘磁道上单位长度内存储的数据位数。磁道是指磁盘盘片的记录面上划分的以盘片中心为圆心的用来记录数据的同心圆轨迹。

2)平均访问时间(Average Access Time)。

磁头从起始位置到达目标磁道位置——平均寻道时间(Average Seek Time)、并从该磁道上找到要读/写的数据扇区所需时间——平均等待时间,通常取盘片旋转一周所需时间的一半。

平均访问时间的单位是 ms(毫秒)。

3)数据传输率(Data Transfer Rate)。

硬盘读写数据的速度包括内部数据传输率和外部数据传输率。

内部数据传输率主要取决于硬盘的旋转速度。

外部数据传输率表示系统总线与硬盘缓冲区之间的数据传输率,取决于接口的类型和硬盘缓存的大小,又称为**突发数据传输率**(Burst Data Transfer Rate)或**接口传输率**。

内部数据传输率的单位是 Mb/s 或 MB/s,外部数据传输率是 MB/s。

通常硬盘的内部数据传输率小于外部数据传输率,而硬盘接口标准中的数据如 ATA/100 中的 100 所标志数据传输率为 100MB/s,是指可以达到的最高外部数据传输率是 100MB/s,而采用 ATA/100 接口的硬盘机的内部数据传输率可能只有几十 MB/s。

4)转速(Rotational Speed)。

主轴转速指硬盘盘片每分钟转动的圈数。

转速的单位是 rpm(圈数/每分钟),目前主流硬盘机的转速一般为 5400rpm 和 7200rpm。

5)缓冲存储器(缓存)Cache。

硬磁盘机中的缓存用来缓冲速度差以及实现数据预存取功能。目前主流硬盘机的缓存一般在 2MB 以上,高的可达 8MB。

(5)硬盘格式化

新磁盘在使用前必须进行格式化,然后才能被系统识别和使用。格式化的目的是对磁盘进行磁道和扇区的划分,同时还将磁盘分成 4 个区域:引导扇区、文件分配表、文件目录表和数据区。硬盘格式化需要分 3 个步骤进行,即硬盘的低级格式化、分区和高级格式化。

1)硬盘的低级格式化。

硬盘的低级格式化即硬盘的初始化,其主要目的是对一个新硬盘划分磁道和扇区,并在每个扇区的地址域上记录地址信息。

2)硬盘分区。

初始化后的硬盘仍不能直接被系统识别使用,为了方便用户使用,系统允许把硬盘划分成若干个相对独立的逻辑存储区,每一个逻辑存储区称为一个硬盘分区。

3)硬盘的高级格式化。

高级格式化的主要作用有两点:一是建立操作系统,使硬盘兼有系统启动盘的作用;二是针对指定的硬盘分区进行初始化,建立文件分配表。

7.3.2 磁带存储器

磁带存储器是将数据信息以磁记录方式记录在磁带上的存储设备。磁带存储器的优点是存储量大、磁带体积小、可脱机保存、可反复读写、可靠性高、成本低,但磁带机采用顺序存取,存取数据必须从头开始存取,速度慢,所以我们常把它用作计算机系统的后援存储设备——将硬磁盘上大量暂时不用的数据成批地转存入磁带,脱机保存。当需要使用时,再成批转还到硬盘上。可用作系统备份。

1. 磁带

磁带是磁带存储器的存储介质,采用涤纶(聚酯树脂)材料作带基,表面涂上一层 Fe_2O_3 和 CrO_2 磁性材料。磁带宽度从 0.15~0.5 英寸,磁带盒有圆形盒、正方形盒和长方形盒三种,从磁道数(轨)分有 2、4、7、9、11 和 18 道,常用的是 9 道。记录密度和总容量为:圆盘带记录密度 6250bpi(最大值),总容量为 180MB;正方形盒带记录密度为 38 000bpi(最大值),总容量为 200MB、400MB 和 800MB;长方形盒带记录密度为 38 000bpi(最大值),总容量为 40MB~20GB。

2. 磁带机工作概述

(1)磁带数据记录格式

采用纵向记录方式、以不归零制(NRZI)编码的磁带数据记录格式如图 7-19 所示。

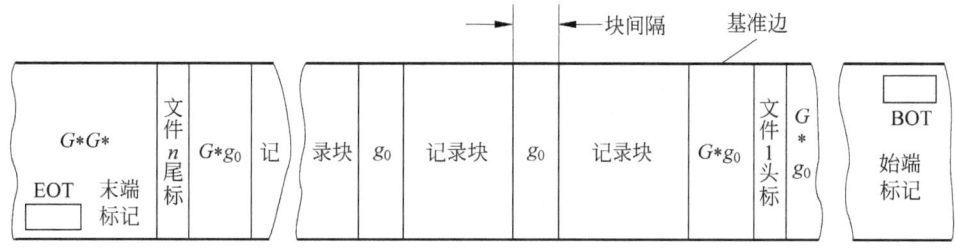

图 7-19 磁带数据记录格式

磁带数据以始端标记 BOT 打头,以末端标记 EOT 收尾,磁带带基上喷涂金属反光薄膜,磁带传送机构采用电磁或光电方式检测首尾标记,控制走带方向。图中,G 为数据初始和结尾的间隔,g_0 为记录块间的间隔,* 表示带标,用于卷头、索引、文件头标、文件尾标之间的特殊记录标记。

(2)磁带机中磁带读写简图

磁带机中磁带读写简图如图 7-20 所示。

由图 7-20 可见磁带安装在主屏蔽板和磁鼓之间。磁带机有读、写两个磁头安装在磁鼓上,分别用于信息读出与写入。一个抹头用于抹除磁带中要擦除的信息。有的磁带机在磁鼓上设置了 3 个磁头——读出头、写入头与伺服头。伺服头位于读、写磁头之间,用于磁道的定位调整。

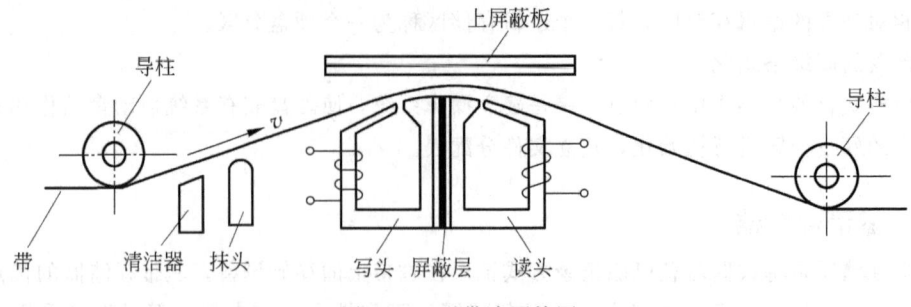

图 7-20　磁带读写简图

3. 磁带机的性能指标

磁带机的主要性能指标有：

1) **磁带宽度**：磁带宽度与磁道数有关，在磁道密度相同的条件下，磁道宽度大的磁带磁道数多，则存储容量大。计算机用的磁带宽度有 0.5 英寸(12.7mm)、0.25 英寸(6.35mm)、0.15 英寸(4mm)等。

2) **磁道数**：标准磁带机在磁带宽度方向并行排列多个磁头，每个磁头对应一个磁道。常见的有 2、4、7、9 和 11。

3) **记录密度**：磁道上单位长度能存储的数据位数，以 bpi(每英寸位数)为单位，一般为几千~几万 bpi。

4) **存储容量**：一盒磁带能存储的最大容量，一般为几十 MB~几十 GB 之间。

5) **磁带速度**：磁带在单位时间内相对于磁头移动的长度。

6) **数据传输率**：磁带机向主机提供数据的速度，分为持续传输率和猝发传输率两种，持续传输率可达 30~100Kb/s，猝发传输率可达 1.5Mb/s。数据传输率除与记录密度和磁带速度有关外，还取决于磁带机同主机的接口。

7.3.3　RAID

1. RAID 概述

磁盘阵列是将 N 个硬磁盘驱动器按照一定要求组成的一个整体，通过由硬件或软件组成的 RAID 控制器结合成虚拟单块大容量的硬盘使用，N 块硬盘可同时读取，使速度加快并能提供容错性。通常称为 RAID 磁盘阵列，RAID 有两种含义：①Redundant Array of Inexpensive Disks(廉价的冗余磁盘阵列)，组合小的廉价磁盘来代替大的昂贵磁盘，以降低大批量数据存储的费用；②Redundant Array of Independent Disks(独立冗余磁盘阵列)，希望采用冗余信息的方式，使得磁盘失效时不会对数据的访问造成影响。

1987 年，加州大学伯克利分校在发表的名为"磁盘阵列研究"的论文中首次提出 RAID 的概念，指出廉价的 5.25″及 3.5″的硬盘也能如大机器上的 8″盘一样提供高容量、高性能和数据的一致性，并详述了 RAID 1 至 5 级——磁盘阵列针对不同的应用使用的不同技术。

2. RAID 分级

下面对 RAID 的不同技术进行简单介绍。

(1) RAID 0(见图 7-21)

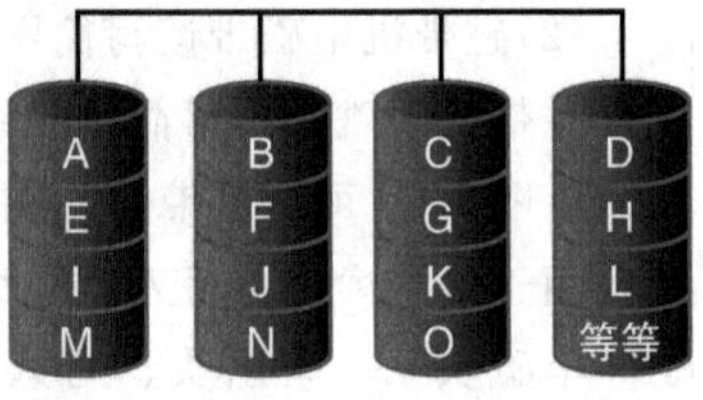

RAID 0 是最早出现的 RAID 模式，是组建磁盘阵列中最

图 7-21　RAID 0 示意图

简单的一种形式,采用数据条带化(Data Stripping)技术,将数据分段存储于各个磁盘中,读写均可以并行处理。因此其读写速率为单个磁盘的 N(N 为组成 RAID 0 的磁盘个数)倍,只需要两个以上的硬盘即可,成本低,可以提高整个磁盘的性能和吞吐量。RAID 0 没有提供冗余或错误修复能力,单个磁盘的损坏会导致数据的不可修复。

RAID 0 一般只是用在那些对数据安全性要求不高的情况下。

(2) RAID 1(见图 7-22)

RAID 1 称为磁盘镜像,原理是把一个磁盘的数据镜像到另一个磁盘上,也就是说数据在写入一块磁盘的同时,会在另一块闲置的磁盘上生成镜像文件,以便在不影响性能的情况下最大限度地保证系统的可靠性和可修复性。只要系统中任何一对镜像盘中至少有一块磁盘可以使用,系统就可以正常运行,即当一块硬盘失效时,系统会忽略该硬盘,转而使用剩余的镜像盘读写数据,具备很好的磁盘冗余能力。

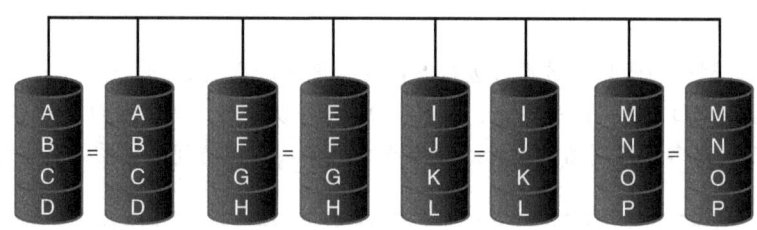

图 7-22 RAID 1 示意图

(3) RAID 2(见图 7-23)

RAID 2 是 RAID 0 的改良版,加入了汉明码(Hamming Code)错误校验。

RAID 2 使用一定的编码技术来提供错误检查及恢复。需要多个磁盘存放检查及恢复信息,这使得 RAID 2 技术实施起来更复杂。图 7-23 左边的各个磁盘上是数据的各个位,由一个数据不同的位运算得到的汉明校验码可以保存在另一组磁盘上。由于汉明码的特点,它可以在数据发生错误的情况下将错误校正,能纠正一位错,检测出两位错,以保证输出的正确。其数据传送速率相当高。

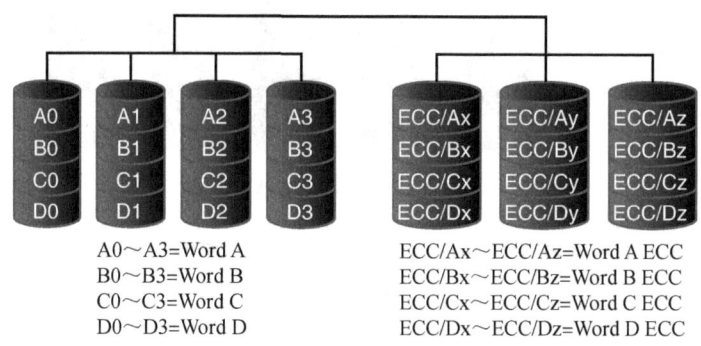

图 7-23 RAID 2 示意图

(4) RAID 3(见图 7-24)

RAID 3 采用奇偶校验码,只能查错不能纠错。它访问数据时一次处理一个带区,可以提高读取和写入速度。校验码在写入数据时产生并保存在另一个磁盘上。必须要有三个以上的驱动器,写入速率与读出速率都很高,因为校验位比较少,因此计算时间相对而言比较少。用软件实现 RAID 控制将是十分困难的，控制器的实现也不是很容易，主要用于图形（包括动画）等要求吞吐率比较高的场合。RAID 3 使用单块磁盘存放奇偶校验信息。如果一块磁盘失效，奇偶盘及其他数据盘可以重新产生数据。如果奇偶盘失效，则不影响数据使用。RAID 3 对于大量的连续数据可提供很好的传输率，但对于随机数据，奇偶盘会成为写操作的瓶颈。

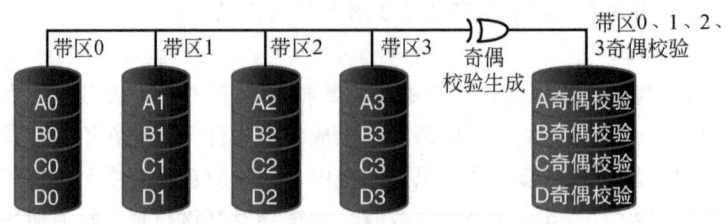

图 7-24　RAID 3 示意图

（5）RAID 4（见图 7-25）

RAID 4 对数据的访问是按数据块进行的，也就是按磁盘进行的，每次一个盘。在图 7-25 中可以这么看，RAID 3 是一次一横条，而 RAID 4 是一次一竖条。不过在失败恢复时，它的难度要比 RAID 3 大得多，控制器的设计难度也要大许多，而且访问数据的效率不怎么好。

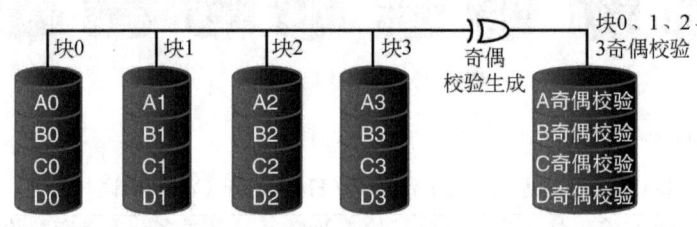

图 7-25　RAID 4 示意图

（6）RAID 5（见图 7-26）

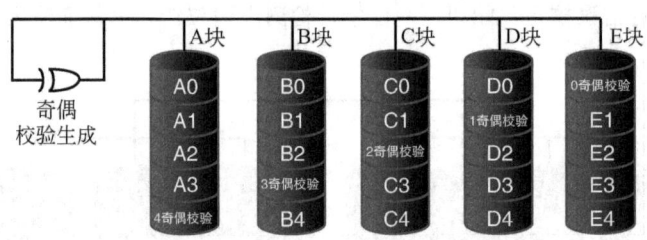

图 7-26　RAID 5 示意图

RAID 5 的奇偶校验码存在于所有磁盘上，其中 0 奇偶校验通常表示为 p0，代表第 0 带区的奇偶校验值，其他同。RAID 5 的读取效率很高，写入效率一般，块式的集体访问效率不错。因为奇偶校验码在不同的磁盘上，所以提高了可靠性。但是它对数据传输的并行性解决不好，而且控制器的设计也相当困难。RAID 3 与 RAID 5 相比，重要的区别在于 RAID 3 每进行一次数据传输，需涉及所有的阵列盘。而对于 RAID 5 来说，大部分数据传输只对一块磁盘操作，可进行并行操作。在 RAID 5 中有"写损失"，即每一次写操作，将产生四个实际的读/写操作，其中两次读旧的数据及奇偶信息，两次写新的数据及奇偶信息。

（7）RAID 6（见图 7-27）

RAID 6 是带有两种分布存储的奇偶校验码的独立磁盘结构，p0 代表第 0 带区的奇偶校验值,而 A 奇偶校验通常表示为 pA,代表数据块 A 的奇偶校验值,其他同。RAID 6 是对 RAID 5 的扩展,主要用于要求数据绝对不能出错的场合。由于引入了第二种奇偶校验值,所以需要 $N+2$ 个磁盘,同时对控制器的设计变得复杂,写入速度也较慢,用于计算奇偶校验值和验证数据正确性所花费的时间也较长。RAID 6 用于军事领域。

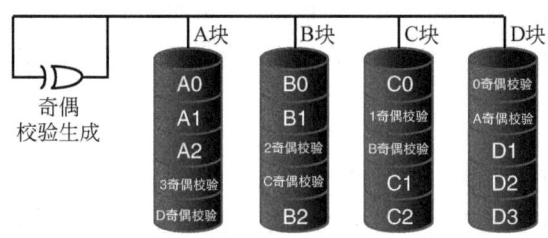

图 7-27 RAID 6 示意图

(8) RAID 01 和 RAID 10(见图 7-28 和图 7-29)

RAID 01 是 RAID 0 和 RAID 1 的结合,先做条带(0),再做镜像(1)。

RAID 10 是 RAID 1 和 RAID 0 的结合,先做镜像(1),再做条带(0)。

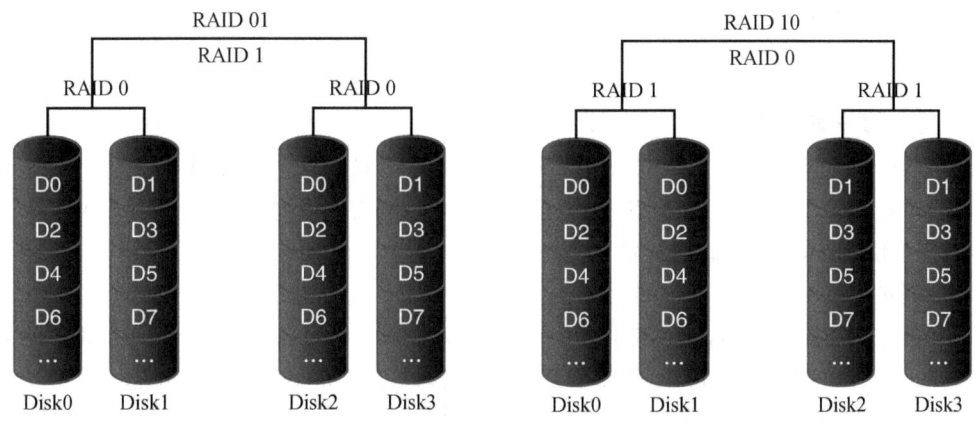

图 7-28 RAID 01 示意图 　　　　　　图 7-29 RAID 10 示意图

3. RAID 的功能和实现

RAID 的功能如下:

1)扩大了存储能力。可由多个硬盘组成容量巨大的存储空间。

2)降低了单位容量的成本。市场上最大容量的硬盘每兆容量的价格要大大高于普及型硬盘,因此采用多个普及型硬盘组成的阵列其单位价格要低得多。

3)提高了存储速度。单个硬盘速度的提高均受到各个时期的技术条件限制,要更进一步往往是很困难的,而使用 RAID,则可以让多个硬盘同时分摊数据的读或写操作,因此整体速度有成倍的提高。

4)可靠性。RAID 系统可以使用两组硬盘同步完成镜像存储,这种安全措施对于网络服务器来说是最重要不过的了。

5)容错性。RAID 控制器的一个关键功能就是容错处理。容错阵列中如有单块硬盘出错,不会影响到整体的继续使用,高级 RAID 控制器还具有拯救功能。

RAID 有以下三种实现方式:

1)软件 RAID——阵列管理软件,由主机来实现。优点是成本低,缺点是会过多占用主机时间,并且带宽指标上不去。

2)硬件 RAID——阵列卡方式,把 RAID 管理软件固化在 I/O 控制卡上,通常是一张 PCI 卡,卡上有处理器及内存。因为卡上的处理器已经可以提供一切 RAID 所需要的资源,所以不会占用系统资源,从而系统的性能可以大大提升,一般用于工作站和 PC。

3)子系统方式,基于通用接口总线的开放式平台,可用于各种主机平台和网络系统。

7.3.4 光盘存储器

光盘存储器主要由光盘、光盘驱动器和光盘控制器组成(见图 7-30),目前已成为计算机不可或缺的存储设备之一。光盘的主要特点是:存储容量大、可靠性高,只要存储介质不发生问题,光盘上的数据就可长期保存。

读取光盘数据需用光盘驱动器(Compact Disk-Read Only Memory,CD-ROM),通常称为光驱。光驱的核心部分由激光头、光反射透镜、电机系统和处理信号的集成电路组成。

图 7-30 光盘存储器

1. 光盘的种类和标准

光盘(Optical Disk)是用光学方式进行读出或写入信息的盘片,现在通常称为 CD(Compact Disc,压缩磁盘),其特点是高密度存储。激光技术使高密度存储成为可能,在 CD 中,写入和读出都是使用激光来实现的。激光的主要特点是可以聚焦成能量高度集中的极小光点,为超高密度存储提供了技术基础。

根据性能和用途的不同,CD 可分为只读型光盘(Compact Disc-ROM,CD-ROM)、可记录光盘(Compact Disc-Recordable,CD-R)和数字视盘(Digital Video Disc,DVD)3 大类。

(1)只读型光盘 CD-ROM

目前应用最广的是 CD-ROM,盘片中的信息是由生产厂家预先写入,出厂后用户只能读出,不能写入。CD-ROM 用于存放数字化的文字、声音、图像、图形、动画以及全活动视频影像。可提供高达 550(存放文本和程序一类的信息时)~680MB(存放声音和电视图像一类信息时)的存储空间。它在电子出版业中具有广阔的市场。CD-ROM 在计算机领域中主要用于文献数据库以及其他数据库的检索,也可用于计算机辅助教学(Computer Aided Instruction,CAI)等。它用于多媒体计算机中,可获得高质量的图像和高保真度的音乐效果。按盘片中记录格式和功能的不同,CD-ROM 又有如下几种不同的产品。

1)激光唱盘(Compact Disc-Digital Audio,CD-DA),即传统的 CD 唱片,主要用于存储歌曲和音乐制品,单面灌录,直径为 12cm,最多可记录 74 分钟的立体声数字音频信号。它所采用的标准称为"红皮书"(Red Book)标准,该标准定义了 CD-DA 的尺寸、物理特性、编码、错误校正等。符合该标准的光盘都有"Digital Audio"字样。该标准中规定的物理结构目前已成为所有 CD-ROM 的标准。这是由 Philips 公司和 Sony 公司于 1982 年制定的,1987 年 IEC 在"红皮书"标准的基础上建立了国际标准"IEC908"。

2)CD-ROM。Philips 公司和 Sony 公司在 1985 年制定了"黄皮书"(Yellow Book)标准,该标

准制定了数字信息如何记录在光盘面上并如何加入检错和纠错码。它包括两种模式：模式1，具有检错和纠错码，主要用于记录文字和数字信息；模式2，无检错和纠错码，用于记录声像信号。该标准未规定数据文件的组织方式。符合该标准的光盘均标有"Data Storage"标志。由于"黄皮书"标准只规定了 CD-ROM 上的数据记录格式，而未规定数据文件在盘上是如何组织的。为此，1986年，几家 CD-ROM 制造公司汇集在美国的太和湖城的 High sierra 饭店，制定了"High sierra 标准"，确定了 CD-ROM 上的数据文件的组织。1988年，在"High sierra 标准"的基础上，经国际标准化组织制定成为正式国际标准，这是一个为 CD-ROM 盘上的数据文件系统而定义的国际标准，是黄皮书标准的补充，称为 ISO9660。同时，1989年，ISO/IEC 又在黄皮书标准的基础上为 CD-ROM 的数据交换建立了一个国际标准，命名为 ISO/IEC 10149。另外，Sony 公司与 Microsoft 公司于1988年提出适用 CD-ROM/XA 的黄皮书扩展标准，这是根据 High sierra 标准与 ISO9660 标准提出的。

3）激光视盘（Compact Disc with Video, CD-V）。它是集立体声音频信号和彩色图像于一体的光碟，即带视频的激光唱片（单面灌录）。它在 7.4cm 直径圈内，录有 20 分钟与 CD 同样的数字音频信号；在直径 7.8cm 以外录有 5 分钟 NTSC 制式的彩色电视模拟图像信号和数字音频伴音信号。CD-V 中的音频部分，可在普通 CD 唱机上播放；而 5 分钟的 NTSC 制式视频部分，必须用一台能兼容 CD、CD-V 和 LD（Laser Video Disc，大影碟）的影碟机才能播放。CD-V 所采用的标准为"蓝皮书"（Blue Book），这一标准规定存储在盘上的声音信号是数字信号，而电视图像信号仍是模拟信号。工作原理同 CD。

4）交互式光盘（Compact Disc-Interactive, CD-I），是交互式声音、图像、计算机多媒体系统的一种，把高质量的文字、程序、声音、图形、动画和静止图像等都以数字形式存放在大容量的 CD-ROM 上，用户通过计算机、鼠标器、操纵杆和电视机等同该系统相连，实现人机、人碟的交互作用。CD-I 所采用的"绿皮书"（Green Book）标准是 Philips 公司与 Sony 公司于1987年提出的，该标准的基础上，增加了交互表达音频、视频、文字、数据的格式以及多媒体的其他技术规格。可以通过电视机、音响设备以及计算机监视器交互播放 CD-I 盘上的多媒体节目。

5）照相 CD（Photo CD），是在 CD-ROM/XA 基础上由 Kodak 公司提出的 CD 格式标准，主要用于在 CD 上存放照片图像，并在电视机或计算机显示器上显示，一张 CD 光盘上最多能存放 100 多张彩色照片，存放方便，且永远不会褪色。

6）视频 CD（Video Compact Disc, V-CD），又称"小影碟"。由于 CD-V 上的模拟彩色图像仅能播放 5 分钟，却占用了 2/3 的 CD 存储空间。为此，1994年，JVC、Philips、Sony 和 Matsushita 等公司制定了"白皮书"（White Book）标准，该标准利用 CD-DA、CD-ROM、CD-ROM/XA 和 CD-I 的物理格式，以及 ISO9660 逻辑格式中的适用部分，而把 MPEG-1 作为它们的逻辑格式。它适用于全动态图像及音频相结合的场合，能在 CD-ROM、CD-ROM/XA、CD-I 以及卡拉 OK CD 播放机中播放。按"白皮书"标准，一片 12cm 的 V-CD 盘上可存放 74 分钟的电视节目，图像质量达到家用放像机 VHS 标准，声音质量相当于激光唱片的水平。V-CD 盘片上的视频和音频信号采用国际标准 MPEG-1 标准进行压缩编码，按规定的格式交错地存放在 CD 盘片上，播放时进行实时解压缩处理。

（2）可记录光盘 CD-R

CD-R 有两种：CD-WO 和 CD-E。

1）一次写入多次读出光盘（Compact Disc-Write Once Read Many Times, CD-WO）。用户可以用专用的写入器——CD-Recorder Driver 在空的 CD-WO 光盘上写入信息。一旦写入信息以

后,只能读出这些信息,不能再次写入别的信息。它主要用于计算机系统中的文件存档或写入的信息不用进行修改的场合。CD-WO 由"橙皮书"(Orange Book)标准的 Book2 定义,该标准定义了用户可写一次,而能在 CD-ROM 驱动器上读多次的光盘系统,规定了一次写入光盘的格式与信息记录方法,并以黄皮书标准为基础,提出了逐次写入的标准。

2)可擦除光盘(Compact Disc-Erasable,CD-E)有两种,即磁光盘(Magneto Optical,CD-MO)和相变光盘(Phase Change disk,PCD),这是两种既可以录入又可以擦除的可重复使用的光盘。

CD-MO 由"橙皮书"标准的 Book1 规定,1991 年发布的橙皮书 Book1 主要是定义可擦除可重写的磁光盘。磁光盘表面上涂覆的是磁性介质。磁光盘有 5.25 英寸(130mm)和 3.5 英寸(90mm)两种,前者容量可达 2.6GB,后者容量可达 650MB,也有达 1.3GB 的产品。

PCD 是利用材料在受到激光照射后从晶态变成非晶态来存储信息,使用激光写入和读出,可以同 CD-ROM 做成一个驱动器。PCD 驱动器的结构比较简单,是很有发展前途的一种可重写光盘,相变光盘为 90mm(3.5 英寸),1.3GB 容量。

(3)数字视盘 DVD

DVD 的原意是 Digital Video Disc,即数字视频光盘,现改称为 Digital Versatile Disc,即数字多用光盘,这是一种质量比 VCD 更高的 CD 产品,采用 MPEG2 标准,把分辨率更高的图像和伴音经压缩编码后存储在高密度光盘上,光盘容量达(单面)3～5GB 以上,读出速率超过 1MB/s,每张光盘可存放 2 小时以上高清晰度的影视节目。

DVD 原来有两种标准,超密度(Super Density,SD)标准和多媒体小型光盘(MultiMedia Compact Disc,MMCD)标准。前者是以东芝集团为首推出的,后者是由索尼、飞利浦公司推出的。两种标准自 1994 年底到 1995 年初推出后,于 1995 年 9 月 15 日达成协议,统一为一个标准。3 种标准的主要内容见表 7-1。

表 7-1　3 种标准的比较

类　　别	SD 标准	MMCD 标准	统一标准
盘片结构	厚度为 0.6mm 的 2 片黏合盘	厚度为 1.2mm 的单片盘	厚度为 0.6mm 的 2 片黏合盘
存储容量	单片 5GB(双面以一面读出共 9GB)	单片 3.7GB(单片双层共 7.4GB)	单面 4.7GB
录放时间	单面 142 分钟	单面 135 分钟	单面 133 分钟
信号调制方式	8/16 方式	FFM+	8/16 方式(相当于 EFM+)
纠错方式	RS-PC 方式	CIRC+	RS-PC 方式

DVD 光盘目前按功能可分为 5 类:

1)DVD-VIDEO,用于记录视频信息,可重放 135 分钟 720 行的电视。

2)DVD-ROM,用于记录多媒体信息。

3)DVD-AUDIO,用于记录更高品质或更长时间的音频信息。

4)DVD-R,用于一次性写入上述 3 类光盘格式的信息。

5)DVD-E,用于多次擦写的 DVD。

其中(1)、(2)和(3)为只读式 DVD。

另外,DVD 光盘还有单面单涂层、单面双涂层、双面单涂层和双面双涂层,以及 12cm 和 8cm 直径之分。所谓双涂层是指同一面上刻有 2 层深浅不同的坑,以用于分别读取。

为保证高密度记录信息,DVD 光盘与 CD 光盘的技术参数有很大的区别,如表 7-2 所示。

表 7-2　CD 光盘同 DVD 光盘的技术参数

类　别	CD	DVD
读出波长	780nm	650/635nm
扫描速度	1.2～1.4m/s	3.49m/s（单层）、3.84m/s（双层）
盘片厚度	1.2mm	1.2mm（2×0.6mm）
盘片直径	8/12cm	8/12cm
面数/基片	单面/1块基片	双面/2块基片
中心孔直径	15mm	15mm
基片所附信息层	单层	单层或双层
通道比特速率	4.3218Mb/s	26Mb/s
最小坑长度	0.83μm	0.40μm
槽距	1.6μm	0.70μm
重放时间	74 分钟	135 分钟（单面）
扇区大小	2 048/2 336/2 352B	2 048B
用户信息存储容量	688MB	4.7GB（单层）、8.4GB（双层）

上述各种光盘产品规范了标准之间的关系，如图 7-31 所示。

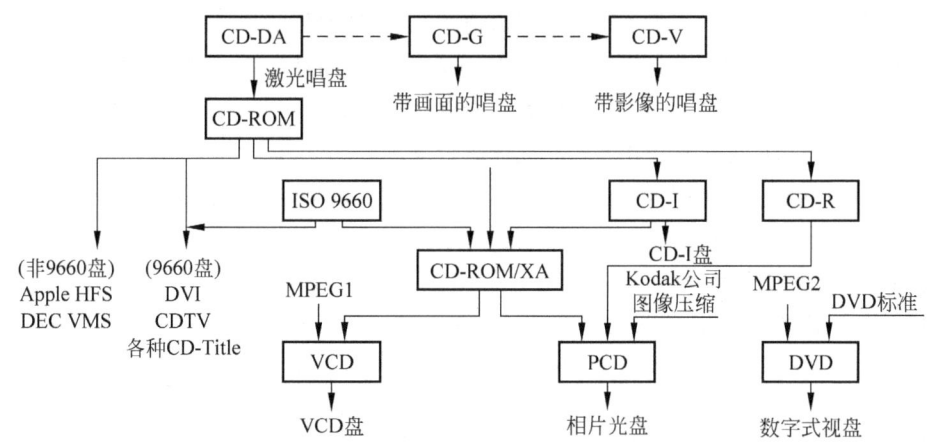

图 7-31　光盘产品的规范与标准

CD 一般是注塑成型的镀铝盘，盘的直径为 12cm，用 μm 级的沟槽表示数据。CD 盘能存储不同类型的数据，包括音频和视频数据、计算机程序等。20 世纪 80 年代以来，Sony 公司和 Philips 公司等陆续制定了上述各种标准，经不断发展逐步完善，为硬件和软件的开发提供了完整的技术说明，如盘片的物理尺寸、数据格式、编码方式和对光盘驱动器的要求等。

图 7-31 中，CD-G(CD-Graphics)为带画面（图形）的激光唱片。CDTV 为搭配电视机使用的多媒体 CD 播放机。DVI(Digital Video Interactive)为数字视像交互。

2. 光盘读/写原理

光盘片的基片材料一般采用聚甲基-丙烯酸甲酯(PMMA)，这是一种耐热的有机玻璃，经过精密加工后成为 2.5 英寸、5.25 英寸、8 英寸和 12 英寸等直径的圆盘，然后涂上一层记录介质，对 CD-ROM 采用掺入适量 Se（硒）、Sb（锑）等元素的 Te（碲）；对 CD-WO，采用稀土——铁族系磁材料。

使用激光束在光盘记录表面上存储信息。对于 CD-ROM 和 CD-WO 的光盘，写入时，激光束聚焦成直径为 1～2μm 的微小光点，产生热量融化光盘表面上的碲合金薄膜，在薄膜上形成小凹坑，表示"1"，无凹坑，表示"0"；读出时，在读出光束照射下，有凹坑处和无凹坑处反射光的强度是不同的，可以读出"0"和"1"两种信息。鉴于读出光束功率极小，仅为写入光束的 1/10，因此不会产生新的凹坑。

3. 光盘存储器的组成

光盘存储器由光盘盘片、光盘驱动器和光盘控制适配器组成。

(1) 光盘驱动器的基本组成

光盘驱动器是读写光盘的基本设备，分为只读型光盘驱动器和可擦写光盘驱动器。目前使用的主要是只读型光盘驱动器，即 CD-ROM 驱动器。

光盘驱动器由读/写光学头、寻道定位机构、主轴驱动机构以及光学系统组成。光学头的作用是从光盘盘片中读出信息和向光盘上写入新的信息。光学系统中的激光器产生的光束经光束分离器，90%的光束用作写入光束。10%的光束作为读出光束。写入光束在调制器中经调制信号调制后变成记录光束，由聚焦系统射向光盘记录信息。读出光束首先经几个反射镜射到光盘盘片上，读出光信号再经光敏二极管输出。

由于光盘的记录密度大，为了准确地读出信息，CD-ROM 驱动器采用了 3 个伺服系统：

1) 聚焦伺服系统，其作用是将激光束的焦点聚焦在光盘的信息面上。

2) 径向道跟踪伺服系统，其作用是将聚焦光束射到光盘的光道上。

3) 光盘转速控制系统，其作用是控制光盘的转速。

由这 3 个伺服系统紧密配合，光学头获得正确稳定的信号，经过数据格式化，成为 PC 可识别的数据，存入缓冲存储器中，利用中断送给 PC。

(2) CD-ROM 驱动器的主要指标

1) 平均数据传输率(Average Data Transfer Rate)。它表示驱动器连续读取大量数据的速度，是一个最重要的指标。单速机为 150KB/s，倍速机为 300KB/s，3 倍速机为 450KB/s，…，8 倍速机为 1.2MB/s，还有 10 倍速机和 24 倍速机等。随着技术的发展，CD-ROM 驱动器的速度还会不断提高。这一指标也影响驱动器的灵敏度，速度越高，灵敏度也越高。对一般欣赏音乐、影碟或数据库检索的应用，必须使用双倍速以上的驱动器。对运行程序来说，速度快可减少等待时间。

2) 平均寻址时间(Average Seek Time)。该指标表示驱动器随机寻找光盘上的任意位置的数据所需要的时间，时间越短，表示驱动器的工作速度越快。一般单速机为 800~1000ms，双速机为 300~400ms(这一数值约为硬盘的 1/10)。

3) 缓冲器容量(Buffer Size)。这一指标反映了驱动器的响应速度和突发数据传输率(Burst Data Transfer Rate，表示光盘驱动器瞬时最大数据吞吐量，对连续、平滑、快速地播放图像至关重要)的快慢。采用较大的缓存，可改善播放视频图像的播放效果。

必须指出的是，如果使用的光盘盘片质量较差，则实测的数据传速率和存取时间会比测定值差。

4) 格式的兼容性。这是指驱动器能使用哪些格式的光盘，能使用的光盘格式越多，兼容性越好。

5) 接口标准。所谓光盘驱动器的接口标准是指 CD-ROM 驱动器与主机连接线的定义标准，常用下面 3 种接口类型。

- 小型计算机系统接口（Small Computer System Interface，SCSI）。这是一种通用接口，SCSI 母线上接的主机适配器和外设控制器的总数不超过 8 个，所接外设可以是磁盘机、磁带机、扫描仪、打印机、通信设备和 CD-ROM 驱动器等。SCSI 母线上的设备没有主/从之分，因此不同类型的外设接到计算机系统时，无须修改通用的软、硬件，便于系统集成。该接口是一种智能的设备接口，价格较高，需要专门的接口卡。
- 集成驱动器电子电路（Intergred Drive Electronics，IDE）接口。IDE 接口卡直接插入计算机的扩展槽中即可使用。由于 IDE 接口卡只能驱动 2 个硬盘驱动器，当接入 1 个 CD-ROM 驱动器后，只能再接 1 个硬盘驱动器。在安装时，必须确定 CD-ROM 驱动器是作为主设备（Master）还是作为从设备（Slave）。一般而言，若已有 1 个硬盘驱动器，再在同一电缆上加 1 个 CD-ROM 驱动器，则通常指定硬盘驱动器为主设备，而 CD-ROM 驱动器为从设备；如果 CD-ROM 驱动器与硬盘驱动器不在同一根电缆上，这时可将 CD-ROM 作为主设备（出厂时都将默认值设置为主设备）。
- 专用接口：Sony、Panasonic、Mitsumi(称为"美上美")等专用接口，由各厂家按自己规定的标准制定；引线数不同，接口线定义不同；兼容性差，需专用控制卡，无法同低价的 PC 方便地相连。

(3) 光盘控制适配器

光盘控制适配器是计算机同光盘驱动器之间的接口电路。由计算机输出的数据信息，通过适配器转换成光盘驱动器能接收的信息格式；反之，把光盘中读出的信息转换成计算机能接收的信息格式。同时协调计算机同光盘驱动器之间的速度差异。光盘控制适配器主要由数据输入缓冲器、记录格式器、编码器、译码器、读出格式器以及数据输出缓冲器等组成。

7.3.5 U 盘存储器

U 盘——USB 闪存盘，又称为闪盘和优盘，是基于 USB 接口、以闪存芯片为存储介质的无须驱动器的新一代存储设备，得到广泛使用。U 盘的存储介质是快闪存储器（Flash Memory），它和一些外围数字电路连接在电路板上，并封装在塑料壳内构成 USB 闪存盘，如图 7-32 所示。

1. 闪存

闪存（Flash Memory）是一种长寿命的非易失性（在断电情况下仍能保持所存储的数据信息）的存储

图 7-32 USB 闪存盘

器，数据删除不是以单个的字节为单位而是以固定的区块为单位，区块大小一般为 256KB 到 20MB。闪存是电可擦除只读存储器（EEPROM）的变种。EEPROM 与闪存不同的是，它能在字节水平上进行删除和重写而不是整个芯片擦写，这样闪存就比 EEPROM 的更新速度快。由于其断电时仍能保存数据，闪存通常用来保存设置信息，如在电脑的 BIOS（基本输入输出程序）、PDA（个人数字助理）、数码相机中保存资料等。另一方面，闪存不像 RAM（随机存取存储器）一样以字节为单位改写数据，因此不能取代 RAM。

闪存能够在各种主流操作系统及硬件平台之间作大容量数据存储及交换。闪存在存储信息的过程中无机械运动，运行非常稳定，从而提高了它的抗震性能，使它成为所有存储设备里面最不怕振动的设备。另外，由于它不存在类似软盘、硬盘和光盘等的高速旋转的盘片，所以它的体积可以做得很小，可以进行热插拔，无外接电源，仅拇指般大小，重量约 20 克，携带使用非常方便。

2. U 盘的基本工作原理和功能

U 盘的结构基本上由 5 部分组成：USB 端口、主控芯片、闪存芯片、PCB(Printed Circuit Board，印制电路板)底板、外壳封装。

U 盘的基本工作原理简述如下：USB 端口负责连接计算机主板，是数据输入或输出的通道；U 盘内主要包括两块芯片——主控芯片和闪存芯片，主控芯片负责各部件的协调管理和下达各项动作指令，并使计算机将 U 盘识别为"可移动磁盘"，是 U 盘的"大脑"。闪存芯片与主机中内存条的原理基本相同，是保存数据的实体，其不同之处是断电后闪存芯片的数据不会丢失，能长期保存。U 盘的 PCD 板和计算机主板是负责提供相应处理数据平台，且将各部件连接在一起。当 U 盘被操作系统识别，并且用户下达数据存取的动作指令后，主控芯片按指令进行操作——对闪存芯片进行读/写。

U 盘最主要的功能是数据存储，其次是启动和硬件加密功能。而在 U 盘中预装上一些实现特定功能的软件，则可实现如随身 Q、随身邮等功能，此外通过外加硬件还可实现诸如 MP3 播放等功能。

U 盘的主要特点是：体积小、重量轻、便于携带、使用安全可靠、功能齐全、可以进行热插拔、无外接电源、价格便宜、存储容量大。U 盘仅拇指般大小，重量约 20 克，携带使用非常方便，是常用的移动存储设备之一。目前 U 盘的容量有 64MB、128MB、256MB、512MB、1GB、2GB、4GB、8GB、16GB 和 32GB 等。

7.4 外围设备与主机的定时方式和信息交换方式

由于外围设备的工作速度差别很大，因此主机在同外围设备进行数据传送时，何时能用 IN 指令从输入设备读入数据，以及何时能用 OUT 指令向输出设备输出数据，是一个复杂的定时问题。在主机同外围设备的数据传送过程中，要实现二者之间数据的正确传送，关键问题是主机对外围设备的管理方式，也就是数据传送的控制方式。在计算机系统中数据传送的控制方式有如下几种：

1) 无条件传送方式

2) 程序查询方式

3) 程序中断方式

4) 直接存储器存取方式(DMA)

5) 通道方式

6) 外围处理机方式

其中，1、2、3 属于程序控制方式。这三种控制方式和 DMA 方式是微型机系统和小型机系统中常用的控制方式，是本节讲述的重点内容。5、6 两种用于大型机和服务器，本节仅作简略说明。

7.4.1 程序控制传送方式

程序控制的数据传送分为无条件传送、查询传送和中断传送。这类传送方式的特点是以

CPU 为中心，数据传送的控制来自 CPU，通过预先编制好的输入或输出程序(传送指令和 I/O 指令)实现数据的传送。这种传送方式的数据传送速度较低，传送路径要经过 CPU 内部的寄存器，同时数据输入输出的响应也较慢。

1. 无条件传送方式

它又称"同步传送方式"，主要用于外设的定时是固定且已知的场合，外设必须在微处理器限定的指令时间内准备就绪，并完成数据的接收或发送。通常采用的办法是：把 I/O 指令插入到程序中，当程序执行到该 I/O 指令时，外设必定已为传送数据做好准备，于是在此指令时间内完成数据传送任务。无条件传送是最简便的传送方式，它所需的硬件和软件都较少。

为了保证数据传送的正确性，无条件传送方式仅用于简单的外部设备。例如，位于控制面板上的开关和发光二极管，此时 CPU 要读取开关的状态和点亮或熄灭发光二极管，就可采用无条件传送方式。

无条件传送方式的接口电路简单，仅要求一个数据端口就能完成接口功能。图 7-33 就是适用于无条件传送方式下对开关(输入设备)和发光二极管(输出设备)的接口电路。图中三态缓冲器可选用 74LS244、74LS245 或 8286，而输出数据寄存器可选用 74LS273、74LS373 或 8282 等 8D 锁存器。

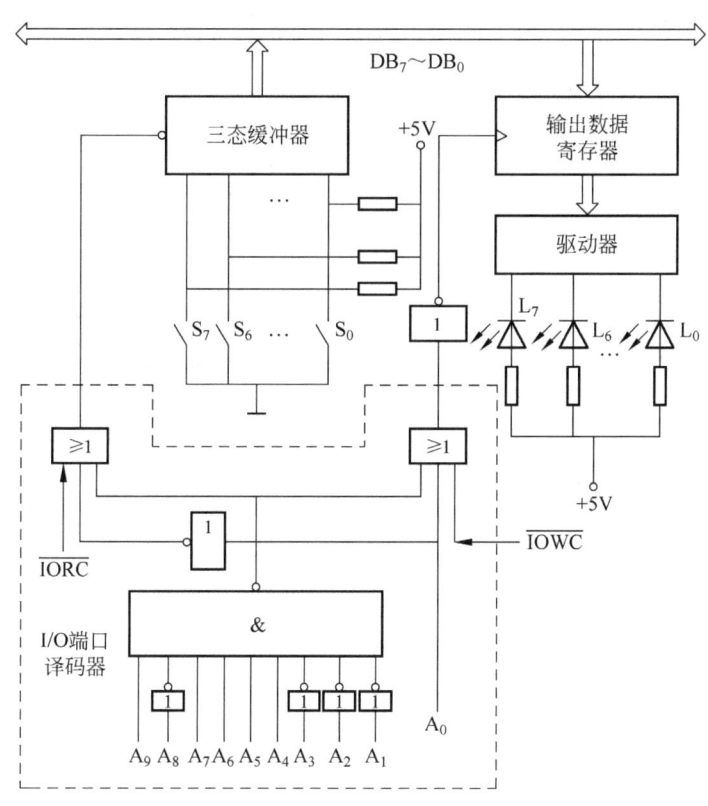

图 7-33 无条件传送方式的接口电路

由图 7-33 可见，输入接口电路的地址为 2F1H，输出接口电路的地址为 2F0H，此时 CPU 执行 IN(输入)指令就能完成了输入数据的传送。

一般情况下，一个输入端口和另一个输出端口可共用一个端口地址，由 $\overline{\text{IORC}}$ 和 $\overline{\text{IOWC}}$ 来区分 I/O 操作的端口。

2. 查询传送方式

它又称"异步传送方式"。当 CPU 同外设工作不同步时，很难确保 CPU 在执行输入操作时，外设一定是"准备好"的；而在执行输出操作时，外设寄存器一定是"空"的。这样为保证数据传送的正确进行，提出了查询传送方式。当采用这种方式传送前，CPU 必须先对外设进行状态检测。完成一次传送过程的步骤如下：

1) 通过执行一条输入指令，读取所选外设的当前状态。

2) 根据该设备的状态决定程序去向，如果外设正处于"忙"或"未准备就绪"，则程序转回重复检测外设状态；如果外设处于"空"或"准备就绪"，则发出一条输入/输出指令，进行一次数据传送。

(1) 查询传送的输入接口电路

在查询传送方式下，CPU 与输入设备之间的接口电路如图 7-34 所示。

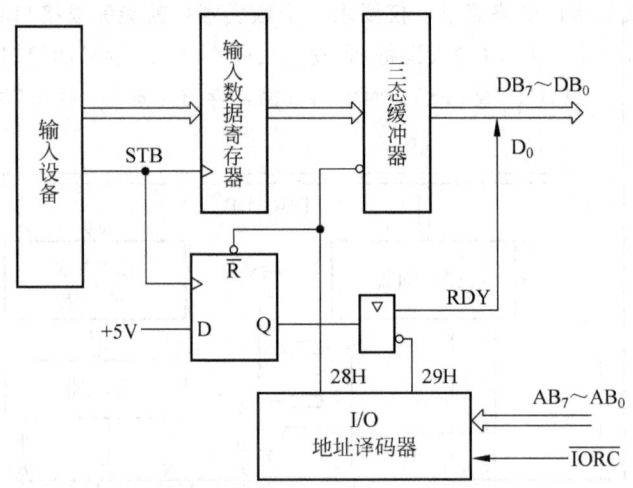

图 7-34 查询传送方式下对输入设备的接口电路

该接口的工作原理是：输入设备在数据准备好以后便向接口发一个选通信号 STB，它一方面将待输入的数据锁存到数据寄存器中，另一方面使接口内的一个 D 触发器置位，表示输入数据已准备就绪，因此常称该触发器为准备就绪(READY)触发器。数据信息和状态信息从不同的端口连接到数据总线上，然后 CPU 分两步完成数据传送过程。第一步，检测准备就绪状态，即读取状态字，判断相应的 RDY 位是否为 1，如果 RDY=1，表示输入的数据已到输入数据寄存器中，表明输入数据已准备就绪；如果 RDY=0，表示未准备就绪，则继续检测，此时 CPU 处于等待状态。第二步，当 RDY=1 时，执行输入指令读取数据寄存器中的数据，同时把准备就绪触发器清除为 0，以便开始下一个输入数据的传送过程。图 7-35 就是输入设备条件传送方式的程序流程图。

(2) 查询传送的输出接口电路

在查询传送方式下，CPU 与输出设备之间的接口电路如图 7-36 所示。

在图 7-36 中，输出设备为打印机。CPU 与打印机之间的数据传送是按字节进行的，只不过 CPU 是传送一个字节的

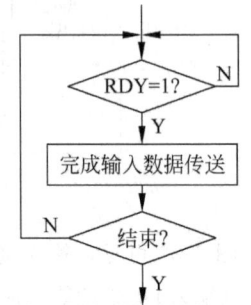

图 7-35 输入设备在条件传送方式下的程序流程图

ASCII 字符代码。当 CPU 传送一个字节的数据给打印机时，必须同时送出一个选通脉冲 STB 到打印机，打印机利用此选通脉冲将输出数据寄存器中的字符代码存入打印机内的打印数据缓冲区中，然后向接口电路发回一个响应信号 $\overline{ACK}$。通常，只有接收满一行的字符串或收到回车与换行字符代码时才开始打印一行的字符。在打印期间，打印机输出忙信号 BUSY，此时不允许再向打印机送入打印字符。显然，只有当 BUSY 信号为低电平和确认打印机已接收到前一个待打印的数据时，CPU 才能通过接口电路向打印机传送新的待打印的字符代码。

打印机接口电路的工作原理：输出数据寄存器(8位)，用于存放 CPU 传送过来的待打印字符的代码。1 位控制寄存器用于为打印机产生选通脉冲。OBF 是一位 D 触发器，用于表示数据输出寄存器中的数据是否已被打印机取走，因为 OBF 是在写入数据寄存器后置 1，由打印机取走数据寄存器的响应信号 $\overline{ACK}$ 清 0。若打印机未取走数据，则数据输出缓冲器满(Out Buffer Full，简称 OBF)，即 OBF=1；若已被取走，则数据输出缓冲器空，即 OBF=0。OBF 与 BUSY 状态信号经三态门与数据总线相连接。所以，该接口电路由数据输出端口、输出选通脉冲的控制端口、状态端口和 I/O 地址译码器组成。当 CPU 要传送打印字符代码时，首先应读取状态字，检查 BUSY 和 OBF 的状态，只有它们同时为低时才能输出一个待打印的字符代码到数据输出缓冲器中，图 7-37 就是条件传送方式下，CPU 为打印机服务的程序流程图。最后，还应说明一点，并不是所有的查询传送方式的输出设备的接口电路中都需要控制端口。

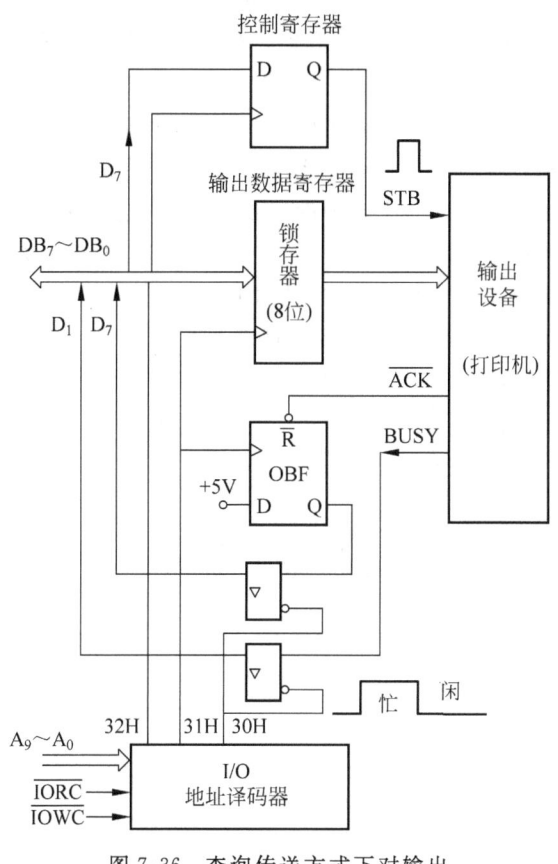

图 7-36　查询传送方式下对输出设备的接口电路

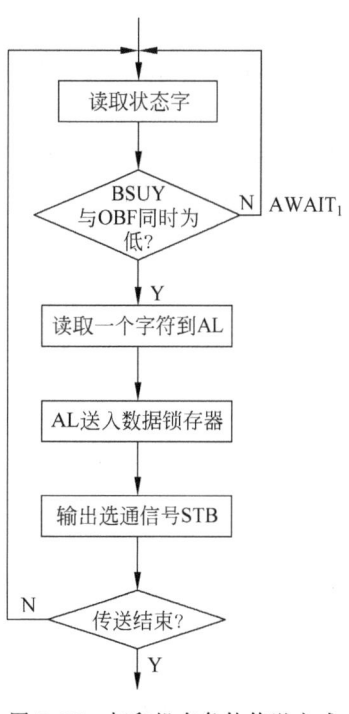

图 7-37　打印机在条件传送方式下的程序流程图

3. 中断传送方式

无条件传送和查询传送的缺点是：CPU 和外设只能串行工作，各外设之间也只能串行工作。为了使 CPU 和外设以及外设和外设之间能并行工作，以提高系统的工作效率，充分发挥 CPU 高速运算的能力，在计算机系统中引入了"中断"系统，利用中断来实现 CPU 与外设之间的数据传送，这就是**中断传送方式**。

在中断传送方式中，通常是在程序中安排好在某一时刻启动某一台外设，然后 CPU 继续执行其主程序。当外设完成数据传送的准备后，向 CPU 发出中断请求信号。在 CPU 可以响应中断的条件下，现行主程序被中断，转去执行中断服务程序，在中断服务程序中完成一次 CPU 与外设之间的数据传送，传送完成后仍返回被中断的主程序，从断点处继续执行主程序。

采用中断传送方式时，CPU 从启动外设直到外设就绪这段时间，一直在执行主程序，而不是像查询方式中处于等待状态，仅仅是在外设准备好数据传送的情况下才中止 CPU 执行的主程序，在一定程度上实现了主机和外设的并行工作。同时，如果某一时刻有几台外设同时发出中断请求，CPU 可以根据预先安排好的优先顺序，按轻重缓急处理几台外设同 CPU 的数据传送，这样在一定程度上也可实现几个外设的并行工作。

中断传送方式的接口电路如图 7-38 所示。这是一个输入接口电路。当输入设备准备好一个数据后，发出选通信号 STB，该信号一路送数据锁存器 U_1，使输入设备的 8 位数据经锁存器 U_1 送入缓冲器 U_4，等待 CPU 用 IN 指令读取；另一路送中断请求触发器 U_2，将 U_2 置"1"，同时，使 IBF（输入缓冲器满）置"1"，说明 U_4 中数据未被 CPU 取走，通知输入设备暂不送新数，若系统允许该设备发出中断请求，且中断允许触发器 U_3 已置"1"，从而通过与门 U_7 向 CPU 发出中断请求信号 INTR。若无其他设备的中断请求，在 CPU 开中断的情况下，则在现行指令结束后，CPU 响应该设备的中断请求，执行中断响应总线周期，发出中断响应信号 $\overline{INTA}$（图 7-38 中未表示），要求提出中断请求的外设把一个字节的中断类型码送上数据总线。然后，CPU 根据该中断类型码转而去执行中断服务程序，读入数据（通过 IN 指令，打开三态缓冲器 U_4），同时复位中断请求触发器 U_2，INTR＝0，并使 IBF＝0（说明 U_4 中数据已被 CPU 取走，通知输入设备可送新数）。中断服务完成后，再返回被中断的主程序。

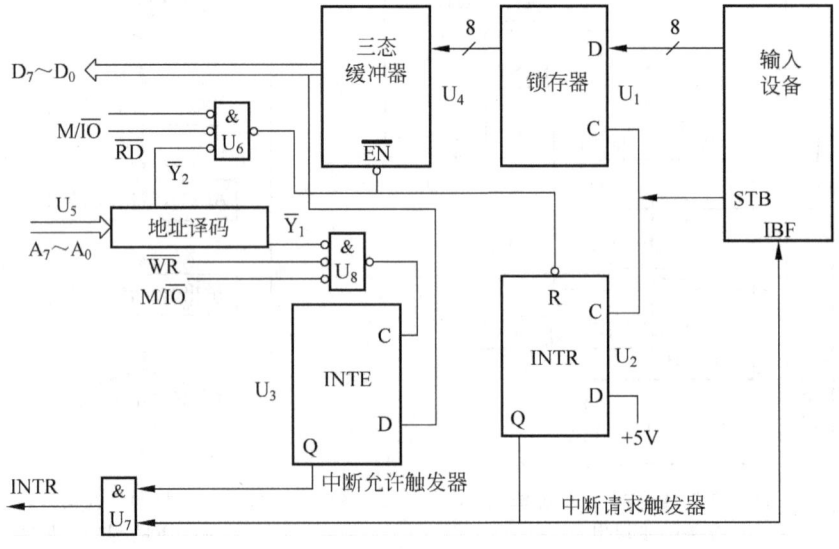

图 7-38　中断接口电路

7.4.2 DMA 传送方式

当某些外设，诸如磁盘、CRT 显示器、高速模数转换器等要求高速而大量地传送数据时，采用程序控制方式来传送数据往往无法满足速度的要求。就拿程序控制方式中传送速度最快的中断方式而言，每传送一个字节（或一个字）就得把主程序停下来，转而去执行中断服务程序，在执行中断服务程序前要做好现场保护，执行完中断服务程序后还得恢复现场。由于在程序控制方式中数据传送过程始终受 CPU 的干预，CPU 都需要取出和执行一系列指令，每一字节（或字）数据都必须经过 CPU 的累加器才能输入/输出，这就从本质上限制了数据传送的速度。为此提出了在外设和内存之间直接地传送数据的方式，即 **DMA 传送方式**。

DMA(Direct Memory Access)是一种不需要 CPU 干预也不需要软件介入的高速数据传送方式。由于 CPU 只启动而不干预这一传送过程，同时整个传送过程只由硬件完成而不需软件介入，所以其数据传送速率可以达到很高。在 DMA 传送方式中，对这一数据传送过程进行控制的硬件称为 DMA 控制器(DMAC)。

1. DMA 操作的基本方法

DMA 操作的基本方法有 3 种。

(1) 周期挪用(Cycle Stealing)

利用 CPU 不访问存储器的那些周期来实现 DMA 操作，此时 DMAC 可以使用总线而不用通知 CPU 也不会妨碍 CPU 的工作。这种方法的关键是如何识别合适的可挪用周期，以避免同 CPU 的操作发生重叠。有的 CPU 能产生一个表示存储器是否正在被使用的信号（例如 M6800 的 VMA），有的 CPU 则规定在特定状态下（例如 Intel 8080 的 T_4、T_5 状态）不访问存储器，此时就可用于实现 DMA 操作。周期挪用并不减慢 CPU 的操作，但可能需要复杂的时序电路，而且数据传送过程是不连续的和不规则的。

(2) 周期扩展

周期扩展使用专门的时钟发生器/驱动器电路。当需要进行 DMA 操作时，由 DMAC 发出请求信号给时钟电路，时钟电路把供给 CPU 的时钟周期加宽，而提供给存储器和 DMAC 的时钟周期不变。这样，CPU 在加宽时钟周期内操作不往下进行，而这加宽的时钟周期相当于若干个正常的时钟周期，可用来进行 DMA 操作。加宽的时钟结束后，CPU 仍按正常时钟继续操作。这种方法会使 CPU 处理速度减慢，而且 CPU 时钟周期的加宽是有限制的。因此用这种方法进行 DMA 传送，一次只能传送一个字节。

(3) CPU 的停机方式

在这种方式下，当 DMAC 要进行 DMA 传送时，DMAC 向 CPU 发出总线请求信号，迫使 CPU 在现行的总线周期（机器周期）结束后，使其地址总线、数据总线和部分控制总线处于高阻状态，从而让出对总线的控制权，并给出总线响应信号。DMAC 接到该响应信号后，就可以控制总线，进行数据传送的控制工作，直到 DMA 操作完成，CPU 再恢复对总线的控制权，继续执行被中断的程序。注意，采用这种方法进行的 DMA 传送期间，CPU 处于空闲状态，会降低 CPU 的利用率，而且会影响 CPU 对中断（包括不可屏蔽中断）的响应和动态 RAM 的刷新，这是需要加以考虑的。但在实际应用中，这是最常用、最简单的传送方式，大部分 DMAC 都采用这种方式。

2. DMA 的传送方式

大部分 DMAC 都有 3 种 DMA 传送方式。

(1) 单字节传送方式

每次 DMA 只传送一个字节的数据,传送后释放总线由 CPU 控制总线至少一个完整的总线周期。以后又是测试 DMA 请求线 DREQ,若有效,再进入 DMA 周期。在这种方式中要注意:①在 DMA 响应信号 DACK 有效前,DREQ 必须保持有效;②即使 DREQ 在传送过程中一直保持有效,在两次传送之间也必须释放总线。

(2) 成组传送方式

一个 DMA 请求可以传送一组信息,这一组信息的字节数由编程决定(在 DMAC 初始化时),只要在 DACK 有效之前 DREQ 保持有效即可。一旦 DACK 有效,不管 DREQ 是否有效,DMAC 一直不放弃总线控制权,直到整个数组传送完。

(3) 请求传送方式

请求传送方式又称查询传送方式。该方式的传送类似于成组传送方式,但每传送一个字节后,DMAC 就检测 DREQ,若无效,则挂起;若有效,继续 DMA 传送,直到一组信息传送结束或外加信号强制 DMAC 中止操作。

3. DMA 控制器的基本功能

在 DMA 操作中,DMAC 是控制存储器和外设之间高速传送数据的硬件电路,是一种完成直接数据传送的专用处理器,它必须能够取代 CPU 和软件在程序控制传送中的各项功能,因此 DMAC 应该具有如下功能:

1) 能接收外设的 DMA 请求信号 DREQ,并能向外设发出 DMA 响应信号 DACK。

2) 能向 CPU 发出总线请求信号(HOLD 或 BUSRQ),当 CPU 发出总线响应信号(HLDA 或 BUSAK)后能接管对总线的控制权,进入 DMA 方式。

3) 能发出地址信息,对存储器寻址并修改地址指针。

4) 能发出读、写等控制信号,包括存储器访问信号和 I/O 访问信号。

5) 能决定传送的字节数,并能判断 DMA 传送是否结束。

6) 能发出 DMA 结束信号,释放总线,使 CPU 恢复正常工作。

具有上述功能的 DMAC 工作流程及工作示意图如图 7-39 和图 7-40 所示。

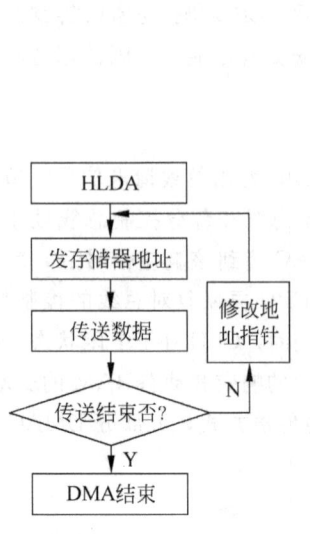
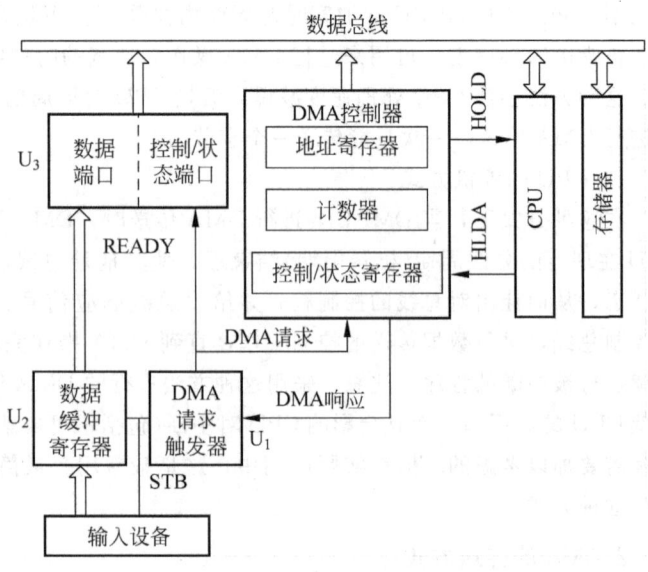

图 7-39 DMAC 工作流程图   图 7-40 DMAC 工作示意图

该电路的工作过程如下：当输入设备准备好一个字节数据时，发出选通脉冲 STB，该信号一方面选通数据缓冲寄存器 U_2，把输入数据通过 U_2 送入锁存器 U_3；另一方面将 DMA 请求触发器 U_1 置"1"，作为锁存器 U_3 的准备就绪信号 READY，打开锁存器 U_3，把输入数据送上数据总线；同时 DMA 请求触发器 U_1 向 DMAC 发出 DMA 请求信号。然后，DMAC 向 CPU 发出 HOLD(总线请求)信号，CPU 在现行总线周期结束后给予响应，发出 HLDA 信号。DMAC 接到该信号后接管总线控制权，发出 DMA 响应和地址信息，并发出存储器写命令，把外设输入数据(经缓冲器 U_2、锁存器 U_3 暂存在系统数据总线上)写到内存，然后修改地址指针，修改计数器，检查传送是否结束。若未结束，则循环传送直到整个数据块传送完。在整个数据传送完后，DMAC 撤除总线请求信号 HOLD，在下一个 T 周期的上升沿，使 HLDA 变为无效。上述过程如图 7-41 的波形图所示。

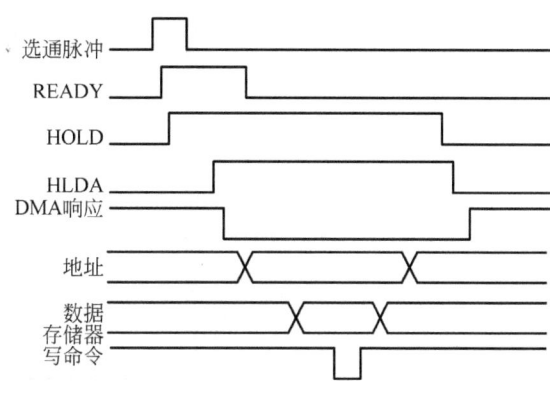

图 7-41 DMA 工作过程波形图

7.4.3 通道传送方式

在大型计算机以及网络服务器中对输入输出有更高的要求，在这些计算机中连接着许多输入输出设备，其中包括字设备和块设备。为每一个设备都配备一个专用的 DMA 控制器是不经济的。而且多个 DMA 的并行工作还会使存储器的访问发生冲突。因而必须在多个设备之间共享 DMA 控制器，这样就形成了输入输出通道的概念。通道是一个具有输入输出处理器控制的输入输出部件。通道控制器有自己的指令，即通道指令。能够根据程序控制多个外部设备并提供了 DMA 共享的功能，而 DMA 只能进行固定的数据传输操作。

图 7-42 是通道结构的例子。采用这种结构的计算机有两种总线：一种是存储器总线，它承担 CPU 与内存、通道之间的数据传输任务；另一种是承担输入输出操作的总线(I/O 总线)，即通道总线。

根据数据传送方式，通道可分成选择通道、数组多路通道和字节多路通道三种类型。

1. 选择通道

对于高速的设备，如磁盘等，要求较高的数据传输速度。对于这种高速传输，通道难以同时对多个这样的设备进行操作，只能一次对一个设备进行操作。这种通道称为**选择通道**。

2. 数组多路通道

数组多路通道以数组(数据块)为单位在若干高速传输操作之间进行交叉复用。这样可减少外设申请使用通道时的等待时间。数组多路通道适用于高速外围设备，这些设备的数据传输以块为单位。通道用块交叉的方法，轮流为多个外设服务。

3. 字节多路通道

字节多路通道用于连接多个慢速和中速的设备，这些设备的数据传送以字节为单位。每传送一个字节要等待较长的时间，如终端设备等。因此，通道可以以字节交叉方式轮流为多个外设服务，以提高通道的利用率。这种通道的数据宽度一般为单字节。

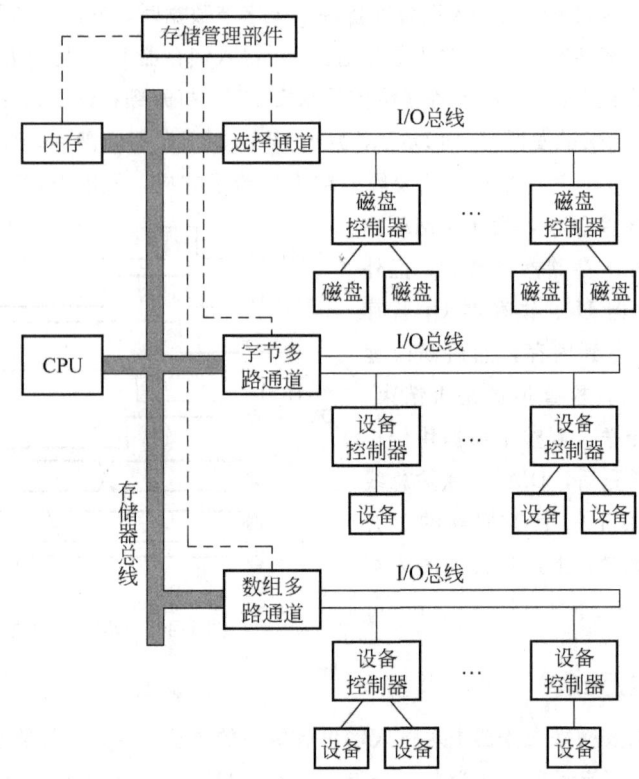

图 7-42　IBM 4300 系统 I/O 结构

通道的功能为：

1) 接收 CPU 的输入输出操作指令，按指令要求控制外围设备。

2) 从内存中读取通道程序，并执行，即向设备控制器发送各种命令。

3) 组织和控制数据在内存与外设之间的传送操作，根据需要提供数据中间缓存空间以及提供数据存入内存的地址和传送的数据量。

4) 读取外设的状态信息，形成整个通道的状态信息，提供给 CPU 或保存在内存中。

5) 向 CPU 发出输入输出操作中断请求，将外围设备的中断请求和通道本身的中断请求按次序报告 CPU。

CPU 通过执行输入输出指令以及处理来自通道的中断，实现对通道的管理。来自通道的中断有两种：一种是数据传输结束中断；另一种是故障中断。通道的管理是操作系统的任务。

通道通过使用通道指令控制设备进行数据传送操作，并以通道状态字的形式接收设备控制器提供的外围设备的状态。因此设备控制器是通道对输入输出设备实现传输控制的执行机构，设备控制器的具体任务是：

1) 从通道接收通道指令，控制外围设备完成指定的操作。

2) 向通道提供外围设备的状态。

3) 将各种外围设备的不同信号转换成通道能够识别的标准信号。

在具有通道的计算机中，实现数据输入输出操作的是通道指令。CPU 的输入输出指令不直接实现输入输出的数据传送，而是由通道指令实现这种传送。CPU 用输入输出指令启动通道执行通道指令。CPU 的通道输入输出指令的基本功能主要是启动、停止输入输出过程，了解通道和设备的状态以及控制通道的其他一些操作。

通道指令也叫通道控制字(Channel Control Word，CCW)，它是通道用于执行输入输出操作的指令，可以由 CPU 存放在内存中，由通道处理器从内存中取出并执行。通道执行通道指令以完成输入输出传输。通道程序由一条或几条通道指令组成，也称**通道指令链**。

随着通道结构的发展，现在出现了两种计算机 I/O 系统结构。

一种是通道结构的 I/O 处理器，通常称为输入输出处理器(IOP)。IOP 可以和 CPU 并行工作，提供高速的 DMA 处理能力，实现数据的高速传送。但是它不是独立于 CPU 工作的，而是主机的一个部件。有些 IOP 例如 Intel 8089 IOP，还提供数据的变换、搜索以及字装配/拆卸能力。这类 IOP 广泛应用于中小型及微型计算机中。

另一种是外围处理机(Peripheral Processing Unit，PPU)。PPU 基本上是独立于主机工作的，它有自己的指令系统，完成算术/逻辑运算，读/写内存储器，与外设交换信息等。有的外围处理机干脆就选用已用的通用机。外围处理机 I/O 方式一般应用于大型高效率的计算机系统中。

7.5 图形用户界面

7.5.1 人机交互技术

1. 人机交互及相关概念

人机交互是一门科学学科，是研究用户如何使用计算机，如何设计一个可以帮助用户提高工作效率的计算机系统科学。

(1) 人机交互技术

广义而言，**人机交互**(Human-Computer Interaction，HCI)是关于设计、评价和实现供人们使用的交互计算系统以及对有关这些现象进行研究的科学。人机交互技术是计算机用户界面设计中的重要内容之一。它与认知学、人机工程学、心理学等学科领域有密切的联系。

狭义而言，人机交互是研究人、计算机以及人与计算机之间交互——相互影响的技术。它是指通过计算机输入设备和输出设备，以有效的方式实现人与计算机对话的技术。它包括人通过输入设备给计算机输入有关信息、回答问题、提示和请示等，以及计算机通过输出设备给人提供大量有关信息及提示和请示等。

人机交互功能主要靠可输入输出的外围设备和相应的软件来完成。可供人机交互使用的设备主要有键盘、鼠标、显示器和各种模式识别设备等。与这些设备相应的软件就是操作系统中提供人机交互功能的部分。该部分的主要作用是控制有关设备的运行和理解并执行通过人机交互设备传来的各种命令和要求。早期的人机交互设施是键盘和显示器。操作员通过键盘键入命令，操作系统接到命令后立即执行并将结果通过显示器显示。键入的命令可以有不同方式，但每一条命令的解释是唯一的、清楚的。随着计算机技术的发展，操作命令也越来越多，功能也越来越强。随着模式识别，如语音识别、汉字识别等输入设备的发展，操作员和计算机在类似于自然语言或受限制的自然语言这一级上进行交互成为可能。此外，通过图形进行人机交互也是人机交互的研究领域。人机交互的发展历史，是从人适应计算机到计算机不断地适应人的发展史。

(2) 人机界面

人机界面又称**用户界面**(User Interface，UI)，是计算机与人之间交流的接口，即人与计算机之间传递、交换信息的媒介和对话接口。人机界面是计算机系统的重要组成部分，"界面"是指通信的媒体或手段,它实现信息的内部形式与人类可以接受形式之间的转换,其物化体现是支持硬件和支持软件。凡存在人机信息交流的领域都具有人机界面。

人机交互是通过一定的人机界面来实现的,在一般研究和开发人机交互技术的资料中,往往把二者当作同义词。而从上述论述可见,人机交互和人机界面是两个有着紧密联系而又不尽相同的概念。

2. 多媒体人机交互技术

多媒体人机交互技术是多媒体技术和人机交互技术的结合。信息表示的多样化和如何通过多种输入输出设备与计算机进行交互是多媒体人机交互技术的重要内容。多媒体人机交互是基于视线跟踪、语音识别、手势输入、感觉反馈等新的交互技术。

手势识别——手势(gesture)是日常生活中人们广泛使用的一种具有很强表意功能的交流方式,可以通过对事物的指示和比画表达一些难以言表的信息,研究手势识别就是把手势这一既自然又直观的交流方式引入人机接口,实现更符合人类行为习惯的人机接口。

多媒体人机交互输入方式有:

1) 键盘输入——传统方式

2) 鼠标输入——图形用户界面的重要输入方式

3) 手写输入——手写汉字识别,平板电脑

4) 语音输入

5) 触摸屏输入

6) 数字化仪输入——适用于CAD/CAM系统

7) 扫描输入——条形码、扫描仪、光电阅读器等

8) 三维输入——数据手套、三维鼠标、力矩球等

9) 视觉输入——摄像设备、机器人的视觉等

多媒体人机交互输出方式有:

1) 显示终端输出——标准输出设备之一

2) 声响输出——声波

3) 打印输出——标准输出设备之一

4) 三维输出——产生三维输出的设备有投影显示器、头盔显示器、电视眼睛等

多媒体人机交互技术应用领域有:

1) 多媒体化软件界面设计

2) 自然语言人机交互

3) 多媒体化输入输出装置的设计

4) 计算机辅助设计(Computer Aided Design,CAD)和计算机辅助制造(Computer Aided Manufacturing,CAM)

3. 人机交互的发展历程

(1) 概述

自从第一台电脑诞生开始,就必须实现人机交互,以便用户将指令输入计算机,计算机将处理结果输出给用户。

人机交互的发展经历了几个阶段:早期的手工作业阶段、作业控制语言及交互命令语言阶段、图形用户界面(GUI)阶段、网络用户界面和多通道多媒体的智能人机交互阶段。

伴随着计算机技术的飞速发展,人机接口技术也在不断改进:从早期的穿孔纸带、面板开关和显示灯等交互装置,发展到今天的视线追踪、语音识别、感觉反馈等具有多种感知能力的交互装置。

- 由指示灯和机械开关组成的操作界面。
- 由终端和键盘组成的字符界面(20 世纪 80 年代)。
- 由多种输入设备和光栅图形显示设备构成的图形用户界面(GUI)。

(2)人机交互界面范式的进化

用户界面的发展历经了批处理、命令行、图形界面三个阶段。

1)批处理界面。在计算机发展的初期,用户通过批处理的方式使用计算机,由指示灯和机械开关组成的操作界面。这一阶段的用户界面使用穿孔卡片作为输入设备,以行式打印机作为输出设备。它是用户界面的雏形阶段。

2)命令行界面。随后,人机之间的通信是通过机器语言完成的,用户使用穿孔纸带等方式完成与机器的交流。而后出现了汇编语言和高级语言,这些语言中逐渐引入了不同层次的自然语言特性,用户可以较为容易地记忆这些语言。在 20 世纪 60 年代中期出现的交互终端和分时系统中,已经开始考虑如何提供给用户方便实用的界面,20 世纪 80 年代由终端和键盘组成的字符界面。这些系统提供了问答式对话、文本菜单或者命令语言进行交互,这个时期的人机界面称为命令行界面(Command Line Interface,CLI)。

尽管熟练掌握命令语言后,人们能够灵活高效地操作计算机,但是人们通常需要对语言进行大量记忆,在使用中很容易产生错误。

3)图形用户界面。从 20 世纪 60 年代开始,由于超大规模集成电路的发展、高分辨率显示器和鼠标的出现,人机界面进入了图形用户界面(Graphical User Interface,GUI)的时代。图形用户界面的主要特点是界面隐喻、WIMP 技术、直接操作和所见即所得。

- **界面隐喻**(Metaphor)是指用现实世界中已经存在的事物为蓝本,对界面组织和交互方式的比拟。将人们对这些事物的知识(如与这些事物进行交互的技能)运用到人机界面中来,从而减少用户必需的认知努力。界面隐喻是指导用户界面设计和实现的基本思想。桌面隐喻采用办公的桌面作为蓝本,把图标放置在屏幕上,用户不用键入命令,只需要用鼠标选择图标就能调出一个菜单,用户可以选择想要的选项。
- **直接操作用户界面**(Direct Manipulation User Interface)于 1983 年由 Schneiderman 提出,特点是对象可视化、语法极小化和快速语义反馈。在直接操作形式下,用户是动作的指挥者,处于控制地位,从而在人机交互过程中获得完全掌握和控制权,同时系统对于用户操作的响应也是可预见的。
- **所见即所得**(What You See Is What You Get,WYSIWYG)也称为可视化操作,使人们可以在屏幕上直接正确地得到即将打印到纸张上的效果。所见即所得向用户提供了无差异的屏幕显示和打印结果。

GUI 是使用图像、输入的文字以及带图标的屏幕的计算机界面,取代了许多键盘的功能。用户会发现 GUI 更容易使用,因为它不需要记住或为每个程序功能查询特别的命令,可以用很少的时间指示计算机如何运行。

7.5.2 图形用户界面概述

1. GUI 的历史简介

1970 年,施乐(Xerox)公司 Xerox Palo Alto 研究中心(Parc)建立 Smalltalk 项目。其基础是

假设在未来计算机的能力会很强大并低廉时，也将产生对这种可利用的力量的最佳使用。这产生了两个影响深远的概念——面向对象编程和图形用户界面。接着 Apple 公司推出了 Lisa——一个具有 GUI 的强大微型计算机。

1980 年，Three Rivers 公司推出 Perq 图形工作站。

1981 年，施乐公司推出了 Alto 的继承者 Star，Alto 曾首次使用了窗口设计。

1984 年，苹果公司推出 Macintosh，由附在 9 英寸的单色屏幕的盒子的键盘和鼠标以及一个单独的软盘驱动器组成。然后推出了带有 512kb 的"大"Mac。在那时，界面的风格通常被称作"Wimp"，来源于"窗体、图标、菜单和指针"组件。

1986 年，首款用于 UNIX 的窗口系统 X Window System 发布。

1988 年，IBM 发布 OS/2 1.10 标准版演示管理器（Presentation Manager），这是第一种支持 Intel 计算机的稳定的图形界面。

1992 年，微软公司发布 Windows 3.1，增加了多媒体支持。

1995 年，微软的 Windows 95 发布，其视窗操作系统的外观基本定型。

1996 年，微软发布 Bob，此软件具有动画助手和有趣的图片。

1996 年，IBM 发布 OS/2 Warp 4，它的交互界面得到显著改善，至今仍有不少 ATM 机运行这样的系统。

1997 年，KDE 和 GNOME 两大开源桌面项目启动。

1997 年，苹果公司发布 MAC OS 8，这个系统具有三维外观并提供了 Spring Loaded Folde 功能。

2000 年，苹果公司漂亮的 Aqua，也就是 Mac OS X 系统的默认外观，可以让用户更轻松地使用计算机。

2001 年，微软发布 Windows XP，实现桌面功能的整合。

2003 年，Mac OS X v10.3 提供了一键单击访问任何已打开窗口的功能。

2003 年，Sun 公司的 Java 桌面系统为 GNOME 桌面添加了和 Mac 类似的效果。

2006 年，微软发布 Windows Vista，对此前视窗操作系统的外观作了较大的修改。

2. WIMP 是图形用户界面中的重要组成部分

WIMP（Window/Icon/Menu/Pointing Device）即窗口、图标、菜单和指针设备。

（1）窗口

窗口是应用程序为使用数据而在图形用户界面中设置的基本单元。应用程序和数据在窗口内实现一体化。用户可以在窗口中操作应用程序，进行数据的管理、生成和编辑。通常，在窗口四周设有菜单、图标，数据放在中央。

- **单一文件界面**（Single Document Interface）—— 在窗口中，一个数据在一个窗口内完成的方式。在这种情况下，数据和显示窗口的数量是一样的。若要在其他应用程序的窗口使用数据，将生成相应的新窗口。因此窗口数量多，管理复杂。
- **多文件界面**（Multiple Document Interface）—— 在一个窗口之内进行多个数据管理的方式。这种情况下，窗口的管理简单化，但是操作变为双重管理。

窗口是屏幕中的一些区域。恰似一些独立的终端。窗口通常可以包含文字或图形，并且能够移动或改变大小。在屏幕上可以同时显示几个窗口，可以观察到不同的任务在窗口中执行。在工作线程间切换的时候，用户可以观察不同的窗口。

通常，窗口还有各种与之相关的附件来增加窗口的用途。例如滚动条附件，使用户可以上下或左右移动窗口的内容，使窗口看起来仿佛是一个大得多的世界中的真实窗口。通过操作滚动条可以看到新的信息。

在窗口中，根据各种数据/应用程序的内容设有标题栏，一般放在窗口的最上方，在窗口的角上可能有一些特殊的方框，用来改变窗口的大小——最大化、最小化、最前面、缩进（仅显示标题栏）等，可以简单地对窗口进行操作，以及关闭窗口。

另外，有一些系统允许窗口嵌套。例如，在微软的 Office 应用的软件中，如 Excel 和 Word，每个应用软件都有自己的窗口，其中的每个文件又各有一个窗口。在不同的应用窗口中经常有不同的布局策略。

（2）图标

窗口可以关闭和永远消失，或者缩小成某种非常小的表示。一个小的图片可以用来表示关闭的窗口，这种表示称为"图标"。利用图标可以在屏幕上同时得到许多窗口。当用户暂时不想执行对话的一个线程时，可以将含有该对话的窗口图标化，从而挂起该对话。图标可以节省屏幕空间，并且可以用来提醒用户：他可以在以后打开那个窗口，重新执行对话。

图标也可以用来表示系统的其他项目，例如收集废弃文件的"回收站"，各种磁盘以及用户可以访问的程序或功能。图标有多种形式：可以是其代表对象的逼真表示，也可以是高度程式化的。甚至可以是任意符号，不过用户可能很难理解。

（3）指针

指针是 WIMP 界面的一个重要成分，因为 WIMP 所要求的交互形式十分依赖于指点和选择"图标"这类事物。鼠标是能够进行这种任务的输入设备。在屏幕上展现给用户的是由输入设备控制的光标。

不同形状的光标经常用来区分模式，例如通常的指针光标是一个箭头，而在画一条直线的时候，可能变成十字准线。光标也可以用来告诉用户系统正在工作，例如当系统正忙于读文件的时候，可能显示一个钟表或沙漏图标。

指针的光标与图标类似，也是一个小小的位图图像，只是所有的光标还有一个热点（hot spot），即所指向的位置。

（4）菜单

菜单是将系统可以执行的命令以阶层的方式显示出来的一个界面，是常见的一种交互技术。菜单让用户选择由系统在设定时间执行的操作或服务。菜单一般置于画面的最上方或者最下方，应用程序能使用的所有命令几乎全部都能放入。其重要程度一般是从左到右，越往右重要度越低。命令的层次根据应用程序的不同而不同，一般重视文件的操作、编辑功能，因此放在最左边，然后往右有各种设置等操作，最右边往往设有帮助。一般使用鼠标的第一按钮进行操作。

用户在任何时候都可以看见主菜单，因为菜单栏和子菜单可以根据需要下拉。菜单栏通常放在屏幕的底部（例如 MAC OS），或每个窗口的顶部（Microsoft Windows）。另外，主菜单可以隐藏起来，需要的时候才弹出来。这些弹出式菜单经常用来表示上下文敏感的选项，例如允许人们检查屏幕上具体对象的性质。在有些系统里，在屏幕的背景上按动鼠标，可以通过这种菜单访问比较全局性的动作。

菜单的主要问题通常是要决定菜单中要包括什么项，以及如何将其分组。如果项目太多，菜单就会变得很长，否则又会产生太多的菜单；分组的问题在于，与同一个主题有关的项需要在同一个标题之下。在下拉式菜单中,选择菜单标记时应该使其能够反映菜单项的功能,菜单项应该按照功能来分组。这些分组的方法应该在所有的应用中保持一致,使用户可以将已有的知识用在新的应用上。菜单项应该按照重要性和使用的频繁程度排序。相反的功能(例如"保存"和"删除")应该隔开一些,以防用户偶然选择了错误的功能,造成难以挽回的损失。

与应用程序准备好的层次菜单不同,在菜单栏以外的地方,通过鼠标的第二按钮调出的菜单称为"即时菜单"。根据调出位置的不同,菜单内容即时变化,列出所指示的对象目前可以进行的操作。

菜单中利用程度高的命令用图形表示出来,配置在应用程序中,成为"按钮"。应用程序中的按钮,通常可以代替菜单。一些使用程度高的命令,不必通过菜单一层层翻动才能调出,极大地提高了工作效率。但是,各种用户使用的命令频率是不一样的,因此这种配置一般都是可以由用户自定义编辑。

WIMP 界面是基于图形方式的人机界面,其主要设计原则为:

1)采用主要以桌面界面为代表的正确的用户模型,以使一般用户在使用计算机时能直接利用自己已有的经验。

2)用指示、观察代替记忆和击键,用选择对象和动作代替命令行中复杂的逻辑操作,从而使用户无须记忆。

3)采用所见即所得的界面,使用户界面支持直接操作。

4)实现无模式的交互,以保证同样操作在任何情况下得到相同的结果。

3. 有关 GUI 的其他问题

(1)桌面

在启动时显示,也是界面中最底层,有时也指包括窗口、文件浏览器在内的"桌面环境"。在桌面上由于可以重叠显示窗口,因此可以实现多任务化。一般的界面中,桌面上放有各种应用程序和数据的图标,用户可以依此开始工作。桌面与既存的文件夹构成相违背,所以要以特殊位置的文件夹的参照形式来定义内容。比如在微软公司的 Windows XP 系统中,各种用户的桌面内容实际保存在系统盘(默认为 C 盘):\Documents and Settings\[用户名]\桌面的文件夹里。

墙纸,即桌面背景,可以设置为各种图片和各种附件,成为视觉美观的重要因素之一。

(2)回收站

为了实现文件删除的"假安全"功能而设置了"回收站"(垃圾桶)功能。在文件删除的时候,暂时将其移动到系统特定的地方,一旦用户发现删除错误,还可以将其找回,从而实现防止错误删除的目的。在麦金塔系统中,垃圾桶不仅可以删除文件,还可以进行各种各样对象的删除功能,如将可移动硬盘从系统中移出,将光盘从光驱中取出等。

(3)应用程序启动器

从图形界面上启动应用程序有很多方式,很多操作系统都采用菜单形式的程序启动器。NEXTSTEP 和 Mac OS X 中有一种称为 Dock 的操作面板型的工具,可以存放各种文件和应用程序的信息,并通过鼠标点击调出。

(4)图形用户界面的任务管理

在图形用户界面中,用户操作是以窗口为单位的。除了 MDI 和 Mac OS 以外,大多都是"窗口数量=任务数量"。因此在看整体界面的时候,怎样进行任务管理是很重要的。

Windows 等操作系统中，最常用的方式是在桌面上设置一个棒状的"任务栏"，放置各种窗口的图标和标题，确保系统的可操作性和可视性，方便对窗口进行管理。其他的方法包括，在桌面上的菜单中添加各个窗口管理菜单，在桌面上显示任务的图标，用虚拟桌面的方式表面增加桌面的数量等。在 Mac OS X 系统中使用 Dock 进行任务管理，但是还有 Exposé 进行窗口一览显示模式的功能。

(5) 指针设备的操作

图形用户界面的基本操作是，用指针设备（一般是鼠标）进行指示操作，然后使用设备上的按钮（通常为两至三个）进行动作的激活。因此"位置"和"指示"都非常明了，从而实现可视操作。

指示的内容根据位置而不同。在数据管理应用程序中，第一按钮进行指针所在位置数据的选择，而两次连续按钮（所谓"双击"）可以调出预制的应用程序开始处理数据。第二按钮通常用来显示即时菜单。第二按钮调出的菜单可以再用第一按钮进行选择操作。第三按钮在 X Window System 中比较常用。

另外，最近四键、五键鼠标相继问世，各个按钮可以在操作系统中进行动作定义。

(6) 图形用户界面与键盘

和命令用户界面一样，键盘在图形用户界面仍是一个重要的设备。键盘不仅可以输入数据的内容，而且可以通过各种预先设置的"快捷键"等键盘组合进行命令操作达到和菜单操作一样的效果，并极大提高工作效率。

(7) 图形用户界面与各种设备

除了上述的设备以外，手写板等操作设备在图像数据操作中也扮演重要的角色。

(8) 触摸屏图形用户界面

现在还有很多一些用户界面，直接用手指或者特殊的笔端触摸触摸屏上显示的按钮、图标进行各种操作，这已经非常普及，如自动取款机 ATM、汽车导航、媒体播放器、游戏机等，它们的一般操作简捷、直观。苹果公司的 iPhone 手机还装有多手指操作系统。

在图形用户界面中，计算机画面上显示窗口、图标、按钮等图形表示不同目的的动作，用户通过鼠标等指针设备进行选择。

4. 采用图形用户界面的操作系统/应用程序

- Smalltalk
- Mac OS
- NEXTSTEP
- Mac OS X
- Microsoft Windows
- X Window System（类 UNIX OS、Linux）
- BTRON
- TownsOS
- MSX-View
- SX-Window
- BeOS
- Newton OS
- Zaurus OS

- Palm OS

……

图形用户界面为用户提供界面友好的所见即所得的桌面操作环境。

习题 7

7.1 CPU 同外设交换的信息有三种类型：数据信息、状态信息和控制信息，请说明 CPU 是如何通过其三总线（地址总线、数据总线和控制总线）同外设交换这三类信息的？

7.2 简述查询式数据传送方式的工作过程。

7.3 简述中断传送方式的工作过程。

7.4 简述三种 DMA 传送方式的区别。

7.5 简述 DMA 控制器同一般接口芯片的区别。

7.6 画出查询传送方式输出数据的流程图。

7.7 什么是计算机的输入/输出系统？

7.8 习图 7-1 为一个 LED 接口电路，写出使 8 个 LED 管自上而下依次发亮 2 秒的程序，并说明该接口属于何种输入输出控制方式？为什么？

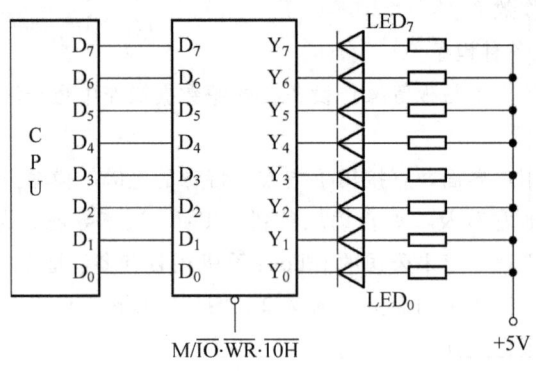

习图 7-1

7.9 习图 7-2 是一个具有中断功能的输入接口电路，当外设数据准备就绪时，发一个 READY 的正脉冲，向 CPU 发中断请求，请分析该电路的工作过程。

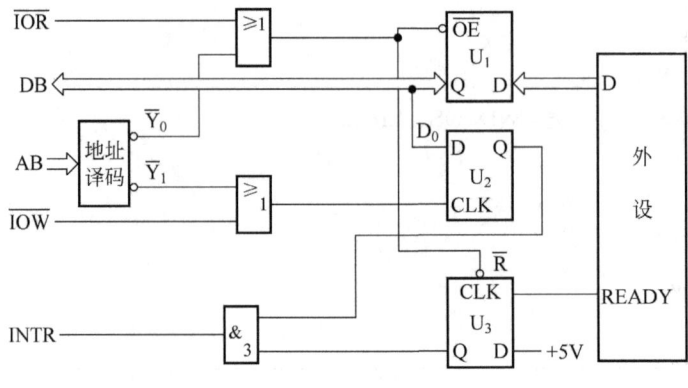

习图 7-2

7.10 具有中断屏蔽的接口电路中的"屏蔽"同"屏蔽中断"中的"屏蔽"是否相同,若不是,有何区别?

7.11 什么是 I/O 接口?I/O 接口有哪些特点和功能?

7.12 I/O 数据传送可以采用哪些方式?它们各有什么特点?

7.13 与其他输入设备相比,触摸屏有什么优点?

7.14 设一个磁盘的平均寻道时间为 10ms,数据读取的速率高于数据传输速率,数据传输速率是 2MB/s,控制器延迟是 2ms,盘片转速为 7200 转/分。求读写一个 512 字节的扇区的平均时间。

7.15 外围设备有哪些主要功能?外部设备的重要性有哪些?

7.16 外设可分为哪几大类?举例说明各类中的典型设备。

7.17 描述扫描仪的结构与工作过程?

7.18 打印机分几类?

7.19 简要说明什么是显示器的逐行扫描和隔行扫描。显示器的主要性能指标有哪些?

7.20 什么是光盘?简述光盘的工作原理。

7.21 硬盘存储器的参数有哪些?硬盘的接口类型有哪几种?

7.22 CPU 响应中断应具备哪些条件?

7.23 简述 DMA 传送的工作过程。

7.24 什么是通道控制方式?通道设备控制器各有哪些基本功能?

7.25 通道有哪些基本类型?各有何特点?

7.26 简要说明 RAID 0 和 RAID 1 的特点,并比较。

7.27 简要说明 RAID 2 和 RAID 3 的特点,并比较。

7.28 简要说明 RAID 4 和 RAID 5 的特点,并比较。

7.29 简要说明 RAID 6 的特点。

7.30 简要说明 LCD 显示器与 LED 显示器的特点和区别。

7.31 什么是触摸屏?简要说明其工作原理。

第 8 章

总　线

总线是计算机系统中实现各模块之间数据通信的公共通路,是处理器与外部硬件接口(包括内存储器接口和外设接口)的主要部件之一。总线也是系统的一项重要资源,总线性能的优劣成为微型计算机系统中影响系统数据传送速度的重要因素。本章主要包括三部分内容:总线概述,总线通信协议、总线仲裁和总线负载能力,实用总线标准。其中,前两部分内容是重点,实用总线标准中主要掌握 PCI 总线。

8.1　总线概述

计算机系统是由许多具有独立功能的模块(如中央处理器、存储器、输入/输出接口等)互相连接而成的。同时,随着计算机的不断发展和广泛应用,各生产厂商除了向用户提供整套系统外,还设计和提供各种功能的插件模块,让用户根据自己的需要构建自己的应用系统或扩充原有的系统。这些模块间需要互相通信,需要有高速、可靠的信息交换通道,这就产生了总线的概念。

8.1.1　总线和总线标准

1. 总线

总线(Bus)是一种在多个模块(设备和子系统)间传送信息的公共通路。为了在各模块(设备和子系统)之间实现信息共享和交换,总线由传输信息的物理介质以及一套管理信息传输的通用规则(协议)所构成。一个计算机系统的硬件可以含有几块、几十块插件和外设。这些插件和外设连接起来,即可构成系统。许多计算机制造厂(特别是微机制造厂)大量地以插件方式向各种用户提供 OEM(Original Equipment Manufacturer,原始设备制造厂)产品。由用户根据自己的需要构成一个计算机系统或计算机应用系统。这些 OEM 产品包括 CPU、RAM、ROM、A/D、D/A、通用接口和专用接口电路以及各种各样的单板微机等。从用户的角度出发,希望从不同厂家购买的 OEM 插件能插入外购或自制的机箱,也即希望各个厂商生产的插件是兼容的,能方便地构成系统或扩充系统。为了实现兼容的目的,就要求各插件的几何尺寸相同,插头的插针数相同,插头上各个插针的定义相同,以及控制插件工作的时序相同,这就从用户的角度提出了对总线结构的要求。而从微机制造厂的角度出发,按总线标准生产插件,将使其产品的应用面更广,而一个厂家不必生产计算机系统的全部插件,只需生产本厂有专长的插件和 OEM 产品即可。因此,无论从用户角度还是从制造厂角度来说,都提出了总线标准的要求。随着微机工业的发展,确立并发展了各种各样的微机总线标准,微机制造厂根据各种总线标准以机箱方式向用户提供连接好的系统,可以用于各种场合。微机系统采用了总线以后,不仅可以大大简化系统硬件的设计过程，简化微机的系统结构，使系统易于扩充，而且大大简化系统的软件设计过程，减轻软件的设计和调试工作，缩短了软、硬件的研制周期，从而降低了系统的成本。

2. 总线标准

总线标准是国际公布或推荐的互联各个模块的标准，它是把各种不同的模块组成计算机系统(或计算机应用系统)时必须遵守的规范。总线标准为计算机系统(或计算机应用系统)中各个模块的互联提供一个标准界面，该界面对界面两侧的模块而言是透明的。界面的任一方只需根据总线标准的要求来实现接口的功能，而不必考虑另一方的接口方式。按总线标准设计的接口是通用接口。采用总线标准可以为计算机接口的软硬件设计提供方便。对硬件设计而言，由于总线标准的引入，使各个模块的接口芯片的设计相对独立，同时也给接口软件的模块化设计带来了方便。

为了充分发挥总线的作用，每个总线标准都必须有详细和明确的规范，一般包括如下几个部分：

1) 机械结构规范：确定模板尺寸、总线插头、边沿连接器等的规范及位置。

2) 功能规范：确定各引脚信号的名称、定义、功能与逻辑关系，对相互作用的协议和定时进行说明。

3) 电气规范：规定信号工作时的高低电平、动态转换时间、负载能力以及最大额定值。

总线标准的制定通常有两种途径：一是某计算机公司(或生产厂)在发展自己的微机系统时所采用的一种总线，得到OEM(原始设备制造厂)的普遍接受，按此总线规范开发相应的配套产品，进而形成一种为国际工业界广泛支持的实用总线标准；二是由专家小组在标准化组织的主持下从事开发和制定总线标准的工作，标准推出后即可由厂家和用户使用。

从事接纳和主持制定总线标准工作的有IEEE(美国电气与电子工程师协会)、IEC(国际电工委员会)和ANSI(美国国家标准局)组织的专门标准化委员会。这些委员会一方面为适应不同应用水平要求，从事开发和制定总线标准或建议草案；另一方面对现有的由一些公司提出的并为国际工业界广泛支持的实用总线标准进行筛选、研究、修改和评价，给予统一编号，作为对该总线标准的认可。

随着微机系统的发展，总线在不断发展完善，一些老的总线标准已不适应当前技术发展的需要，因而有的被淘汰(如S-100)，有的被改进(如STD总线)。

8.1.2 总线的分类

1. 三类总线

对目前应用最广的微型计算机系统而言，在一个微型计算机系统中，按照规模、用途、在系统中的层次及其应用场合的不同，总线可分为3类：

1) 片总线。它又称**芯片总线**，是处理器芯片引出的信号线，它是用处理器芯片构成一个部件(如CPU插件)或一个很小的系统时，构成部件(或小系统)的各元器件之间信息传输的通路。它是**元件级总线**。

2) 内总线(I-BUS)。它又称**系统总线**或**板级总线**，是微型计算机系统内部扩展总线，它是用于构成微型计算机系统各插件(板卡)之间信息传输的通路，是**模块级总线**。

3) 外总线(E-BUS)。它又称**通信总线**，它是微机系统之间，或是微机系统与其他系统(仪器、仪表、控制装置)之间信息传输的通路，是**系统级总线**，往往借用电子工业其他领域已有的总线标准。

图8-1画出了3类总线的关系。

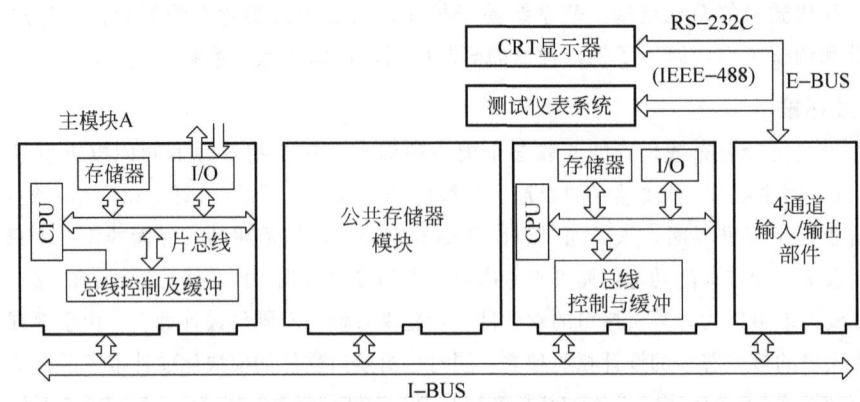

图 8-1　用 3 类总线构成的微机系统

各类微处理器的引脚信号即片总线，例如，8086 CPU 的地址线、数据线和控制线等构成该芯片的片总线。内总线常用的有 STD 总线、MULTIBUS(多总线)总线、PC 总线、AT 总线等，32 位微机系统出现以后又推出许多 32 位微机总线，如 MCA 总线、VME 总线、EISA 总线和 PCI 总线等。外总线常用的有 RS-232C、RS449、IEEE-1394 和 USB 等串行总线以及 IEEE 488、Centronics、ATA 和 SCSI 等并行总线。模块级总线(内总线)和系统级总线(外总线)在计算机应用系统的开发中得到广泛应用，而模块级总线信号一般是 CPU 芯片总线的信号经缓冲和控制转换而成，总线是计算机系统的重要资源，而芯片总线是资源之本，系统的任何操作离不开芯片总线的作用。

2. 片总线的作用

片总线通常包括地址总线、数据总线和控制总线三组总线。了解这三组总线的具体组成、用途及其相互关系，对于解决微机系统的应用及接口问题十分重要。

(1) 地址总线

地址总线通常是单向总线，由 CPU 输出，16 位微处理器有 20 条或 24 条地址总线，32 位微处理器一般有 32 条或 36 条地址总线。地址总线用于指令操作的不同时期选择要操作的器件和系统，既用于存储器的操作，又用于 I/O 操作。

在任一给定时刻，地址总线可能传送如下信息：

1) 处理器须执行的下一条指令地址；
2) 处理器进行计算所需操作数的存储地址；
3) 准备接收处理器计算结果的单元地址；
4) 准备将数据发送给处理器的某台输入设备的地址；
5) 准备从处理器接收一个数据的某台输出设备的地址；
6) 在存储器的两个存储区之间，存储器与外设之间，或者两个外设之间传输数据时的有关地址。

地址译码时，地址线的分配情况由系统的实际安排情况和电路板上的组织方式决定。

(2) 数据总线

数据总线是双向总线，16 位微处理器有 16 条数据总线，32 位微处理器通常有 32 条数据总线。数据总线用来传送各类数据，由于数据总线的作用是把信息送入 CPU 或从 CPU 送出，所以要求严格的时序控制电路和转接电路(例如，锁存器、三态器件和各种门电路)加以配合和协调。

通过数据总线可以传送的数据类型为：数值数据、指令码、地址信息、设备码、控制字和状态字等。

(3)控制总线

不同型号的微处理器有不同数目的控制总线,且其方向和用途也不一样,但几乎所有的控制总线都与系统的同步功能有关,下面这些控制线是一般微处理器所共有的。

1)读出线和写入线;
2)中断请求线和中断响应线;
3)同步(选通或时钟)信号线;
4)保持、等待就绪(准备好)线。

总之,控制总线用来传送保证计算机同步和协调的定时信号和控制信号,从而保证正确地通过数据总线传送各项信息。

8.2 总线通信协议、总线仲裁和总线负载能力

8.2.1 总线传输周期

在系统内各模块之间的信息通信或系统间的信息通信过程中,每一时刻只能有一组信息在总线上传输。若有多组信息要传输,只能按顺序分别传输。这样对每一组信息的传输就形成一个传输周期,为了能在各模块间实现高速、可靠地传输信息,通常这个传输周期分成4个传输阶段,分别完成一定的传输功能。

(1)申请分配阶段(又称总线请求和仲裁阶段)

一组信息在总线上传输,总是有一个要求通过总线进行数据通信的提出者,又有一个被要求进行通信的对象。可以简称提出者为主模块(包括主系统),对象为从模块(包括从系统)。

当主模块要求在总线上通信时,它首先要向总线管理机构——总线仲裁器提出使用总线的申请。总线仲裁器经过判断认为可以批准主模块使用总线,它就把下一个传输周期的使用权交给主模块。

(2)寻址阶段

获得总线使用权的主模块要在总线上提出它要进行通信的从模块地址以及进行何种通信的控制信息。当这些信息被从模块接收后,从模块就要启动,做好相应的通信准备。

(3)数据交换阶段(又称数据传输阶段)

这时,主模块与相应的从模块彼此已建立了通信机制,各种信息则由发送模块(可以是主模块或从模块)传送到接收模块(可以是从模块或主模块),进行实际的数据交换。

(4)撤销阶段(又称结束阶段)

一组信息传输完毕,主模块应通知总线仲裁器,并把总线使用权交还总线仲裁器,以便让其他模块能使用总线进行通信。即使刚使用过总线的模块需要继续使用总线进行通信,也需要重新向总线仲裁器提出申请。

8.2.2 总线通信协议

根据总线上信息传输的这4个阶段可知,要使挂在总线上的模块之间实现正确的数据传输,关键是解决数据传输模块之间的同步问题,也就是要解决数据传输的定时问题——传输起止问题,这就是总线通信协议——规定了实现总线数据传输的定时规则。通常有两种总线通信

协议：**同步总线协议**和**异步总线协议**。

1. 同步总线协议

采用同步总线协议的同步通信方式中，模块之间的通信传输周期是固定的。有精确稳定的系统时钟作为传输周期的"标尺"，通信双方的模块必须严格按时钟标尺进行各自相应的操作。

可以用图8-2来说明同步通信方式的一般过程。

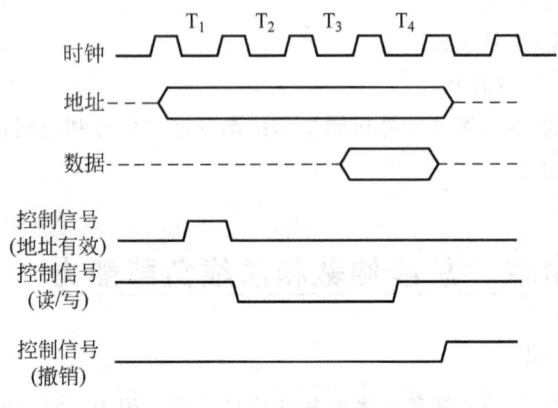

图 8-2　同步通信方式

把系统时钟 $T_1 \sim T_4$ 作为一个传输周期。当主模块（如 CPU）准备与从模块（如内存储器）进行某一通信操作（如读取一个数据）时，主模块首先在传输周期开始的第一个系统时钟 T_1，送出准备与它通信的从模块的地址于总线上。并且在地址信号趋于稳定后，送出一个控制信号（地址有效）。凡是挂在总线上的所有模块，只有与这个有效的地址符合的模块，才是主模块要求通信的从模块。这个过程就是**寻址阶段**。

主模块在系统时钟 T_2 送出有关操作控制信号（读/写，下面以读为例）。从模块在操作控制信号的作用下，经过一定时间的存取周期，把主模块所需的数据从相应的存储单元里取到总线上。在系统时钟 T_3 的后半周趋于稳定。主模块在系统时钟 T_4 的前半周把总线上的数据取回主模块内相应的单元（如寄存器），这就是**数据交换阶段**。

主模块在完成自己所需的操作后，在系统时钟 T_4 的后半周送出一个控制信号（撤销），以示一个传输周期的结束。注意，以上是只有一个主模块的简单系统的例子，无须申请、分配总线的使用权。如果在有多个主模块的系统中，任一模块都可以通过申请而被认为是现行主模块的情况下，申请分配阶段是不可缺少的。当然总线的仲裁器也是不可少的。

从上面讨论的同步通信方式里，主、从模块的动作是严格按系统时钟进行的。如从模块在 T_3 的后半周到 T_4 的前半周必须把主模块所需的数据放在总线上，让主模块在 T_4 的前半周取到它的相应单元。如果这两者不能严格同步，则会发生错误。如从模块需在 T_4 的后半周以后才能送出数据（即存储器速度比较慢），那么在 T_4 的前半周，主模块仍按系统时钟的规定，从总线上取数据，而这时总线上的信息并非是从模块送出的数据，仅是总线上的随机信号，主模块因得到随机信息而出错。显然，在同步通信方式里，主、从模块的操作应严格按系统时钟进行，即速度匹配。同步通信的这一特点造成设计者的很大不便，使设计缺乏灵活性。

2. 异步总线协议

为了使不同操作速度的模块之间也能进行速度匹配，顺利地进行彼此间的通信，提出了采用异步总线协议的异步通信方式。这种方式不再需要主、从模块的操作严格按系统时钟进行。

只是为主、从模块之间不同速度的匹配增设了两条应答信号线，又称握手（Handshaking）交互信号线，分别称为请求和响应。

这里仍以在同步通信方式里的例子来说明异步通信方式，如图 8-3 所示。

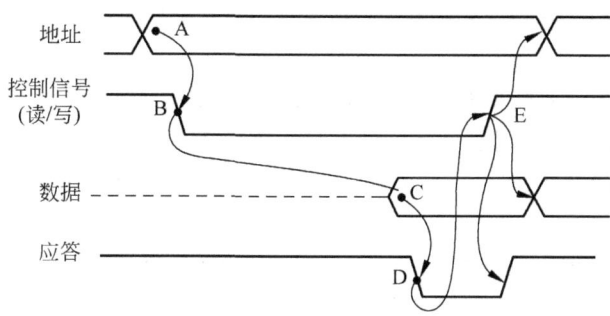

图 8-3 异步通信方式

主模块希望与某一从模块通信（例如，CPU 从存储器读一数据），它把从模块的地址送到总线上（A）。在地址趋于稳定后，主模块发出一个操作控制信号（读信号）（B），这个信号同时作为异步通信方式里的请求信号。只有地址符合的从模块才能在操作控制信号的作用下进行译码、取数据等一系列内部操作，然后把数据送到总线上（C）。当数据趋于稳定后，从模块发出一应答信号（D）。主模块只有在接收到应答信号后，才认为这时总线上的数据是正确的。于是把数据读到相应的单元里。同时发出撤销信号，这里利用读信号的上升跳变（E）来表示。这个撤销信号是从模块回复应答信号，数据结束和地址有效结束，从而表明一个传输周期的完成。

从异步通信方式可以看到，主模块发出请求信号后，它一直要等到从模块发出应答，才可以认为数据已送出。这段时间可以是不定的，从而解决了不同速度模块间的匹配，不再是按系统时钟的标尺来进行操作。由此可以看出，解决异步通信的关键是主模块按自己的速度送出请求信号，从模块按自己的速度发出应答信号，从而掌握彼此匹配的速度。

异步通信方式的最大优点是不同速度的模块都可以很好地配合操作，而各模块又以自己的最佳速度运行。

8.2.3 总线仲裁

1. 总线主设备和总线从设备

总线主设备是指具有控制总线能力的模块，通常是 CPU 或以 CPU 为中心的逻辑模块，在获得总线控制权之后能启动数据信息的传输；与之相对应的**总线从设备**，是指能够对总线上的数据请求做出响应，但本身不具备总线控制能力的模块。在早期的计算机系统中，一条总线上只有一个主设备，总线一直由它占用，这种系统技术简单，实现也比较容易。随着应用的扩展，工业控制、科学计算等的需求越来越大，多个主设备共享总线的情况也越来越多，这对总线技术提出了新的要求。根据这类系统的特点，需要解决各个主设备之间资源争用等问题，这使得总线的复杂性大为增加。

2. 总线仲裁

总线仲裁是在多处理机环境中提出来的。在多处理机系统中，每个处理机都可以作为总线主设备，都要共享资源。它们都必须通过系统总线才能访问其他资源，总线也可视为一个重要的公共资源。由于每个处理机都会随机地提出对总线使用的要求，这样就可能发生总线竞争现象。为了防止多个处理机同时控制总线，就要在总线上设立一个处理上述总线竞争的机构，按优先级次序合理地分配资源，这就是**总线仲裁**问题。用硬件来实现总线分配的逻辑电路称为总线仲裁器(Bus Arbiter)。它的任务是响应总线请求，通过对分配过程的正确控制，达到总线的最佳使用。

在单处理机系统中，如果系统中接有 DMA 控制器，处理器就有了总线使用的竞争者，这种系统也必须有相应的总线仲裁器。由于这种系统比较简单，几乎所有的微处理器芯片中都包含有这种仲裁机构，一般总是将 DMA 请求总线安排成较高的优先级，而处理器自身只具有较低的优先级。

对总线仲裁问题的解决是以**优先级**(又称优先权)的概念为基础的，通常有 3 种总线分配的优先级技术：串联、并联和循环。

(1) 串联优先级判别法

串联优先级判别法的示意图如图 8-4 所示。

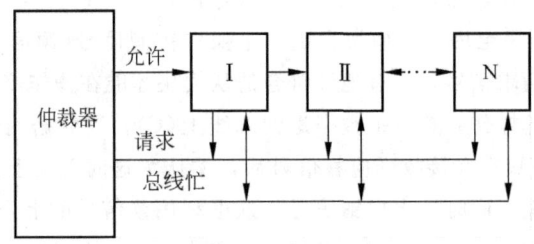

图 8-4　串联优先级判别

图中有 I，II，…，N 个模块，都可作为总线主设备，各个模块中的"请求"输出端采用集电极(漏极)开路门，"请求"端用"线或"方式接到仲裁器"请求"输入端，每个模块的"忙"端同仲裁器的"总线忙"状态线相连，这是一个输入输出双向信号线。当一个模块占有总线控制权时，该模块的"忙"信号端成为输出端，向系统的"忙"状态线送出有效信号(例如低电平)。其他模块的"忙"信号端全部作为输入端工作，检测"忙"线上状态。一个模块若要提出总线"请求"，其必要条件是先检测到"忙"信号输入端处于无效状态。与此相对应，仲裁器接受总线请求输入的条件，也是"忙"线处于无效状态。进一步可以规定仲裁器输出"允许"信号的条件首先是"忙"线无效，表示总线没有被任一模块占用；其次才是有模块提出了总线请求。"允许"信号在链接的模块之间传输，直到提出总线"请求"的那个模块为止。这里用"允许"信号的边沿触发，它把共享总线的各模块按规定的优先级别链接在链路中的不同位置上。越前面的模块，优先级越高。当前面的模块要使用总线时，便发出信号禁止后面的部件使用总线。通过这种方式，就确定了请求总线各模块中优先级最高的模块。显然，在这种方式中，当优先级高的模块频繁请求时，优先级别低的模块可能很长时间都无法获得总线。一旦有模块占用总线后，"允许"信号就不再存在。这种串联优先级判别中的仲裁机构是三线链式的仲裁机构。

(2) 并联优先级判别法

并联优先级判别法的示意图如图 8-5 所示。

图中有 N 个模块，都可作为总线主设备，每个模块都有总线"请求"线和总线"允许"线，模块之间是独立的，没有任何控制关系。这些信号接到总线优先控制器(仲裁器)，任一模块使用总线，都要通过"请求"线向仲裁器发出"请求"信号。仲裁器一般由一个优先级编码器和一个译码器组成。该电路接到某个模块或多个模块发来的请求信号后,首先经优先级编码器进行编码,然后由译码器产生相应的输出信号,发往请求总线模块中优先级最高的模块,并把"允许"信号送给该模块。被选中的模块撤销总线"请求"信号,输出总线"忙"信号,通知其余模块,总线已经被占用。在一个模块占用总线的传输结束后,就把总线"忙"信号撤销,仲裁器也撤销"允许"信号。根据各请求输入的情况,仲裁器重新分配总线控制权。

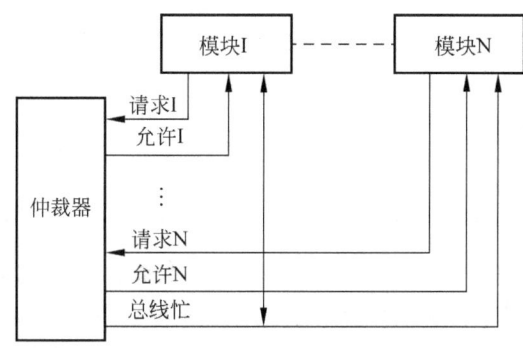

图 8-5 并联优先级判别法

(3)循环优先级判别法

循环优先级判别方法类似于并联优先级判别方法,只是其中的优先级是动态分配的,原来的优先级编码器由一个更为复杂的电路代替。该电路把占有总线的优先级在发出总线请求的那些模块之间循环移动,从而使每个总线模块使用总线的机会相同。

在这 3 种优先级判别法中,循环优先级判别法要求有复杂的仲裁电路,需要大量的外部逻辑才能实现;与此相反,串联优先级判别法不需要使用外部逻辑电路,但这种方法中所允许链接的模块数目受到很严格的限制,因为若模块太多,那么链路产生的延迟就将超过系统总线时钟的周期长度(总线优先级仲裁必须在一个总线时钟周期中完成)。从一般意义上讲,并联优先级判别方法比较好,它允许总线上链接许多模块,而仲裁电路又不太复杂,是另外两种方法的折中。

8.2.4 总线负载能力

所谓总线负载能力即驱动能力,是指当总线接上负载(接口设备)后必须不影响总线输入/输出的逻辑电平。它以此时流过电流的大小表示。PC 总线中的输出信号,在输出低电平(以 IOL 表示)时要吸收电流(由负载流入信号源),这时的负载能力就是指当它吸收了规定电流时,仍能保持逻辑低电平。输出高电平的负载能力以 IOH 表示,这是一个由信号源流向负载的输出电流,当输出电流超过规定值时,输出逻辑电平会降低,甚至变到阈值以下。表 8-1 是系统总线输出驱动能力。

表 8-1 PC 总线输出驱动能力

总线信号	IOL(mA)	IOH(mA)
$D_0 \sim D_7$	23.6	−14.96
$A_{19} \sim A_{16}$	7.2	−2.46
$A_{15} \sim A_{14}$	21.2	−2.51
A_{13}	23.2	−2.56

（续）

总线信号	IOL(mA)	IOH(mA)
$A_{12} \sim A_0$	23.4	−2.56
$\overline{IOR}$, $\overline{IOW}$, $\overline{MEMR}$, $\overline{MEMW}$	23.8	−4.98
CLK	23.2	−14.96
AEN	24.0	−15.00
$\overline{DACK_0}$	24.0	−15.00
$\overline{DACK_1}$	3.2	−0.20
$\overline{DACK_2}$, $\overline{DACK_3}$	2.8	−0.18
ALE	14.8	−0.94
RESET DRV	8.0	−0.40
T/C	8.0	−0.40
OSC	5.0	−1.00

对于输入信号而言，系统总线就成为I/O插件板的负载。当输入低电平时，总线向插件板灌入电流，以IIL表示，要求插件板在流入了这个电流后，还能向总线输出一个正确的低电平。驱动电路还要给总线接收电路提供输入高电平时的电流，以IIH表示。对应的电流值列于表8-2中。两个表中电流的正、负表示流入和流出总线。

表8-2 提供给总线输入信号的负载

总线信号	IIL(mA)	IIH(mA)
$D_0 \sim D_7$	−0.4	0.40
$\overline{IOCHCK}$	−0.4	0.020
IOCHRDY	−0.4	0.020
$IRQ_2 \sim IRQ_7$	−0.010	0.010
$DRQ_1 \sim DRQ_3$	−0.010	0.010

当总线上所接负载超过总线的负载能力时，必须在总线和负载之间加接缓冲器或驱动器，最常用的是三态缓冲器，其作用是驱动（使信号电流加大，可带动更多负载）和隔离（减少负载对总线信号的影响）。

8.3 实用总线标准

8.3.1 PCI总线

1. PCI总线的由来及特征

总线的标准化对提高微机系统的性能和保证系统的开发是至关重要的。在微机系统的发展史中，主流微机系统通常采用3种总线标准，即ISA总线、EISA总线和PCI（Peripheral Component Interconnect，外围部件互连）总线。前两种为标准的I/O总线，而PCI为局部总线。这3种总线的主要特征如表8-3所示。

表8-3 3种总线标准的特征比较

	ISA	EISA	PCI
数据传输位数	8/16	8/16/32	32/64
峰值最高速率	<8MB/s	33MB/s	528MB/s

(续)

	ISA	EISA	PCI
系统配置能力	资源冲突突出	有条件地自动配置	自动配置，即插即用
配置的方便性	人工，不方便	采用 EISA 使用配置程序	全自动，最方便
驱动程序	依赖硬件类型	依赖硬件类型	与硬件无关
接纳 I/O 设备	低速设备	中速设备	允许高速设备
插座的引脚数	2×(31+18)=98	2×(28+17)+98=188	124(32 位)/188(64 位)
插座的兼容性	广泛的 8 位/16 位卡	浅部同 ISA，深部扩充	可靠性强，兼容性好
物理尺寸	小/中/大齐备	大小相对灵活	32 位/64 位两类，尺寸小
成本价格	低	高	中、低

从表 8-3 可见 ISA 总线是 8 位/16 位总线，最高传输率为 8MB/s，用于 PC，EISA 总线可用于 8 位/16 位/32 位系统，最高传输率为 33MB/s，主要用于服务器领域。随着图形用户接口 (Graphical User Interface，GUI)和多媒体技术在 PC 系统中的广泛应用，上述传统的 PC 总线 (ISA 总线和 EISA 总线)由于其带宽的限制，已不能适应系统工作的要求。而 PCI 总线为系统提供了一个高速的数据传输通路，系统内的各设备可以直接或间接地挂在总线上，各设备通过局部总线可以完成数据的快速传送，从而解决了使用传统的 I/O 总线(ISA/EISA)的系统中数据传输的瓶颈问题。

1991 年下半年，Intel 公司首先提出 PCI 总线的概念，并成立了 PCI 集团 PCISIG(PCI Special Interest Group，PCI 专门权益组织)，这一集团包括 IBM、COMPAQ、APPLE、DEC 和 NCR 等计算机业界大户。1992 年 6 月 22 日推出了 PCI 1.0 版，1995 年 6 月 1 日又推出了支持 64 位数据通路、工作频率 66MHz 的 PCI 2.1 版。PCI 总线的主要特点是：

1) **突出的高性能**。表现在实现了 33MHz 和 66MHz 的同步总线操作，传输速率从 132MB/s (33MHz 时钟，32 位数据通路)可升级到 528MB/s(66MHz，64 位数据通路)，满足了当前及以后相当一段时期内 PC 传输速率的要求。支持突发工作方式(如果被传送的数据在内存中是连续存放的，则在访问这一组连续数据时，只有在传送第一个数据时需要 2 个时钟周期，第一个时钟周期给出地址，第二个时钟周期传送数据，而传送其后的连续数据时，传送一个数据只要一个时钟周期，不必每次都给出地址，这种传送称为**突发传送**或**成组传送**)，改进了与写相关的图形性能，能真正实现写处理器/存储器子系统的安全并发。

2) **良好的兼容性**。PCI 总线部件和插件接口相对于处理器是独立的，PCI 总线支持所有的目前和将来不同结构的处理器，因此具有相对长的生命周期。

3) **支持即插即用**。PCI 设备中有存放设备具体信息的寄存器，这些信息可以使系统 BIOS (基本输入输出系统)和操作系统层的软件能够自动配置 PCI 总线部件和插件，使系统使用方便。

4) **多主设备能力**。支持多主设备系统，允许任何 PCI 主设备和从设备之间实现点到点对等存取，体现了接纳设备的高度灵活性。

5) **适度地保证了数据的完整性**。PCI 提供的数据和地址奇偶校验功能，保证了数据的完整和准确。

6) **优良的软件兼容性**。PCI 部件可完全兼容现有的驱动程序和应用程序，设备驱动程序可被移植到各类平台上。

7) 定义了 5V 和 3.3V 两种信号环境,3.3～5V 的组件技术可以**使电压平滑过渡**。

8) **相对的低成本**。采用最优化的芯片(标准的 ASIC——专用集成电路技术和其他处理技术相结合)、多路复用(一条信号线分时复用传送 2 个信号)体系结构减少总线信号的引脚个数和 PCI 部件数。PCI 到 ISA/EISA 的转换由芯片厂提供,减少了用户的开发成本。

从上述简要说明可见,PCI 总线确实有着较好的应用与发展前景。以前,一般的奔腾系统都采用 PCI 与 ISA 总线并存的方式。目前,在新生产的 PC 中都采用单一 PCI 总线。

图 8-6 画出了两种 PCI 系统的基本结构框图。图 8-6a 构成了基于 PCI 总线的微机系统典型结构,图 8-6b 为具有多重 PCI 总线的系统。

2. 桥接器与配置空间

(1) 桥接器

在图 8-6 中显著标出的一个部件是**桥**(Bridge),也可称之为桥接器,事实上这是一个总线转换部件。其功能是连接两条计算机总线,允许总线之间相互通信交往。一座"桥"的主要作用是把一条总线的地址空间映射到另一条总线的地址空间,从而使系统中每一个总线主设备(Master)都能看到一份同样的地址表。这时,从整个存储系统来看,有了整体性统一的直接地址表(Flat Address Map),从而可以大大简化编程模型。

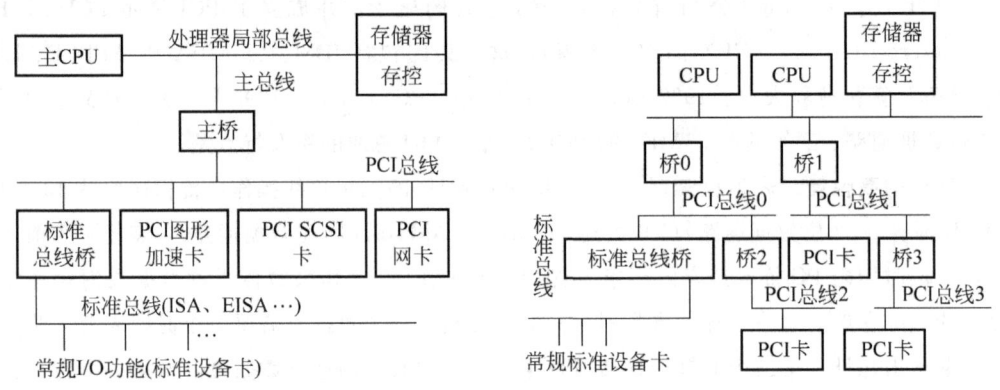

图 8-6 基于 PCI 总线和多重 PCI 总线的微机系统典型结构框图

桥本身可以是十分简单的,比如只是加上信号的缓冲能力;也可以是相当复杂的,比如可以包括有组织转换数据快存化、装拆数据分组以及有各类系统所规定的一些功能。在 PCI 规范中提出 3 类桥的设计:主 CPU 至 PCI 的桥(称为**主桥**);PCI 至标准总线(如 ISA、EISA 和微通道)之间的**标准总线桥**;以及在 PCI 与 PCI 之间的桥。

(2) 配置空间

PCI 提供 3 个互相独立的物理地址空间:存储器、I/O 与配置空间。**配置空间**是 PCI 所特有的一个物理上的地址空间,所有 PCI 设备必须提供配置空间,多功能设备则应为每一实现的功能提供一个配置空间,主桥也必须至少支持一组配置空间寄存器。比如,对于微机系统来说,有♯1 和♯2 两种配置机制更常用,是所有主桥必须提供的机制,其中使用了两个 I/O 端口地址 0CF8H 和 0CFCH(位于 EISA 定义的系统板保留区内),分别对应两个 32 位的寄存器:

CONFIG-ADDRESS 和 CONFIG-DATA。主桥允许 CPU 通过这两个寄存器单元去访问系统中所有 PCI 总线上的所有设备中的配置空间，即可利用这两个 I/O 端口去执行任何 PCI 设备的配置操作，不需要有软件的干预，数据就可以到达图 8-6b 中所示的 PCI 总线 0 上的配置周期，平台中的各个桥将上层 PCI 总线的地址进行转换传递到下层 PCI 总线。

有了桥与配置空间的支持，PCI 提供了功能强大而且灵活方便的配置能力，包括允许设备重新定位(含中断)，无须用户干预的自动安装配置与启动自举，构造系统地址表(软件与设备无关)继续可支持现有的配置机制(如 EISA 的配置实用程序)。而且，它对系统与设备的附加要求大大减少。

3. PCI 总线信号

PCI 总线信号如图 8-7 所示，图左边为必要信号，右边为可选信号。

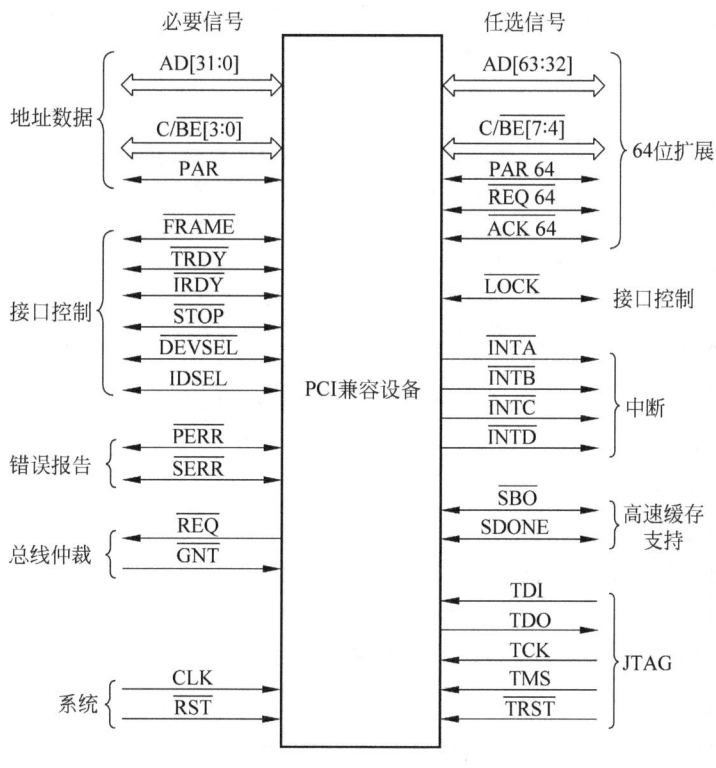

图 8-7 PCI 总线信号

从图可见，这些总线信号按功能分为如下 9 组。

(1) 地址数据信号

1) AD[31]～AD[00]：地址数据多路复用信号。

在 PCI 总线传输时，包含一个地址传送节拍和一个(或多个)数据传送节拍，在 $\overline{\text{FRAME}}$（帧周期信号）有效时为地址传送节拍开始，在 $\overline{\text{IRDY}}$（主设备就绪信号）和 $\overline{\text{TRDY}}$（从设备就绪信号）同时有效时为数据传送节拍。

2) C/BE[3]～C/BE[0]：总线命令/字节允许信号。

在地址传送节拍传送 PCI 总线命令，在数据传送节拍传送字节允许信号，C/$\overline{\text{BE}}$[0]对应字节为 0。

总线命令由主机发向从设备，说明当前事务类型，总线命令在地址节拍呈现在 C/$\overline{\text{BE}}$[3]～

C/$\overline{\text{BE}}$[0]上并被译码。PCI 总线命令及说明如表 8-4 所示。

表 8-4 PCI 总线命令

C/$\overline{\text{BE}}$[3]~C/$\overline{\text{BE}}$[0]	命令类型	说明
0000	中断响应	中断识别命令用于读取中断向量
0001	特殊周期	提供在总线上的简单广播机制
0010	I/O 读	从一个映射到 I/O 地址空间的设备读数据
0011	I/O 写	从一个映射到 I/O 地址空间的设备写数据
0100	保留	
0101	保留	
0110	存储器读	从一个映射到存储器地址空间的设备读数据
0111	存储器写	从一个映射到存储器地址空间的设备写数据
1000	保留	
1001	保留	
1010	读配置	用来读每一个主控器的配置空间
1011	写配置	用来写每一个主控器的配置空间
1100	存储器重复读	只要 $\overline{\text{FRAME}}$ 有效,就应保持流水线的连续,以便传送大量的数据
1101	双地址节拍	用来传送 64 位地址到某一设备
1110	高速缓存读	读取一行 Cache 数据
1111	高速缓存写	写入一行 Cache 数据

3) PAR(Parity):对 AD[31]~AD[00] 和 C/$\overline{\text{BE}}$[3]~C/$\overline{\text{BE}}$[0] 信号进行奇偶校验(偶校验),以保证数据的有效性。

(2) 接口控制信号

1) $\overline{\text{FRAME}}$:帧周期信号。

由当前总线主设备驱动,表示一个总线周期的开始和结束。

2) $\overline{\text{TRDY}}$(Target Ready):从设备准备好信号。

由从设备驱动,表示从设备准备好传送数据。

3) $\overline{\text{IRDY}}$(Initiator Ready):主设备准备好信号。

由系统主设备驱动,与 $\overline{\text{TRDY}}$ 信号同时有效可完成数据传输。

4) $\overline{\text{STOP}}$:停止信号。

从设备要求主设备停止当前数据传送。

5) $\overline{\text{DEVSEL}}$(Device Select):设备选择信号。

该信号有效时(输出),表示所译码的地址是在设备的地址范围内,当作输入信号时,表示总线上有某设备是否被选中。

6) IDSEL(Initialization Device Select):初始化设备选择信号在配置读写期间,用作芯片选择。

7) $\overline{\text{LOCK}}$:锁定信号。

用于保证主设备对存储器的锁定操作。

(3) 错误报告信号

1) $\overline{\text{PERR}}$(Parity Error):数据奇偶校验错信号。

2)$\overline{\text{SERR}}$(System Error):系统错误信息。

用于报告地址奇偶错、数据奇偶错和命令错等。

(4)仲裁信号(总线主设备用)

1)$\overline{\text{REQ}}$(Request):总线请求信号。

由希望成为总线主设备的设备驱动,是一个点对点的信号。

2)$\overline{\text{GNT}}$(Grant):总线请求允许信号。

(5)系统信号

1)CLK:总线时钟信号。

系统时钟信号,该信号频率为 PCI 总线的工作频率。

2)$\overline{\text{RST}}$:系统复位信号。

有效时,PCI 总线的所有输出信号处于高阻态。

(6)64 位扩展信号

1)AD[63]~AD[32]:地址数据扩展信号。

2)$\overline{\text{C/BE}}$[7]~$\overline{\text{C/BE}}$[4]:高 32 位地址命令/字节允许信号。

3)PAR64:高 32 位奇偶校验信号。

4)$\overline{\text{REQ64}}$:64 位传送请求信号。

5)$\overline{\text{ACK64}}$:64 位传送响应信号。

(7)中断请求信号

$\overline{\text{INTX}}$:中断请求信号,X=A、B、C、D。

(8)Cache 支持信号

1)$\overline{\text{SBO}}$(Snoop Backoff):探测返回信号,有效时,关闭预测命令中的一个缓冲行。

2)SDONE(Snoop Done):探测完成信号,有效时,表示探测完成,命中一个缓冲行。

(9)JTAG/边界扫描测试引脚

JTAG 提供了板级和芯片级的测试,通过定义输入输出引脚、逻辑扩展函数和指令,所有 JTAG 的测试功能仅需一个 4 线或 5 线的接口,以及相应软件即可完成。利用 JTAG 可测试电路板的连接和功能。

JTAG 是 PCI 总线的一种可选接口。

1)TCK(Test Clock):测试时钟。

用于控制状态机及数据传送。

2)TDI(Test Data In):测试数据输入。

用于 TCK 上升沿接受 JTAG 串行指令和数据。

3)TDO(Test Data Out):测试数据输出。

用于 TCK 的下降沿 JTAG 串行数据。

4)TMS(Test Mode Select):测试模式选择。

用于控制边界扫描模式,控制状态机的测试操作。

5)TRST(Test Reset):测试复位。

PCI 总线有 124 个信号线用于连接 PCI 卡,PCI 卡的总线连接头上每面各有 62 个引线,PCI 总线引脚信号定义如表 8-5 所示。

表 8-5　PCI 总线引脚信号定义

引脚	B 面	A 面	引脚	B 面	A 面
1	$-12V$	$\overline{TRST}$	32	AD17	AD16
2	TCK	$+12V$	33	$C/\overline{BE2}$	$+3.3V$
3	GND	TMS	34	GND	$\overline{FRAME}$
4	TDO	TDI	35	$\overline{IRDY}$	GND
5	$+5V$	$+5V$	36	$+3.3V$	$\overline{TRDY}$
6	$+5V$	$\overline{INTA}$	37	$\overline{DEVSEL}$	GND
7	$\overline{INTB}$	$\overline{INTC}$	38	GND	$\overline{STOP}$
8	$\overline{INTD}$	$+5V$	39	$\overline{LOCK}$	$+3.3V$
9	PRSNT1	Reserved	40	$\overline{PERR}$	SDONE
10	Reserved	$+5V$	41	$+3.3V$	$\overline{SBO}$
11	$\overline{PRSNT2}$	Reserved	42	$\overline{SERR}$	GND
12	GND	GND	43	$+3.3V$	PAR
13	GND	GND	44	$C/\overline{BE1}$	AD15
14	Reserved	Reserved	45	AD14	$+3.3V$
15	GND	$\overline{RST}$	46	GND	AD13
16	CLK	$+5V$	47	AD12	AD11
17	GND	$\overline{GNT}$	48	AD10	GND
18	$\overline{REQ}$	GND	49	GND	AD09
19	$+5V$	Reserved	50	Keyway	Keyway
20	AD31	AD30	51	Keyway	Keyway
21	AD29	$+3.3V$	52	AD08	$C/\overline{BE0}$
22	GND	AD28	53	AD07	$+3.3V$
23	AD27	AD26	54	$+3.3V$	AD06
24	AD25	GND	55	AD05	AD04
25	$+3.3V$	AD24	56	AD03	GND
26	$C/\overline{BE3}$	IDSEL	57	GND	AD02
27	AD23	$+3.3V$	58	AD01	AD00
28	GND	AD22	59	$+5V$	$+5V$
29	AD21	AD20	60	$\overline{ACK64}$	$\overline{REG64}$
30	AD19	GND	61	$+5V$	$+5V$
31	$+3.3V$	AD18	62	$+5V$	$+5V$

4. PCI 总线传输简介

PCI 是地址/数据复用总线，每一个 PCI 总线传送由两个节拍组成：地址节拍和数据节拍。一个地址节拍是 $\overline{FRAME}$ 信号从非激活状态(高电平)转换到激活状态(低电平)的时钟周期。在地址节拍，总线主设备通过 $C/\overline{BE3}$~$C/\overline{BE0}$ 端发送总线命令，如果是总线读命令，紧接着地址节拍的时钟周期叫总线转换周期，在这一个时钟周期内，AD_{31}~AD_0 既不被主设备驱动也不被从设备驱动，以避免总线冲突。对于写操作，就没有总线转换周期，总线直接从地址节拍进入数据节拍。

所有的 PCI 总线传送由一个地址节拍和一个或多个数据节拍组成，地址节拍的时间是一个 PCI 时钟周期，数据节拍数取决于要传送的数据个数，一个数据节拍至少需要一个 PCI 时钟周期，在任何一个数据节拍都可以插入等待周期。$\overline{FRAME}$ 从有效变成无效表示当前正在进行最后一个数据节拍。

总线操作结束有多种方式。大多数情况下，由从设备和主设备共同撤销准备好的信号：$\overline{TRDY}$ 和 $\overline{IRDY}$；如果从设备不能够继续传送，可以设置 $\overline{STOP}$ 信号，表示从设备撤销与总线的连接。所寻址的从设备不存在或者$\overline{\text{DEVSEL}}$信号一直为无效状态都可能导致主设备结束当前总线操作,使$\overline{\text{FRAME}}$和$\overline{\text{IRDY}}$变成无效,回到总线空闲状态。

(1)读操作

图 8-8 为读传送时的时序图,在地址节拍,$AD_{31} \sim AD_0$ 上为一个有效地址 $C/\overline{BE3} \sim C/\overline{BE0}$ 输出 PCI 总线命令。

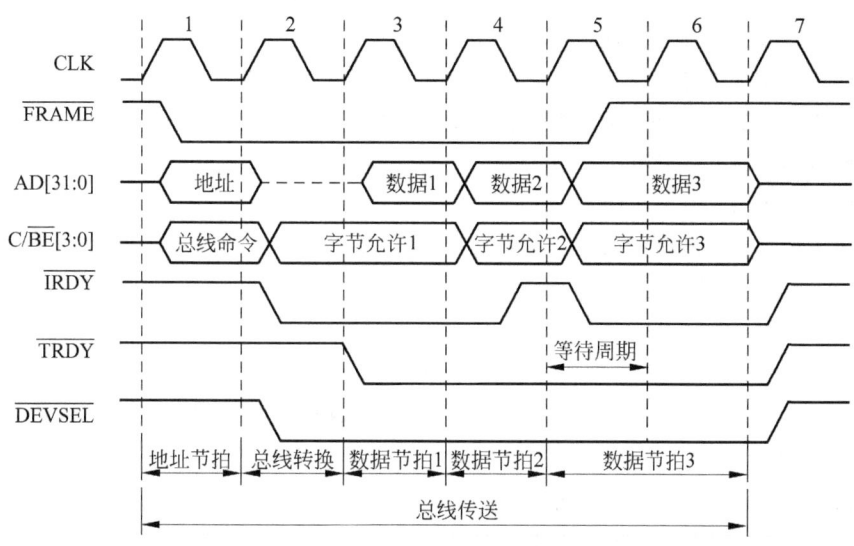

图 8-8 PCI 总线基本读操作时序

(2)写操作

图 8-9 为写传送的时序图,在 CLK_2,当$\overline{\text{FRAME}}$第一次有效,地址节拍结束后传送开始。除了在地址节拍之后不需要转换周期外,写传送与读传送类似。对读和写传送,数据节拍中完成工作是相同的。

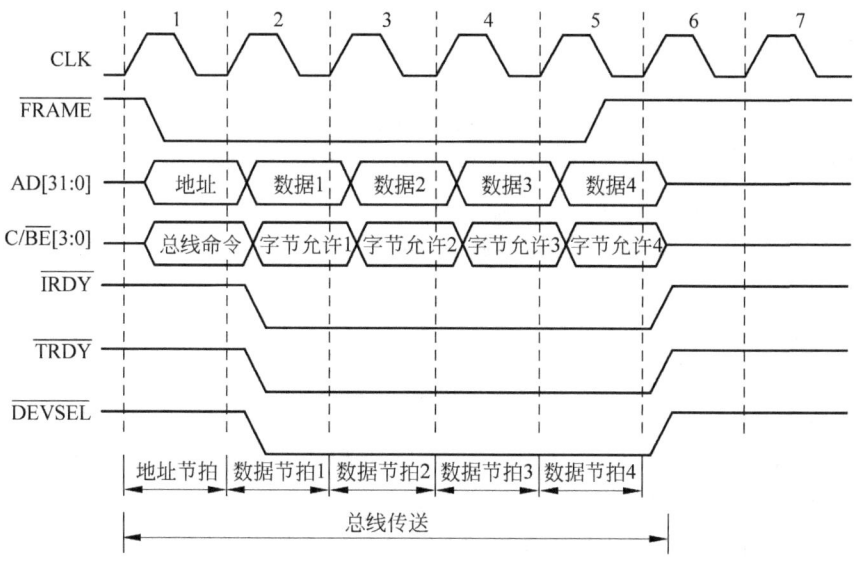

图 8-9 PCI 总线基本写操作时序

(3) 传送中止

总线主控设备和从设备都可以中止 PCI 传送。无论中止是由什么原因引起的，当 $\overline{\text{FRAME}}$ 和 $\overline{\text{IRDY}}$ 都无效时，所有传送将被中止，进入 IDLE 周期。

5. PCI 总线的发展

自 1992 年 6 月 22 日发布 PCI 1.0 版技术规范后，PCI 规范有如下几种版本：

1993 年 4 月发布 PCI 2.0 修订版；

1995 年第 1 季度发布 PCI 2.1 修订版；

1998 年 12 月完成、1999 年 2 月发布 PCI 2.2 修订版；

2002 年发布 PCI 2.3 修订版；

2003 年发布 PCI 3.0 修订版。

各种 PCI 版本的性能比较如下：

PCI 1.0 * 采用 5V 电压。

* 支持 PnP。

PCI 2.0 * 支持 PCI 电源管理(PCI Power Management)——支持 Microsoft 提出的 ACPI 和 On Now 等先进电源管理功能，让 OS 来控制 PCI 外设的电源，以达到省电的目的。

PCI 2.1 * 加入 66MHz 3.3V 电压标准。

* 支持 PCI 热插拔(PCI Hot-Plug)——PCI 外设接口卡可在不关机的条件下安装或移除，一般在服务器中才支持。

PCI 2.2 * 增加 Low Profile PCI 接口卡规格，这是 Desktop Form Factor 组织定义的 SFF (Small Form Factor)标准，即符合此规格的接口卡在空间、高度上有所限制，其上安装的扩展卡称为 Low-Profile 接口卡。

* 支持 Mini PCI 接口卡，这是 PCI-SIG 制定的，用于笔记本计算机和移动式计算机上，其长、宽和厚度比 PCI 和 Low-Profile PCI 更轻巧。

* 支持 Universal PCI。

PCI 2.3 * 接口卡要求为 3.3V 或 Universal 规格。

* PCI 插槽保留 5V 的电源电压，以维护兼容性。

PCI 3.0 * 只支持 3.3V 的插槽和接口卡。

* 与 PCI-X 和 PCI-Express 兼容。

PCI 插槽有两种，32 位为 124-Pin 插槽，在 PC 上使用；64 位为 188-Pin 插槽，在工作站和服务器中使用。

几乎所有的 X86 桌面操作系统(Windows、Linux 等)都支持 PCI 总线设备，随着计算机技术的发展，PCI 总线也在不断发展。

(1) PCI-X 总线

2000 年，PCI-SIG 组织发表了新的、更快速的 PCI-X 总线，这是由 IBM、HP 和 COMPAQ 共同开发的，是 PCI 总线的一种扩展结构，PCI-X 总线允许只与单个 PCI-目标设备进行数据交换，类似于资源独占的工作模式，若 PCI-X 设备无任何数据传送，总线会自动将 PCI-X 设备移去以减少 PCI-X 设备间的等待时间，在相同的频率下，PCI-X 将能提供比 PCI 高 14%～35% 的性能。

PCI-X 可以支持的频率有 66/100/133MHz，在不同的工作频率下，PCI-X 能控制的外设数量不同。

66MHz 下，PCI-X 控制器最多可支持 4 个 PCI 设备。

100MHz 下，PCI-X 控制器最多可支持 2 个 PCI 设备。

133MHz 下，PCI-X 控制器只能支持 1 个 PCI 设备，在 64 位总线下，拥有 1066MB/s 的带宽，这对光纤接口，千兆以太网接口等对带宽要求很高的应用而言，具有很大优势。

PCI-X 使用同 PCI 相同的端口，有 8 位和 16 位两种，PCI 设备可以在 PCI-X 插槽中兼容使用，当然此时整个总线返回 PCI 协议。PCI-X 也无须在 PCI BIOS 程序中进行修改，其所有功能实现完全由板卡本身决定，PCI-X 和 PCI 设备既能单独存在于系统中，也能共存于一个系统。

PCI-X 当前主要应用于服务器、工作站、嵌入式系统和信息交换环境。

(2) PCI-Express 总线

随着计算机应用范围的扩大，对总线带宽要求越来越高，由此比 PCI 总线速度更高的总线必然应运而生。由 Intel 主导制定的 PCI-Express 就是一种高性能的 I/O 总线。

PCI-Express 被称为第三代 I/O 总线技术，第一代指 ISA 总线，第二代指 PCI 总线，第三代指 PCI-Express，所以原名称为"3GIO"(Third Generation Input/Output)。

PCI-Express 采用串行通信模式，以及同 OSI 网络模型相类似的分层结构，该分层结构按自上至下的顺序由软件层、会话层、事务处理层、数据链路层和物理层组成，其具体的信号是一对低电压、分离驱动的电脉冲，一个负责传送，一个负责接收，并通过一个被称为 MSI (Message Signaled Interrupt，基于通信信号的中断控制)的轮询方法来管理中断请求、电源管理请求和复位请求等系统信息。

PCI-Express 的设计标准是采用完全连续的 I/O 结构(串行 I/O 互联)；速度可望超过 10GB/s；点对点的连接；低针数接口。

PCI-Express 采用点对点技术，能为每一个设备分配独享通道，不需要在设备间共享资源。按目前的 PCI-Express 规范，每个设备最多可以通过 64 根 PCI-Express 连接线和其他设备建立连接，每个连接可占用的带宽可在 1 根、2 根、4 根、8 根、16 根或 32 根连接线之间定义，以实现更高的集合速度，完成更多任务。

PCI-Express 是对现有总线技术的一次突破，依照内部独立数据传输通道的数量，可以被 PCI-Express 可以被配置成×1、×2、×4、×8、×16、×32 甚至于更高，目前 PCI-Express 最高规格为×32。

在×1 规格下的数据传输带宽为 312.5MB/s；

在×32 规格下的数据传输带宽为 10GB/s；

PCI-Express 总线开始阶段将首先在服务器领域得到应用和推广，现已用于个人计算机领域。

8.3.2 RS-232C 总线

1. 概述

一个完整的串行通信系统如图 8-10 所示，该通信系统包括**数据终端设备**(Data Terminal Equipment，DTE)和**数据通信设备**(Data Communication Equipment，DCE)。

DTE 是产生二进制信号的数据源，也是接收信息的目的地，是由数据发送器或接收器或兼具两者功能组成的设备。它可以是一台计算机。

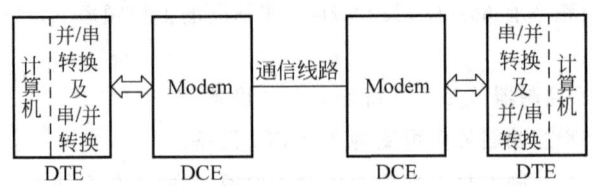

图 8-10　串行通信系统

DCE 是一个使传输信号符合线路要求，或者满足 DTE 要求的信号匹配器，它是提供数据终端设备与通信线路之间通信的建立、维持和终止连接等功能的设备，同时执行信号变换与编码。它可以是一个 Modem。

DTE 与 DCE 之间传输的是"1"或"0"的数据，同时传送一些控制应答信号，以协调这两个设备之间的工作。

RS-232C(RS 即 Recommended Standard 推荐标准之意)是由美国电子工业协会(Eletronic Industries Association，EIA)推荐的串行通信总线标准，它是应用于串行二进制交换的数据通信设备和数据终端设备之间的标准总线。

RS-232C 标准的电气特性如下：

1) 数据"0"("空号"，space)及控制线的接通状态规定为 +3～+15 V。

2) 数据"1"("传号"，mark)及控制线的断开状态规定为 -3～-15V。

3) 噪声容限为 3～5V。

4) 当输入恰好为 ±3V 时，分别确定为空号和传号，当输入端开路时，终端定为传号。

RS-232C 规定的逻辑电平同 TTL 及 MOS 电平不一样，实现两种电平转换可用两种方法，一种是用晶体管电路作电平转换，另一种是用集成收发器电路，如图 8-11 所示。图中集成电路芯片 MC 1488 和 MC 1489 专用于 TTL 电平和 RS-232 电平的转换。

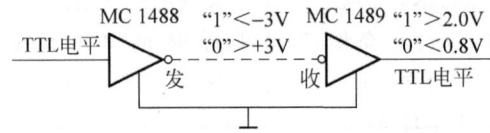

图 8-11　集成电路转换电路

2. 接口功能

RS-232C 标准规定使用 DB-25 插头座(25 引脚)，每个引脚的信号定义见表 8-6。表中信号的表示有两种形式：一种是在"代号"栏中表示的，如 BA(103)，括号中的编号是 CCITT 的 V.24 用的表示符号；另一种是在"其他表示方法"栏中表示的，如 TD，这是在串行接口电路中的信号表示。CCITT(Consultative Committee on International Telephone and Telegraph，国际电话电报咨询委员会)的 V.24 标准建议文本也是适用于 DTE 和 DCE 连接的标准，它同 RS-232C 的基本规定是相同的。信号传送方向中的 T 表示 DTE，M 表示 DCE。

表 8-6　RS-232C 接口功能定义

引脚号	名　称	代号(CCITT)	其他表示方法	方　向
1	保护地(屏蔽)	AA(101)		
2	发送数据	BA(103)	TD、SD	T→M
3	接收数据	BB(104)	RD	T←M

(续)

引脚号	名 称	代号(CCITT)	其他表示方法	方 向
4	请求数据	CA(105)	RS、RTS	T→M
5	允许发送	CB(106)	CS、CTS	T←M
6	DCE就绪	CC(107)	DSR、MR(MODEM就绪)	T←M
7	信号地(公共回路)	AB(102)		
8	接收线路信号检测器	CF(109)	RLSD、DCD(载波检测)	T←M
9	测试预留		+V(+10VDC)	
10	测试预留		−V(−10VDC)	
11	未定义			
12	第二接收线路信号检测器	SCF(122)		T←M
13	第二允许发送	SCB(121)		T←M
14	第二发送数据	SBA(118)	NS(重新同步)	T→M
15	发送器信号元定时	DB(114)	SCT(串行时钟接收) DCT(分频时钟接收)	T←M
16	第二接收数据	SBB(119)		T←M
17	接收器信号元定时	DD(115)	SCR(串行时钟接收) DCR(分频时钟接收)	T←M
18	未定义			
19	第二请求发送	SCA(102)		T→M
20	DTE就绪	CD(108.2)	DTR	T→M
21	信号质量检测	CG(110)	SQ	T←M
22	振铃检测	CE(125)	RI	T←M
23	数据速率选择	CH(111) CI(112)	SS(数据速率选择)	T←M T→M
24	发送器信号元定时	DA(113)	SCTE(向外提供串行发送时钟)	T→M
25	未定义			

RS-232C 接口的常用连接如图 8-12 所示。

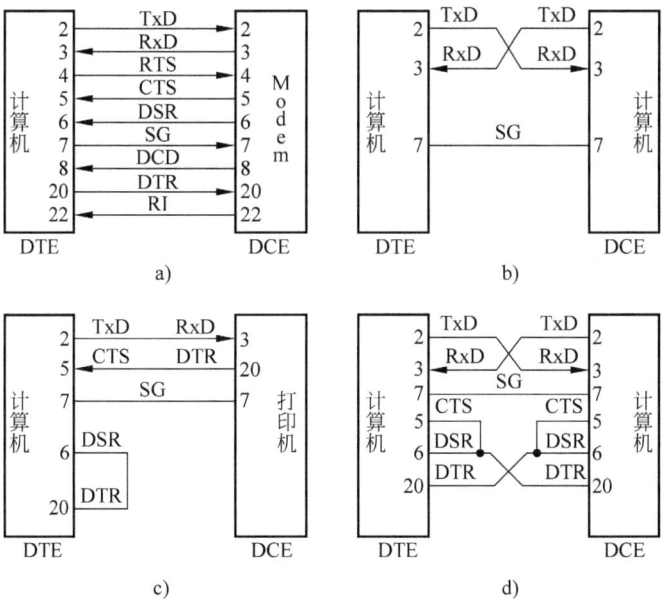

图 8-12 RS-232C 接口的常用连接

8.3.3 IEEE-488 总线

IEEE-488 总线是供各种测量仪器与计算机系统连接的标准总线,主要用于各种中小规模仪器系统,IEEE-488 总线是美国 HP 公司(Hewlett-Packard Company,惠普公司)在 20 世纪 70 年代初为程序可控的台式仪器间的互连而研制的仪器接口标准总线,该总线称为 HP-IB(HP Interface Bus),1975 年为美国国家标准学会 ANSI 采用,正式命名为 IEEE-488,1976 年国际电工委员会 IEC 又把它命名为 IEC 仪器接口,有些国家称其为 GP-IB(General Purpose Interface Bus,通用接口总线)。这几种不同名称的接口总线的定义仅在细节上有些区别,IEEE-488 总线是工业上广泛应用的标准并行总线。

IEEE-488 规定:

1)交换的信息必须是数字量;

2)一条总线上连接的设备数不超过 15 个;

3)传输线总长度不超过 20 米;

4)任何一条信号线上传输速率不超过 1MB/s。

IEEE-488 由具有 TTL 电平的 16 条信号线组成,采用 24 芯的连接器,引脚分配见表 8-7。

表 8-7 IEEE-488 接口总线

引脚	信号	引脚	信号
1	$D1(DIO_1)$	13	$D5(DIO_5)$
2	$D2(DIO_2)$	14	$D6(DIO_6)$
3	$D3(DIO_3)$	15	$D7(DIO_7)$
4	$D4(DIO_4)$	16	$D8(DIO_8)$
5	EOI	17	REN
6	DAV	18	地
7	NRFD	19	地
8	NDAC	20	地
9	IFC	21	地
10	SRQ	22	地
11	ATN	23	地
12	机壳地	24	地

表中,字节传送控制总线 3 条:

DAV(Data Available)——数据有效线

NRFD(Not Ready For Data)——未准备好接收数据线

NDAC(Not Data Accepted)——未收到数据线

接口管理总线 5 条:

ATN (Attention Line)——注意线

IFC(Interface Clear)——接口清除线

REN(Remote Enable)——远地使能线

SQR(Service Request)——服务清除线

EOI(End Or Identify)——结束或识别线

8.3.4 IDE/ATA 总线

1. 概述

IDE/ATA 总线是当前在 PC 等计算机系统中应用最广的硬盘机、CD-ROM 机和磁带机的标准接口总线。IDE(Integrated Drive Electronics，电子集成驱动器)又称集成驱动器电子部件，最早是 Compaq 公司开发的，并由 Western Digital 公司生产的硬盘驱动器标准接口总线。IDE 标准并不是正式标准规范的名称，美国国家标准学会(American National Standards Institute, ANSI)于 1991 年正式把 IDE(Integrated Drive Electronics)命名为 ATA(AT Attachment)即高级技术附加装置。IDE/ATA 标准的最大特点是把硬盘控制器电路跟硬盘驱动器本身的控制电路集成在一起，因而命名为集成驱动器电子部件。这样，在 IDE/ATA 总线接口的适配器电路中，不包含硬盘控制器。这一特点所带来的好处是：可以消除驱动器和控制器之间的数据丢失问题，使数据传输十分可靠；可减少硬盘接口的电缆数目与长度；使硬盘驱动器制造变得容易，不必考虑硬盘驱动器与控制器的兼容问题；对用户而言，硬盘安装更为方便。由于把控制器电路并入驱动器内，因此，从驱动器中引出的信号线已不是控制器同驱动器之间的信号线，而是通过简单处理后可同主系统连接的接口信号线——ATA 的接口信号是 ATA 总线(ISA 总线)信号的子集。

采用 ATA 总线接口的硬盘机与主机进行数据传送的方式有两种：

1) **编程 I/O**(Programming Input/Output，PIO)**模式**。这是通过 CPU 执行 I/O 端口指令来进行数据的读写，对硬盘读写一般采用 I/O 串操作指令，只需取一次指令就可重复多次完成 I/O 操作，使之达到高数据传输率。

2) **DMA 模式**。数据不经过 CPU 而直接在硬盘和内存之间传送，现在所有新的芯片组都支持总线主控 DMA，DMA 传送有单字和多字两种传送方式，单字 DMA 传送在每次 DMA 请求只传送一个 16 位字，而多个 DMA 传送只要 DMA 请求信号保持有效，将持续不断地传送 16 位字，直至终止计数。

各种传送模式的数据传输率如表 8-8 所示。

表 8-8 PIO/DMA 模式的最大数据传输率

模式	最小总线周期(ns)	数据传输率(MB/s)	适用的标准
PIO-0	600	3.3	ATA 及后续标准
PIO-1	383	5.2	ATA 及后续标准
PIO-2	240	8.3	ATA 及后续标准
PIO-3	180	11.1	ATA-2 及后续标准
PIO-4	120	16.6	ATA-2 及后续标准
DMA 单字-0	960	2.1	ATA、ATA-2
DMA 单字-1	480	4.2	ATA、ATA-2
DMA 单字-2	240	8.3	ATA、ATA-2
DMA 多字-0	180	4.2	ATA 及后续标准
DMA 多字-1	150	13.3	ATA-2 及后续标准
DMA 多字-2	120	16.6	ATA-2 及后续标准
DMA 多字-3	60	33.3	Ultra-ATA/33 及后续标准

需要说明的是，在硬盘机工作中有两种数据传输率——**内部传输率**和**外部传输率**，内部传输率是指从硬盘磁头到内部缓存的数据读写速度，外部传输率是指从硬盘的缓存向外输出数据的速度。而下述 ATA 标准中的 33MB/s 和 66MB/s 等都是指外部传输率。

2.7 种并行 ATA 标准

在 ATA 标准的发展过程中，有 7 个不同的版本，即从 ATA-1(IDE)到 ATA-7(ATA133)。

1) **ATA-1**：第一代的 ATA 标准称为 ATA-1，只支持 PIO-0 和 PIO-1、PIO-2 模式，其数据

传输速度只有可怜的 8.33MB/s，使用 40 芯电缆，硬盘大小为 5 英寸，容量为 40MB（根据技术标准，其硬盘最大容量为 504MB）。

2）**ATA-2**：即 EIDE(Enhanced IDE)或 Fast ATA，它在 ATA-1 的基础上增加了两种 PIO 和两种 DMA 模式(PIO-3)，将硬盘的最高传输率提高到 16.6MB/s，同时引进 LBA(Logical Block Address)地址转换方式，突破了 ATA-1 中固有的 504MB 的限制，可以支持最高达 8.4GB 的硬盘。在 ATA-2 的主板上，一般有两个 EIDE 插口，可以分别连接一个主设备和一个从设备，这样一块主板就可以支持 4 个 EIDE 设备，这两个 EDIE 接口一般称为 IDE1 和 IDE2。

3）**ATA-3**：ATA-3 并没有提高 IDE 接口的工作速度，最高传输速度仍为 16.6MB/s（支持 PIO-3），引入了密码保护机制，在电源管理方案中进行了修改，引入了 SMART(Self-Monitoring Analysis and Reporting Technology，硬盘自监测、自分析和报告技术），这一技术也在许多主板的 BIOS 中有所体现。

4）**ATA-4**：即 Ultra ATA/33 标准，自这一版本开始，硬盘全部采用 DMA(Direct Memory Access，直接内存存取)技术，又称之为 Ultra DMA/33。DMA 是 I/O 设备与主存储器之间由硬件组成的直接数据通道，用于高速 I/O 设备与主存储器之间的成组数据传送。硬盘控制器采用总线主控方式进行数据传输，它将 PIO 下的最大数据传输率提高了一倍，达到 33MB/s，称之为 PIO-4。微软的 Windows 98 系统正式支持这一接口技术。

5）**ATA-5**：即 Ultra ATA/66 标准，同样采用了 DMA 技术。Ultra ATA/66 不仅将接口通道的数据交换速度提高了一倍，同时也继承了上一代 Ultra ATA/33 的核心技术——循环冗余校验技术(Cyclic Redundancy Check，CRC)，该技术的设计方针是系统与硬盘在进行传输的过程中，随数据发送循环的冗余校验码，对方在接收的时候也对该校验码进行检验，只有在完全核对正确的情况下才接收并处理得到的数据，这对于高速传输数据的安全性有着极有力的保障。Ultra DMA66 还有一个核心的技术就是将普通的 40 芯排线改成 80 芯排线(此后的所有并行 ATA 标准都采用这一芯线标准)，但该线仍然使用 40 针的接口，但传输线却增加了一倍。

6）**ATA-6**：即 Ultra ATA/100 标准，主要是提高了硬盘数据的传输速率，从原来 ATA-5 标准中的 66MB/s 提高到新的 100MB/s。

7）**ATA-7**：这就是 ATA 系列中的最新版本 Ultra ATA/133 了，它的传输速率达到了 133MB/s。但目前这一最新标准只有 ATA 133 标准的提出者迈拓公司(Maxtor)一家支持，并没有得到广大厂商的支持，因为有一种新的硬盘接口标准——Serial ATA。它一改 ATA 标准长达十几年以来的并行数据传输方式，而采用串行方式。其主要原因是并行接口的电缆属性、连接器和信号协议都已经到达一个顶点，在技术和设计上都有许多问题。随着工作频率的提高，原来在低频率下的 ATA 接口标准越来越受到交叉干扰、地线增多、信号混乱等因素的制约，特别是在新的 Ultra ATA/133 标准中。而新的 Serial ATA 标准不仅可以全面解决以上问题，而且其数据传输速率有相当大的发展空间，目前其最低的 Serial ATA 1.0 标准中数据传输速率就可达到 150MB/s，高于 ATA 133 标准中的 133MB/s。据规划其后续版本数据传输速率可按 150MB/s 的倍数递增，这样就为彻底解决硬盘接口这一最终瓶颈打下了坚实的理论基础。

综合所有 ATA 标准的接口类型(其实就是 IDE 接口类型)硬盘，可以看出它具有以下主要特点：价格低廉、兼容性非常好、性价比高等优点，但同时也具有数据传输速度慢、只能内置使用、对接口电缆的长度有很严格的限制等缺点。

3. SATA

SATA(Serial ATA，串行 ATA)是 Intel 公司在 2000 年 IDF(Intel Developer Forum，Intel 开发者论坛)上发布的新一代外设产品中采用的总线标准接口类型。它一改以往 ATA 标准的并行数据传输方式，而是以连续串行的方式传送信息。在同一时间点内只会有 1 位数据传输，能减小接口的针脚数目，用四个针就完成了所有的工作(第 1 针发送、2 针接收、3 针供电、4 针地线)，其数据线显得更加趋于标准化。

SATA 总线的数据线相对于原来并行 ATA 的 80 芯数据而言具有如下优势：

1)采用单向性的 L 型接头，可以有效地防止插反。

2)采用类似 USB 连接头一样的无针连接器，盲插(Blind-mate)式的连接方式更易咬接到位，安装起来非常简易。

3)SATA 使用特殊的针错列设计，连接头的 7 根接触针中有两种不同的长度：最长的三根为接地线，较短的两对为数据传输线，这样在连接的时候，先接触的是三根地线，后接触的是两对数据线，这种"预先接地"处理可以妥善解决热插拔时致命的放电现象，从而使得 SATA 能够实现硬盘热插拔。

用于 SATA 总线接口的硬盘同样需要另外的电源，但 SATA 硬盘新增加了 3.3V 电压输入，加上原有的 12V 和 5V，每种电压需要正极、负极及接地线三条线路，这样就有 9 条；而要实现设备热插拔还需要额外的 6 条线、这样总和起来就有 15 条之多。显然，现有的主板和电源都要作适应性改动才能支持，不能直接采用传统的电源接口，通常需要采用 SATA 电源转接线来与传统电源线转换。上述接口中的 4 条线(引脚)通过这条转接线，SATA 插座中的电路转换后可以满足以上 15 路输出。

SATA 由于其针脚数目大大减少，也就全面解决了在 PATA 标准中存在的数据串扰问题。同时由于数据芯线减少，就更能降低电力消耗，减小发热量，这样也有利于数据正常准确的传输，增加系统的稳定性。

SATA 的起点更高、发展潜力更大，SATA 1.0 定义的数据传输率可达 150MB/s，高于 PATA 中最高标准——ATA/133 所能达到 133MB/s。据规划其后续版本数据传输速率可按 150MB/s 的倍数递增，即 SATA 2.0 的数据传输率将达到 300MB/s，SATA 3.0 标准将实现 600MB/s 的最高数据传输率。此外，SATA 的拓展性更强，由于 SATA 采用点对点的传输协议，不存在主从问题，这样每个驱动器不仅能独享带宽，而且更便于拓展 SATA 设备。

8.3.5 SCSI 总线

SCSI(Small Computers System Interface，小型计算机系统接口)是美国国家标准协会 ANSI(American National Standards Institute)制定的总线标准，是一种小型计算机系统通用接口标准总线，定义了一种输入、输出总线和逻辑接口。逻辑接口用来支持计算机和外部设备互联的总线。SCSI 的主要目标是提供一种设备独立的机制，用来连接主机和访问设备，可包括一个或多个主机。SCSI 总线接口一般用于高端应用领域，作为一种智能型接口，它可连接硬磁盘机、CD-ROM 光驱、可擦写光驱、磁带机、扫描仪、打印机、条码阅读器以及一些通信设备等。这样，通过单一 SCSI 的总线接口，多个不同设备能连接到同一主机系统中，而不需要修改一般的系统软件和硬件。

SCSI 接口的特点是数据传输速度快、可驱动的外部设备数目多、可靠性高、定义规范、互换性好等。

SCSI 前身是 SASI(Shugart Associates System Interface)，是 20 世纪 70 年代末由 Shugart Associates 公司开发的一种用于小型和中型计算机系统的 8 位并行独立于外设或系统总线。从系统角度来看，可使磁盘设备系统独立于实际的磁盘物理设备，它还允许不同的公司独立地开发系统和外设，并可一起使用。这种思路也为以后成功地开发开放系统的平台起了一定的推动作用。1982 年，ANSI 把 SASI 作为小型计算机系统接口标准的基础，并于 1986 年批准了 SCSI 的最初版本 SCSI-1，1994 年完成了改进版本 SCSI-2，以后又陆续推出了 SCSI-3 等标准。

1. SCSI-1

这是最原始的 SCSI 标准，定义了最基本的 18 个 CCS(Common Command Set，通用命令集)有同步和异步两种传输模式，8 位总线宽度，传输速率同步为 5MB/s，异步为 3MB/s。

2. SCSI-2

1992 年发布 SCSI-2，有下面三种规格。

1) FAST SCSI：8 位总线宽度，工作频率 10MHz，最大数据传输率为 10MB/s。

2) WIDE SCSI：16 位总线宽度，工作频率 5MHz，最大数据传输率为 10MB/s。

3) FAST WIDE SCSI：16 位总线宽度，工作频率 10MHz，最大数据传输率为 20MB/s(HVD——高压差分驱动)。

SCSI-2 引入 68 芯扁平电缆(B 电缆)，同时保留对 SCSI-1 标准的兼容性。可以支持同时连接 7 个装置，传输速率达到了 10~20MB/s。

3. SCSI-3(Ultra SCSI)

1995 年发布 SCSI-3，有下面两种规格。

1) Ultra SCSI：8 位总线宽度，工作频率 20MHz，最大数据传输率为 20MB/s，采用 50 芯 A 电缆。

2) WIDE Ultra SCSI：16 位总线宽度，工作频率 20MHz，最大数据传输率为 40MB/s，采用 68 芯 B 电缆。

两者的电缆长度为 1.5 m，以减小高频率带来的干扰。

4. Ultra 2 SCSI

1997 年发布 Ultra 2 SCSI，又称为 Fast 40，有下面两种规格。

1) Ultra 2 SCSI：8 位总线宽度，工作频率 40MHz，最大数据传输率为 40MB/s，电缆长度 25 m。

2) WIDE Ultra 2 SCSI：16 位总线宽度，工作频率 40MHz，最大数据传输率为 80MB/s，电缆长度 12 m，大大增加了设备的灵活性，支持同时挂接 15 个装置。

Ultra 2 SCSI 采用低压差分技术 LVD(Low Voltage Differential)来传输信号，具有很强的抗干扰性能。目前 ULTRA 2 SCSI 在中低端 SCSI 硬盘中还有应用。

5. Ultra 3 SCSI

1) Ultra 3 SCSI：1998 年 7 月 SCSI 行业协会 STA(SCSI Trade Association)发布 Ultra 3 SCSI，采用 LVD 来传输信号，并引入 DDR 技术，可在时钟的上升沿和下降沿同时传输数据，在 16 位总线宽度，工作频率为 40MHz 时，数据传输率可达 160MB/s。

2) Ultra 160 SCSI：1998 年 9 月又发布了 Ultra 160 SCSI，采用 DDR、LVD 技术，并具有

CRC(循环冗余检测)和域确认等功能,同 Ultra 3 SCSI 相比具有更好的兼容性,实现成本低,成为目前中高档 SCSI 硬盘的主要接口。

3) Ultra 320 SCSI:2001 年推出,16 位总线宽度,80MHz 总线频率,最大数据传输率可达 320MB/s,采用点对点连接方式,允许最长电缆为 25 m,在多设备系统中可达 12 m。Ultra 320 SCSI 除沿袭 Ultra 160 SCSI 的 LVD、DDR、CRC(循环冗余检测)和域确认等功能外,增加了 SCSI 封包、快速仲裁与选择(QAS)等功能。

SCSI 封包技术(通过缩减命令过程的管理时间来有效提升实际性能;快速仲裁与选择功能)将总线控制权转交所需时间大大缩短,有效地提高了整套 SCSI 系统的利用效率。

SCSC 总线技术是向前兼容的——新的 SCSI 总线可以兼容老接口,而且如果一个 SCSI 系统中的两种 SCSI 设备不是位于同一规格,那么 SCSI 系统将取较低级规格作为工作标准。

SCSI 总线具有:配置扩展灵活(在一块 SCSI 控制卡上就可以同时挂接 15 个设备)、高性能(具有多任务、宽带宽及少 CPU 占用率等特点)、应用广泛(具有外置和内置两种)等优点。其缺点主要是价格昂贵、安装复杂。

8.3.6 USB 总线

USB(Universal Serial Bus,通用串行总线)是 Compaq、DEC、IBM、Intel、Microsoft、NEC(日本)和 Northern Telecom(加拿大)7 大公司于 1994 年 11 月联合开发的计算机串行接口总线标准,1996 年 1 月 15 日颁布了 USB 1.0 版本规范。随后颁布了 USB 1.1、USB 2.0 版本和 USB 3.0 版本。

USB 实际上是一个万能插口,可以取代 PC 上所有的端口(包括串行端口和并行端口),用户可以将几乎所有的外设装置——包括显示器、键盘、鼠标、调制解调器、游戏杆、打印机、扫描仪和数码相机等的插头插入标准 USB 插口。同时,还可将一些 USB 外设进行串接,这样,可以使一大串设备共用 PC 上的端口。此外,一些 USB 产品,如数码相机和扫描仪,甚至可以不要使用独立电源即可工作,因为 USB 总线可提供电源。

1. USB 系统组成

完整的 USB 体系如图 8-13 所示。

最底层的是 USB 设备,往上就是 USB 主机控制器,这些是 USB 的硬件部分。

然后就是软件部分了,首先是 USB 主机控制器驱动程序(Host Controller Driver)。Windows 95 OSR2.1 以上版本及 Windows 98 提供了这个最底层的驱动程序。而使用其他操作系统时,只要主板芯片组的开发商提供了南桥的 USB 驱动程序也可以使用 USB 设备,如 ALI 就为 Aladdin Ⅳ/Ⅴ 芯片组的南桥 M1543 提供了 USB 驱动,允许低版本的 Windows 使用 USB 功能。但在安装芯片组的驱动程序时,如果安装程序发现操作系统是 Windows 95 OSR2.1 以上版本,就会警告用户无须安装驱动程序,因为操作系统已经自带了。

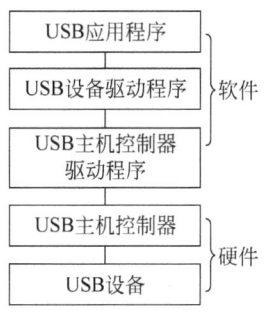

图 8-13 USB 体系

再往上是 USB 设备驱动(USB Device Driver)。众所周知,没有驱动程序,硬件是不能使用的。Windows 95/98 已经内建了一些常用的 USB 设备的驱动程序,如 USB 音箱、USB Hub 等。其他的 USB 设备驱动程序操作系统并没有内建,由生产商附送,如 USB 摄像头、USB

MODEM 等。Windows ME 和 Windows XP 内建了更多的 USB 设备的驱动程序，使 USB 设备使用更方便。

最后就是 USB 应用程序（USB Application，或 Client Driver Software）。USB 设备需要有相应的应用程序才能发挥作用。像 USB 扫描仪就必须有扫描应用程序才能应用，而 USB 接口的数码相机也需要相应的应用程序才能传输相片等资料。

2. USB 的硬件结构

USB 采用 4 线电缆，其中 2 根是用来传送数据的串行通道，另 2 根为下游（Downstream）设备提供电源，如图 8-14 所示。

其中，D+、D- 是串行数据通信线，对 USB 1.1 版本而言，它支持两种数据传输率，对于高速且需要高带宽的外设，USB 以全速 12Mb/s 传输数据；对于低速外设，USB 则以 1.5Mb/s 的传输速率传输数据。USB 总线会根据外设情况在两种传输模式中

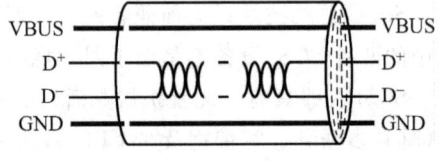

图 8-14 USB 硬件结构

自动地动态转换。VBUS 通常为 +5V 电源，GND 是地线。USB 是基于令牌的总线，类似于令牌环网络或 FDDI 基于令牌的总线。USB 主控制器广播令牌，总线上设备检测令牌中的地址是否与自身相符，通过接收或发送数据给主机来响应。USB 通过支持悬挂或恢复操作来管理 USB 总线电源。而 USB 2.0 版本的使用与 USB 1.1 版本的使用相仿。

USB 系统采用级联星形拓扑，即类似于菊花链连接。该拓扑由 3 个基本部分组成：主机（Host）、集线器（Hub）和功能设备（USB 设备）。

主机，也被称为根、根结或根 Hub。它在主板上或作为适配卡安装在计算机上。主机包含有主控制器和根集线器（Root Hub），控制着 USB 总线上的数据和控制信息的流动。每个 USB 系统只能有一个根集线器，它连接在主控制器上。

集线器是 USB 结构中的特定成分，它提供叫作端口（Port）的点将设备连接到 USB 总线上，同时检测连接在总线上设备，并为这些设备提供电源管理，负责总线的故障检测和恢复。集线器为总线提供能源，或为自身提供能源（从外部得到电源）。自身提供能源的设备可插入总线提供能源的集线器中，但总线提供能源的设备不能插入自身提供能源的集线器或支持超过 4 个的下游端口中。总线提供能源设备的需要超过 100 mA 电源时，不能同总线提供电源的集线器连接。

功能设备通过端口与总线连接。USB 设备同时可做 Hub 使用。例如，USB 监视器可以提供 USB 鼠标和 USB 键盘的端口。USB 集线器使用 A 类连接器（扁平形），设备使用 B 类连接器（方形）。

3. USB 的软件结构

USB 通信模块的基本流程如图 8-15 所示。

主机和设备被分为如图 8-15 所示的几层。黑箭头表示主机上的实际通信。设备上相应的接口根据不同的仪器而不同。主机和设备间的通信最终发生在物理线上，但在每一水平层之间存在着逻辑接口。主机中客户程序软件与设备功能间的通信代表了设备需求与设备能力之间的约定。

每个 USB 只有一个主机，它包括以下几层：

1) USB 总线接口：USB 总线接口处理电气层与协议层的互连。从互连的角度来看，相似的总线接口由设备及主机同时给出，例如串行接口机（SIE）。USB 总线接口由主控制器实现。

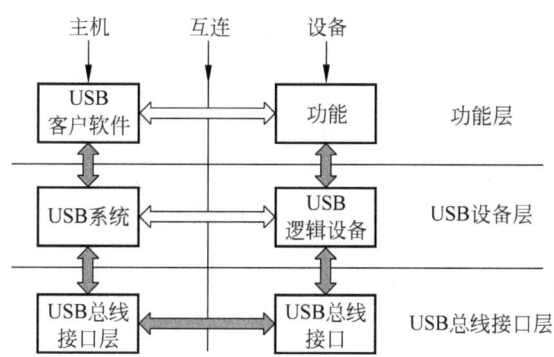

图 8-15 USB 通信模块基本流程

2) USB 系统：USB 系统用主控制器管理主机与 USB 设备间的数据传输。它与主控制器间的接口依赖于主控制器的硬件定义。同时，USB 系统也负责管理 USB 资源，例如带宽和总线，这使客户访问 USB 成为可能。

3) USB 客户软件：位于软件结构的最高层，负责处理特定 USB 设备的设备驱动器。客户程序层描述了所有直接作用于设备的软件入口。当设备被系统检测到后，这些客户程序将直接作用于外围硬件。这个共享的特性将 USB 系统软件置于客户和它的设备之间，也就是说，一个客户程序不能直接访问硬件设备，而要根据 USB 设备在客户端形成的设备映像由客户程序对它进行处理。

4. USB 上的数据流传输

为了满足不同外设和用户的要求，USB 提供了 4 种传输方式：控制传输、等时传输、中断传输及数据块传输。每种传输模式应用到具有相同名字的终端，则具有不同的性质。

1) **控制传输类型**支持外设与主机之间的控制、状态、配置等信息的传输，为外设与主机之间提供一个控制通道。每种外设都支持控制传输类型，这样，主机 PC 与外设之间就可以传送配置和命令/状态信息。

2) **等时**(Isochronous)**传输类型**支持有周期性、有限的延时和带宽且数据传输速率不变的外设与主机间的数据传输。该类型无差错校验，故不能保证正确的数据传输，支持像计算机-电话集成系统(CTI)和音频系统与主机的数据传输。

3) **中断传输类型**支持像游戏棒、鼠标和键盘等人机输入设备，这些设备与主机间数据传输量小、无周期性，但对响应时间敏感，要求马上响应。

4) **数据块**(Bulk，又称批传输)**传输类型**支持打印机、扫描仪、数码相机等外设。这些外设与主机间传输的数据量很大，USB 在满足带宽的情况下才进行该类型的数据传输。

USB 采用分块带宽分配方案，若外设超过当前带宽分配或潜在的要求，则拒绝响应该设备。同步和中断传输类型的终端保留带宽，并保证数据按一定的速率传送。集中和控制终端按可用的最佳带宽来传输数据。但是，10% 的带宽为批量处理和控制传送而保留，数据块传输仅在带宽满足要求的情况下才会出现。

5. USB 的连接方法

USB 提供中、低速率外设装置的扩充能力，这些中、低速率的外设都可通过 USB 与 PC（及其他计算机系统）连接并传送数据，不需要搭配附加的接口卡来占用 PC 的扩展槽。USB 设备的连接如图 8-16 所示。

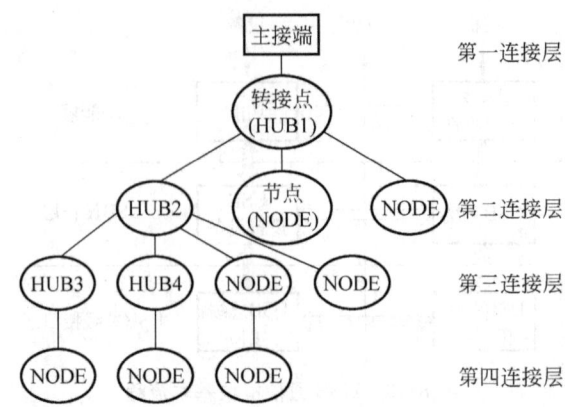

图 8-16 USB 设备连接图

图 8-16 中，USB 设备是以转接器(HUB)与设备节点(NODE)的方式连接的，最多可以延伸到 4 个层次。PC 主板上一般最少配备两个 USB 连接器，可以连接两个或多个 USB 设备，其中一个可接到 HUB 或具有 HUB 功能的 USB 设备。每一个 HUB 至少提供两个连接器以及连接到下一个 HUB 的能力。因此，用户要安装 HUB 设备时，只要找到一个 HUB(转接器)底下的连接孔，把 HUB 设备的插头直接插入即可。这样，一个 USB 系统从整体上可看成一种树形结构。按 USB 规格设计，可以在同一台 PC 上同时使用最多达 127 个外设(含 HUB)。当然，PC 要具备 USB 的连接功能必须有相应的软件和硬件条件的支持。硬件方面，奔腾、高能奔腾、多能奔腾和奔腾 II 以上系统的 430HX、430VX、430TX、440FX、440LX、440BX、i8xx 等芯片组都支持 USB 连接功能。因此，以这些芯片组设计的系统主板都支持 USB。而软件方面，Windows 95 OEM Service Release 2(即 Windows 95 OSR 2)版本内已加入对 USB 检测能力，Windows 98 以上更是具有对 USB 的支持功能。

6. USB 的特点

USB 规范公布后，PC 制造商、外围设备生产厂以及 LSI(大规模集成电路)芯片制造厂纷纷开发 USB 产品，许多新生产的 PC 都备有 USB 接口。USB 规范受到业界和用户的极大关注。这是由于 USB 具有一系列的优点。

(1)USB 具有真正的"即插即用"(Plug and Play，P&P)特性

用户可以很容易地对外设实行安装和拆卸，主机可按外设的增删情况自动配置系统资源，同时用户可以在不关机的情况下进行外设的更换，外设装置的驱动程序的安装和删除将实现自动化。

(2)USB 具有很强的连接能力

最多可以以链接形式连接 127 个外设到同一系统，这对一般的计算机系统是足够的了。

(3)低成本

一方面，外设的设计制造过程比较简单，因为所有系统的智能机制都驻留在主机中；另一方面，USB 从 1996 年 4 月起并入了 Intel 芯片组，从而使设备制造的开销降低。

(4)空间的节省

USB 的引入减轻了对目前 PC 中所有标准端口的需求，从而也减少了对 PC 插槽的需求。

(5)USB 与增强型时分多路转换(Enhanced Time Multiplexing，ETDM)特性

可以支持诸如综合业务数字网(Integrated Services Digital Network，ISDN)等高速数字电话信息通路接口，USB 再加上 Windows Telephone 应用程序接口（Application Program

Interface，API)后，为 PC 同电话的集成提供了良好的基础。

(6)连接电缆轻巧、电源体积减小

USB 使用的 4 芯电缆和+5 V 的直流电源给 USB 的用户和厂商带来了方便。

(7)USB 是一种开放性的不具专利版权的理想的工业标准

由 150 多家企业组成的 USB 实施者论坛(USB Implementer Forum)是一个标准化组织，它所制定的任何标准不为哪一家公司所独有，不存在专利版权问题，所有 USB 组织的成员只要交付一定的会费(一年 2500 美元)即可。这一点也正是 USB 规范具有强大生命力之处。开放性是当前计算机技术能得到飞速发展的重要因素之一。

7.3 种版本的 USB 总线标准

USB 目前有 3 个版本。

(1)USB 1.0

1)数据传输速率。

12MB/s：连接打印机、扫描仪、交换器和电话机等。

1.5MB/s：KB、鼠标、Modem。

用 USB 1.1 的扫描仪扫一张大小为 40MB 的图片，需要 4 分钟之久。

2)最多可连接 127 个外设(包括 Hub)。

3)连接节点距离最长为 5m。

4)连接电缆。

12MB/s：带屏蔽双绞线

1.5MB/s：普通无屏蔽双绞线

(2)USB 2.0

Compaq、Hewlett Packard、Intel、Lucent、Microsoft、NEC 和 Philips 这 7 家厂商联合制定了 USB 2.0 接口标准。USB 2.0 将设备之间的数据传输速度增加到了 480Mb/s，比 USB 1.1 标准快 40 倍左右，可以使用更高效的外部设备，使具有多种速度的外围设备都可以被连接到 USB 2.0 的总线上。

用 USB 2.0 的扫描仪，扫一张 40MB 的图片只需半分钟左右的时间。

USB 2.0 中的增强主机控制器接口(EHCI)定义了一个与 USB 1.1 相兼容的架构。它可以用 USB 2.0 的驱动程序驱动 USB 1.1 设备。所有支持 USB 1.1 的设备都可以直接在 USB 2.0 的接口上使用，而且像 USB 线、插头等附件也都可以直接使用。USB 接口有 3 种类型：

- Type A：一般用于 PC；
- Type B：一般用于 USB 设备；
- Mini-USB：一般用于数码相机、数码摄像机、测量仪器以及移动硬盘等。

而且，USB 2.0 可以使用原来 USB 定义中同样规格的电缆，接头的规格也完全相同，在高速的前提下一样保持了 USB 1.1 的特色，并且，USB 2.0 的设备不会和 USB 1.X 设备在共同使用的时候发生任何冲突。

(3)USB 3.0

USB 3.0 是新一代的 USB 接口，传输速率非常快，理论上能达到 4.8Gb/s，特别适合要求同时传输几 GB 甚至几十 GB 的大文件的应用场合(在高清视频、游戏程序和数码相片中)。以 25GB 容量的高清视频传输为例，使用 USB 2.0 需要 10 多分钟，而只要设备支持的话，使用

USB 3.0 理论上只需 70 秒左右。

接口外形和现在的 USB 接口基本一致，能兼容 USB 2.0 和 USB 1.1 设备。

USB 3.0 采用了标准的 A 接口，由 3 种电缆组成，分别为：UTP、STP 以及电源线（包含地线）。电缆采用了美制标准的线缆标准，为 26～30 英寸直径。

8.3.7　IEEE 1394 总线

IEEE 1394（又称 Fire Wire，火线）是由 Apple 公司和 TI（德州仪器）公司开发的高速串行接口标准，其最高的数据传输率可达 1Gb/s（1 024 Mb/s）。IEEE 1394 接口具有把一个输入信息源传来的数据向多个输出机器广播的功能，特别适用于家庭视听 AV（Audio-Visual）的连接。由于该接口具有等时间的传送功能，确保视听 AV 设备重播声音和图像数据的质量，具有很好的重播效果。IEEE 1394 接口允许有很高的数据传输速度，作为 PC 同外围设备之间的接口是很有前途的。目前 400MB/s 左右的接口的检测芯片已投入市场，IEEE 1394 接口已进入实用阶段。具备 IEEE 1394 接口的 PC，在显示器重播接收的多媒体数据时，可利用其等时间传送功能，实现边接收边重播，不需配置价格昂贵的图像缓冲存储器，从而可降低系统成本。

IEEE 1394 接口作为"信息家电"的专用接口是有极大优势的，"信息家电"是数字化摄像录像一体型磁带录像机（Video Tape Recorder，VTR）、音频放大器、CD 播放机、数字化音频磁带机（Digital Audio Taperecorder，DAT）以及电视机顶盒（Set Top Box）等数字化家用电器设备的统称。随着家用 PC 多媒体化程度的加大，必然会提出"信息家电"同 PC 以及 PC 外围设备之间的多媒体数据交换、存储和处理的要求，而 IEEE 1394 接口自然是实现上述 3 者连接和沟通信息的重要途径。这些"信息家电"利用 IEEE 1394 接口，通过单一类型专用电缆同 PC 及其外围设备连接，构成一个高度综合的家庭多媒体信息系统，如图 8-17 所示。

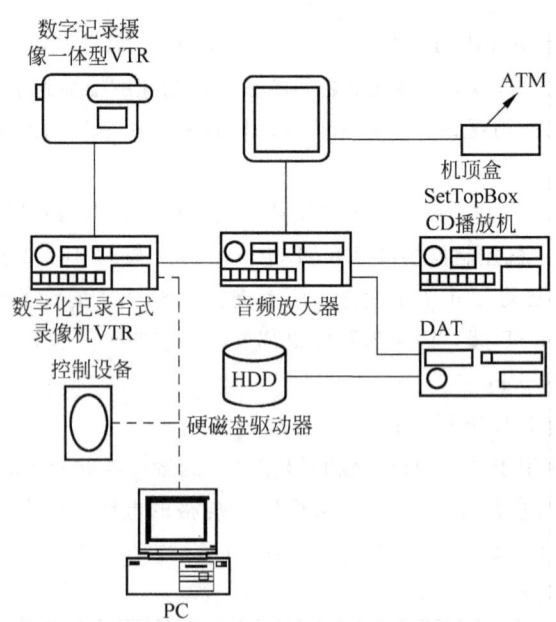

图 8-17　用 IEEE 1394 接口构成多媒体信息系统

必须指出的是，这样构成的多媒体信息处理系统具有良好的可伸缩性——可以方便地扩充或者降低系统的规模。例如，可以把这一系统收缩成仅由硬盘驱动器、简单控制设备和 AV 设备组成的简单互联系统。其中，简单控制设备需要有接触控制板（Touch Panel），以用于指示读出/写入的起始和终止，从而可以将图像和声音数据进行编辑存储。在这种简化的多媒体信息系统中，不一定需要由 PC 作为中介，只要按简单控制设备发出的命令，即可实现磁盘驱动器同 AV 设备之间的数据传送。到目前为止，只有用 IEEE 1394 接口可以实现磁盘驱动器、AV 设备和简单控制设备进行互联，也只有用 IEEE 1394 接口才能把 PC 及其外围设备同"信息家电"构成具有可伸缩性的多媒体系统。

此外，利用异步传输模式（Asynchronous Transfer Mode，ATM）技术可以扩展 IEEE 1394 接口的作用，通过 ATM 网络的机顶盒外连 ATM 网络，内用 IEEE 1394 接口，把各种家用电子设备与室外网络连接，可以有效地利用 ATM 网络实现多媒体数据的相互交换。

IEEE 1394 串行总线的特点是：

1）一种纯数字接口：不必将数字信号转换成模拟信号，造成无谓的损失。
2）小巧的物理设计：纤细的串行电缆可取代体积较大，成本较高的接口。
3）易于使用：不必牵涉终端电阻、设备 ID 或者复杂的安装过程，任何人都可轻松使用。
4）热插拔：用户可自由增减 1394 设备，不必关机，也不会干扰整个总线的通信。
5）价格低廉：有效地降低消费类产品的成本。
6）易于扩展：一条总线中，100、200 和 400 Mb/s 的设备可以共享。
7）配置灵活：支持像 SCSI 那样的菊花链，可实现真正的对等通信。
8）速度极快：高品质的多媒体数据可实现准实时传输。

IEEE 1394 是为了增强外部多媒体设备与电脑连接性能而设计的高速串行总线，传输速率可以达到 400Mb/s，最高数据传输率达 1Gb/s。利用 IEEE 1394 技术，我们可以轻易地把电脑和如摄像机、高速硬盘、音响设备等多种多媒体设备连接。这个技术有很多大的厂商共同联合发展，既有电脑界的，也有家电业的，包括 Apple、Sony、德州仪器和 VIA。在一个 400Mb/s 的火线通道上支持多于 63 个设备。

新版的 IEEE 1394b 标准更是规定它的单信道带宽为 800Mb/s，是原来的 IEEE 1394a 标准的两倍。IEEE 1394 接口标准具有实时数据传输（Real-Time Data Transfer）、支持热插拔，驱动程序安装简易、数据传输速度快（1394a 标准都可提供 400Mb/s 的传输速率）等优点，并且具备通用 I/O 连接头，点对点的通信架构。显然，在多媒体信息处理系统中，IEEE 1394 是更有前途的串行接口标准。

习题 8

8.1 什么是总线？简述微机总线的分类。
8.2 什么是总线标准？为什么要制定总线标准？总线标准应包括哪些内容？
8.3 简述微机系统中 3 种总线的特点。
8.4 从 PC 总线的负载能力说明总线驱动的作用。
8.5 简述 PCI 总线的特点。
8.6 简述 PCI 总线中桥接器的作用。
8.7 简述 PCI-X 总线的特点。
8.8 简述 PCI-Express 总线的特点。

第 9 章

计算机硬件系统举例——PC 主板和 CPU

本章主要论述两方面的内容。首先以流行的 PC(个人计算机)为例,介绍计算机的硬件组成。另外,32 位微处理器技术在计算机的发展历程中占有重要地位,而 64 位微处理器和多核处理器是进入 21 世纪后处理器硬件技术更新的重点,本章简要介绍这三类微处理器的硬件特点。

9.1 PC 主板

在第 4、6、7 和 8 章中,论述了计算机系统中存储系统、中央处理器、I/O 接口与外围设备以及总线的组成结构,本节以流行的 PC(个人计算机)为例,介绍计算机的硬件组成。

一个 PC 从其硬件结构来说是由微型计算机配以相应的外围设备构成的;而微型计算机则是以微处理器为基础,配以内存储器、输入/输出(I/O)接口电路和相应的辅助电路而构成的;至于微处理器,则是微型化的中央处理器(运算器和控制器),当然这是原始意义上的微处理器,至于现代微处理器,如 Intel 80486 和 Pentium 系列以及其后的微处理器,已在一块微处理器芯片中集中了更多的功能部件。

随着集成电路技术和计算机软硬件技术的迅猛发展,以及对计算机应用领域的拓展,微型计算机系统的组成形式也在不断发展,原先经典定义中的五大部件,有的经过集成技术整合在一起,有的功能及组成有较大的改变,例如:

- Cache 和虚拟存储概念的引入,形成了存储系统的层次结构,使存储系统的功能大幅提高。
- CPU 中功能部件的扩展——在 CPU 中集成有 FPU(Floating Point Unit,浮点处理部件)、Cache(高速缓冲存储器,包括 L1 Cache 和 L2 Cache)、MMU(Memory Management Unit,存储管理部件,包括分段部件 SU——Segmentation Unit 和分页部件 PU——Paging Unit)、MMX(Multi Media eXtension,多媒体扩展)等。
- 各种新的总线、芯片组、新的 I/O 接口技术的出现及发展,等等。

因此,当代微机系统的组成再从经典定义来研究显然有些与实际脱节。以当前最流行的 PC 为例,一台 PC 的硬件从感性上认识由主机(主机箱)和外围设备组成。

外部设备主要包括显示器、键盘、鼠标以及硬盘驱动器和光盘驱动器,后两部分通常安装在主机箱中。

主机箱中安装有主板(Main Board)、I/O 接口卡、电源、硬盘驱动器和光盘驱动器等。

主板(又称主机板、系统板)上安装了 CPU、芯片组、内存条,并集成了一些外设接口电路以及 I/O 插槽等。

PC 主板和主板背部外设连接器如图 9-1 和图 9-2 所示。

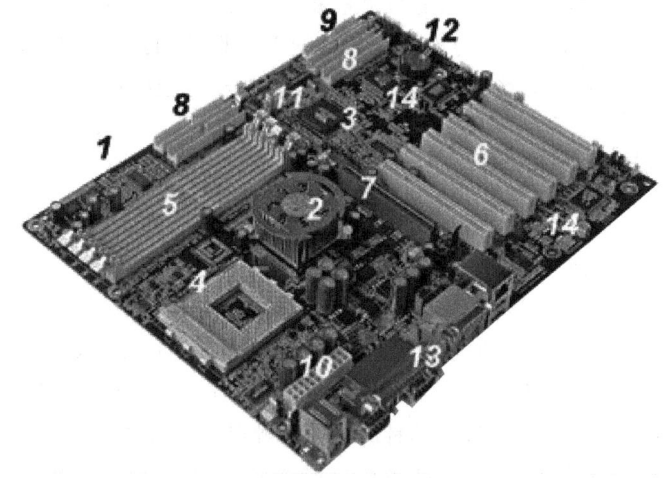

图 9-1　PC 主板图

1—线路板　2—北桥芯片　3—南桥芯片　4—CPU 插座　5—内存插槽　6—PCI 插槽
7—AGP4X 插槽　8—IDE 插口(ATA 插口)　9—软驱插口　10—电源插口(主板供电部分)
11—BIOS 及电源　12—机箱前置面板插口　13—外设接口　14—其他芯片

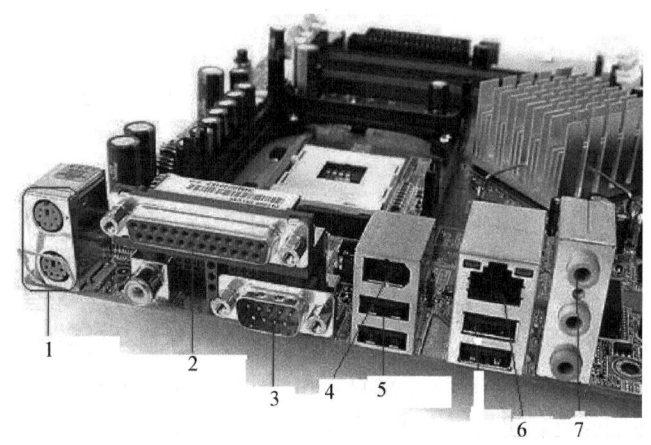

图 9-2　PC 主板背部外设连接器

1—键盘、鼠标接口　2—并行 COM 口　3—串行接口　4—IEEE 1394 接口
5—USB 接口　6—RJ-45 接口　7—声卡输入/输出接口

9.1.1　主板概述

主板(Main Board)又称主机板、母板(Mother Board)或系统板(System Board)，是装在 PC 机箱内的一块大型印制电路板，除显示器、键盘等外围设备外，主板上几乎集成或安装了 PC 的主要电路系统，带有扩展插槽和多种接插件，用以插装各种接口卡。主板为 CPU、内存和各种功能卡提供安装插座(插槽)，为各种光和磁存储设备、打印设备、扫描仪等 I/O 设备，以及数码相机、摄像头、Modem 等多媒体设备和通信设备提供接口，是 PC 运行的核心部件。主板品质和性能的好坏直接影响整机的性能。

主板是整个计算机的中枢，所有部件及外设都是通过它与处理器连接在一起，并进行通信，然后由处理器发出相应的操作指令，执行相应的操作，所以了解主板结构对每一位学习和使用计算机的人员来说是非常重要的。

实际上，PC是通过主板将CPU等各种器件和外围设备有机地结合起来形成一套完整的系统。PC在正常运行时对系统内存、存储设备和其他I/O设备的操作控制都必须通过主板来完成，因此PC的整体运行速度和稳定性在相当程度上取决于主板的性能。

9.1.2 主板上的插座和插槽

1. CPU 插座

（1）LGA 775 CPU 插座

21世纪以来，Intel的CPU主要采用LGA 775插座，又称为Socket T，如图9-3所示。采用此接口的有LGA 775封装的单核心的Pentium 4、Pentium 4 EE、Celeron D以及双核心的Pentium D和Pentium EE等CPU。与传统的CPU插座不同，LGA 775接口的CPU底部没有一根针脚，而代之以775个触点，即并非针脚式而是触点式，通过与对应的Socket 775插槽内的775根触针接触来传输信号。其优点是可以减少信号在针脚之间传递时的干扰和损耗。Socket 775接口不仅能够有效提升处理器的信号强度、处理器频率，同时也可以提高处理器生产的良品率、降低生产成本。Socket 775已经成为Intel桌面CPU的标准接口。

LGA 775插座的四方形金属固定框里紧密地布满了775根金属针脚，而传统的CPU插座里面布满的是针孔。

（2）LGA 1366 插座

Intel的多核CPU芯片Core i7处理器是基于Nehalem架构的，用于台式计算机。它集成了许多新技术，比较关键的技术包括原生4核心甚至原生8核心处理器设计、全新QPI总线、8MB三级缓存，支持第二代超线程技术——处理器能以8线程运行。Turbo Mode内核加速、集成了内存控制器，支持三通道DDR3内存、LGA 1366接口（针脚设计）等。同频Core i7比Core 2 Quad性能要高出很多。相比Core 2，在功耗不变的前提下，Core i7处理器对视频编辑、大型游戏以及其他流行的互联网和计算机应用的速度提升30%～40%。与LGA 775 CPU插座一样，LGA 1366虽然仍然被叫作Socket插槽，实际上并不存在任何插针和孔洞，主板插槽与CPU之间以触点的形式连接，有1366个触点。相比LGA 775，LGA 1366插槽中的触点排列更加细密，损坏的可能性也就更高。因此，所有X58主板在出厂时，插槽内都加盖了保护盖以防止误伤触点。图9-4中，保护盖上还粘贴了警示语：只在安装CPU时去除保护盖。

图9-3　LGA 775插座

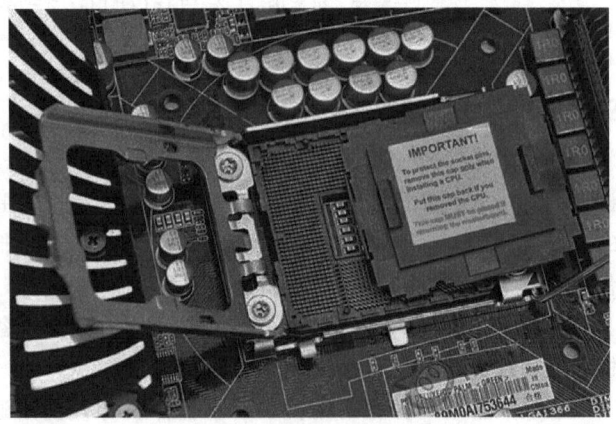

图9-4　LGA 1366插座

（3）Socket 939 CPU 插座

图 9-5 是 AMD 平台的 Athlon 64 采用的插座，有 939 个触点，同其他 Soket 插座的区别是插座上面布满了针孔，而无中央的方形空隙。

2. DDR2 内存插槽

DDR2 的内存插槽外形与 DDR 一样，但引脚数目不同，DDR 插槽是 184 针，而 DDR2 插槽是 240 针（见图 9-6）。

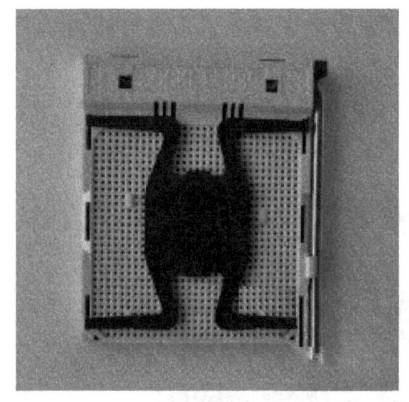

图 9-5 Socket 939 插座　　　　　　图 9-6 DDR2 内存插槽

3. PCI-E 插槽

PCI-E×16 插槽的带宽是 AGP8× 的两倍，更符合显卡的要求。

PCI-E 总线接口具有向下兼容的特性，即 PCI-E×1 的板卡可以插在 PCI-E×8 或 PCI-E×16 的插槽上工作，一般主板上有一个 PCI-E×16 插槽，而某些高端主板上有两个 PCI-E×16 插槽（见图 9-7 中左边第 3 条长插槽）。

图 9-7 PCI-E 插槽

4. SATA 与 SATA II 接口

SATA 采用串行方式传输数据，具有如下特点：

- 传输速度快。SATA 技术能提供 150MB/s 的外部数据传输率，SATA II 技术能提供 300MB/s 的外部数据传输率，而 PATA 硬盘最高只能提供 150MB/s 的外部数据传输率。
- 连接设备数量更多。SATA 技术采用点对点传输协议，不存在主从关系，可以使每个驱动器独享带宽，拓展设备更方便，用户只需增加通道数目，即可连接更多设备。
- 支持热插拔。SATA 可以在不关机的情况下完成硬盘的增加和移除，不会对硬盘和控制器造成损坏。
- 具有内置数据校验功能。SATA 技术在传输总线的两头都引入了全新的 CRC（循环冗余校验）以保护系统，这一技术对高端工作站和服务器至关重要。

SATA 和 SATA II 的接口外形（见图 9-8）是一样的，接口为 L 型，有 7 根金手指，无针脚，便于插拔。大部分 SATA 硬盘要用专门的电源接口来供电，要配齐转接头。

图 9-8　SATA 与 SATA II 接口

9.1.3　主板的外设接口

计算机中的外设都是通过主板进行连接的，所以在一块主板上会存在各种各样的外设接口，如 USB 接口、IEEE 1394（火线）接口、网线接口、键盘接口、鼠标接口、打印机接口以及音视频输出/输入接口等，在图 9-1 的 PC 主板图中，这部分接口标为"13"，放大图如图 9-2 所示。

1 号位置为 PS/2 连接器的插座，为圆形 6-Pin 的 Mini-DIN 插座，用作键盘和鼠标接口，是一个串行 COM 口，上面的接口为鼠标接口，而下面的接口为键盘接口。其不足之处是数据传输速率低，目前大部分被 USB 或 IEEE 1394 接口所取代。

2 号位置为并行通信连接器插座，通常称为 LPT（Line Printer Port），为 25-Pin 的 Mini-DIN 插座，通常用于老式的并行打印机连接。也有一些老式游戏设备采用这种接口，但比较少，主要是因为它的传输速率较慢，无法满足当今数据传输发展的需求，目前大部分被 USB 或 IEEE 1394 接口所取代。

3 号位置为 RS-232C 串行通信连接器插座，通常称为 COM Port，即 COM1 和 COM2，为 9-Pin 的 DIN 插座，用于老式扁平鼠标、Modem 以及其他串口通信设备。

4 号位置为 IEEE 1394 接口，IEEE 1394 95a 版的最高传输速率为 400Mb/s，IEEE 1394b 版的传输速率可达到 1.6Gb/s。与 USB 类似，IEEE 1394 接口也支持即插即用、热插拔、多设备无 PC 独立连接等。由于其标准使用费比较高，目前只是在一些高档设备中应用，如数码相机、高档扫描仪等。

5 号位置为 USB 接口，是一种串行接口，为长方扁形的 4-Pin 插座。目前最新的标准是 3.0 版，理论传输速率可达 4.8Gb/s。目前许多外设都采用这种接口，如 Modem、打印机、扫描仪、数码相机等。其优点是数据传输速率高，支持即插即用，支持热插拔，无须专用电源，支持多设备无 PC 独立连接等。

6 号位置为 RJ-45 接口，是指双绞以太网线接口，当主板上集成了网卡时用于网络连接的双绞网线与主板中集成的网卡进行连接。

7 号位置为声卡输入/输出接口，当在主板上集成了声卡时提供此接口。现在的主板一般都集成声卡，所以通常在主板上都提供这三个接口。常用的只有两个，那就是输入和输入出接口。通常也是用颜色来区分，最下面红色的为输出接口，接音箱、耳机等音频输出设备，而最上面浅蓝色的为音频输入接口，用于连接麦克风、话筒之类音频外设。

9.2 芯片组

9.2.1 芯片组的功能

CPU 芯片是 PC 能完成强大的信息处理功能的核心器件，但是 CPU 要完成 PC 所需要的信息处理功能，还必须有一系列的"支持电路"和"接口电路"。例如，CPU 要能向外部设备输入或输出信息，必须要有并行接口电路和串行接口电路；CPU 要能同内存芯片进行数据传送，必须要有内存控制电路；CPU 要能具有中断功能，必须要有"中断控制电路"；CPU 要能支持 DMA 功能，必须要有"DMA 控制电路"；要把 CPU 的芯片总线转换成系统中各模块间传输信息的公共通路——系统总线，必须要有"总线控制电路"。此外，要向 CPU 及系统中的其他部件提供时钟信号，"时钟发生电路"是必不可少的，等等。在早期的 PC 中，这些接口电路和支持电路都是由一些中、小规模集成电路和成千上万个电阻、电容组成的。这样，不但占用了主板中的很大位置，而且还给维修带来了很大的麻烦。

在 PC 286 以上的微机系统中，为了简化硬件部分的设计，减少主板上芯片的数量，增加硬件的可靠性，大部分厂商都采用芯片组（Chipset）技术来设计 PC 主板。随着超大规模集成电路（Very Large Scale Integration，VLSI）技术的发展，这一趋势更为明显。采用 VLSI 技术，把主板上众多的接口芯片和支持芯片按不同功能分别集成到一块集成芯片之中。这样，少量几片 VLSI 芯片的组合称为"控制芯片组"，简称"芯片组"。为 386AT 系统所研制的 PC/AT VLSI 芯片组中的 82C206 集成外设控制器（Integrated Peripheral Controller，IPC）就是为 PC/AT 主板而设计的外设控制器，片内包括了 2 个完全相同的 8237A DMA 控制器、1 个 74LS612 页面寄存器、2 个 8259A 中断控制器、1 个 8254 定时器/计数器和 1 个带 RAM 的 MC146818 实时时钟控制器。82C206 提供了除键盘接口控制外，主板工作所需要的全部标准外设的控制。采用芯片组技术后，可以简化主板的设计，降低系统的成本，提高系统的可靠性，同时对今后的测试、维护和维修等都提供了极大的方便。

在 PC 系统中，整个系统的有效运行都由芯片组来控制和协调，芯片组决定了系统的如下特征：

1）CPU 的类型，是 Pentium、Pentium Pro、Pentium MMX 还是 Pentium Ⅱ、Pentium Ⅲ 和 Pentium 4，除决定芯片类型外，还决定芯片主频范围。

2）内存条的类型，是快速页面模式（Fast Page Mode，FPM）、扩展数据输出（Extended Data Output，EDO DRAM）、突发式 EDO（Burst EDO，BEDO DRAM）、同步 DRAM（Synchronous DRAM，SDRAM）、错误检测和纠正（Error Checking and Correction，ECC）、DDR SDRAM 还是 DDR2 SDRAM，是支持其中一种还是几种，是支持单通道还是双通道等。

3) 提供 USB 接口的数目以及 IEEE 1394 接口的数目是 2、4、6 还是 8 个。

4) 存储器总线的最大频率,是 66MHz、75MHz、83MHz 还是 100MHz。

5) PCI 总线类型,是 32 位还是 64 位,与存储器总线速度是同步还是异步,是否支持 PCI-E。

6) 对称多处理能力,是支持单个 CPU、2 个 CPU、3 个 CPU 还是 4 个 CPU。

7) 对内置 PCI、EIDE 控制的支持。

8) 内置 PS/2 鼠标、键盘控制器、BIOS 以及实时时钟电路。

可见,芯片组性能的好坏直接影响整个系统的性能,几乎微机系统的所有功能,包括总线频率、CPU 读写模式、各种外部设备的工作模式、RAM 及 Cache 的工作方式、电源以及当前微机系统的各种新技术(例如 AGP 接口和 ACPI(高级电源配置接口)等),都必须得到芯片组的支持。

芯片组一旦选定,则系统的上述特性就同时固定,在使用过程中,芯片组是无法升级的。

9.2.2 南北桥结构与 Hub 结构

芯片组有两种结构——南北桥结构与 Hub 结构,下面简单介绍这两种结构的芯片组。

1. 南北桥结构

PC 芯片组一般由"北桥"和"南桥"两片芯片组成,芯片组中的芯片称为"桥"(Bridge),按在主板上的排列位置不同,通常分为南桥芯片(South Bridge)和北桥芯片(North Bridge)。

北桥芯片一般提供对 CPU 的类型和主频、内存的类型和最大容量、ISA/PCI/AGP 插槽、ECC 纠错等支持,通常在主板上靠近 CPU 插槽的位置。由于此类芯片的发热量一般较高,所以在此芯片上装有散热片。

北桥芯片上通 CPU,下达南桥芯片,左连 AGP,右接内存条,形成承上启下、左迎右逢的电气链路设计。北桥芯片起着数据交换核心的作用,工作于三高的状态——高频、高速和高功耗,内部设计复杂,集成度高,决定了 CPU、内存和图形处理系统三者之间接口的带宽、数据传输速率和系统前端总线的工作频率。

北桥芯片是主桥,可以和不同的南桥芯片进行搭配使用,以实现不同的功能与性能。

南桥芯片是主板芯片组的重要组成部分,一般位于主板上离 CPU 插槽较远的下方、PCI 插槽的附近,这种布局是考虑到它所连接的 I/O 总线较多,离处理器远一点有利于布线。相对于北桥芯片来说,其数据处理量并不算大,所以南桥芯片一般都没有覆盖散热片。南桥芯片不与处理器直接相连,而是通过一定的方式(不同厂商各种芯片组有所不同,例如 Intel 的 Hub Architecture 以及 SIS 的 Multi-Threaded"妙渠")与北桥芯片相连。

南桥芯片是芯片组核心中的低速部件,掌管着显示接口外的所有内部和外部功能接口。南桥芯片靠近 PCI 槽的位置,主要用来与 I/O 设备及 ISA 设备相连,并负责管理中断及 DMA 通道,让设备工作得更顺畅,其提供对 KBC(键盘控制器)、RTC(实时时钟控制器)、USB(通用串行总线)、Ultra DMA/33(66)EIDE 数据传输方式和 ACPI(高级能源管理)等的支持。

南桥芯片决定着计算机系统外围功能的强弱。南桥芯片负责 I/O 总线之间的通信,如 PCI 总线、USB、LAN、ATA、SATA、音频控制器、键盘控制器、实时时钟控制器、高级电源管理等,这些技术相对来说比较稳定,所以不同芯片组中南桥芯片可能是一样的,不同的只是北桥芯片。现在,主板芯片组中北桥芯片的数量要远远多于南桥芯片。例如,早期 Intel 不同架构的芯片组 Socket 7 的 430TX 和 Slot 1 的 440LX,其南桥芯片都采用 82317AB,而 Intel 945 系列芯片组都采用 ICH7 或者 ICH7R 南桥芯片,同时也能搭配 ICH6 南桥芯片。更有甚者,有些主板厂家生产的少数产品采用的南北桥是不同芯片组公司的产品。

2. Intel 的 Hub 结构芯片组

自 810 芯片组开始，Intel 采用了与以往芯片组完全不同的结构设计，原先的北桥现在称为 GMCH(Graphics and Memory Controller Hub)，原先的南桥现在称为 ICH(I/O Controller Hub)，而 BIOS 则改称为 FWH(FirmWare Hub)。HUB 结构的芯片组采用了"整合技术"——将板卡(I/O卡)或其他部件的功能(如显示卡、声卡、Modem、ATA-66/33 硬盘接口等支持功能)集成于芯片组中，从而进一步加强了芯片组的功能，形成了整合型芯片组。

9.3 从 32 位微处理器到多核处理器

9.3.1 32 位微处理器

1. Intel 80386 微处理器

80386 是 Intel 公司于 1985 年 10 月推出的一种高性能的 32 位微处理器，它与 8086、80286 相兼容，是为高性能的应用领域与多用户、多任务操作系统设计的一种高集成度的芯片。80386 具有片内集成的存储管理部件和保护机构，它的数据线是 32 位，内部的寄存器结构和操作也是 32 位，具有 32 位地址线，能直接寻址 4GB(1GB 为 2^{30}B)的物理地址空间，它的虚拟存储空间为 64TB(1TB 为 2^{40}B)。

80386 微处理器的内部结构如图 9-9 所示。由图可见，80386 由六大部件组成，即总线接口部件、指令预取部件、指令预译码部件、执行部件、分段部件和分页部件。

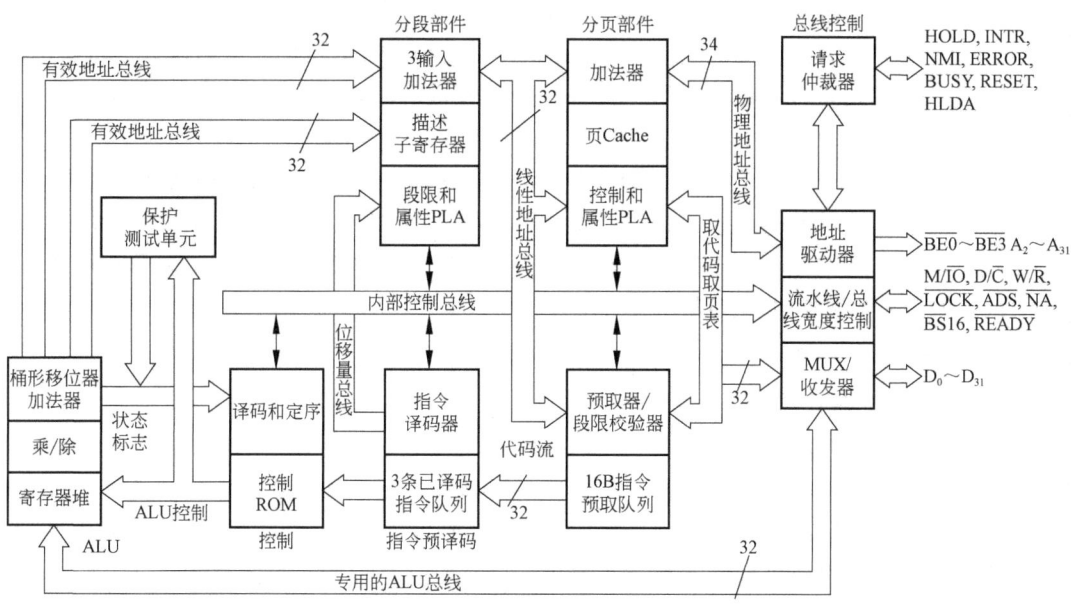

图 9-9　80386 的基本结构框图

(1) 总线接口部件

总线接口部件(Bus Interface Unit，BIU)提供中央处理部件和系统之间的高速接口，其功能是产生访问存储器和 I/O 端口(即完成总线周期)所必需的地址、数据和命令信号。这些动作能与当前的任何操作同时进行。总线接口部件被设计成能接收并优化多个内部总线的请求，使其在服务于请求时能最大限度地利用所提供的总线宽度。80386 的总线周期仅为 2 个时钟。

(2) 指令预取部件

指令预取部件(Instruction Prefetch Unit, IPU)包含 16B 指令预取队列寄存器，当总线空闲周期到来时，读出指令流的 4 个字节，存到指令预取队列寄存器中。80386 的平均指令长度为 3.5B，所以预取队列寄存器中一般可存放 5 条指令。

(3) 指令预译码部件

指令预译码部件(Instruction Predecode Unit, IDU)的作用是对指令操作码进行预译码，完成从指令到微指令的转换，并将其存放在已译码的指令队列中，供执行部件使用。这样，可以节省取指令和译码的时间。

(4) 执行部件

执行部件(Execution Unit, EU)包括 8 个 32 位通用寄存器(寄存器堆)、1 个 64 位桶形移位寄存器(Barrel Shifter)和 1 个乘/除法器。通用寄存器既可用于数据操作，也可用于地址计算。桶形移位寄存器用来有效地实现指令的移位、循环移位和位操作，同时也用来帮助进行乘法和其他操作，在一个时钟周期内能将任何类型的数据移动任意位。乘/除法器能在 1 个时钟周期完成 1 位的乘/除法，最快允许在 40 个时钟周期内进行 32 位的乘法或除法。

IPU、IDU 和 EU 合称为中央处理部件(也称为中央处理器, Central Processing Unit, CPU)。

(5) 分段部件

分段部件(Segmentation Unit, SU)按指令要求实现有效地址的计算，以完成从逻辑地址到线性地址的转换，同时完成总线周期分段的违法检查，然后将转换后的线性地址连同总线周期事务处理信息发送到分页部件 PU。SU 通过提供一个额外的寻址器件对逻辑地址空间进行管理，可以实现任务之间的隔离，也可以实现指令和数据区的再定位。

(6) 分页部件

分页部件(Paging Unit, PU)把由 SU 或 IPU 产生的线性地址转换成物理地址，这种转换是通过两级页面重定位机构来实现的。所以，PU 提供了对物理地址空间的管理。每一页为 4KB，每一段可以是一页，也可以是若干页。PU 是 80386 芯片新增的部件，又是个可选件，若不使用 PU，80386 的线性地址即是物理地址。

SU 和 PU 合称为存储管理部件(Memory Management Unit, MMU)。

2. Intel 80486 微处理器

Intel 公司于 1989 年 4 月推出了一种 32 位微处理器 80486，同 80386 相比，在相同的工作频率下，其处理速度提高了 2～4 倍。80486 采用了精简指令系统计算机(Reduced Instruction Set Computer, RISC)技术，降低了执行每条指令所需要的时钟数，使其能达到 1.2 条指令/时钟。80486 以前的处理器执行一条指令是取得一个地址，再进行一个数据的输入/输出，而 80486 采用一种猝发式总线(Burst Bus)技术，取得一个地址后，与该地址相关的一组数据都可以进行输入/输出，有效地解决了微处理器与内存储器之间的数据交换问题。加上内部集成有浮点部件(Floating Point Unit, FPU)、高速缓冲存储器(Cache)、CPU 和 FPU，以及 CPU 和 Cache 之间采用高速总线进行数据传送，使 80486 CPU 的处理速度以及 80486 系统的处理速度都得到了极大提高。

80486 的内部结构如图 9-10 所示。

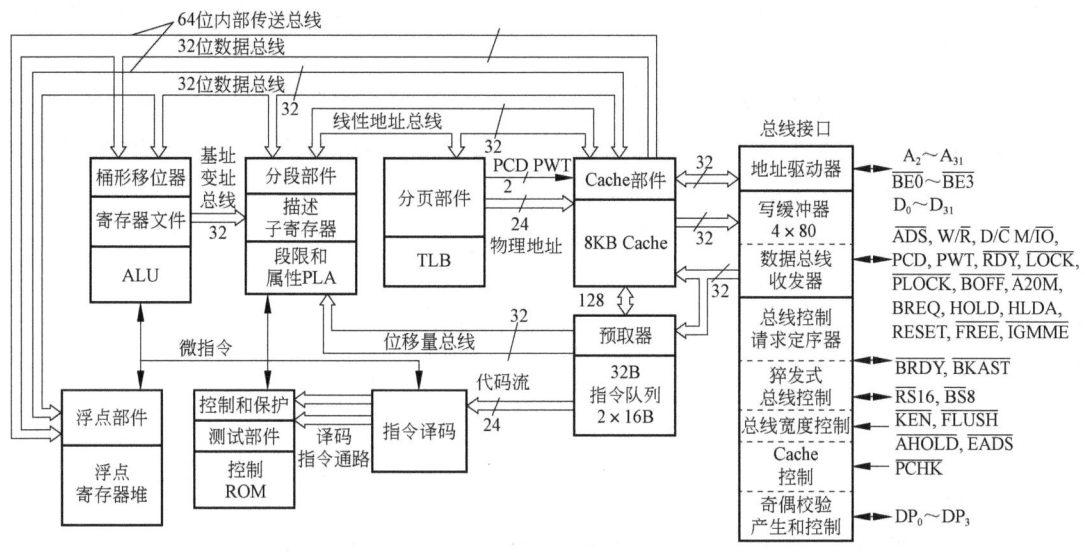

图 9-10　80486 的内部结构框图

80486 基本上沿用了 80386 的体系结构，以保持 80X86 系列微处理器在目标码级的兼容性。它由 8 个基本部件组成：总线接口部件、指令预取部件、指令预译码部件、执行部件、控制部件、存储管理部件、高速缓冲存储部件（Cache）和高性能浮点处理部件。后两个部件是在 80386 的基础上为提高 80486 的性能而设计的。同 80386 相比，80486 微处理器在结构上具有如下特点：

1）在 80486 芯片内部包含了增强型的 80387 协处理器，称为浮点部件（FPU，又称为浮点处理部件、浮点运算部件）。FPU 和 80387 完全兼容。由于 FPU 功能扩充，并且是在 80486 芯片内部，使引线缩短，片内数据总线加宽，从而使其处理速度比 80387 提高了 3～5 倍。

2）80486 芯片内部含有 8KB 的数据和指令 Cache，用于给频繁访问的数据和指令提供快速的局部存储。Cache 系统截获 80486 对内存的访问，对所需要的数据是否驻留在 Cache 进行查询。如果数据或指令在 Cache 中，就称作"命中"（Hit）。每当"命中"发生时，可以不插入等待状态就把数据或指令取回。如果"未命中"（Miss），则内存询问返回给系统，并从内存读取数据或指令以进行弥补。

80486 芯片内部 Cache 采用 4 路组相联方式，内部总线宽度为 16B。芯片内部 CPU 与 FPU 之间的数据通道是 64 位，CPU 与 Cache 之间、Cache 与 Cache 控制器之间的数据通道是 128 位。

3）采用 RISC 技术，使芯片内的不规则控制部分减少，指令以较短的周期执行。同时以布线逻辑直接控制来代替微代码控制，进一步缩短了可变长指令的译码时间，使基本的指令可以用一个时钟周期完成。

4）80486 采用单倍的时钟频率，即 CLK 端加入的时钟频率，也是 80486 内部处理器的时钟频率，可以大大提高电路的稳定性。

5）80486 内部数据总线的宽度为 64 位，在其 Cache 与浮点部件之间采用了两条 32 位总线连线。而 80386 与 80387 之间只由 1 条 32 位总线相连，且 80387 本身无直接访问存储器的能力，要读写数据必须借助 80386，即先由 80386 将数据读出再送到 80387 中进行浮点处理，而 80486 的 Cache 与浮点寄存器之间可直接进行数据交换，大大减少了中间开销。这也是 80486 能缩短指令周期的重要原因之一。

3. Intel Pentium 微处理器

Pentium 是 Intel 公司于 1993 年 3 月推出的第五代 80X86 系列微处理器，中文译名为"奔腾"。

Pentium 的内部结构如图 9-11 所示。

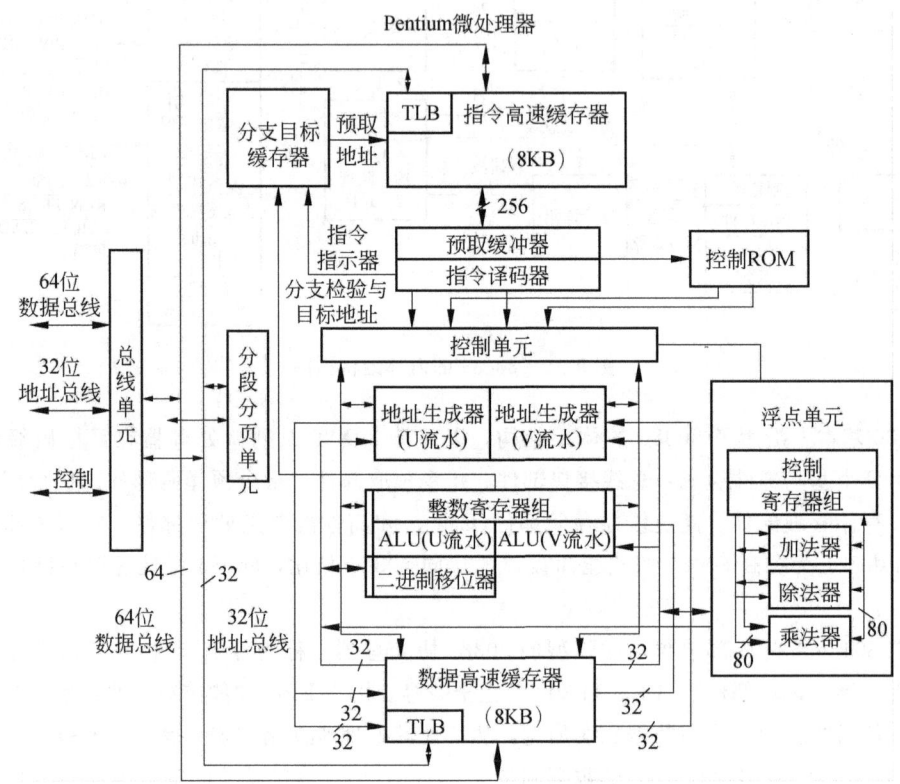

图 9-11 Pentium 的内部结构框图

与 80486 相比，Pentium 在结构上有如下特点。

(1) 超标量流水线

Pentium 由"U"和"V"两条指令流水线构成超标量流水线结构，其中，每条流水线都有自己的 ALU、地址生成逻辑和 Cache 接口。在每个时钟周期内可执行两条整数指令，每条流水线分为指令预取、指令译码、地址生成、指令执行和回写 5 个步骤。当一条指令完成预取步骤时，流水线就可以开始对另一条指令的操作，极大地提高了指令的执行速度。

(2) 重新设计的浮点部件

Pentium 的浮点部件在 80486 的基础上做了重新设计，其执行过程分为 8 级流水，使每个时钟周期能完成一个浮点操作(或两个浮点操作)。采用快速算法可使诸如 ADD、MUL 和 LOAD 等运算的速度至少提高 3 倍，在许多应用程序中利用指令调度和重叠(流水线)执行可使性能提高 5 倍以上。同时，用电路进行固化，用硬件来实现。

(3) 独立的指令 Cache 和数据 Cache

Pentium 片内有两个 8KB 的 Cache——双路 Cache 结构，一个是指令 Cache，一个是数据

Cache。转换后备缓冲器(Translation Look-aside Buffer，TLB)的作用是将线性地址转换为物理地址。这两种 Cache 采用 32×8 线宽，是对 Pentium 的 64 位总线的有力支持。指令和数据分别使用不同的 Cache，使 Pentium 中数据和指令的存取减少了冲突，提高了性能。

Pentium 的数据 Cache 有两个接口，分别与 U 和 V 两条流水线相连，以便能在相同时刻向两个独立工作的流水线进行数据交换。当向已被占满的数据 Cache 中写数据时，将移走当前使用频率最低的数据，同时将其写回内存，这种技术称为 Cache 回写技术。由于 CPU 向 Cache 写数据和将 Cache 释放的数据写回内存是同时进行的，所以采用 Cache 回写技术将节省处理时间。

(4) 分支预测

Pentium 提供了一个称为分支目标缓冲器(Branch Target Buffer，BTB)的小 Cache 来动态地预测程序的分支操作。当某条指令导致程序分支时，BTB 记下该条指令和分支目标的地址，并用这些信息预测该条指令再次产生分支时的路径，预先从该处预取，保证流水线的指令预取步骤不会空置。这一设置可以减少在循环操作时对循环条件的判断所占用的 CPU 的时间。

(5) 采用 64 位外部数据总线

Pentium 芯片内部 ALU 和通用寄存器仍是 32 位，所以还是 32 位微处理器，但它与内存储器进行数据交换的外部数据总线采用 64 位总线，两者之间的数据传输速率可达 528MB/s。

4. Intel Pentium Pro 微处理器

Pentium Pro 是 Intel 公司于 1995 年 11 月推出的 80X86 系列中的又一个新品种，中文名为"高能奔腾"。与 Pentium 芯片相比，Pentium Pro 芯片采用了新的体系结构。

(1) 一个封装内安装了两个芯片

Pentium Pro 微处理器在一个封装内包含两个芯片，一个是 CPU 内核，包括两个 8KB 的 L1 Cache(一级高速缓存)，集成度为 550 万个晶体管；另一个是 L2 Cache(二级高速缓存)，容量为 256KB，集成度为 1550 万个晶体管。L2 Cache 由全速总线与 CPU 内核相连，从而提高了程序的运行速度。

(2) 指令分解为微操作

Pentium Pro 把 CISC 结构的指令分解为若干类似 RISC 指令的微操作，使它能在流水线上并行地执行，以提高性能。这样既保持了与以往的 80X86 微处理器的兼容性，使 80X86 前期产品的庞大软件资源能在 Pentium Pro 上运行，同时又采用 RISC 技术提高了指令的运行速度。

(3) 乱序执行和推测执行

乱序执行是指不完全按程序规定的指令顺序依次执行；推测执行是指遇到转移指令时，不等结果出来先推测可能向哪里转移而提前执行。由于推测不一定全对，因而带有一定风险，又称为"风险执行"。乱序执行是 Pentium Pro 的一个极具生命力的特点，它与推测执行结合，允许 CPU 使指令流能最有效地利用内部资源。

(4) 超级流水线和超标量技术

Pentium Pro 具有 3 路超标量结构，其并行执行指令的能力优于 Pentium 芯片；同时 Pentium Pro 又具有 14 级超级流水线结构，将任一条指令的全部执行分成一连串的指令步，这从另一个角度提高了处理器的并行处理能力。这两种"超"技术的结合，使 Pentium Pro 的性能得到极大的提高。

5. Intel Pentium MMX 微处理器

1997 年 1 月 9 日，Intel P55C 微处理器芯片正式推出，英文全称为 Pentium with MMX 和

Pentium MMX,中文名为"多能奔腾"。MMX 是"Multi Media eXtension"的英文缩写,意为"多媒体扩展"。这是为提高 PC 处理多媒体和通信能力而推出的新一代处理器技术,是对 32 位 Intel 体系结构(Intel Architecture-32, IA-32)指令系统的扩展,它是通过在奔腾处理器中增加 4 种新的数据类型、8 个 64 位寄存器和 57 条新指令来实现的。

多能奔腾中的 MMX 技术是 Intel 80X86 微处理器体系结构的重大革新,增加了很多新技术。

(1) 引入新的数据类型

多能奔腾定义了 4 种新的 64 位数据类型及其紧缩(又称"压缩")表示,它们是紧缩字节(8 个字节紧缩在一个 64 位数据中)、紧缩字(4 个字紧缩在一个 64 位数据中)、紧缩双字(2 个双字节紧缩在一个 64 位数据中)和 4 字(一个 64 位信息)。而新增加的 8 个 64 位通用寄存器能够保存各类紧缩的 64 位数据。这对多媒体处理十分有用,例如处理一幅 256 级灰度的图像,由于图像像素数据通常以 8 位整数的字节表示,用 MMX 技术,8 个这样的像素将紧缩为一个 64 位值,并可移入一个 MMX 寄存器。当一条 MMX 指令执行时,它将从 MMX 寄存器中一次对所有 8 个像素值并行地完成其算术或逻辑操作,并将结果写入一个 MMX 寄存器,这样用 MMX 指令进行一次紧缩型字节操作,就相当于处理了 8 个像素。而且在 1 个时钟周期内能执行 2 条指令,这使多能奔腾的性能大大超过奔腾。

实际上这是采用 SIMD(单指令流多数据流)技术的结果。它通过在运用单条指令的同时并行处理多个数据元素的特性,在一个周期内并行处理 4 种类型最多 8 组的 64 位宽度的模拟/数字的数据,诸如声音数据、图形和图像数据等模拟/数字的数据,使并行性进一步增强。

(2) 采用饱和运算

饱和运算也是 MMX 支持的一种新运算,与常用的环绕处理相比,饱和运算的优点表现在:在常规的环绕处理中,上溢或下溢的结果均被截断,只有结果的低位(有效位)能被返回,忽略了进位。而在饱和运算中,上溢或下溢的结果被截取(饱和)至该类数据类型的最大值或最小值,见表 9-1。例如,两个 16 位的带符号整数 F000H+4000H,其和为 13000H,由于保留结果的寄存器为 16 位,因此最高位"1"被截断,结果为 3000H,小于任一个输入数。而饱和算法则不同,在饱和算法中若发生"上溢",则保留结果为 FFFFH(16 位整数的最大值),若发生"下溢",则保留结果为 0000H。这在图形学中很有用。比如,一个暗色多面体正在按黑色做浓淡处理,忽然中间出现一个白色的像素,而饱和算法可以保证不会出现这样的问题,因为计算结果被限制在最大的黑色值,而不会溢出变成白色。

表 9-1 饱和数值范围

		下限		上限	
		十六进制	十进制	十六进制	十进制
带符号数	字节	80H	−128	7FH	127
	字	8000H	−32 767	7FFFH	32 767
无符号数	字节	00H	0	FFH	255
	字	000H	0	FFFFH	65 535

(3) 具有积和运算能力

在多媒体应用中,必须处理大量数据,矢量点积和矩阵乘法是处理图像、音频、视频数据的最基本算法,用多能奔腾中的 PMADDWD 指令(紧缩字相乘并加结果,即"积和运算")可以大大提高矢量点积的运算速度。这在音频和视频图像的压缩和解压缩中是经常用到的。

6. Intel Pentium Ⅱ 微处理器

1997 年 5 月，Intel 公司推出 Pentium Ⅱ 微处理器，简称 PⅡ，中文名为"奔腾Ⅱ"。奔腾Ⅱ 是 Intel 公司 Pentium Pro 级微处理器的第二代产品，它把多媒体增强技术（MMX 技术）融入高能奔腾处理器之中，使芯片既保持了"高能奔腾"原有的强大处理功能，又增强了 PC 在三维图形、图像和多媒体方面的可视化计算和交互功能。从系统结构角度看，如下几种先进技术使奔腾Ⅱ芯片在整数运算、浮点运算和多媒体信息处理等方面具有十分优异的功能。

(1) 多媒体增强技术（MMX 技术）

在奔腾Ⅱ中采用了一系列多媒体增强技术，包括：

- 单指令多数据（Single Instruction Multiple Data，SIMD）技术，使一条指令能完成多重数据的处理工作，允许芯片减少在视频、声音、图像和动画中计算密集的循环。
- 为针对多媒体操作中经常出现的大量并行、重复运算，新增加了 57 条功能强大的指令，用于更有效地处理声音、图像和视频数据。强大的 MMX 技术指令集充分利用了动态执行技术，在多媒体和通信应用中发挥了卓越的作用。

(2) 动态执行技术

为了帮助微处理器更有效地处理多重数据，提升软件的速度，奔腾Ⅱ采用了由三种创新处理技巧结合的动态执行技术。这三种技巧是：

- 多分支跳转预测。使用一种多分支跳转预测的算法，在处理器读取指令的同时查看以前的指令。该技术增加了传送到处理器的数据流，能对数据流向事先做出考虑。
- 数据流分析。使用数据流分析，处理器查看被译码的指令，确定是否符合处理条件。然后，处理器决定最佳的处理顺序，以最有效的方法执行指令。
- 推测执行。通过预先查找程序计数器和执行那些可能会运行的指令来增加被执行指令的数量。当处理器同时执行 5 条指令时，便要用到"推测执行"，这使得奔腾Ⅱ微处理器的超计算能力得到充分发挥，以最大限度地提高指令的并行程度，从而提高软件性能。动态执行技术允许微处理器预测指令的顺序，并排序。

(3) 双重独立总线结构

上述两种技术使奔腾Ⅱ处理器具有很高的处理能力，但要发挥这一高性能还要求有很快的吞吐能力。传统的 CPU 数据总线如图 9-12a 所示。CPU 通过 1 条数据总线同主存、L2 Cache 以及 PCI 相连，这里会出现两个问题：一是 L2 Cache 受到处理器外部总线速度的限制；二是在任一时刻系统总线只允许访问主存和 L2 Cache 中的一个。而奔腾Ⅱ处理器采用了双重独立总线（Dual Independent Bus，DIB）结构，如图 9-12b 所示。这是由两条总线组成的双重独立总线体系结构，一条是 L2 Cache 总线，另一条是处理器至主存储器的系统总线。奔腾Ⅱ处理器可以同时使用这两条总线，使奔腾Ⅱ处理器的数据吞吐能力是单一总线结构处理器的两倍；同时，这种双重总线结构使奔腾Ⅱ处理器的 L2 Cache 的运行速度达到奔腾处理器 L2 Cache 的两倍多。随着奔腾Ⅱ处理器主频的不断提高，L2 Cache 的速度也随之升高。另外，流水线系统总线实现了同时并行事务处理，以取代单一顺序事务处理，加速了系统中的信息流，使总体性能得到提升。总之，这一切与双重独立总线体系结构的改进结合起来，可以提供三倍于单一总线体系结构处理器的带宽性能。

此外，奔腾Ⅱ处理器还采用了新的封装技术——单边接触（Single Edge Contact，SEC）插盒。SEC 插盒技术是先将芯片固定在基板上，然后用塑料和金属将其完全封装起来，形成一个

SEC 插盒封装的处理器。插盒内基板上固定的芯片包括 Pentium Ⅱ处理器核心以及二级静态突发高速缓存 RAM（安排在处理器核心左右各 1 个），这个 SEC 插盒通过 Slot 1 插槽同主机相连。

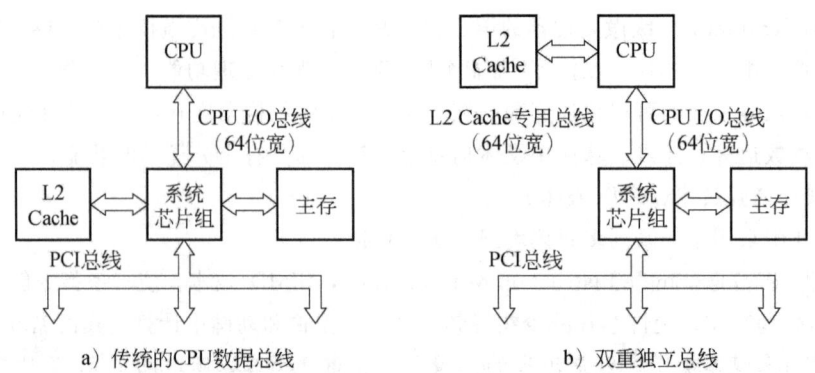

图 9-12　Pentium Ⅱ的总线结构

7. Intel Pentium Ⅲ 微处理器

1999 年 2 月，Intel 公司发布了带有 70 条附加浮点多媒体指令的 Pentium Ⅲ微处理器，简称 PⅢ，中文名为"奔腾Ⅲ"。

最早推出的 Pentium Ⅲ的主频是 450MHz 和 500MHz，系统总线频率为 100MHz，采用 Pentium Pro 微结构，一级缓存为 16KB 指令 Cache 和 16KB 数据 Cache，二级缓存为 512KB，速度相当于 CPU 核心速度的一半，针对 32 位应用程序进行优化，采用双重独立总线，具有动态执行功能。其最大的特点是增加了 70 条数据流单指令多数据扩展（Streaming SIMD Extension，SSE)指令集，原先称为"MMX2 指令集"，即"第二代多媒体扩展指令集"。

PentiumⅢ芯片中的 70 条 SSE 指令可分为三类：

1) 内存连续数据流优化处理指令 8 条。
2) SIMD(单指令多数据)浮点运算指令 50 条。
3) 新的多媒体指令 12 条。

这些指令能增强音频、视频和 3D 图形处理能力。

为配合 SSE 指令集，Pentium Ⅲ芯片增加了 8 个新的 128 位单精度寄存器(4×32 位)，能同时处理 4 个单精度浮点变量，可达到每秒 20 亿次的浮点运算速度，从而使 Pentium Ⅲ芯片在三维图像处理、语音识别和视频实时压缩等方面的应用得到长足的发展。

8. Intel Pentium 4 微处理器

2000 年 6 月，Intel 公司推出了采用新的 IA-32 结构的 Pentium 4 微处理器芯片，这一芯片对 Pentium Pro 的结构进行彻底的改造，其结构是基于内核体系结构的重新设计，而非内核工艺的单纯提高。

第一代 Pentium 4 芯片采用 Willamette 内核，线宽工艺为 0.18mm，主频为 1.4GHz～2GHz。

第二代 Pentium 4 芯片采用 Northwood 内核，线宽工艺为 0.13mm，主频为 1.6GHz～3.06GHz。

2002 年 11 月 14 日，Intel 推出了支持超线程技术的 Pentium 4 微处理器芯片，采用 0.13mm 线宽工艺，主频为 3.06MHz，外频为 133MHz，前端总线 FSB 的频率为 533MHz。

2004 年 11 月 15 日，推出了主频为 3.8GHz 的 Pentium 4/750。

Pentium 4 的主要技术特性是：

1)采用3条超标量流水线,流水线深度为20级,流水线深度越大(级数越高),越易提高内核的工作频率。

2)改进了分支预测单元,为分支预测提供了更好的算法,减少了分支预测错误33%,提高了分支预测的精确度。

3)采用跟踪缓存(Trace Cache)和低延迟数据缓存。跟踪缓存可以把已经用过的并经过译码后的微指令存储下来,再次执行到相同指令时,不必再一次重新译码,可以直接执行取到的相关数据。低延迟数据缓存使读取缓存中的数据时只有2个周期的延迟,而Pentium III是3个周期的延迟。

4)采用高级动态执行(Advanced Dynamic Execute,ADE)技术,改善了因流水线深度加大而带来的运算延迟问题,也可改善分支预测能力。

5)采用64位四倍数据速率(Quad Data Rate,QDR)处理器前端总线(Front Side Bus,FSB)技术。所谓QDR是指在一个时钟周期内可以4次访问数据,这样,当CPU的外频(即CPU外部总线的基本频率,由主板上的时钟发生器直接提供)为100MHz时,FSB频率为400MHz,FSB的最大数据传输率可达3.2GB/s。

6)增加了144条SSE2指令,引入了新的数据格式——128位SIMD整数运算和64位双精度浮点运算,SSE2指令集主要是在体系结构内部进行优化和加强,不需要开发全新的操作系统。这144条指令对加速多媒体程序的执行有很好的作用。

7)在第二代Pentium 4(内核为Northwood)中采用了超线程(Hyper-Threading)技术,使单芯片的工作能类似于双芯片的工作,提高了总体性能15%～30%。

自Pentium II开始,一直到Pentium 4,Pentium系列又有相应的低端产品Celeron(中文名为赛扬)和面向服务器领域的高端产品Xeon(中文名为至强)。

与Pentium芯片相比,Celeron芯片具有主频及FSB较低、超频性能好、价格低廉的优点,对一般的文字处理、二维图形制作、上网和观赏DVD碟片等具有性价比高的优势。Celeron芯片实质上是同期Pentium芯片的简化版本。

Xeon芯片是同期Pentium芯片的高端版本,用于服务器等高端计算机领域。

另外,还有用于笔记本电脑等移动式计算领域的Pentium 4-M微处理器。Pentium 4-M微处理器的主频一般为2.4GHz,前端总线的频率为400MHz。

9. Intel Pentium M 微处理器

2003年3月,Intel公司发布了以迅驰移动技术Banias为核心的Pentium M微处理器,用于移动计算的笔记本电脑。迅驰移动技术(Centrino Mobile Technology)包括笔记本电脑专用的、新的CPU——Pentium M、新的855芯片组系列以及支持IEEE 802.11b/a的无线网络接口,其实质是指一整套无线接入的移动计算技术平台,是对无线技术的全面支持,突出移动性的特点。

采用Banias核心的Pentium M微处理器,线宽工艺为0.13mm,主频为1.6GHz、1.5GHz、1.4GHz、1.3GHz、1.1GHz和900MHz。2004年又推出了以Dothan为核心的Pentium M微处理器,线宽工艺为90nm,集成了1.4亿个晶体管。

Pentium M微处理器采用全新的体系结构,以解决高性能和低功耗、高性能和小体积的矛盾,它采用了如下技术。

(1)适合于移动微处理器的流水线

Pentium III的流水线为12级,Pentium 4的流水线为20级,考虑到Pentium M微处理器的特性,以 Banias 为核心的芯片采用了流水线深度介于 Pentium III 与 Pentium 4 之间的某种特定的流水线结构。

(2) 大容量的 L2 Cache

以 Banias 为核心的 Pentium M 微处理器芯片集成了 64KB 的 L1 Cache,其中 32KB 为数据 Cache(D-Cache),32KB 为指令 Cache(I-Cache)。同时还集成了大容量的高达 1MB 的 L2 Cache,L2 Cache 的晶体管数量几乎占了 Banias 核心中 7700 万个晶体管的一半。而以 Dothan 为核心的 Pentium M 微处理器集成了 2MB 的 L2 Cache,并且精心设计了新的门电路,改变了 Cache 内的数据访问方式,使 L2 Cache 的功耗大幅度降低。

(3) 电源优化的处理器系统总线

在传统的微体系结构中,即使未使用系统总线,微处理器也会打开总线。而采用电源优化的 Pentium M/Dothan 处理器,进行严格的缓冲器管理,使系统总线处于断电状态,直到感应到来自芯片组的信息后才通电,打开总线的相关部分,达到减少处理器耗电量的要求。

(4) 高级分支预测技术

Pentium M 微处理器芯片采用高级分支预测技术(Advanced Branch Prediction),预先将要处理的指令进行预编译,分析这些指令的结构,得出分支预测的结果。同时分析程序过去的运行规律,预测今后可能处理的指令,可以减少 20% 的预测错误,显著改善处理器的处理性能和执行效率。

(5) 专用堆栈管理器

在传统处理器的设计中,处理器需要反复中断程序的执行,以维持处理器的内部记录。而且在常规应用中,有些指令要占据结构堆栈用作源操作数,有些指令除了要执行本身的操作外,还需负担管理堆栈所需的额外操作,从而降低了处理器的效率和性能。Pentium M 微处理器中有一个硬件级的记录内部运行情况的专用堆栈管理器(Dedicated Stack Manager),这一堆栈管理器的出现完善了处理器的堆栈管理功能,不仅使 PUSH、POP、CALL 等指令在处理器内部的主执行通道内完成操作,而且能跟踪堆栈指针的增减,并周期性地同处理器中的其他信息同步,以高效率地协调这些指令的运行。采用专用堆栈管理器的 Pentium M 微处理器可以不中断地执行程序指令,减少了 5% 的堆栈操作请求。

(6) 增强型的 Speedstep 技术

第一代的 Speedstep 技术提供了两种处理器运行模式——全速运行模式(采用外接电源供电时)和低速运行模式(采用内部电池供电时),二者都可在 BIOS 中设置强制运行。Pentium M 微处理器采用第二代 Speedstep 技术——增强型的 Speedstep 技术(Enhanced Speedstep),其特点是可以根据处理器的负载情况在两种运行模式之间进行电压和频率的动态切换。

(7) 微指令操作融合

微指令操作融合(Micro-Op Fusion)又称"批量微指令处理"。在多个可同时执行的指令的情况下,将多个指令操作合并成一条指令,进而同时处理,以提高 CPU 的性能和使用效率。多个微操作融合后,只需使用较少的处理器资源,便可处理相同数量的操作,例如两个融合后的微操作可以只占用一个资源,这样不仅提高了性能,也改善了电源管理。这是一项专为实现移动 CPU 的高性能、低功耗而设计的新技术,使 Pentium M 处理器中实际执行的指令数量可以减少 10% 以上。

(8) 嵌入双频无线连接功能

Pentium M 处理器采用 IEEE 802.11a 与 IEEE 802.b 协议分别以 54Mb/s 与 11Mb/s 进行

无线通信,与无线 LAN 基础设施兼容。迅驰平台中采用的 WLAN(无线局域网)组件可将同时使用 IEEE 802.11b 与蓝牙时的干扰减至最少,并能优化处理能力和运用范围,提高两种方式的网络响应性能。

9.3.2 64 位微处理器

21 世纪初,Intel 公司推出采用新体系结构 IA-64 的 64 位微处理器芯片 Itanium 和同 IA-32 指令集兼容的 64 位微处理器体系结构——EM64T,AMD 推出与 X86-32 完全兼容的 64 位处理器——X86-64。自此,64 位计算进入微型计算机系统领域并得到迅速发展。目前,Intel 支持 64 位技术的 CPU 有使用 Nocona 核心的 Xeon 系列、使用 Prescott 2M 核心的 Pentium 4 6XX 系列和使用 Prescott 2M 核心的 P4 EE 系列,AMD 支持 64 位技术的 CPU 有 Athlon 64 系列、Athlon FX 系列和 Opteron 系列。

64 位技术是指 CPU 的通用寄存器的数据宽度为 64 位,64 位指令集就是运行 64 位数据的指令,处理器一次可以运行 64 位数据。早期推出的 64 位处理器有 Sun 公司的 UltraSparc Ⅲ、IBM 公司的 POWER5、HP 公司的 Alpha 等高端的 RISC(Reduced Instruction Set Computing,精简指令集计算)处理器芯片。

64 位计算的主要优点是:①可以进行更大范围的整数运算;②可以支持更大的内存。不能简单地认为 64 位处理器的性能是 32 位处理器的两倍。实际上,在 32 位应用下,32 位处理器的性能甚至更强。64 位处理器的高性能是在 64 位应用下才能发挥,而且要实现真正意义上的 64 位计算,仅有 64 位的处理器是不行的,还必须有 64 位的操作系统以及 64 位的应用软件,三者缺一不可。

目前主流 CPU 使用的 64 位技术主要有 Intel 公司的 EM64T 技术、AMD 公司的 AMD64 位技术和 Intel 公司的 IA-64 技术。其中 IA-64 是 Intel 独立于 IA-32 开发的,不兼容传统的 32 位计算机,仅用于 Itanium(安腾)以及后续产品 Itanium 2。

1. EM64T 技术

(1)EM64T 的定义

EM64T(Extended Memory 64 Technology,扩展 64 位内存技术)是 Intel IA-32 的扩展,即 IA-32e(Intel Architecture-32 extension)。IA-32 处理器通过附加 EM64T 技术,便可在兼容 IA-32 软件的情况下,允许软件利用更多的内存地址空间,并且允许软件进行 32 位线性地址写入。EM64T 特别强调的是对 32 位和 64 位的兼容性。Intel 为新核心增加了 8 个 64 位 GPR(R8~R15),并且把原有的 GRP 全部扩展为 64 位,以提高整数运算能力。为了增强多媒体性能,包括了对 SSE、SSE2 和 SSE3 的支持,并增加了 8 个 128 位 SSE 寄存器(XMM8~XMM15)。

(2)EM64T 技术处理器的两大模式

Intel 为支持 EM64T 技术的处理器设计了两大模式:IA-32 模式(legacy IA-32 mode)和 IA-32e 扩展模式(IA-32e mode)。在支持 EM64T 技术的处理器内有一个称为扩展功能激活寄存器(extended feature enable register,IA32_EFER)的部件,其中的 Bit10 控制着 EM64T 是否激活。Bit10 被称作 IA-32e 模式有效位(IA-32e mode active)或长模式有效位(Long Mode Active,LMA)。当 LMA=0 时,处理器便作为一个标准的 32 位(IA32)处理器运行在传统 IA-32 模式;当 LMA=1 时,EM64T 便被激活,处理器会运行在 IA-32e 扩展模式下。

在还未被正式命名为 EM64T 之前是 IA-32e,这是 Intel 64 位扩展技术的名字,用来区别

X86 指令集。Intel 的 EM64T 支持 64 位 sub-mode，采用 64 位的线性平面寻址。与 AMD 类似，Intel 的 64 位技术兼容 IA-32 和 IA-32e，只有在 64 位操作系统下运行时，才会采用 IA-32e。IA-32e 由两个 sub-mode 组成：64 位 sub-mode 和 32 位 sub-mode，同 AMD 64 一样是向下兼容的。Intel 的 EM64T 完全兼容 AMD 的 X86-64 技术。现在 Nocona 处理器已经加入了一些 64 位技术，Intel 的 Pentium 4E 处理器也支持 64 位技术。

2. AMD 64 位技术

X86 处理器的 32 位寻址空间限制在 4GB 内存，而 IA-64 的处理器又不能兼容 X86。AMD 充分考虑顾客的需求，加强了 X86 指令集的功能，使这套指令集可同时支持 64 位的运算模式，因此 AMD 将其结构称为 X86-64。在技术上，为了进行 64 位运算，AMD 在 X86-64 架构中新增了 R8～R15 通用寄存器作为原有 X86 处理器寄存器的扩充，但在 32 位环境下并不完全用到这些寄存器。原来的寄存器诸如 EAX、EBX 也由 32 位扩张至 64 位。在 SSE 单元中新加入了 8 个寄存器以提供对 SSE2 的支持，寄存器数量的增加将带来性能的提升。为了同时支持 32 位和 64 位代码及寄存器，X86-64 架构允许处理器工作在以下两种模式：Long Mode（长模式）和 Legacy Mode（遗留模式），长模式又分为两种子模式（64 位模式和兼容模式）。该标准已经被引入 AMD 服务器处理器中的 Opteron 处理器。

(1) AMD 64 位技术的定义

AMD 64 位技术是在原始 32 位 X86 指令集的基础上加入了 X86-64 扩展 64 位 X86 指令集，使采用该技术的芯片在硬件上兼容原来的 32 位 X86 软件，并同时支持 X86-64 的扩展 64 位计算，从而成为真正的 64 位 X86 芯片。X86-64 具有 64 位的寻址能力，是一个真正的 64 位标准。

(2) AMD 64 位技术的主要特点

1) X86-64 新增的几组 CPU 寄存器将提供更快的执行效率。

寄存器是 CPU 内部用来创建和存储 CPU 运算结果和其他运算结果的地方。标准的 32 位 X86 架构包括 8 个通用寄存器（GPR），AMD 在 X86-64 中又增加了 8 组 GPR（R8～R15），将寄存器的数目提高到了 16 组。X86-64 寄存器默认为 64 位。此外，还增加了 8 组 128 位 XMM 寄存器（即 SSE 寄存器，XMM8～XMM15），这给单指令多数据（SIMD）运算提供了更多的空间，这些 128 位寄存器将提供在矢量和标量计算模式下进行 128 位双精度处理的能力，为 3D 建模、矢量分析和虚拟现实的实现提供了硬件基础。通过提供更多的寄存器，采用 X86-64 技术生产的 CPU 可以更有效地处理数据，可以在一个时钟周期中传输更多的信息。

2) 指令中有"直接执行"和"转换执行"的区别。

采用 X86-64 技术生产的 CPU 可以在同一时间内处理 64 位的整数运算，并兼容于 X86-32 架构。其中，支持 64 位逻辑定址，同时提供转换成 32 位的定址选项；数据操作指令默认为 32 位和 8 位，提供转换成 64 位和 16 位的选项；支持通用寄存器，如果是 32 位运算，就要将结果扩展成完整的 64 位。这样，指令中有"直接执行"和"转换执行"的区别，其指令字段是 8 位或 32 位，可以避免字段过长。

3. Itanium 微处理器

2000 年 11 月底 Intel 公司推出 64 位微处理器芯片 Itanium，中文名为"安腾"，是第一代 IA-64 结构（64 位 Intel 体系结构）的处理器。Itanium 芯片虽然是由 Intel 公司和 HP（惠普）公司联合开发的，但是它既不是 Intel IA-32 结构的 64 位扩展，也不是 HP 公司 PA-RISC 64 位结构的改造版本，而是一种全新的结构，其核心技术是 EPIC（Explicit Parallel Instruction Computing）——显式并行指令计算。

(1) EPIC 的 3 项关键技术

- 断定执行(Predicated Execution)。IA-64 的指令包含对某个断定寄存器(64 个 1 位的断定寄存器中的一个)的引用，只有当断定值＝1(即为"真")时，执行结果才会被硬件接收，这样处理器能容许推测执行 if 语句的两路分支，并能在条件确定后转向一路分支。
- 推测装入(Speculative Load)。推测装入又称为控制推测(Control Speculation)，是指为提前执行装入指令，将程序中的装入指令向上移动。提前执行装入指令能减少或消除等待时间。为检查装入指令是否应当执行，在装入指令的原处安排一条检查指令，若提前执行的装入指令引发一个"异常"，则此装入指令不被执行。
- 高级装入(Advanced Load)。高级装入又称为"数据推测"(Data Speculation)，若一条装入指令提前到某条存储指令之前执行，而该存储指令将会修改装入指令的源操作数，则装入指令产生语义错误——装入过时内容。这一技术采用一个称为高级装入地址表(Advanced Load Address Table，ALAT)的数据结构，由检查指令检查装入的数据是否正确。

EPIC 技术在硬件的支持下，使用新型的指令集，采用全新设计的编译器实现显式并行计算。

(2) Itanium 芯片的结构特点

第一代 Itanium 芯片代号为 Merced，又称为 Itanium 2，主频为 800MHz，前端总线频率为 133MHz，线宽工艺为 $0.18\mu m$，集成度为 2540 个晶体管，工作电压为 1.6V。

第二代 Itanium 芯片代号为 McKinley，主频为 900MHz～1500MHz，前端总线频率为 133MHz，线宽工艺为 $0.13\mu m$，集成度为 2.2 亿个晶体管，工作电压为 1.3V，具有 3MB 全速的 L3 Cache。

Itanium 2 的更新产品代号为 Madisou，主频在 2MHz 以上，采用 $0.13\mu m$ 的线宽工艺，包含 6MB 的超大容量 Cache，内核集成有 5 亿个晶体管。以 Montecito 为代号的 Intanium 采用 $0.09\mu m$ 的线宽工艺。

Intanium 芯片中的 CPU 把三种结构(CISC 结构、RISC 结构和 EPIC 结构)结合在一个芯片中，这样现有的应用程序仍可运行在使用 Itanium 芯片的服务器中。目前，Itanium 芯片主要用于高端的服务器领域。

Itanium 芯片是在以 EPIC 技术为核心的 IA-64 体系结构的基础上，加入了一些超标量体系结构的特征——6 路 10 级流水线、动态预取引擎、转移预测以及为适应编译时的不确定性而加入的记录板(Scoreboard)。

首先，Itanium 芯片具有大量的寄存器。

在传统的超标量计算机中汇编语言使用少量用户可见的寄存器，由处理器采用寄存器换名技术和相关性分析将这些寄存器重新映射到更多数量的物理寄存器上。在 Itanium 芯片中，要求实现显式并行性技术，减轻处理器的换名和相关性分析的负担，需要有大量用户可见的寄存器，以支持高度并行性。

Itanium 芯片包括以下寄存器：128 个 64 位寄存器，用作通用寄存器以及整数运算；128 个 82 位寄存器，用作浮点运算和图形寄存器；64 个 1 位的断定寄存器，用于断定执行；128 个 64 位专用寄存器(用作内核寄存器、间隔时间计数寄存器、循环计数寄存器等)；8 个转移寄存器，用于指定转移的目标地址，等等。

其次，Itanium 芯片具有多个执行单元。

为了尽可能地提高处理器的并行性，要求有更多个执行单元。在 Itanium 处理器中，有 9 个执行单元：

- 2 个整数/MMX 执行单元，用于整数算术逻辑运算指令和整数多媒体指令的处理。MMX 单元也能处理单精度浮点数，可以在一个时钟周期内完成两次单精度浮点数运算。
- 2 个浮点执行单元，用于浮点数运算和流式 SIMD 扩展指令的处理。每个浮点执行单元可以在一个时钟周期内完成两次双精度浮点数运算。
- 2 个存储管理执行单元，用于寄存器与存储器之间的装入和存储器操作以及某些整数 ALU 操作。
- 3 个转移处理单元，用于转移指令处理。

9.3.3 多核芯片

1. 多核处理器芯片概述

（1）多核处理器

所谓多核处理器，是指在一块 CPU 基板上集成多个处理器核心，并通过并行总线将各处理器核连接起来。其中，双核是 CMP(Chip Multi Processor，单芯片多处理器)中最基本、最简单、最容易实现的一种类型。在 RISC 处理器领域，双核甚至多核都早已经实现。CMP 最早是由美国斯坦福大学提出的，其思想是在一块芯片内实现 SMP(Symmetrical Multi-Processing，对称多处理)架构，且并行执行不同的进程。20 世纪末，惠普和 IBM 就已经提出双核处理器的可行性设计。2001 年 IBM 推出了基于双核的 POWER4 处理器，随后是 Sun 和惠普公司，它们先后推出了基于双核架构的 UltraSPARC 和 PA-RISC 芯片，但当时双核处理器架构用在高端的 RISC 领域，直到 2006 年 Intel 和 AMD 相继推出自己的双核处理器，双核才真正进入主流的 X86 领域。Intel 和 AMD 之所以推出双核处理器，最重要的原因是原有的普通单核处理器的频率难以提升，性能上没有质的飞跃。

（2）CPU 核心架构的发展

当今 CPU 整体性能表现的关键因素已经不仅仅是主频的高低，也不是缓存技术的优劣，而是核心架构。优秀的核心架构能够弥补主频的不足，更能简化缓存设计而降低成本，优秀的核心架构是优秀处理器的根基。

自 1985 年 Intel 80386 芯片推出以来，又出现了许多高性能的 32 位微处理器，如 Intel 80486、Intel 的 Pentium(奔腾)等。从 20 世纪 90 年代中期开始，32 位微处理器芯片的发展进入鼎盛时期。1995 年 11 月，Intel 推出含 550 万个晶体管的 Pentium Pro(高能奔腾)；1997 年 1 月推出 Pentium with MMX(多能奔腾)，简称 MMX(Multi Media eXtension，多媒体扩展)；1997 年 5 月推出带有 MMX 指令集的 Pentium Pro——Pentium Ⅱ；1999 年 3 月，推出 450/500MHz 的 Pentium Ⅲ；2000 年 6 月又推出了新型体系结构(Architecture，架构)的 32 位微处理器芯片 Pentium 4；2003 年 3 月，Intel 公司发布了以迅驰技术 Banias 为核心的 Pentium M 微处理器，用于移动计算的笔记本电脑。

从 80486 到 Pentium M，Intel CPU 的核心架构经历了如下几个阶段：

1) Intel 首次在 486 芯片中使用流水线技术。在 CPU 中由 5～6 个不同功能的电路单元组成一条指令处理流水线，然后将一条X86指令分成5~6步后再由这些电路单元分别执行，这样就能实现在一个CPU时钟周期完成一条指令，因而能提高CPU的运算速度。

2）Pentium（奔腾）和Pentium With MMX（多能奔腾）采用P5架构。P5架构采用超标量技术，通过内置多条流水线来同时执行多个处理任务，其实质是以空间换取时间。经典Pentium每条整数流水线都分为四级流水，即指令预取、译码、执行、写回结果，浮点流水线又分为八级流水。

3）Pentium Pro（高能奔腾）和Pentium II采用P6架构。P6架构与P5架构的最大区别在于，以前集成在主板上的二级缓存被移植到了CPU内，从而大大地加快了数据读取和命中率，提高了性能。P6架构采用超标量技术和超流水线技术，超流水线是通过细化流水、提高主频，使得在一个机器周期内完成一个甚至多个操作，其实质是以时间换取空间。

4）Pentium 4采用NetBurst架构。对于全新的NetBurst架构而言，发挥强大的性能需要更高的主频以及强大的缓存结构，NetBurst架构的Pentium 4在提高流水线长度之后使执行效率大幅度降低，此时大容量二级缓存与高主频才是真正的弥补方法。NetBurst架构过分依赖于主频与缓存，为了提高主频，NetBurst架构不断延长CPU超流水线的级数。起初Pentium 4的超流水线就长达20级，随后Prescott更是提升到31级。超流水线设计的级数越长，其完成一条指令的速度越快，因此才能适应工作主频更高的CPU。但是超流水线过长也带来了一定副作用，很可能会出现主频较高的CPU实际运算速度较低的现象。Intel的NetBurst架构就出现了这种情况，虽然它的主频可以很高，但其运算性能却远远比不上低主频的AMD处理器。Intel不得不继续提高主频并且加大二级缓存容量。

处理器制作工艺开始面临瓶颈，即便是65纳米（nm）工艺，想要在NetBurst架构上实现高主频也是极为困难的事情，这意味着NetBurst架构将无法继续凭借主频优势来提高CPU的性能。此外，巨大的缓存容量也是一个负担，这不仅提高了成本，也使发热量骤升。高发热量和高功耗成为高频Pentium的两大弊病。

5）在传统模式下，Intel移动处理器只是桌面处理器的低频低电压版本，然后加上一些节能技术。但是第一代迅驰Pentium M却走出了这一框架。第一代Pentium M（Banias）可以认为仅仅是改良版的Pentium III-M，通过超大容量的二级缓存以及更高的前端总线来提升性能，但是对于移动用户而言，看重的仅仅是性能与功耗。Banias的性能已经几乎与Pentium 4并驾齐驱，而功耗却大幅度减小。随后Dothan核心的Pentium M的优势更为明显，可以认为Pentium M的核心架构依然是P6，只不过结合了NetBurst架构的前端总线技术，通过减少原先P6微架构下指令编译后的微指令数目来改善指令编译器及处理单元的效能，并且主频和缓存都大幅度加强。Pentium M为Intel CPU新的内核架构做了准备。

2. Intel台式机双核处理器的早期产品

早期Intel推出的台式机双核处理器有Pentium D、Pentium EE（Pentium Extreme Edition）和Core Duo三种类型，三者的工作原理有很大不同。

（1）Pentium D和Pentium EE

Pentium D和Pentium EE分别面向主流市场以及高端市场，其每个核心采用独立式缓存设计，处理器内部的两个核心之间是互相隔绝的，处理器外部（主板北桥芯片）的仲裁器负责两个核心之间的任务分配以及缓存数据的同步等协调工作。两个核心共享前端总线，并依靠前端总线在两个核心之间传输缓存同步数据。从架构上来看，这种类型是基于独立缓存的松散型双核处理器耦合方案，其优点是技术简单，只需要将两个相同的处理器内核封装在同一块基板上即可；缺点是数据延迟问题比较严重，性能并不尽如人意。另外，Pentium D 和 Pentium EE 的最大区别就是 Pentium EE 支持超线程技术而 Pentium D 不支持，Pentium EE 在打开超线程技术之后会被操作系统识别为四个逻辑处理器。

Intel 的 Pentium D 和 Pentium EE 是独立式二级缓存，协调单元在 CPU 外部（依赖于主板），相对来说比较简单——只需要为两个核心添加一个协调单元即可。这两种处理器不是真正意义上的双核处理器，只不过是双核处理器发展过程中的过渡产品。

需要注意的是，无论是 Pentium D 还是 Pentium EE，由于都必须依赖主板北桥芯片来负责两个核心之间的协调工作，因此需要特定的主板芯片组，如 Intel 的 945P、945G、945PL、945GZ、955X、975X 以及其他芯片组厂商的双核心芯片组。

(2) Core Duo

2006 年年初发布的 Core Duo 与 Pentium D 和 Pentium EE 所采用的基于独立缓存的松散型双核处理器耦合方案完全不同，Core Duo 采用的是基于共享缓存的紧密型双核处理器耦合方案，其最重要的特征是抛弃了两个核心分别具有独立的二级缓存的方案，改为采用与 IBM 的多核处理器类似的两个核心共享二级缓存方案。与独立的二级缓存相比，共享的二级缓存具有如下优势：

1) 二级缓存的全部资源可以被任何一个核心访问，当二级缓存的数据更新之后，两个核心并不需要进行缓存数据同步的工作，工作量相对减少了，而且极大地降低了缓存数据延迟问题，这有利于处理器性能的提升。

2) Pentium D 和 Pentium EE 处理器的每个核心的二级缓存资源都是固定不变的，而 Core Duo 处理器的任何一个核心都可以根据工作量的大小来决定占用多少二级缓存资源，利用效率相对于独立的二级缓存得到了极大的提高。

3) 有利于降低处理器的功耗。可以把两个核心分为"冷核"和"热核"模式，在工作量较大时两个核心都全速运作，而在工作量较小时则可以让"冷核"关闭，进入休眠模式，继续运作的"热核"则可以占有全部的二级缓存资源，相比之下独立式缓存就只剩下一半的二级缓存资源可用了。

Core Duo 采用 Smart Cache 共享缓存技术在两个核心之间进行协调。在 Core Duo 处理器内部，两个核心通过 SBR(Share Bus Router，共享资源协调器)共享二级缓存资源，当其中一个核心运算完毕将结果存放到二级缓存中以后，另外一个核心就可以通过 SBR 读取这些数据，不但有效解决了二级缓存资源争夺的问题，与前两种类型相比也不必对缓存资源进行频繁的同步化操作，而且与 Intel 早先采用的第一种类型（需要通过主板北桥芯片迂回的方法）相比，不但大幅度降低了缓存数据的延迟，而且还不必占用前端总线资源。另外，SBR 还具有 Bandwidth Adaptation(带宽适应)功能，可以对两个核心共享前端总线资源进行统一管理和协调，改善了两个核心共享前端总线的效率，减少了不必要的延迟，而且有效避免了两个核心之间的冲突。

Smart Cache 共享缓存技术是行之有效的双核处理器的高效解决方案，借助于 Smart Cache 共享缓存技术 Core Duo 也体现出了强大的性能，这才是严格意义上的真正的双核处理器。

虽然共享的二级缓存具有极大的优势，但其技术要比独立的二级缓存复杂得多，所以在早期 Intel 推出的双核处理器方面只有 Core Duo 才采用了这一方案。Core Duo 中用于台式机的主要是 T 系列的 T2300(1.66GHz)、T2400(1.83GHz)、T2500(2.0GHz)和 T2600(2.16GHz)，都基于 65nm 制造工艺的 Yonah 核心，采用 667MHz FSB、2MB 共享式二级缓存、改良了的新版 Socket 478 接口（与以前台式机的 Socket 478 不兼容），支持硬件防病毒技术 EDB、节能省电技术 EIST 以及虚拟化技术 Intel VT，但不支持 64 位技术，仅仅是 32 位的处理器。与台式机 Core Duo 搭配的主要是 Intel 945GT 芯片组，原用于笔记本电脑的 Intel 945GM、945PM、945GMS 也能支持 Core Duo。

Core Duo 和 Pentium D、Pentium EE 示意图如图 9-13 和图 9-14 所示。

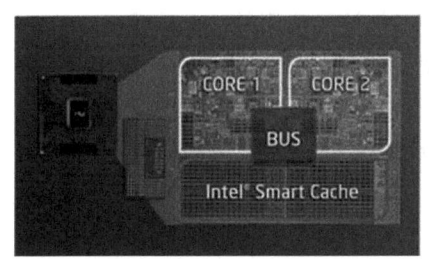

图 9-13　Core Duo 示意图

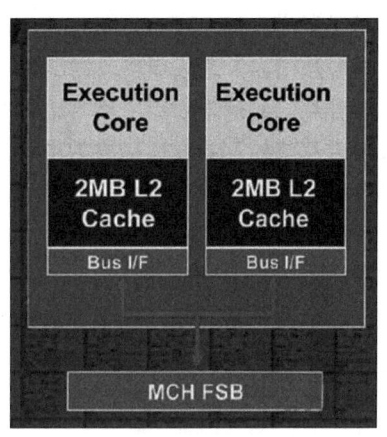

图 9-14　Pentium D 和 Pentium EE 示意图

（3）几点说明

1）双核技术与超线程技术的区别。

其实，可以简单地把双核技术理解为两个"物理"处理器，是一种"硬"的方式；而超线程技术只是两个"逻辑"处理器，是一种"软"的方式。

从原理上来说，超线程技术属于 Intel 版本的多线程技术。这种技术可以让单 CPU 拥有处理多线程的能力，而物理上只使用一个处理器。超线程技术为每个物理处理器设置了两个入口——AS（Architecture State，架构状态）接口，从而使操作系统等软件将其识别为两个逻辑处理器。这两个逻辑处理器像传统处理器一样，都有独立的 IA-32 架构，可以分别进入暂停、中断状态，或直接执行特殊线程，并且每个逻辑处理器都拥有 APIC（Advanced Programmable Interrupt Controller，高级可编程中断控制器）。

虽然支持超线程的 Pentium 4 能同时执行两个线程，但不同于传统的双处理器平台或双内核处理器，超线程中的两个逻辑处理器并没有独立的执行单元、整数单元、寄存器甚至缓存等资源。它们在运行过程中仍需共用执行单元、缓存和系统总线接口。在执行多线程时两个逻辑处理器均是交替工作，如果两个线程同时需要某个资源，其中一个要暂停并让出资源，要待那些资源闲置时才能继续。因此，超线程技术所带来的性能提升远不能等同于两个相同时钟频率处理器带来的性能提升。可以说，Intel 的超线程技术仅可以看作是对单个处理器运算资源的优化利用。

而双核技术则是通过"硬"的物理核心实现多线程工作：每个核心拥有独立的指令集、执行单元，与超线程中所采用的模拟共享机制完全不一样。在操作系统看来，它是实实在在的双处理器，可以同时执行多项任务，能让处理器资源真正实现并行处理模式，其效率和性能提升要比超线程技术高得多。

2）双核处理器的适用范围。

目前，Windows XP 专业版等操作系统支持双物理核心和四个逻辑核心，但这并不意味着所有软件对此都有优化。

事实上大量的测试已经证明，无论是 Intel 还是 AMD 的双核处理器，相对于其各自的同频率的单核处理器而言，对于普通应用如多媒体软件、游戏和办公软件等都没有任何性能提升，甚至可能还稍有降低。这是因为这些普通应用目前都还只是单线程程序，在处理器执行指令时实际上只有一个核心在工作，而另外一个核心则处于空闲状态。

所以对普通用户而言，只要日常应用的程序仍然是单线程，双核处理器实际上就没有任何意义，反而还增大了购买成本。除非经常执行大运算量的多任务处理，例如在游戏的同时进行音视频处理等，双核处理器才能真正发挥作用。

最适合双核处理器发挥威力的平台是服务器和工作站，这是因为其经常进行多任务处理，而且日常运行的大量程序都是多线程程序，例如图形工作站所使用的 Adobe Photoshop 和 3D MAX 等都是多线程程序。一般来说，在执行多任务处理和多线程程序时，双核处理器要比同频率的单核处理器的性能高大约 50%~70%，甚至在某些应用下性能几乎能提升 100%。

随着双核处理器的强势推出和逐渐普及，日后支持多线程的普通应用也会逐渐增多，那时双核处理器才会真正发挥作用。

3. Core 核心架构

从 CPU 核心架构的发展可见，NetBurst 架构已经无法满足未来 CPU 发展的需要，必须开辟全新的 CPU 核心架构。事实上，Intel 在迅驰 III 中的 Yonah 移动处理器已经具备 Core 核心架构的技术精髓。Intel 于 2006 年上半年正式公布了全新的 Core 架构——核心微架构（Core Micro-Architecture），Core 即"中心、核心"。Core 架构建立在双核心的基础上。

按应用的不同，台式机使用 Conroe，笔记本电脑使用 Merom，服务器使用 WoodCrest，这三款处理器全部基于 Core 核心架构。

下面简单介绍 Core 核心架构的特点。

(1) 流水线效率大幅度提升

Core 架构改变了主频至上的研发思路，将超流水线缩短到 14 级，大幅度提升了整体效率，使 CPU 避免出现"高频低能"的现象。更值得关注的是，Core 架构采用了四组指令编译器，这与 Pentium M 处理器有些类似。所谓四组指令编译器，是指能够在单一频率周期内编译四个 X86 指令。这四组指令编译器由三组简单编译器（Simple Decoder）与一组复杂编译器（Complex Decoder）组成。其中，只有复杂编译器可处理最多由四个微指令所组成的复杂 X86 指令。如果不幸碰到非常复杂的指令，复杂编译器就必须呼叫微码循序器（Microcode Sequencer），以便取得微指令序列。

为了配合超宽的编译单元，Core 架构的指令读取单元在一个频率周期内从第一阶指令快取中抓取六个 X86 指令至指令编译缓冲区——指令队列（Instruction Queue），判定是否有符合宏指令融合的配对，然后再将最多五个 X86 指令交派（dispatch）给四组指令编译器。四组指令编译器在每个频率周期中发给保留站（Reservation Station）四个编译后的微指令，保留站再将存放的微指令交派给五个执行单元。由于高主频对于四组精简结构有着很大的依赖性，同时其他辅助性技术也能在很大程度上帮助解决定址模式混乱的难题，Core 架构采用四组指令编译器的设计将会使 CPU 的整体性能有大幅度的提高。

(2) 全新的整数与浮点单元

从 P6 到 NetBurst 架构，整数与浮点单元的变化是相当明显的，Core 架构对此亦作了不小的变化，只是部分关键技术又改回 P6 架构时代的设计。Core 具备 3 个 64 位的整数执行单元，每一个都可以单独完成 64 位整数运算。特别是，3 个 64 位的整数执行单元中的一个简单整数单元和分支执行单元共享端口，该端口处的简单整数单元和分支执行单元共同完成此处的宏指令结合的任务。Core 是 Intel X86 处理器中第一个能够独立完成 64 位整数运算的处理器。此外，64 位的整数单元使用彼此独立的数据端口，因此 Core 能够在一个周期内同时完成 3 组 64 位的整数运算，极强的整数运算单元使得 Core 在游戏、服务器项目、移动等方面都能够发挥广泛而强大的作用。

Core 架构对浮点单元进行了改进。Core 架构拥有两个浮点执行单元同时处理向量和标量的浮点运算，其中一个浮点执行单元负责加减等简单的处理，而另一个浮点执行单元则负责乘除等运算。

(3) 数据预读取机制与缓存结构

Core 架构的预读取机制有更多新特性。数据预取单元经常需要在缓存中进行标签查找，为了避免标签查找可能带来的高延迟，数据预取单元使用存储接口进行标签查找。存储操作在大多数情况下并不是影响系统性能的关键，因为在数据开始写入时，CPU 即可以马上开始进行下面的工作，而不必等待写入操作完成。缓存/内存子系统会负责数据写入到缓存、复制到主内存的整个过程。

此外，Core 架构使用了 Smart Memory Access 算法，这将帮助 CPU 在前端总线与内存传输之间实现更高的效率。Smart Memory Access 算法使用 8 个预取器，这种预取器可以利用推测算法将数据从内存转移到二级缓存，或者从二级缓存转移到一级缓存，这对于提高内存单元性能以及缓存效率都是很有帮助的。

Core 架构的缓存系统有其特点。双核 Core 架构的二级缓存容量高达 4MB，且两个核心共享，访问延迟仅 12~14 个时钟周期。每个核心还拥有 32KB 的一级指令缓存和一级数据缓存，访问延迟仅仅 3 个时钟周期。从 NetBurst 架构开始引入的追踪式缓存(Trace Cache)在 Core 架构中不再使用。NetBurst 架构中的追踪式缓存的作用与常见的指令缓存相类似，用来存放解码前的指令，对 NetBurst 架构的长流水线结构非常有用。而 Core 架构回归相对较短的流水线之后，追踪式缓存也随之消失，因为传统的一级指令缓存对短流水线的 Core 架构更加有用。如今的缓存结构还仅仅是 Core 架构的最低版本，随着未来核心的改进，缓存结构会变得越来越强。

(4) 真正的双核处理器

对于 PC 用户而言，多任务处理一直是困扰的难题，因为单处理器的多任务以分割时间段的方式来实现，此时的性能损失相当巨大。而在双核处理器的支持下，真正的多任务得以应用，而且越来越多的应用程序甚至会为之优化，进而奠定扎实的应用基础。Intel 早期规划的双核心处理器包括 Pentium Extreme Edition 和 Pentium D 等。但是这些双核心芯片的实质仅仅是封装两个独立的内核，相互之间的数据传输甚至还需要通过外部总线，这令效率大幅度降低。

而 Core 架构的设计中，二级缓存并没有分成两个单独的单元，而是两个核心共享缓存。这一点非常重要，它说明 Core 并不是简单地将两个核心拼在一起。

Core 架构的优势还包括降低功耗的 Intelligent Power Capability 技术以及优化多媒体性能的 Advanced Digital Media Boost 技术。Core 架构的设计理念是摒弃主频至上策略。此外，Core 架构的 Conroe 台式机处理器兼容 i975 芯片组。

4. Core 2 Duo

从 2006 年第三季度开始，台式机 Core Duo 逐渐采用基于 Core 架构的 Conroe 核心，改用 Socket 775 接口，主流型号的前端总线提高到 1066MHz FSB，而 Extreme Edition 加强版则进一步提高到 1333MHz FSB，并且共享式二级缓存提高到 4MB，只有部分低端型号才继续采用 800MHz FSB 和 2MB 共享式二级缓存。与原有的台式机双核心处理器（包括 Yonah 核心 Core Duo、Pentium D、Pentium EE、Athlon 64 X2 和 Athlon 64 FX）相比，基于 Core 架构的 Conroe 核心的芯片即 Core 2 Duo 的性能大幅度提升，而功耗则进一步降低。

以前 Intel 针对桌面、移动和服务器市场的处理器是基于不同的架构，而今，Intel 第一次在所有平台上使用了统一的架构，即 Core 微体系架构。Intel 沿用奔腾系列的命名规则，将新系列"酷睿"（Core）芯片命名为 Core 2 Duo。Conroe 是 Core 处理器中桌面平台的统称，移动平台称为 Merom，服务器平台称为 Woodcrest。Conroe、Merom 和 Woodcrest 都拥有 64 位处理能力，是双核产品。

有关 Core 2 的几点说明：

1）Core 2 Duo 改变了以 Pentium 命名处理器的传统，以后不再有奔腾 5、奔腾 6 之称。

2）借助 SMART Cache 和高动态执行等技术，Core 2 Duo 和 Core 2 Extreme 的速度大大提高，比 Pentium EE 和 AMD FX62 都快得多。

3）Intel 第一次在所有平台上使用了统一的架构。

4）所有的 Core 架构的处理器都拥有更强的处理性能和更低的功耗，笔记本电脑的电池使用时间延长，桌面机和工作站变得轻巧，狭窄空间内的散热问题得到缓解。

5）由于功耗的降低，风扇马力减小，使工作环境更安静。

6）Core 2 Duo 沿用了 Pentium D/EE 上的 LGA775 接口（需要 BIOS 或软件升级），系统升级方便快捷，甚至不需要购买任何零件。

7）多任务处理达到新的高度，依托双核系统的强劲性能，利用虚拟技术，一台电脑可以当作几台虚拟的电脑来用，即同时运行不同的操作系统，同时运行 FTP 服务和 Web 服务，打开一个数据库的同时玩游戏或者进行网上冲浪。与现有虚拟软件不同的是，这种虚拟是完全硬件层次上的。

8）Core 2 Duo 有 TPM 安全保护，从硬件层次上维护密码、数据、登录等信息的安全。

9）Conroe、Merom 和 Woodcrest 名称并不是源于速度或者性能，代表了开发部门所在地称，Conroe 位于得克萨斯，Woodcrest 位于加利福尼亚，而 Merom 则是以色列一个古老的湖泊的名字。

5. Intel Nehalem 架构 Core i7 处理器

Intel 推出新处理器品牌体系，即以 Core（酷睿）为核心，面向高、中、低端市场分别衍生出 Core i7、Core i5、Core i3。

（1）Core i7 处理器

2008 年年中，Intel 宣布基于全新 Nehalem 架构的下一代桌面处理器沿用 Core 名称，命名为"Intel Core i7"系列，至尊版的名称是"Intel Core i7 Extreme"系列，而同架构服务器处理器将继续沿用 Xeon 名称。2008 年 11 月 18 日正式发布三款 Intel Core i7 处理器，频率分别为 3.2GHz、2.93GHz 和 2.66GHz，主频为 3.2GHz 的属于 Intel Core i7 Extreme，这款顶级处理器面向的是发烧级用户，而频率较低的 2.66GHz 面向的是普通消费者。

Core i7 处理器的基本特性如下：

1) 原生四核＋全新缓存设计。

Core 2 Quad 系列四核处理器其实是把两个 Core 2 Duo 处理器封装在一起，并非原生的四核设计，它通过狭窄的前端总线 FSB 来通信，缺点是数据延迟问题比较严重，性能不尽如人意。Core i7 则采用了原生四核设计，采用先进的 QPI（QuickPath Interconnect，快速通路互连）总线进行通信，传输速度是 FSB 的 5 倍。

缓存方面采用了三级内含式 Cache 设计：L1 的设计和 Core 微架构一样；L2 采用超低延迟的设计，每个内核 256KB（256x4KB）；L3 采用共享式设计，被片上所有内核共享，容量为 8MB。

2) 采用全新 QPI 总线。

Core i7 的 Nehalem 架构最大的改进在前端总线（FSB）上，传统的并行传输方式被彻底废弃，转而采用基于 PCI Express 串行点对点传输技术的通用系统接口（Common System Interface，CSI），Intel 称之为 QuickPath。QuickPath 的传输速率为 6.4Gbps，这样一条 32 位的 QuickPath 带宽就能达到 25.6GB/s。QuickPath 的传输速率是 FSB 1333MHz 的 5 倍，前者虽然数据位宽较窄，但传输带宽仍然是后者的 2.5 倍。

目前桌面级 CPU 的 QPI 总线为 1 条，服务器级的 Nehalem 处理器则配备 2 条甚至 4 条 QPI 连接。

QPI 总线能够有效地提高系统性能。它可以将处理器的每个核心分割为独立的小块，每个核心之间也可以通过 QPI 总线进行连接。其实它和 AMD HyperTransport 技术类似，也是一种点对点总线，同样具有非常高的带宽。第一批 Nehalem 处理器使用了 20 位的连接位宽。Core i7 Extreme 965 的 QPI 总线的数据传输速率为 6.4GT/s，处理器和北桥之间的带宽为单向 12.8GB/s、双向 25.6GB/s；Core i7 940/920 的 QPI 总线的数据传输速率为 4.8GT/s，处理器和北桥之间的带宽为单向 9.6GB/s、双向 19.2GB/s。而 FSB 技术在 1333MHz 下，带宽不超过 10.6GB/s，只有 Core i7 940/920 的一半。

3) 集成内存控制器。

在 Core i7 中拥有集成内存控制器（Integrated Memory Controller，IMC），可以支持三通道的 DDR3 内存，运行在 DDR3-1333，内存位宽从 128 位提升到 192 位，这样总的峰值带宽就可以达到 32GB/s，是 Core 2 的 2～4 倍。处理器采用了集成内存控制器后，就能直接与物理存储器阵列相连接，从而最大限度地减少了内存延迟的现象。

Core i7 将内存控制器整合到了内部，不再由北桥芯片控制，支持 DDR3 内存规格，彻底抛弃了 DDR2。通过内存控制器设计，Nehalem 处理器达到了酷睿 2 处理器的 4 倍内存带宽，使得每个核心可以支持最大 10 个未解决的数据缓存命中失败和总共 16 个命中失败，比酷睿 2 的单核心 8 个和总共 14 个提高了不少。

4) 同步多线程技术。

超线程（Hyper-Threading）技术最早出现在 130nm 的 Pentium 4 上，它利用特殊的硬件指令，把两个逻辑内核模拟成两个物理芯片，让单个处理器也能使用线程级并行计算，进而兼容多线程操作系统和软件，减少了 CPU 的闲置时间，提高了 CPU 的运行效率。超线程技术使得 Pentium 4 单核 CPU 也拥有较出色的多任务性能，但可能由于带宽的缘故，实际带来的性能提升并不明显，因此后来的酷睿 2 处理器直接抛弃了超线程技术。而引入了 QPI 和集成内存控制器之后的 Core i7，带来了惊人的带宽，不用再担心传输带宽所产生的瓶颈，所以重新启用了超线程技术。现在，通过改进后的超线程技术再次回归到 Core i7 处理器上。

超线程技术又称为同步多线程技术（Simultaneous Multi-Threading，SMT），同步多线程是 2-way 的，每核心可以同时执行两个线程。对于执行引擎来说，在多线程任务的情况下，就可以掩盖单个线程的延迟。SMT 的好处是只需要消耗很小的核心面积代价，就可以在多任务的情况下带来显著的性能提升，比再添加一个物理核心要划算得多。与 Pentium 4 的超线程技术相比，Core i7 的优势是有更大的缓存和更大的内存带宽，这样就更能有效地发挥多线程的作用。按照 Intel 的说法，Nehalem 的 SMT 可以在增加很少能耗的情况下，让性能提升 20%～30%。

5) 自动超频，核心加速。

Core i7 加入了全新的加速模式（Turbo Mode），它是基于 Nehalem 架构的电源管理技术，通过分析当前 CPU 的负载情况，智能地完全关闭一些暂时不用的核心，把能源留给正在使用的核心，并使它们运行在更高的频率，进一步提升性能。相反，需要多个核心时，动态开启相应的核心，智能调整频率。这样，在不影响 CPU 的 TDP 情况下，能把核心工作频率调得更高。

例如，如果游戏只用到一个核心，Turbo Mode 就会把其他三个核心自动关闭，把正在运行游戏的那个核心的频率提高，也就是自动超频——在不浪费能源的情况下获得更好的性能。Core 2 时代，即使是运行只支持单核的程序，其他核心仍会全速运行，得不到性能提升的同时也造成了能源的浪费。

Turbo Mode 是一种基于 Nehalem 架构的电源管理技术。在 BIOS 中，Turbo Mode 是默认开启的，通过自动调高 CPU 的倍频提高性能。在 Intel 原厂 X58 主板上，低负载时默认调高 1～2 个倍频。例如 Core i7 920 的默认频率为 2.66GHz，在 Turbo Boost 默认开启的情况下，运行 Super PI 是单核 2.8GHz，这样单线程性能也就得到提升。

6) 文本处理再提速，完整的 SSE4 多媒体指令支持。

SSE 4.1＋SSE 4.2 组成完整的 SSE 4（Streaming SIMD Extensions 4，流式单指令多数据扩展 4）指令集，其共包含 54 条指令，其中的 47 条指令已在 45nm 的 Core 2 上实现，称为 SSE 4.1。SSE 4.1 指令的引入，进一步增强了 CPU 在视频编码/解码、图形处理以及游戏等多媒体应用上的性能。其余的 7 条指令在 Core i7 中也得以实现了，称为 SSE 4.2。SSE 4.2 是对 SSE 4.1 的补充，主要针对的是对 XML 文本的字符串操作、存储校验 CRC32 的处理等。

7) 新的主板芯片组。

Intel 每发布一个新系列 CPU，都推出一个新主板芯片组。由于 Core i7 封装接口改成了 LGA 1366，所以为此推出了新的主板芯片组 X58 Express 以及 X58 系列主板。由于 Bloomfield 处理器上整合了支持 DDR3 内存的控制器，所以 X58 芯片组的功能简化了不少，最大的改进是提供了两片 PCI Express 2.0 ×16 显卡，同时也可以拆分成 4×8 的配置。该芯片组采用传统的南北桥设计，在北桥芯片与 Core i7 处理器之间，采用全新的 QPI 总线连接，带宽高达 25.6GB/s。南桥芯片并没有重大更新，搭配了 P45 时代 ICH10 家族中的 ICH10R，并加入了 AHCI，强化了唤醒、管理和安全功能。

在显卡支持方面，X58 Express 芯片组支持 PCI-E 2.0 规范，并首次正式支持 NVIDIA SLI/Quad SLI 以及 AMD 的 CrossFire/Quad CrossFire。目前 ODM 合作伙伴微星、华硕、技嘉、映泰、富士康、精英等都有 X58 系列主板上市。与 Intel 原厂 X58 主板所不同的是，这些大厂的 X58 产品都通过 NVIDIA 授权加入了对 SLI 的支持。

(2) Core i5 和 Core i3

Core i5 及 Core i3 处理器在架构上存在极为明显的差异，具体细节如下：

Core i5 核心为原生四核处理器,并不具备图形处理能力,其研发代号为 Lynnfield,采用了 Nehalem 架构。

Core i3 处理器是一款双核心的 CPU,其内置了图形核心,具备图形处理能力。这款处理器的研发代号为 Clarkdale,采用了 Westmere 架构。

(3) QPI 总线

Intel 的 QPI 是一种快速通道互连技术,官方名字叫作 CSI(Common System Interface,通用系统接口),用来实现芯片之间的直接互连,而不是通过 FSB 连接到北桥。它是针对 AMD 的 HT 总线而提出的,无论是速度、带宽、每个针脚的带宽、功耗等,都要超越 HT 总线。

QPI 的技术特点如下:

- 带宽更大。QPI 最大的改进是在单条总线点对点模式下,传输能力非常惊人,在 4.8GB/s 至 6.4GB/s 之间。一个连接的每个方向的位宽可以是 5、10、20 位,因此每一个方向的 QPI 全宽度连接可以提供 12GB/s 至 16GB/s 的带宽,那么每一个 QPI 连接的带宽为 24GB/s 至 32GB/s。
- 效率更高。QPI 的另一个亮点就是支持多条系统总线连接,Intel 称之为 multi-FSB。系统总线将会被分成多条连接,并且频率不再是单一固定的,也无须如以前那样再经过 FSB 进行连接。根据各个子系统对数据吞吐量的需求,每条系统总线连接的速度也可不同,这种特性无疑要比 AMD 的 HyperTransport 总线更具弹性。

前端总线(Front Side Bus,FSB)是将 CPU 连接到北桥芯片的系统总线,它是 CPU 和外界交换数据的主要通道。前端总线的数据传输能力对计算机整体性能的影响很大,如果没有足够带宽的前端总线,即使配备再强劲的 CPU,用户也不会感觉到计算机整体速度的明显提升。

QPI 是取代 FSB 的一种点到点连接技术,20 位宽的 QPI 连接其带宽可达到惊人的 25.6GB/s。

QPI 的优点如下:

1) QPI 使通信更加方便。

QPI 是在处理器中集成内存控制器的架构,主要用于处理器之间和系统组件之间的互连通信(诸如 I/O)。QPI 抛弃了沿用多年的 FSB,CPU 可直接通过内存控制器访问内存资源,而不是以前繁杂的"前端总线—北桥—内存控制器"模式。并且,与 AMD 在主流的多核处理器上采用的 4HT3(4 根传输线路,2 根用于数据发送,2 根用于数据接收)连接方式不同,Intel 采用了 4+1 QPI 互连方式(4 针对处理器,1 针对 I/O 设计),这样多处理器的每个处理器都能直接与物理内存相连,每个处理器之间也能彼此互连来充分利用不同的内存,让多处理器的等待时间变短(访问延迟可以下降 50% 以上)。

2) QPI 使处理器间的峰值带宽可达 96GB/s。

在 Intel 高端的安腾处理器系统中,QPI 高速互连方式使得 CPU 与 CPU 之间的峰值带宽可达 96GB/s,峰值内存带宽可达 34GB/s。这主要在于 QPI 采用了与 PCI-E 类似的点对点设计,包括一对线路,分别负责数据发送和接收,每一条通路可传送 20 位数据。这就意味着即便是最早的 QPI 标准,其传输速度也能达到 6.4GB/s——总计带宽可达到 25.6GB/s(为 FSB 1600MHz 的 12.8GB/S 带宽的两倍)。

3) 多核间互传资料不用经过芯片组。

前面讲过,QPI 总线可实现多核处理器内部的直接互连,而无须像以前那样再经过 FSB 进行连接。例如,针对服务器的 Nehalem 架构的处理器拥有至少 4 组 QPI 传输,可至少组成包括 4 个处理器的 4 路高端服务器系统(也就是 16 个运算内核至少 32 线程并行运作)。而且在多处理器作业下，每个处理器可以互相传送资料，并不需要经过芯片组，从而大幅提升整体系统性能。随着未来 Nehalem 架构的处理器集成内存控制器、PCI-E 2.0 图形接口乃至图形核心的出现，QPI 架构的优势将进一步发挥出来。

4) QPI 互连架构本身具有升级性。

QPI 采用串联方式进行信号的传送，采用了 LVDS(低电压差分信号技术，主要用于高速数字信号互连，使信号能以几百 Mb/s 以上的速率传输)信号技术，可保证在高频率下仍保持稳定性。

5) QPI 总线架构具有高可用性。

可靠性、实用性和适用性特点为 QPI 的高可用性提供了保证。比如链接级循环冗余校验(CRC)。出现时钟密码故障时，时钟能自动改路发送到数据信道。QPI 还具备热插拔功能。深度改良的微架构、集成内存控制器设计以及 QPI 直接互连技术，令 Nehalem 拥有更出色的执行效率，在单线程同频率条件下，Nehalem 拥有更为出色的执行效率，在相同功耗下比现行的 Penryn 架构的运算能力能提高约 30%。

习题 9

9.1 试说明从 80486 到 Pentium M Intel CPU 的核心架构的发展过程。
9.2 试说明 Core Duo 与 Pentium D 和 Pentium EE 所采用的二级缓存方案有何优点，为什么？
9.3 什么是 EPIC？说明 EPIC 的 3 项关键技术。
9.4 什么是芯片组？为什么说选择主板主要是选择芯片组？
9.5 简述 64 位微处理器体系结构——EM64T 的主要特点。
9.6 简述 64 位处理器体系结构——X86-64 的主要特点。
9.7 简述 64 位计算的主要优点。
9.8 试说明双核技术与超线程技术的区别。
9.9 什么是多核处理器？
9.10 试说明双核处理器的适用范围。
9.11 试说明 Core 核心架构的特点。
9.12 Conroe、Merom 和 Woodcrest 都是 Core 核心架构的处理器吗？请说明三者的特点。
9.13 Pentium M 微处理器采用了哪些技术？迅驰技术的实质是什么？
9.14 试说明 Core i7 处理器的基本特性。
9.15 试说明 Core i5 和 Core i3 处理器的特点。
9.16 简述 QPI 的特点。

参 考 文 献

[1] Jin lan, Hatfield Bo. Computer Organization：Principles, Analysis, and Design[M]. 北京：清华大学出版社，2004.
[2] William Stallings. Computer Organization & Archtecture：Designing for Performance[M]. 6th ed. 北京：高等教育出版社，2006.
[3] 胡越明. 计算机组成与系统结构[M]. 上海：上海交通大学出版社，2002.
[4] 王诚，宋佳兴. 计算机组成与体系结构[M]. 北京：清华大学出版社，2004.
[5] 唐朔飞. 计算机组成原理[M]. 北京：高等教育出版社，2000.
[6] 蒋本珊. 计算机组成原理[M]. 北京：清华大学出版社，2004.
[7] 金兰，金波. 计算机组织：原理、分析与设计[M]. 北京：清华大学出版社，2006.
[8] 徐炜民，严允中. 计算机系统结构[M]. 北京：电子工业出版社，2010.
[9] 陆鑫达. 计算机系统结构[M]. 北京：高等教育出版社，1996.
[10] 尹朝庆. 计算机系统结构[M]. 北京：清华大学出版社，2005.
[11] 张晨曦，等. 计算机体系结构[M]. 北京：高等教育出版社，2005.
[12] 孙德文. 微型计算机技术[M]. 北京：高等教育出版社，2010.

推荐阅读

分布式数据库系统：大数据时代新型数据库技术 第2版
作者：于戈 申德荣 等 ISBN：978-7-111-51831-0 定价：55.00元

数据结构与算法：Python语言描述
作者：裘宗燕 ISBN：978-7-111-52118-1 定价：45.00元

程序设计教程：用C++语言编程 第3版
作者：陈家骏 郑滔 ISBN：978-7-111-50123-7 定价：45.00元

嵌入式系统基础教程 第2版
作者：俞建新 等 ISBN：978-7-111-47998-7 定价：49.00元

软件工程概论 第2版
作者：郑人杰 等 ISBN：978-7-111-47821-8 定价：45.00元